Martin Seehafer, Stefan Nörtemann, Jonas Offtermatt, Fabian Transchel, Axel Kiermaier, René Külheim, Wiltrud Weidner

**Actuarial Data Science**

I0882163

## Weitere empfehlenswerte Titel

*Data Mining*
Jürgen Cleve, Uwe Lämmel, 2020
ISBN 978-3-11-067623-5, e-ISBN (PDF) 978-3-11-067627-3,
e-ISBN (EPUB) 978-3-11-067729-4

*Building an Effective Security Program*
Chris K. Williams, Scott E. Donaldson, Stanley G. Siegel, 2020
ISBN 978-1-5015-1524-8, e-ISBN (PDF) 978-1-5015-0652-9,
e-ISBN (EPUB) 978-1-5015-0642-0

*Mainframe System z Computing. Hardware, Software und Anwendungen*
Paul Herrmann, 2020
ISBN 978-3-11-062047-4, e-ISBN (PDF) 978-3-11-062080-1,
e-ISBN (EPUB) 978-3-11-062094-8

*Machine Learning and Visual Perception*
Baochang Zhang, Ce Li, Nana Lin, 2020
ISBN 978-3-11-059553-6, e-ISBN (PDF) 978-3-11-059556-7,
e-ISBN (EPUB) 978-3-11-059322-8

*Datenbank-Tuning. Mit innovativen Methoden*
Stefan Florczyk, 2019
ISBN 978-3-11-060060-5, e-ISBN (PDF) 978-3-11-060181-7,
e-ISBN (EPUB) 978-3-11-059892-6

*Data Science. Time Complexity, Inferential Uncertainty, and Spacekime Analytics*
Ivo D. Dinov, Milen Velchev Velev, 2021
ISBN 978-3-11-069780-3, e-ISBN (PDF) 978-3-11-069782-7,
e-ISBN (EPUB) 978-3-11-069797-1

Martin Seehafer, Stefan Nörtemann, Jonas Offtermatt,
Fabian Transchel, Axel Kiermaier, René Külheim, Wiltrud Weidner

# Actuarial Data Science

Maschinelles Lernen in der Versicherung

DE GRUYTER

**Autoren**

Dr. Martin Seehafer
mseehafer@gmx.de

Dr. Stefan Nörtemann
noertemann@posteo.de

Dr. Jonas Offtermatt
jonas.offtermatt@gmx.de

Dr. Fabian Transchel
fabian@fabiantranschel.de

Axel Kiermaier
Axel.Kiermaier@t-online.de

Dr. René Külheim
rene@kuelheim.net

Dr. Wiltrud Weidner
wiltrud.weidner@googlemail.com

ISBN 978-3-11-065928-3
e-ISBN (PDF) 978-3-11-065934-4
e-ISBN (EPUB) 978-3-11-065951-1

**Library of Congress Control Number: 2020950180**

**Bibliografische Information der Deutschen Nationalbibliothek**
Die Deutsche Nationalbibliothek verzeichnet diese Publikation in der Deutschen Nationalbibliografie; detaillierte bibliografische Daten sind im Internet über http://dnb.dnb.de abrufbar.


Umschlaggestaltung: Gettyimages/KrulUA
Druck und Bindung: CPI books GmbH, Leck

www.degruyter.com

# Vorwort

Wir mögen keine Vorworte und lesen sie nur selten, daher machen wir es nicht allzu lang. *Data Science*, *maschinelles Lernen* oder *künstliche Intelligenz* sind Zauberworte unserer Zeit. Es scheint ausgemacht, dass die dahinterstehenden Konzepte und Technologien unsere Gesellschaft und insbesondere auch die Arbeitswelt noch viel tiefer durchdringen werden, als es heute bereits der Fall ist. Dies gilt nicht zuletzt für die Versicherungsbranche, die zwar als konservativ gilt, aber schon früh den Umgang mit umfangreichen Datenmengen und deren elektronischer Verarbeitung lernen musste.

Bei genauer Betrachtung zeigt sich, dass hinter den Zauberwörtern in Teilen althergebrachte klassische Verfahren stehen, die seit langem in der Branche (und das heißt dann insbesondere von den *Aktuaren*, den versicherungsmathematischen Sachverständigen) angewendet werden, ohne dass hierbei jemand von künstlicher Intelligenz sprach – aber das ist eben auch eine Lektion, die zu lernen die neue Zeit uns aufgibt. Zum anderen gibt es Verfahren, die ebenfalls nicht neu sind, jedoch für neue Fragestellungen ausprobiert werden und sich nach und nach bewähren – oder auch nicht. Schließlich stehen uns auch gänzliche neue Verfahren zur Verfügung, für die die Anwendung im Kontext Versicherung erst noch gefunden werden will.

Unter dem Strich steht somit die Erkenntnis, dass Data Science und künstliche Intelligenz in Versicherungen sehr viel mit aktuarieller Tätigkeit zu tun haben, ein Satz, der sich genauso gut auch umkehren lässt. Oft bestehen die Unterschiede (und damit eben auch die Anfangshürden für werdende und praktizierende Aktuare) darin, sich mit den verwendeten Begrifflichkeiten oder, etwas allgemeiner, der benutzten Sprache vertraut zu machen. Das ist aus unserer Sicht zwingend für jeden Aktuar erforderlich und die Möglichkeiten sind da: Getrieben durch technologischen Fortschritt und eine weltweite Gemeinschaft aus Wissenschaftlern und Praktikern haben wir heute einen umfänglichen Zugang zu Methoden, Techniken, Soft- und Hardwareressourcen, die wir auf unsere Fragestellungen anwenden können.

Dies hat auch die Deutsche Aktuarvereinigung e.V. (DAV) erkannt und entschieden, diese Themen in die Ausbildung der Aktuarinnen und Aktuare zu integrieren. Und so wurden wir beauftragt, die Themen herauszuarbeiten, die (künftigen) Aktuaren das in ihrem Berufsumfeld notwendige Verständnis ermöglichen. Es entstanden die beiden Spezialwissenfächer *Actuarial Data Science Basic* und *Advanced*, zu denen wir im Jahr 2019 die ersten Seminare durchgeführt haben. Schnell kam auch die Frage nach einem Lehrbuch auf, in dem die Themen der Seminare wiederholt und weiter vertieft werden. Die sieben Autoren dieses Buches, die allesamt auch Dozenten der beiden Seminare sind, kommen der Bitte gerne nach, haben jedoch die Zielgruppe etwas weiter gefasst: Dieses Buch richtet sich an alle, die im weitesten Sinne in der Versicherungsbranche beschäftigt sind und sich über Data-Science-Anwendungen in der Versicherungsbranche (= *Actuarial Data Science*) einen Überblick verschaffen möchten. Die Darstellung setzt dabei an einigen Stellen mathematisches Vorwissen voraus,

https://doi.org/10.1515/9783110659344-202

wie es üblicherweise in den ersten beiden Studienjahren eines jeden technischen, wirtschafts- oder oder naturwissenschaftlichen Studiengangs erworben wird. Dem Thema entsprechend wird auch eine Aufgeschlossenheit gegenüber IT-Technologien und der Wille zum eigenen Experimentieren vom Leser erwartet.

Neben die theoretische Darstellung der grundlegenden mathematischen Verfahren des maschinellen Lernens stellen wir stets Anwendungsbeispiele, die die praktische Verwendung mit Hilfe von gebräuchlichen Tools und Sprachen zeigen. Dazu gehen wir ausführlicher auf einige für die Praxis relevante Grundlagen der Datenverarbeitungstechnologien ein. Mit dem so erworbenen Rüstzeug erläutern wir den möglichen Einsatz der Verfahren des maschinellen Lernens dann weiter an Hand konkreter *Use Cases* aus den verschiedenen Sparten der Versicherung. Schließlich widmen wir uns auch dem Thema Datenschutz sowie ethischen Fragen im Umgang mit personenbezogenen Daten.

Versicherungen werden auch zukünftig auf eine Gruppe von Experten angewiesen sein, die an Methoden der quantitativen Analyse ausgebildet sind. Für diese gilt es, sich aufgeschlossen gegenüber neuen Verfahren, Technologien und Trends zu zeigen und sie – wo hilfreich und nutzbringend – einzusetzen und weiterzuentwickeln. Zu guter Letzt wird es auch darum gehen, die Deutungshoheit und die Begrifflichkeiten nicht gänzlich anderen zu überlassen. Wir hoffen, dass dieses Buch hierbei behilflich sein wird.

Stefan Nörtemann & Martin Seehafer

Essen & München, 30. November 2020

# Inhalt

# 1 Actuarial Data Science – Business Cases

In den nachfolgenden Kapiteln werden wir Methoden, Verfahren und Prozesse im Themenfeld Data Science beschreiben, erläutern und analysieren. Dabei werden wir – stets mit einem Blick auf das aktuarielle Umfeld – ebenso auf die technischen Möglichkeiten und Herausforderungen wie auch die mathematischen Verfahren des maschinellen Lernens eingehen.

Bevor wir uns inhaltlich genauer mit Data Science Themen beschäftigen, geben wir in diesem Kapitel einen kurzen Überblick über beispielhafte Anwendungen, sogenannte *Use Cases*. In den nachfolgenden Kapiteln werden wir auf diese zurückkommen und die vorgestellten Verfahren u.a. anhand dieser Use Cases erläutern.[1]

**Stornoprognose**

In den Risikomanagement-Abteilungen von Versicherungsunternehmen beschäftigen sich Aktuarinnen und Aktuare mit allen Risiken, denen das jeweilige Unternehmen ausgesetzt ist, und versuchen, diese zu modellieren und zu quantifizieren. Im Rahmen des sogenannten *Asset-Liability-Managements* oder im Kontext von *Solvency II* führen sie Rechnungen durch, bei denen sie Finanzkennzahlen und Zahlungsflüsse des Versicherungsunternehmens modellhaft über einige oder viele Jahre in die Zukunft projizieren. Dafür haben sie geeignete Modelle und Annahmen für die verschiedenen Elemente der Aktiv- und der Passivseite der Versicherungsbilanz zu suchen und auch Annahmen über die Ausübung von Handlungsoptionen des Unternehmens, etwa über die Verwendung von Überschüssen, zu treffen. In der Gesamtheit spricht man hier von einem *Unternehmensmodell.*

Für die Modellierung der Passivseite der Bilanz eines Lebensversicherungsunternehmens werden zum Beispiel Annahmen über die Sterblichkeit oder die künftige Kostenentwicklung getroffen. Ein wichtiger Einflussfaktor im Modell ist dabei auch das Stornoverhalten der Versicherungsnehmer. Für die Projektionsrechnungen werden damit – neben vielem anderen – geeignete Stornoprognosen benötigt. Hierfür gibt es sogenannte klassische Stornomodelle, die Fragestellung eignet sich jedoch auch für den Einsatz von Methoden des maschinellen Lernens.

An guten Stornoprognosen ist im Übrigen auch der Vertrieb interessiert. Zur Stornoprävention möchte man dort in Erfahrung bringen, welche Kunden mit höherer Wahrscheinlichkeit demnächst ihren Vertrag kündigen werden. Zum anderen sind natürlich auch die möglichen Ursachen von Vertragskündigungen interessant für das Versicherungsunternehmen. Wirksame Steuerungsmöglichkeiten ergeben sich

1 In manchen Fällen bieten sich aus didaktischen Gründen auch Beispiele außerhalb der Versicherung an, die wir dann gern aufgreifen.

https://doi.org/10.1515/9783110659344-001

ja erst, wenn auch die Umstände, welche eine Kündigung wahrscheinlicher bzw. unwahrscheinlicher machen, verstanden wurden und somit beeinflusst werden können.

### Bestandsverdichtung

Bei den oben angeführten Projektionsrechnungen unterscheiden wir zwischen deterministischen und stochastischen Projektionen. Bei einer deterministischen Projektion wird das gesamte Unternehmensmodell einmal über den Projektionszeitraum hochgerechnet. Bei einer stochastischen Projektion verwendet man mehrere (in der Regel viele[2]) Kapitalmarktpfade[3] und rechnet das Unternehmensmodell für jeden einzelnen Kapitalmarktpfad hoch (Monte-Carlo-Simulation). Die umfangreichen Ergebnisse müssen dann geeignet aggregiert werden.

Stochastische Projektionsrechnungen benötigen gegenüber deterministischen Projektionen ein Vielfaches an Rechenzeit. In der Praxis führt das, auch beim Einsatz von leistungsstarker Hardware, bei einer einzelvertraglichen Hochrechnung häufig zu Laufzeiten von vielen Stunden.

Eine Möglichkeit, diesem Laufzeitproblem zu begegnen, ist die sogenannte *Bestandsverdichtung*. Dabei sucht man geeignete Verträge, die jeweils als Repräsentanten für eine Menge von Verträgen fungieren. Anstatt die Projektion mit allen Einzelverträgen durchzuführen, führt man diese nur mit den Repräsentanten durch. Jeder Repräsentant erhält dabei ein Gewicht, das in der Regel der Anzahl der von ihm repräsentierten Verträge entspricht.

In der Praxis ist dieses Konzept überraschend erfolgreich. Zwar liefert die Projektionsrechnung mit den Repräsentanten Abweichungen in den Ergebnissen gegenüber der Hochrechnung mit allen Einzelverträgen. Die Kunst liegt jedoch darin, die Repräsentanten geschickt zu wählen, so dass die resultierenden Abweichungen in den Ergebnissen sich in einem tolerierbaren Rahmen bewegen.[4] Und die Verbesserungen in der Laufzeit sind häufig enorm. Rechnet man zum Beispiel anstelle von 1 Mio. Einzelverträgen nur mit 1 000 Repräsentanten, so verringert sich die Laufzeit ungefähr um den Faktor 1 000. Projektionsrechnungen, die etwa acht Stunden benötigen, sind damit in 30 Sekunden möglich.

Leider ist die Aufgabe, die richtigen Repräsentanten zu finden, nicht trivial und mit klassischen Verfahren in der Regel nicht effizient zu lösen. Zum Glück gibt es Verfahren des maschinellen Lernens, die hier Erfolg versprechen. Wir besprechen dieses Thema ausführlicher im Abschnitt 6.4.1.

---

2 In der Praxis können das durchaus 10 000 oder 20 000 Kapitalmarktpfade sein.

3 Die Kapitalmarktpfade werden in einem eigenen System, dem sog. Economic Scenario Generator, berechnet.

4 Die Ergebnisse der Projektionsrechnungen hängen naturgemäß auch von zahlreichen weiteren Modellannahmen und -vereinfachungen ab. Aber natürlich dürfen die Abweichungen nicht außerhalb eines vorab festgelegten Intervalls liegen.

### Modellierung biometrischer Risiken

Die Quantifizierung des Risikos ist die Hauptaufgabe der Aktuare. Interne und externe Anforderungen in diesem Bereich sind in der Vergangenheit stetig gewachsen und werden dies aller Voraussicht nach auch in der Zukunft weiter tun.

Im Abschnitt 6.3.2 diskutieren wir einen Ansatz zur Berechnung des *Solvency Capital Requirement* (SCR) für Portfolios von Lebensversicherungsrisiken, basierend auf einem stochastischen Simulationsverfahren. Simulationsverfahren zur Risikobewertung arbeiten üblicherweise in zwei Schritten: Im ersten Schritt wird ein Reihe von Risiko-Szenarien bestimmt, die jeweils eigene Realisierungen der Hauptrisikotreiber (Kapitalmarktentwicklung, Storno, ...) bereitstellen. Im zweiten Schritt erfolgt die Neubewertung im jeweiligen Pfad, was theoretisch durch einen weiteren Simulationsschritt erfolgen müsste, für den wiederum viele neue Pfade generiert und durchgerechnet werden müssten.

Um dem Problem der verschachtelten Simulationen (*nested simulations*) zu begegnen, kommt beim im Abschnitt 6.3.2 betrachteten Ansatz ein Regressionsmodell zum Einsatz. Wir besprechen eine lineare Variante davon und deuten an, wie nichtlineare Verallgemeinerungen aussehen könnten.

### Kfz-Telematik

Eine der umfassendsten neuen Produktinnovationen in der Kompositversicherung ist ohne Zweifel die zunehmende Verwendung von Echtzeitinformationen wie der Telematik in der Kfz-Versicherung. Das Konzept wirkt dabei simpel; es werden hochgranulare Bewegungsdaten gesammelt, entweder mit dem Smartphone des Nutzers oder über dedizierte Hardware, und nachgelagert ausgewertet. Aus kinematischen Informationen wie Beschleunigungsdaten schließlich tarifierungsrelevante Merkmale zu extrahieren ist dabei allerdings nur eine stark verkürzte Aufgabe – neben dem Kerngeschäft gibt es auch gänzlich neue Wege der Echtzeit-Datenverarbeitung zu beschreiten – sodass die Methoden zur Erschließung der in Telematik-Daten enthaltenen Informationen zum Einsatz kommen, von Clustering (beispielsweise zur Merkmalsextraktion) über Klassifikation (beispielsweise zur Triperkennung) bis hin zur klassischen Regression (beispielsweise zur Bestimmung von Telematik-Tarifmerkmalen) reichen. Das Thema wird für uns in erster Linie im Kapitel 6.4 relevant sein, weil an den Schnittpunkten zwischen Clustering und Dimensionsreduktion der Knackpunkt zur Nutzbarmachung der Daten liegt.

### Weitere Anwendungen

Neben den oben genauer ausgeführten Use Cases gibt es zahlreiche weitere anspruchsvolle Aufgaben im Versicherungsbereich, bei denen Data-Science-Methoden mit Erfolg verwendet werden. Beispiele dafür sind:

- Die Reduktion des Fragenkatalogs zur Risikoprüfung in der Berufsunfähigkeitsversicherung. Weniger Fragen erhöhen letztlich die Akzeptanz und können Abschlussprozesse beschleunigen, woraus sich Wettbewerbsvorteile ergeben können.
- Die automatisierte Leistungsprüfung bei Schadenversicherungen, Berufsunfähigkeitsversicherungen etc. Ein Unterpunkt hierbei ist die Betrugserkennung mit Hilfe von Machine-Learning-Modellen.
- Automatisiert generierte Empfehlungen wie *Robo-Advice*-Beratungen im Rahmen von Vertragsabschlüssen (*Kunden die diese Versicherung kauften, kauften auch…*).

Wir werden einige dieser Themen im weiteren Verlauf des Buches streifen. Im Übrigen ließe sich die Liste der Anwendungsfälle weiter fortsetzen; einen Überblick geben verschiedene auf der Homepage der Deutschen Aktuarvereinigung verlinkte Papiere.[5]

5 https://aktuar.de/unsere-themen/big-data/Seiten/default.aspx

# 2 Crashkurs in Data Mining Anwendungen

Bevor wir uns in den nachfolgenden Kapiteln ausführlich konkreten Methoden und Verfahren zur Bearbeitung der Use Cases aus Kapitel 1 (und mehr) zuwenden, möchten wir vorab die zentralen Begriffe im Umfeld Actuarial Data Science erläutern. Für ein Verständnis der folgenden Abschnitte ist es notwendig, einige Grundlagen parat zu haben. Dabei beschränken wir uns hier auf die zentralen Begriffe und Ideen und greifen viele Themen dann nochmals im Kapitel 8 auf. Wer bereits mit Buzzwords wie *Data Mining, künstliche Intelligenz, maschinelles Lernen, Under-/Overfitting* und *Data Science* vertraut ist, kann diesen Abschnitt gefahrlos überspringen.

Mit dem Begriff *Data Science* (zu Deutsch *Datenwissenschaft*, aber das sagt so niemand) wird häufig die Disziplin bezeichnet, die sich der Extraktion von Wissen aus Daten widmet. Wir wollen es noch etwas allgemeiner fassen und sprechen von der Wissenschaft, die sich ganz allgemein mit Daten beschäftigt. Das umfasst den gesamten Prozess des Umgangs mit Daten, beginnend mit der Erhebung und Erfassung, der Aufbereitung und Speicherung, der Verarbeitung und Auswertung bis hin zum *Data Mining*. Bei der Erhebung und Verarbeitung der Daten sind technische Fragen des Datenmanagements (siehe Kapitel 5) ebenso relevant wie die Prinzipien der Datenschutzbestimmungen (Kapitel 9).[1]

Unter *Data Mining* verstehen wir die Gewinnung von Informationen aus Daten, jeweils Bezug nehmend auf eine spezifische Fragestellung. Die wörtliche Bedeutung von Data Mining ist zumindest irreführend (wenn nicht falsch), denn es werden keine Daten geschürft, sondern Informationen. Daher müsste es eigentlich *Information Mining* heißen, aber der Begriff Data Mining hat sich etabliert. Synonym spricht man manchmal auch von Data Analytics.

Da die spezifischen Fragestellungen für uns stets aktuarieller Natur sind oder allgemeiner das Prinzip Versicherung betreffen (siehe Kapitel 1), sprechen wir von *Actuarial Data Science* (kurz ADS). Actuarial Data Science beschäftigt sich also mit der Erhebung, Erfassung, Verarbeitung und Auswertung versicherungsspezifischer Daten unter einer aktuariellen Fragestellung.

Die Auswertung der Daten erfolgt dabei meist mit Methoden des maschinellen Lernens (daher die Erwähnung im zweiten Teil des Buchtitels), oder allgemeiner und populärer der *künstlichen Intelligenz* (KI). Der Begriff künstliche Intelligenz (engl. Artificial Intelligence; hier ist auch im Deutschen der englische Begriff gebräuchlich) bezeichnet den Versuch, menschenähnliche Entscheidungsstrukturen maschinell (in der Regel mit einer Software) nachzubilden. Konkret geht es darum, eine Maschine zu bauen, die eigenständig Aufgaben bearbeiten oder Probleme lösen kann. Als Geburtsstunde des Begriffs künstliche Intelligenz gilt gemeinhin das von John McCarthy or-

1 Die Begriffsdefinitionen *Data Science* und *Actuarial Data Science* entsprechen jenen der Deutschen Aktuarvereinigung e.V. (DAV), siehe zum Beispiel [84].

https://doi.org/10.1515/9783110659344-002

ganisierte Dartmouth Summer Research Project on Artificial Intelligence 1955 in New Hampshire.

Einige Jahre zuvor hatte sich Alan Turing bereits mit theoretischen Fragestellungen zu intelligenten Maschinen beschäftigt ([96]) und dazu den Turing Test[2] entwickelt. Dabei geht es um die Frage, wann einer Maschine ein dem Menschen ebenbürtiges Denkvermögen unterstellt werden kann (siehe Kapitel 8). Turing selbst erwartete, dass es im Jahr 2000 Maschinen geben würde, die den Turing Test bestehen könnten. Eine Erwartung, die sich bislang nicht erfüllt hat.[3]

Heute unterscheiden wir (nach Russell & Norvig ([82])) zwischen starker und schwacher künstlicher Intelligenz. Starke künstliche Intelligenz bezeichnet KI im philosophischen Sinne, also selbstbewusste Maschinen. Beispiele für selbstbewusste Maschinen finden wir heute lediglich in der Literatur oder in Science Fiction Formaten, wie zum Beispiel dem Roboter Adam in Ian McEwans *Maschinen wie ich* ([58]) oder Commander Data aus *Star Trek - The Next Generation* ([90]). Schwache künstliche Intelligenz bezeichnet hingegen KI im technischen Sinne, also Maschinen, die intelligent erscheinen, weil sie fähig sind zu lernen und ihre Strategien wechselnden Begebenheiten anzupassen. Schwache künstliche Intelligenz begegnet uns heute vielfach im Alltag und basiert häufig auf Verfahren des sogenannten *maschinellen Lernens* (englisch *Machine Learning*, auch hier ist im deutschen der englische Begriff gebräuchlich).

Damit wären wir beim zweiten zentralen Begriff in diesem Buch und müssen etwas weiter ausholen und vorab kurz darauf eingehen, wie klassische Programmierung funktioniert.

Wieder war es Alan Turing, der sich mit der Theorie der Programmierung von Computern beschäftigte noch bevor Konrad Zuse den ersten funktionsfähigen Computer der Welt, die sogenannte *Z3*, baute. In den 30er Jahren des vergangenen Jahrhunderts erdachte Turing die sogenannte *Turing Maschine*, die lediglich ein gedankliches Konstrukt darstellt, das jedoch bereits die wesentlichen Eigenschaften der Programmierung von Computern vorwegnimmt. Die spätere Entwicklung formaler Programmiersprachen sowie die Grundlagen der elektronischen Datenverarbeitung basierten auf Turings Forschungen.

Grob vereinfacht erzeugen klassische Computerprogramme aus Eingabedaten (dem Input) eine Ausgabe (den Output). Dabei werden die Eingabedaten nach einem vorher festgelegten Schema (dem Algorithmus) verarbeitet und so die Ausgabe be-

2 Beim Turing Test führt ein Mensch ein Gespräch (ohne Sicht- und Hörkontakt) mit zwei ihm unbekannten Gesprächspartnern. Der eine Gesprächspartner ist ein Mensch, der andere eine Maschine. Wenn der Fragesteller nach eingehender Befragung nicht entscheiden kann, welcher von beiden die Maschine ist, hat die Maschine den Turing-Test bestanden und es wird der Maschine ein dem Menschen ebenbürtiges Denkvermögen unterstellt.

3 Wobei man bedenken sollte, dass (frei nach Marc Uwe Kling ([49])) Maschinen, die den Turing Test bestehen können, auch in der Lage sein sollten, ihn nicht zu bestehen.

rechnet. Der Programmierer muss dazu vorab den Algorithmus entwerfen und ihn dann in die von ihm verwendete Programmiersprache übertragen. Dann testet er sein Programm anhand von Testeingabedaten, bei denen er vorher weiß, welcher Output für diese Testdaten erzeugt werden soll. Wenn der Test gelingt, kann er die Software für beliebige Eingabedaten verwenden und das Programm arbeitet für jede Eingabe stur den Algorithmus ab. Ein einfaches Beispiel, dies zu erläutern ist die Berechnung des heutigen finanzmathematischen Barwertes einer Zahlung in einem Jahr. Wenn man die richtige Formel[4] zur Berechnung kennt, lässt sich leicht eine Software programmieren, die für beliebige Endwerte die jeweiligen Barwerte berechnet.

Am Use Case *Stornoprognose* (aus Kapitel 1) lässt sich das ebenfalls erläutern. Im Kontext des Asset-Liability-Managements benötigt der Aktuar für seine Projektionsrechnungen die erwarteten Stornowahrscheinlichkeiten für seinen Lebensversicherungsbestand. Der Aktuar möchte daher ein einfaches Programm schreiben, welches ihm die Wahrscheinlichkeit des Stornos für einen Vertrag in seinem Bestand berechnet.

Nehmen wir an, der Aktuar modelliert die Wahrscheinlichkeit eines Stornos für einen Vertrag in Abhängigkeit vom versicherungsmathematischen Alter $x$ der versicherten Person beim Storno, dem Zeitpunkt (Datum) $t_0$ des Vertragsabschlusses, des Produktes $P$ und der Versicherungssumme $V$. Und er hat sich dafür auch eine Formel überlegt, die ihm aus aktuarieller Sicht plausibel erscheint und die zu seinen Beobachtungen passt. Die Formel hat er aus historischen Daten aus seinem Bestand der vergangenen zehn Jahre, konkret aus den Datentupeln $(x, t_0, P, V)$ der stornierten Verträge abgeleitet. So hat er zum Beispiel beobachtet, dass jüngere Versicherungsnehmer eher stornieren, dass die Stornowahrscheinlichkeit mit der abgelaufenen Dauer des Vertrages abnimmt und in den Jahren kurz vor dem Ablauf wieder zunimmt. Zudem steigt die Stornowahrscheinlichkeit mit steigender Versicherungssumme und ist in bestimmten Produkten deutlich höher als in anderen.[5]

Der Aktuar setzt diese Formel in einer ihm bekannten Programmiersprache um und überprüft die Ergebnisse anhand von Testdaten aus seinen Beobachtungen der Vergangenheit. Dabei hat er in seinem Testbestand nicht nur Stornofälle sondern auch Verträge, die nicht storniert wurden. Nachdem er mit dem Testergebnis zufrieden ist, verwendet er die gefundene Formel für seine Projektionsrechnungen. Wichtig hierbei ist, dass er die Formel vorab kannte! In gewisser Weise kann man sagen, der Aktuar hat anhand der historischen Daten das Stornoverhalten in seinem Bestand *gelernt*.

In der klassischen Softwareentwicklung bzw. Programmierung kommt es also darauf an, ein Modell zu entwickeln und einen Algorithmus oder eine Formel zu finden, die zu einem Input den gewünschten Output berechnet. Dieses Vorgehen ist überaus erfolgreich in zahllosen Anwendungen. Insbesondere ist die Maschine / das Pro-

4 $BW = EW * 1/(1 + i)$, wobei man natürlich den Zins $i$ kennen muss.

5 Hierbei handelt es sich um ein sehr einfaches Modell, das nur zur Illustration der Idee dient.

gramm / die Software in der Lage, wiederkehrende Berechnungen / Algorithmen sehr schnell und effizient auszuführen.

Dennoch stößt dieses Vorgehen an Grenzen und zwar erstaunlicherweise häufig bei Aufgaben, die für einen Menschen in der Regel kein Problem darstellen. So ist das Erkennen und Verstehen handgeschriebener Texte für die meisten Menschen kein Problem. Auch das Jonglieren mit drei Bällen stellt nach einer kurzen Übungsphase für einen Menschen keine Herausforderung mehr dar. Die klassische Programmierung beißt sich jedoch daran, sowie an zahlreichen ähnlichen Problemen, die Zähne aus. Schwierig wird es immer dann, wenn der Mensch / der Programmierer nicht genau beschreiben kann, wie er etwas macht und daraus keinen Algorithmus ableiten kann. Ein Grundschüler in der ersten Klasse lernt zum Beispiel in der Regel mühelos, die Ziffern von Null bis Neun zu lesen oder mit drei Bällen zu jonglieren. Einen Algorithmus zu entwerfen, der präzise beschreibt, wie man einem Bild mit einer Ziffer genau die Ziffer zuordnet oder welche Bewegungsabläufe notwendig sind, um drei fliegende Bälle in der Luft zu halten, ist äußerst schwierig und bis heute nicht befriedigend gelungen.

Hier kommt nun das maschinelle Lernen ins Spiel. Dieses basiert auf der Idee, den Algorithmus oder die Formel (allgemein das Modell) nicht vorab kennen zu müssen, sondern ihn / sie zu lernen. Auch das Kind erkennt die Ziffern nicht sofort, wenn es sie zum ersten Mal sieht und die drei Bälle fallen auch erst mal ziemlich oft hinunter, bevor das mit dem Jonglieren richtig klappt. Das Kind übt und lernt, indem es beides wiederholt ausprobiert. Die Maschine übt und lernt anhand der zur Verfügung stehenden Daten. Und tatsächlich ist dies ein überaus erfolgreiches Konzept. Mit Hilfe des maschinellen Lernens gelang es, eine Software zu entwickeln, die Ziffern zuverlässig erkennt. Heutige Spracherkennungssoftware und Texterkennung, wie auch Übersetzungsprogramme basieren allesamt auf der Idee des maschinellen Lernens.

Wir unterscheiden verschiedene Arten des maschinellen Lernens. Die wichtigste Unterscheidung ist die zwischen dem sogenannten *überwachten Lernen* (englisch Supervised Learning) und dem *unüberwachten Lernen* (englisch Unsupervised Learning, auch hier sind im Deutschen wieder die englischen Begriffe durchaus gebräuchlich).[6]

Beim überwachten Lernen wird ein Lernalgorithmus an Beispielen mit bekanntem Ergebnis trainiert und dann bei neuen Daten zur Vorhersage verwendet (vgl. etwa [1] oder [73]). Ziel des überwachten Lernens ist es, ein Zielmerkmal anhand von erklärenden Merkmalen zu prognostizieren. Das Zielmerkmal kann sowohl ein nominales Merkmal sein (z.B. der Kunde storniert seinen Vertrag oder nicht oder der Kunde wählt eine Kapitalabfindung oder nicht) oder ein numerisches Merkmal (z.B. die Schaden-

6 Daneben gibt es noch einige weitere Kategorien, wie zum Beispiel das *bestärkende Lernen* (Reinforcement Learning). Dies bezeichnet eine Gruppe von Lernmethoden, bei denen eine Maschine selbständig eine Strategie erlernt, um erhaltene Belohnungen zu maximieren. Diese werden wir jedoch nachfolgend nicht weiter betrachten.

höhe). Im ersten Fall (nominales Merkmal) spricht man von einem Klassifizierungsproblem, im zweiten Fall (numerisches Merkmal) von einem Regressionsproblem. Die unterschiedlichen Lernalgorithmen werden in den mathematischen Kapiteln 6 ausführlich behandelt.

Beim unüberwachten Lernen gibt es keine vorherzusagende Zielgröße. Das Ziel ist die Beschreibung von Zusammenhängen und Mustern zwischen den beschreibenden Merkmalen (vgl. wieder [73], für eine formalere Diskussion auch Kapitel 14 in [36]), es sollen also intrinsische Muster aus den Daten extrahiert werden.

Wie das Lernen grundsätzlich vor sich geht und warum das in der Praxis funktionieren kann aber nicht unbedingt muss, erläutern wir nachfolgend kurz am Verfahren des überwachten maschinellen Lernens. Wir sprachen schon von Eingabedaten (dem Input) und Ausgaben (den Output). Für die Anwendung eines Lernalgorithmus des überwachten maschinellen Lernens müssen wir dies nun etwas genauer definieren. Als Eingangsdaten benötigen wir sogenannte *strukturierte Daten*. Strukturierte Daten haben ein vorgegebenes Format, in das sich alle Informationen einordnen lassen. Die Struktur ergibt sich dabei aus sogenannten Merkmalen (englisch Features). Ein einzelner Datensatz ist dann jeweils durch die konkreten Ausprägungen der Merkmale repräsentiert und wird häufig als Vektor oder als Tupel geschrieben. In Excel oder in einer relationalen Datenbank stehen die Merkmale in den Spaltenüberschriften. Ein Datensatz steht in einer Zeile bzw. eine Zeile beschreibt einen einzelnen Datensatz. Für unüberwachtes Lernen würde dies schon genügen. Für überwachtes Lernen benötigen wir jedoch noch Informationen darüber, welche Ausgabe (auch Label oder Response genannt) jeder einzelne Datensatz erzeugt.

In unserem Beispiel zur Stornomodellierung hatten wir vier Merkmale: $x$ (versicherungsmathematisches Alter der versicherten Person), $t_0$ (Zeitpunkt des Vertragsabschlusses), $P$ (Produktbezeichnung) und die Versicherungssumme $V$. Hinzu kommt noch das Label $S$ zur Kennzeichnung, ob der Vertrag storniert wurde oder nicht, mit den Ausprägungen *ja* für storniert und *nein* für nicht storniert. Die Datensätze bestehen somit aus den Datentupeln $(x, t_0, P, V; S)$. Die vorliegenden Eingabedatensätze werden nun für das Lernen verwendet. Sie stellen quasi die Übungsaufgaben dar, anhand derer gelernt wird. Dabei kann man die Labels als Musterlösungen interpretieren.

Der Aktuar benötigt nun eine hinreichende Anzahl[7] von Datensätzen und ein Lernverfahren des überwachten maschinellen Lernens. Von diesen Lernverfahren gibt es sehr viele (wir stellen einige der wichtigesten im Abschnitt 6.3 genauer vor) und die Kunst ist nun, das für das Problem passende Verfahren auszuwählen. In den nachfolgenden Kapiteln werden wir zahlreiche wichtige und verbreitete Lernverfahren vorstellen und beschreiben (siehe Kapitel 6). Für diesen Moment gehen wir davon aus, dass der Aktuar ein Verfahren gefunden hat, das ihm für die Problemstellung

7 Was hinreichend bedeutet bzw. wie viele das sind, hängt vom spezifischen Lernverfahren ab.

passend erscheint. Je nach Verfahren muss er nun noch gewisse Festlegungen treffen (Initialisierungen) und dem Verfahren mitgeben. Man sagt auch, er muss das Verfahren / den Algorithmus kalibrieren.[8] Nun kann er das Verfahren mit den Daten trainieren. Da für jeden Datensatz das Ergebnis (die Response) bekannt ist, also ob der Vertrag storniert wird oder nicht, lernt das Verfahren Schritt für Schritt die Abhängigkeiten des Ergebnisses (storniert oder nicht) von den Merkmalen $x$, $t_0$, $P$ und $V$.

Wenn der Aktuar ein geeignetes Lernverfahren ausgewählt, dieses passend kalibriert und dann mit seinen Daten trainiert hat, kann er das nun (hoffentlich) schlaue Verfahren (man nennt es nun *gefittet*) auf neue, völlig unbekannte Datensätze anwenden. Für neue Datentupel $(x^*, t_0^*, P^*, V^*; S^*)$, für die er die Response $S^*$ nicht kennt (also nicht weiß, ob der Vertrag storniert wurde oder wird), kann das Lernverfahren eine Vorhersage über die Response treffen. In der Regel wird das Verfahren eine Wahrscheinlichkeit für Storno für dieses konkrete Tupel ausgeben. Damit kann man nun die zukünftige Stornowahrscheinlichkeit eines beliebigen Vertrages vorhersagen. Nun, das konnte man mit dem obigen klassischen Verfahren auch. Der Unterschied besteht jedoch darin, dass der Aktuar im klassischen Verfahren die Abhängigkeit der Responsevariablen von den Merkmalen, also die genaue Formel dafür, vorgeben musste. Er musste sich diese selbst überlegen und dem Programm mitgeben. Beim überwachten maschinellen Lernen kennt der Aktuar vorab keine Formel. Er vermutet vielleicht einen Zusammenhang zwischen den Merkmalen und der Response, kann / muss diesen Zusammenhang jedoch nicht in eine Formel bringen. Das Verfahren lernt die Formel selber. Je nach Verfahren ist die konkrete Berechnungsformel aus dem Verfahren heraus für den Aktuar ersichtlich, aber das ist nicht immer der Fall.[9] Das macht aber auch nichts, denn der Aktuar ist nicht unbedingt an der Formel interessiert, sondern lediglich an den Ergebnissen, also an den Vorhersagen, die das Verfahren ausgibt.

Noch einmal kurz gesagt (weil es wichtig ist): Der Aktuar kennt vorab (und meist auch nach dem Training) keine Formel, die den Zusammenhang zwischen den Merkmalen und der Response beschreibt. Das Verfahren lernt die Zusammenhänge und trifft dann Vorhersagen für neue, unbekannte Datensätze. Genau so funktionieren übrigens auch die verbreiteten Verfahren der Text-, Bild- und Spracherkennung.

Auf den ersten Blick wirkt das erst einmal wie Zauberei und so wird es in der Öffentlichkeit, teils fasziniert, teils mit großer Skepsis wahrgenommen. Wir werden in diesem Buch verdeutlichen, dass es sich bei der vermeintlichen Zauberei lediglich um Mathematik handelt.[10] Konkret stecken nämlich auch hinter den Lernverfahren ma-

---

8 Zum Beispiel bei neuronalen Netzen (die wir in Abschnitt 6.3.12 noch ausführlich behandeln werden) müssen vorab die Anzahl der Schichten (layer), der Neuronen, der Startgewichte, etc. kalibriert werden – aber dazu später mehr.

9 Das führt uns zu dem Thema *interpretable machine learning*, auf das wir in Kapitel 9 noch einmal näher eingehen werden.

10 Was für den einen oder anderen wohl dasselbe ist.

thematische Algorithmen. Diese unterscheiden sich jedoch erheblich von den oben beschriebenen klassischen Algorithmen.

So weit so schön, aber leider klappt das in den meisten Fällen dann doch nicht so einfach. Wie bei der natürlichen Intelligenz ist auch die künstliche Intelligenz nicht immer schlau genug für das gestellte Problem. Auf unseren Fall bezogen, klappt es nicht immer, dass unser trainiertes Lernverfahren die richtigen (oder zumindest hinreichend viele korrekte) Vorhersagen trifft.[11] Da letztlich aber immer noch der Aktuar für die Ergebnisse bzw. die darauf basierenden Entscheidungen verantwortlich ist, muss er sichergehen können, dass sein Verfahren bzw. der Lernerfolg seines Verfahrens hinreichend gut ist und er sich auf die Vorhersagen verlassen kann.

Deshalb wird der Aktuar etwas differenzierter vorgehen müssen, als oben beschrieben und das Verfahren geeignet validieren. Konkret möchte er nicht nur sein gewähltes Verfahren trainieren und danach für Vorhersagen nutzen, sondern er möchte es auch validieren und am Ende sicher sein, dass die Vorhersagen hinreichend verlässlich sind.[12] Einige gängige Methoden zur Modellvalidierung werden ausführlicher im Abschnitt 6.6 besprochen.

Offensichtlich gehört zum Data Mining noch viel mehr, als nur die Auswahl und Anwendung eines geeigneten Verfahrens des maschinellen Lernens. Zur Strukturierung der ToDos gibt es gute Prozessmodelle, die einen Überblick über die notwendigen Vorbereitungen geben und diese auch in eine Reihenfolge bringen.[13] Hierbei liegt ein Schwerpunkt im Datenverständnis und der Datenvorbereitung. Aber auch Modellauswahl, Kalibrierung, Validierung und schließlich die Produktivsetzung spielen eine wichtige Rolle im Data Mining Prozess.

Auf viele dieser Themen werden wir in den folgenden Kapiteln noch näher eingehen und einzelne Aspekte vertiefen. Insgesamt kann man sagen: Es gibt vieles zu beachten und es sind umfangreiche Vorarbeiten notwendig. Und auch die Auswahl und Anwendung des Lernverfahrens erfordert Geschick oder auch einfach zahlreiche Versuche, man sollte dabei stets mit Fehlschlägen rechnen. Aber es lohnt sich: Wenn all dies gelingt, sind mit Data Mining Verfahren bzw. den Methoden des maschinellen Lernens erstaunliche Dinge möglich und es können Problemstellungen maschinell gelöst werden, die sich klassischen Methoden verschließen.

---

**11** In der Praxis klappt es sogar in den meisten Fällen nicht und es bedarf erheblicher natürlicher Intelligenz, um das beste Verfahren bestmöglich zu trainieren.

**12** Was hier hinreichend ist, hängt von der konkreten Problemstellung ab. Bei der Stornoprognose ist es sicher tolerierbar, wenn die Vorhersage hin und wieder mal falsch ist. In anderen Use Cases wird man hier höhere Anforderungen stellen.

**13** Mehr dazu im Abschnitt 8.1

# 3 Neue Versicherungsprodukte

In diesem Kapitel wollen wir uns damit beschäftigen, welche Auswirkungen die Verwendung von Data Science-Methoden auf die Produktwelt der Versicherungen und auf die Unternehmen selbst haben können. Zu Beginn wollen wir drei Beispiele, je eines aus den Sparten Leben, Kranken und Sach, für innovative, datengetriebene Produkte vorstellen. Im Anschluss daran wollen wir aufzeigen, welche Konsequenzen sich aus der Einführung solcher Produkte für den Produktentwicklungsprozess, die Rolle des Aktuars und die Organisation selbst ergeben.

## 3.1 Innovative Produkte

Die im Folgenden skizzierten Versicherungsprodukte gibt es nach unserer Kenntnis in dieser Art noch nicht auf dem deutschen Markt. Ideen in diese Richtung werden aber in vielen Unternehmen und auf Konferenzen diskutiert. Außerdem gibt es weltweit schon Ansätze in diese Richtung.[1] Sie sind also, bei strenger Auslegung des Begriffs, nicht wirklich innovativ und zukunftsweisend, sondern zeigen eher die nächsten möglichen Schritte der Produktentwicklung auf.

#### Innovatives Produkt Leben: *Risikoleben for the fittest*

Die Risikolebensversicherung ist nach wie vor ein gern verkauftes Produkt, gehört aber nicht mehr zu den großen Verkaufsschlagern. Eine Idee könnte es also sein, das Produkt durch die Einbindung von *Gadgets* für technologie-affine Kundenschichten attraktiver zu machen.

Die Prämie wäre dann nicht an der Einstufung in eine Risikogruppe (Raucher/-Nichtraucher, Extremsport Ja/Nein, etc.) festzumachen, sondern würde individuell mithilfe von Fitnesstrackern und Ernährungsapps kalkuliert werden. Konkret ausformuliert: Der Kunde gibt dem Unternehmen Zugriff auf seine mittels eines Wearables aufgezeichneten Fitness- und beispielsweise Ernährungsgewohnheiten, aus diesen wird dann eine halbjährlich aktualisierte Risikoprämie berechnet. Ziel wäre eine niedrigere Prämie für den Kunden und eine Steigerung der Attraktivität des Produktes.

1 Beispielsweise das Generali Vitality-Programm oder sehr ähnlich das Vitality-Programm der Discovery Versicherung aus Südafrika. In beiden Beispielen erhalten die Kunden Rabatte oder Prämien für eine *gesunde* Lebensführung.

https://doi.org/10.1515/9783110659344-003

### Innovatives Produkt Sach: *Situationsbasierte Versicherung*

Bei den meisten Haftpflichtversicherungen wird eine jährliche Laufzeit mit vorschüssiger Prämienzahlung vereinbart. Zur Kalkulation der Prämie werden verschiedene Risikomerkmale berücksichtigt, bei Gebäudeversicherungen spielt beispielsweise der Standort eine Rolle. Mittlerweile gibt es auch Policen für spezifische Unternehmungen zu erstehen, beispielweise eine Kfz-Zusatzversicherung für Ausflüge auf Rennstrecken [33] oder Versicherungen für die jährliche Karnevalssitzung [4]. Doch auch wenn diese Beispiele den Trend zu kleinteiligen Einzelabsicherungen illustriert, sind sie nicht datengetrieben, was für uns ein *innovatives Produkt im engeren Sinne* bedeutet. Doch auch für datengetriebene Fragestellungen gibt es Ansätze. So wertet die Allianz Satellitendaten aus, um das Risiko bei Ernteausfallversicherungen besser einschätzen zu können [74]. Ein anderer Trend ist der zu Kurzzeitversicherungen, also beispielsweise einer *1-Tages-Unfallversicherung* beim Skifahren. Beides kombiniert könnte zu neuen innovativen Produkten führen, etwa durch eine Kombination aus Positionsdaten und kurzfristiger Absicherung beim Auto. Konkret: Das Auto wird in einer Gegend mit hoher Kriminalitätsrate abgestellt, über das Mobiltelefon wird beim Versicherten nachgefragt, ob man kurzfristig für 2h seine Teilkaskoversicherung auf eine Vollkaskoversicherung erhöhen möchte.

Auch vorstellbar ist eine Kombination aus Standortdaten und Kreditkartendaten: Sobald der Kunde das Geschäft mit seinem neuen, teuer erworbenen Laptop verlässt, bekommt er das Angebot, eine Transportversicherung für das neue Gerät abzuschließen, durch welche der Laptop bis zur Ankunft im eigenen Heim abgesichert ist. Die Prämie wird dann beispielsweise über den Kaufpreis (ersichtlich aus der Kreditkartenabrechnung) und die zurückgelegte Strecke (vom Laden bis nach Hause) ermittelt.

### Innovatives Produkt Kranken: *Predictive Krankenvollversicherung*

Krankenversicherungen sammeln und nutzen historisch bedingt seit jeher sensible Daten. Zu all ihren Versicherten kennen sie die Krankengeschichte mit Behandlungen und können aus diesen Daten auch auf Erfolgsaussichten bestimmter Behandlungen schließen. Ein innovativer Ansatz für Krankenversicherungen könnte nun sein, ihren Versichertenbestand mittels Algorithmen des maschinellen Lernens (siehe Kapitel 6) in sehr granulare Risikogruppen einzuteilen. Anschließend wird jedem Versicherten aufgrund seiner Zugehörigkeit zu bestimmten der ermittelten Risikogruppen seine individuelle Exponierung für bestimmte Krankheitsrisiken mitgeteilt. Darüber hinaus werden dem Versicherten anhand dieser Risikoeinschätzung speziell auf ihn zugeschnittene Präventionsmaßnahmen vorgeschlagen. So kann die Gesundheit des Einzelnen hoffentlich verbessert und die Kosten für das Kollektiv gesenkt werden. Sollten die Präventionsmaßnahmen allerdings nicht greifen, könnten auch den behandelnden Ärzten individuelle Therapieansätze vorgeschlagen werden. Der einzelne Arzt hat nur eine kleine Vergleichsbasis für die Erfolgsaussichten einzelner Behandlungsmethoden. Aus großen Versicherungsbeständen hingegen sind diese besser ableitbar. Aufbauend auf den aus dem eigenen Bestand ermittelten Erfolgswahrscheinlichkeiten, können so die Versicherungen den Ärzten erfolgversprechende Behandlungen vorschlagen, die wiederum zu schnellerer Heilung und damit zu hoffentlich niedrigeren Kosten für das Kollektiv führen.

Zusammenfassend ist allen drei Ideen gemeinsam, dass sie auf eine Differenzierung der Risikobetrachtung durch Analyse weiterer granularer Risikomerkmale abzielen. Für das erste Beispiel wird an Stelle (oder ergänzend) zum Alter und zum Raucherstatus anhand der gemessenen individuellen Fitness kalkuliert.

Noch etwas haben alle diese drei Produktideen gemeinsam: Im Gegensatz zu heutigen Produkten benötigen sie deutlich mehr Daten der Kunden. Das ist nicht unproblematisch, denn damit sind immer auch datenschutzrechtliche und ethische Fragestellungen verbunden. Beispielsweise reichen heute für eine Berufsunfähigkeitsversicherung oft schon Geburtsdatum und Beruf aus. Das sind deutlich weniger persönliche Daten, als beim Zugriff auf einen Fitnesstracker preisgegeben werden. Wir werden uns diesen Themen später zuwenden (siehe Kapitel 9). Hier wollen wir jetzt auf die Auswirkungen auf die Produktentwicklung, die Arbeit des Aktuars und die eventuellen Auswirkungen auf die Organisation, welche die Einführung solcher Produkte mit sich bringt, eingehen.

## 3.2 Produktentwicklung

Die *klassische* Produktentwicklung folgt einem klar vorgegebenen Schema. Dieses kann in vier Phasen unterteilt werden, welche sich zyklisch wiederholen: Exploration, Konzeption, Umsetzung, Evaluation. Alles beginnt mit der **Explorationsphase**, in welcher Markt- und Bedürftigkeitsanalysen durchgeführt werden. Anschließend beginnt die Ideenfindung. Hat sich eine Idee herauskristallisiert, geht man über in die **Konzeptionsphase**. In dieser wird die Produktgestaltung festgelegt. Typischerweise sind hier viele verschiedene Interessen zu beachten: Vertriebs-, Mathematik-, Schaden-, und Rechtsabteilung sowie die Produktentwicklung miteinander, wie das Produkt bezüglich Leistungsumfang und den Versicherungsbedingungen genau ausgestaltet werden soll. Ist dies festgelegt, wird das Produkt in der **Umsetzungsphase** in den Systemen implementiert und mittels geeigneter Werbemaßnahmen auf den Markt gebracht. Nach Verkaufsstart beginnt die **Evaluationsphase**, in dieser wird der Verkaufserfolg gemessen und über eventuelle Produktanpassungen nachgedacht.

In den letzten Jahren hat man in vielen Unternehmen bemerkt, dass dieses Vorgehen zu langen Umsetzungszeiträumen (typischerweise 6 bis 18 Monaten) führt und es häufig vorkommt, dass erst in der Umsetzungsphase auffällt, dass die angedachte

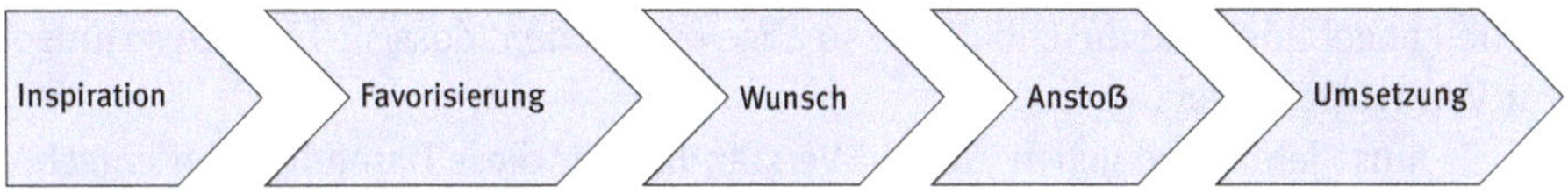


**Abb. 3.1:** Phasen der Customer Journey.

Produktgestaltung technisch nicht umgesetzt werden kann. Gerade, wenn es um stärker datengetriebene Produkte geht, wird aber die technische Umsetzbarkeit zu einem zentralen Faktor. Damit wird klar, dass ein solches Vorgehen für die oben skizzierten Produkte nicht mehr zielführend ist.

Einen Gegenvorschlag zur klassischen Produktentwicklung stellt die *agile* Produktentwicklung, entstanden aus der agilen Softwareentwicklungsbewegung, dar. In dieser wird der oben beschriebene Zyklus deutlich beschleunigt und mehr auf den Kunden ausgerichtet, sodass durch Berücksichtigung der gesamten Customer Journey (vgl. Abbildung 3.1) vermehrt mit schnelleren Feedbackzyklen gearbeitet werden kann[2].

Hangelt man sich entlang der Customer Journey (siehe Abbildung 3.1), so stellen sich bei der datengetriebenen Produktentwicklung in jeder Phase konkrete Fragen, die durch bessere Daten auch besser beantwortet werden können. Ein Beispiel ist die Frage, welcher Kundentyp eigentlich welches Produkt in der Phase *Inspiration* kauft. Hier kann man noch auf Bestandsauswertungen zurückgreifen. In der Phase *Favorisierung* stellt sich die Frage: Auf welche Art und Weise möchte der Kunde angesprochen werden? Auch hier könnte noch eine Marktanalyse oder Kundenbefragung weiterhelfen. Aber denken wir diesen Prozess weiter, so kann man in der nächsten Phase *Anstoß* die Frage stellen, wie die Abschlusswahrscheinlichkeit vom Preis abhängt. Hier muss man dann schon tiefer in die Datensammlung und -analyse einsteigen. Diese Daten liegen heute erst ansatzweise vor. Sie müssen also in der erforderlichen Granularität erst einmal erhoben und verarbeitet werden (können).

Mithilfe geeigneter Daten und deren Auswertung kann es also gelingen, die oben genannten Fragen zu beantworten. Wird dies erreicht, so erhält man eine ganzheitliche Bewertung von Risiko und Potential eines Kundens.

## 3.3 Kompetenz des Data Scientist

Damit die im vorherigen Abschnitt genannten Daten gesammelt werden können, muss ein tieferes Verständnis sowohl der Verkaufsprozesse als auch der internen Prozesse gegeben sein (siehe auch Kapitel 5.10). Die Daten müssen auf ein geeignetes Daten-

2 Eine detaillierte Beschreibung der agilen Produktentwicklung führt über den Inhalt dieses Buches hinaus Der interessierte Leser sei auf das Buch *Lean Startup* von Eric Ries verwiesen [77].

modell abgebildet und anschließend so abgelegt werden, dass sie für Auswertungen zur Verfügung stehen.

Es muss jemanden geben, der ein Verständnis für diese Daten hat, der entscheiden kann, welche Daten relevant sind und dies allen am Prozess Beteiligten erklären kann. Zu den Beteiligten zählt etwa die Rechtsabteilung, denn auch sie muss verstehen, welche Daten gesammelt werden. Daneben sollte der Vertrieb verstehen, wie die Daten im Produkt verwendet werden, damit dies anschließend dem Kunden erklärt werden kann.

Unserer Meinung nach wird dies auch weiterhin eine der zentralen Aufgaben des Aktuars im Produktentwicklungsprozess bleiben. Um dieser Aufgabe gerecht zu werden, ist neben dem schon heute notwendigen aktuariellen Wissen, ein technisches Verständnis von Datenerfassung und -ablage, ein rechtskonformer Datenumgang und schließlich mathematisch-statistisches Grundwissen in den später vorgestellten mathematischen Methoden nötig.

Durch die Entwicklung solcher Produkte ändert sich allerdings nicht nur der Produktentwicklungsprozess und die Arbeit der mitwirkenden Fachbereiche, es ergeben sich auch Auswirkungen auf die Organisationsstruktur von Unternehmen und Projekten [95].

## 3.4 Organisationsstruktur

Wie oben schon angesprochen, kommt es in Wasserfallprojekten vor, dass in einem späteren Schritt der Projektplanung auffällt, dass die Ideen aus vorangegangenen Schritten überholt oder gar nicht umsetzbar sind. Im Nachhinein stellt man oft fest, dass das Problem nicht aufgetreten wäre, wenn man eine bestimmte Ressource schon früher in den Projektablauf integriert hätte. Wenn wir unseren Blick wieder auf die in Abschnitt 3.1 angesprochenen Produktideen richten, dann sehen wir, dass hier diese Problematik noch deutlich stärker zu Tage tritt. Nehmen wir einmal an, bei genauem Blick auf die Phase 1 der Customer Journey Inspiration fällt Marketing und Vertrieb auf, dass sie eigentlich gar nicht so genau wissen, wie sich Kunden auf der Homepage bewegen und nach welchen Kriterien die Kunden bestimmte produktspezifische Unterseiten aufrufen. Also müsste jetzt mit der IT-Abteilung gesprochen werden, genauer mit denjenigen, die für das Homepage-Design verantwortlich sind, um geeignete Messmethoden festzulegen. Ohne Mitsprache des Datenschutzbeauftragten sollte aber auch keine Erfassung von Kundenbewegungen auf der Homepage durchgeführt werden. Allein diese kleine Frage überschreitet mehrere Abteilungsgrenzen und kann jedoch zügig durch ein interdisziplinäres Team beantwortet werden[3].

3 Wie so etwas in Wirklichkeit ablaufen würde, wollen wir uns lieber nicht ausmalen. Unser Tipp: Marketing beauftragt einen externen Dienstleister. Der zerschießt erst mal die Unternehmenshome-

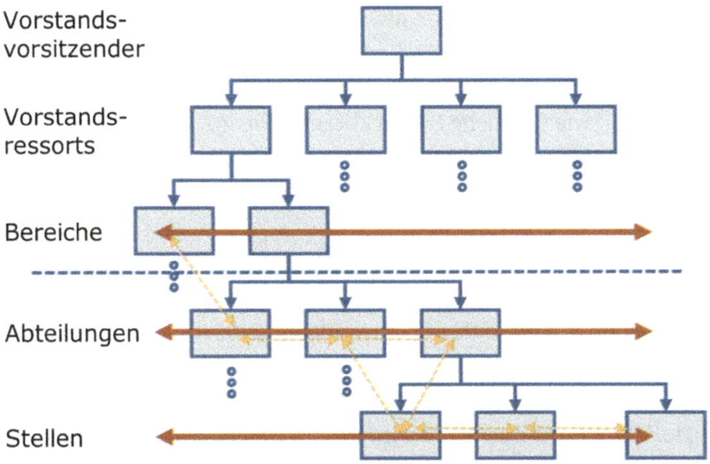


**Abb. 3.2:** Änderung in der Aufbauorganisation durch die Entwicklung neuartiger Produkte. Die Vernetzung zwischen einzelnen Stellen (orange Pfeile) und die horizontale Zusammenarbeit über Bereichsgrenzen hinweg (rote Pfeile) muss verstärkt werden.

Hatten wir bisher eine pyramidenförmige Aufbaustruktur (siehe Abbildung 3.2), die klar nach Funktions- und Unternehmensbereichen aufgeteilt ist, werden zukünftig viele Fragen nur noch mittels Querschnitten durch diese Struktur beantwortbar sein. Als erstes Zeichen dieser Veränderung kann die Einführung einer Projektkultur in den Unternehmen angesehen werden. Innerhalb eines Projektes werden für kurze Zeiträume die bisherigen hierarchischen Strukturen außer Kraft gesetzt und für das spezielle Problem angepasste Teams gebildet. Nach Abschluss des Projektes lösen sich diese Teams wieder auf und kehren zurück in die Struktur. Ist die hierarchische Sicht vertikal, also von oben nach unten durch die Pyramide, so ist die projektorientierte Sichtweise horizontal. So kann der Koordinationsaufwand reduziert und die Ressourcen flexibler, nach passendem Know-How, eingesetzt werden und interdisziplinärer Austausch gelingen. Ohne diesen wiederum sind die oben skizzierten Produkte unserer Meinung nach nicht umsetzbar (vgl. auch [95]).

Wir wollen an dieser Stelle darauf hinweisen, dass die Veränderung mit der Einführung einer Projektstruktur neben der hierarchischen Struktur noch nicht beendet ist. Wiederum, wie die agile Produktentwicklung, schwappt eine Entwicklung aus

page, weil er seine eigenen Messinstrumente unsauber einbindet. Das Unternehmen ist tagelang im Netz nicht erreichbar. Die IT schiebt Nachtschichten, um die Homepage wieder zum Laufen zu bringen und verpasst darüber den Meilenstein für das nächste Produktrelease. Abschließend stellt der Datenschützer fest, dass die vom externen Dienstleister erstellten Auswertungen auf einem ungeschützten Server offen im Netz liegen...

der IT in die Unternehmen. Gemeint ist die Entwicklung hin zu DevOps[4] und Micro-Services. Die Idee dahinter ist, dass ein Team Ende-zu-Ende verantwortlich ist für einen bestimmten kleinen Service. Ende-zu-Ende bedeutet hier, sowohl für Serverbetrieb, wie Programmierung, wie fachliche Entwicklung (siehe [62, 105]). Im gesamten Unternehmen findet sich diese Entwicklung unter dem Schlagwort Enterprise-Service-Management wieder. Allerdings ist das aktuell für viele Unternehmen noch Zukunftsmusik.

Als Fazit kann man festhalten: Die Arbeit an konkreten Data Science Anwendungen bedeutet, dass frühzeitig alle beteiligt werden müssen und alle mit allen kommunizieren müssen. Das ist in den klassischen Aufbauorganisationen nicht immer gegeben.

Die in Abschnitt 3.1 plakativ angerissenen, innovativen Produkte sollen lediglich einen Gedankenanstoß darstellen. Vielleicht wird es sie so auch nie geben, aber einen Teil des Rüstzeugs, um bessere Produktideen in diese Richtung kreieren zu können, möchten wir in den folgenden Kapiteln vorstellen.

4 DevOps steht für die Verbindung von Development und Operations. Gemeint ist die Verbindung von Entwicklern (Developers) und den für den IT-Betrieb Verantwortlichen (Operators). Eine Einführung in Romanform zu diesem Konzept findet sich in [48], technisch ausführlicher in [21].

# 4 Tools, Sprachen, Frameworks

Dieser Abschnitt geht auf Softwarelösungen ein, die bei Aufgaben aus dem Umfeld *Actuarial Data Science* verwendet werden können. Der Fokus liegt dabei auf dem Einsatz am Einzelarbeitsplatz (Desktop-PC, Notebook), Produkte für den Cloud- oder Clusterbereich werden in späteren Abschnitten diskutiert, vgl. Kapitel 5.9 bzw. 5.8.

Neben etablierten, von Aktuaren schon seit langem für die Datenanalyse benutzten Programmen wie *Microsoft Excel* oder *Matlab* sind in den letzten Jahren einige speziell für Data Analysts/Scientists zugeschnittene Systeme entwickelt worden. In Abschnitt 4.1 soll es darum gehen, einen Eindruck von den Funktionalitäten von zwei dieser Tools mit graphischer Oberfläche zu gewinnen und zu verstehen, wie sie den Prozess der Datenanalyse unterstützen können. Im Anschluss daran (Abschnitt 4.2) wenden wir uns kurz R und Python als wichtigsten Plattformen für Data Science zu, nahezu alle Beispiele der späteren Kapitel werden diese Sprachen verwenden. Eine Einarbeitung in R oder Python und deren Ökosysteme kann auch jenseits von konkreten Anwendungen des maschinellen Lernens für Aktuare sinnvoll sein, wofür wir in Abschnitt 4.2.2 einige Beispiele geben.

## 4.1 WEKA und KNIME: Maschinelles Lernen mit der Maus

Der Prozess der Datenanalyse wird in Abbildung 4.1 veranschaulicht. Wir wollen nun zwei Beispiele betrachten, die zeigen, wie jeweils Teile des Prozesses mit Unterstützung durch verschiedene Tools ablaufen können.

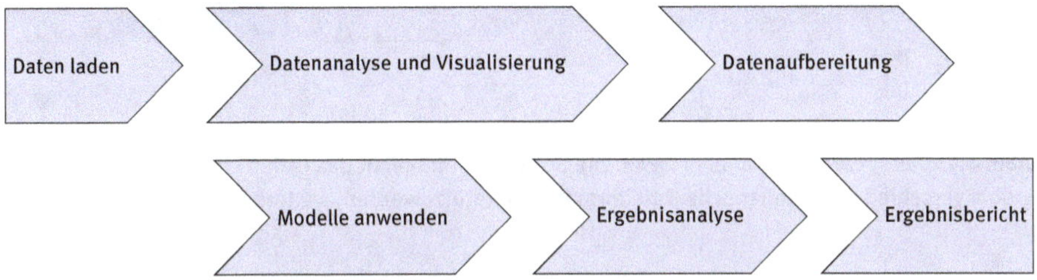


**Abb. 4.1:** Funktionalitäten von Data Science Tools.

Wir gehen dazu auf zwei Anwendungen ein, die es den Nutzern ermöglichen, den vorgestellten Prozess des Machine Learnings weitgehend menugestützt, d.h. ohne das Schreiben von *Code*, durchzuführen. Für beide Tools gibt es ausführliche Schulungsmaterial im Netz, der Abschnitt soll nur einen ersten Eindruck von der Arbeit mit ihnen geben.

https://doi.org/10.1515/9783110659344-004

### 4.1.1 WEKA

Für das erste Beispiel werfen wir einen Blick auf WEKA (Waikato Environment for Knowledge Analysis), einer frei von der University of Waikato zur Verfügung gestellten Software[1].

Die Anwendung basiert auf Java-Technologien. Sie beinhaltet eine große Sammlung an Machine-Learning-Algorithmen, die innerhalb der Plattform zur Verfügung stehen, aber auch unabhängig als Library in eigene Java-Projekte eingebunden werden können (Abschnitt 4.1.2). Das Produkt steht unter GPL (GNU General Public License), d.h. die Möglichkeit einer nicht nur rein internen Verwendung im Unternehmen sollte rechtlich abgeklärt werden[2].

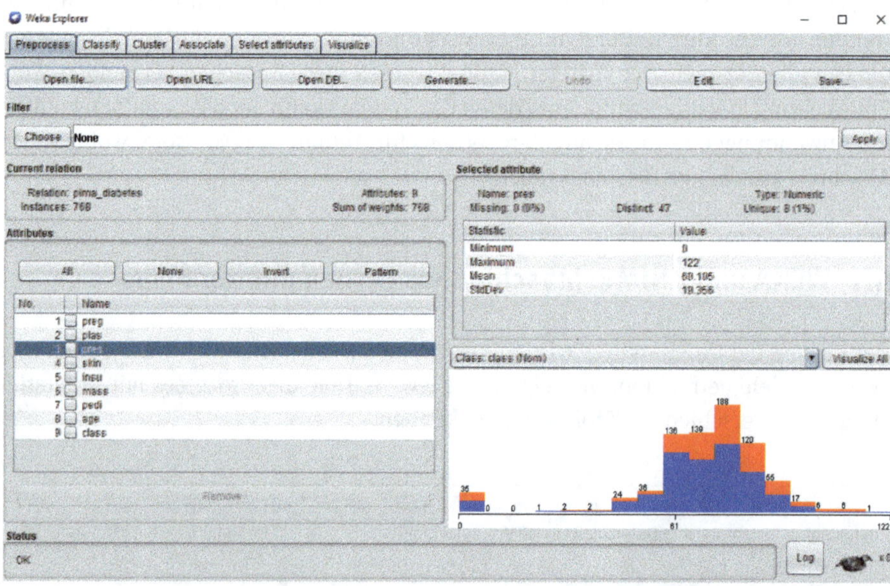


**Abb. 4.2:** Das *Preprocess*-Panel in Weka. Die Software ermöglicht das Laden eines Datensatzes, wobei verschiedene tabellarische Dateiformate unterstützt werden; weitere Erklärungen im Text.

Startet man den Desktop-Client und dann darin den *Explorer*, findet man zunächst einen Datenimport- und Analysebereich, hier *Preprocess* genannt, vor (Abbildung 4.2).

Selektiert man im Bereich links unten in Abbildung 4.2 ein Attribut, werden rechts statistische und grafische Informationen dargestellt. Per Konvention nimmt die Software an, dass der Datensatz ein abhängiges Attribut enthält, welches sich an letzter

1 https://www.cs.waikato.ac.nz/~ml/weka/

2 vgl. https://waikato.github.io/weka-wiki/faqs/commercial_applications/

Position im Datensatz befindet, was sich aber auch anders konfigurieren lässt. Das Beispiel zeigt den in der Installation enthaltenen *diabetes*-Datensatz, dessen unabhängige Variable ein Testergebnis (positiv/negativ) auf einen Diabetes-Test ist. In der Grafik wurde ein Attribut (`pres`) selektiert und die Grafik veranschaulicht die Verteilung der positiven/negativen Testergebnisse für verschiedene Werte von `pres`.

Wechselt man nun in den Reiter *Classify*, kann man verschiedene Klassifikationsalgorithmen ausprobieren, z.B. Naive Bayes (vgl. Abschnitt 6.3.7).

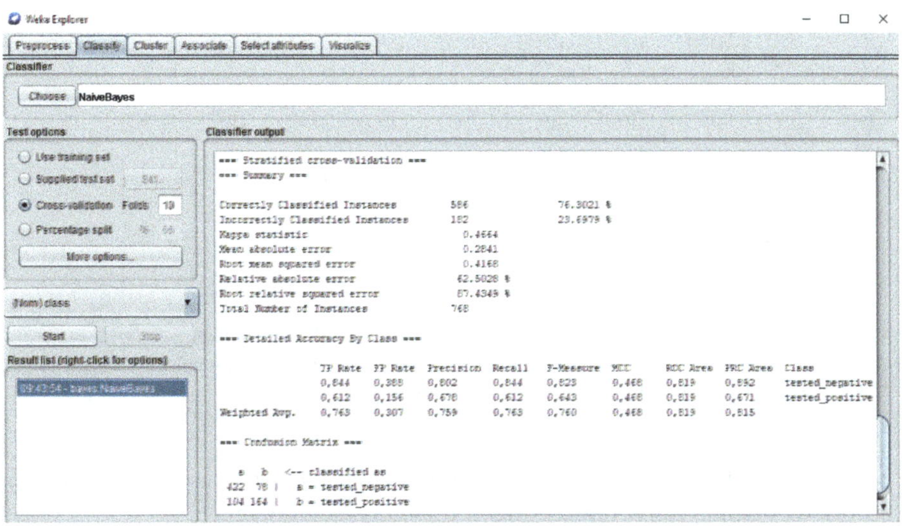


**Abb. 4.3:** Das *Classify* Panel in WEKA. Hier kann man Algorithmen auswählen und sie laufen lassen. Das Ergebnis der Analyse wird im Textfeld rechts dargestellt. Es zeigt eine Korrektheit von 76% an, wobei in der Standardeinstellung mit 10-facher Kreuzvalidierung (siehe Abschnitt 6.6.4) bewertet wird. Analog kann man Regressionsprobleme behandeln. In anderen Reitern stehen weitere Algorithmen zum Clustern oder für *Association-Analyses* zu Verfügung.

Will man verschiedene Algorithmen (evt. auch gleich auf verschiedenen Datensätzen) ausprobieren, bietet sich statt des Explorers der *Experimenter* von WEKA an. Man kann mehrere Datensätze und mehrere Algorithmen gleichzeitig selektieren. Für das Beispiel haben wir wieder den *diabetes* Datensatz ausgewählt und neben dem Naive-Bayes-Algorithmus noch zwei weitere: eine regelbasierte Klassifizierung mittels *ZeroR* und einen Entscheidungsbaum-Algorithmus namens *J48*.

Hat man die Analysen per Mausklick durchgeführt (in Sekundenbruchteilen), so zeigt die Anwendung eine vergleichende Darstellung wie in Abbildung 4.4.

Das Tool bietet noch weitere Fähigkeiten wie das grafische Zusammenklicken von einzelnen Operationen im *KnowledgeFlow*, wodurch komplexere Abläufe aus den einzel-

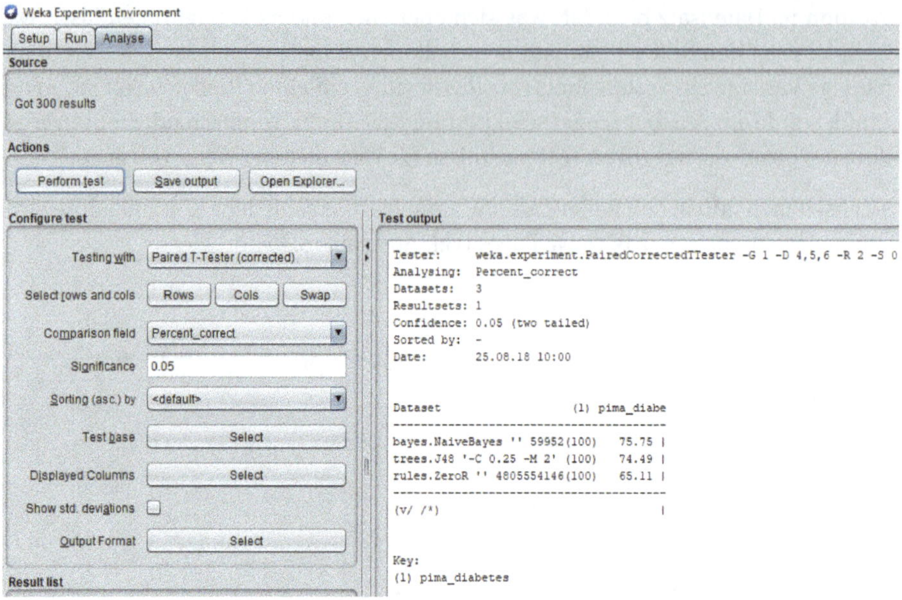

**Abb. 4.4:** Ergebnisse des Experimenters. Der Naive-Bayes-Klassifizierer scheint zumindest in der Metrik Prediction-Correctness den anderen beiden Algorithmen in diesem Beispiel überlegen sein. Er erreicht mit 75.75% die höchste Korrektklassifizierungsrate.

nen Funktionalitäten der Plattform modelliert werden können. Dieser Idee werden wir bei der Vorstellung von KNIME im Abschnitt 4.1.3 wiederbegegnen.

### 4.1.2 WEKA-Java-Library

Weitere Möglichkeiten ergeben sich dadurch, dass man die WEKA-Module auch als Library benutzen und in eigene Projekte einbinden kann, wobei wiederum die Frage der Lizenzen zu beachten ist. Dies bietet sich insbesondere dann an, wenn ein Machine-Learning-Modul in eine JVM-Anwendung[3] integriert werden soll.

Die Library kann direkt von der Projekthomepage oder über zentrale Repositories wie *JCenter* oder *Maven Central* bezogen werden. In einen Gradle-Build kann die Library z.B. durch das Hinzufügen einer Zeile wie

```
implementation 'nz.ac.waikato.cms.weka:weka-stable:3.8.3'
```

zu den *dependencies* in der Datei build.gradle mit aufgenommen werden.

3 Die *Java Virtual Machine (JVM)* wird neben Java auch von einer ganzen Reihe weiterer Programmiersprachen als Ziel- und Laufzeitumgebung verwendet, dazu zählen u.a. Scala, Kotlin oder Groovy.

Wir demonstrieren die Anwendung anhand eines einfachen Beispiels. Zunächst erstellen wir eine Java-Klasse, die im Konstruktor zwei Weka-Objekte entgegennimmt: einen Classifier, der das Modell repräsentiert und ein Objekt vom Typ Instances, welches die Trainingsdaten repräsentiert. Der Befehl

```
this.model.buildClassifier(trainingSet)
```

trainiert nun das Modell. Die Methode `predict` ermöglicht das Generieren von Vorhersagen auf Basis des trainierten Modells. Für die Implementierung werden zunächst einige Imports benötigt:

```
import java.util.List;
import weka.classifiers.Classifier;
import weka.classifiers.Evaluation;
import weka.classifiers.evaluation.Prediction;
import weka.core.Instances;
```

Der folgende Codeausschnitt gibt den Hauptteil der Klassendefinition wider, die externe Schnittstelle der Klasse besteht neben der öffentlichen Methode `predict` nur noch aus dem Konstruktor.

```
public class WekaModel {

  private Classifier model;

  public WekaModel(Classifier model, Instances trainingSet) throws Exception {
    this.model = model;
    this.model.buildClassifier(trainingSet);
  }

  public double[] predict(Instances testingSet) throws Exception {
    Evaluation ev = new Evaluation(testingSet);
    ev.evaluateModel(model, testingSet);

    double[] predictedValues = new double[preds.size()];
    int index = 0;
    for(Prediction pred: ev.predictions()) {
      predictedValues[index++] = pred.predicted();
    }
    return predictedValues;
  }
}
```

Ein Aufruf mit in einer CSV-Datei gespeicherten Trainingsdaten könnte dann etwa so aussehen:

```
public static void main(String[] args) throws Exception {
  // Datei mit Trainingsdaten
  File datafile = new File("unfaelle.csv");
  // erzeuge `Instances`-Objekt aus den Daten
  CSVLoader csvLoader = new CSVLoader();
  csvLoader.setFieldSeparator(";");
  csvLoader.setFile(datafile);
  Instances trainingData = csvLoader.getDataSet();
  // hier wird Weka mitgeteilt, welches die abhängige Variable ist
  trainingData.setClassIndex(trainingData.numAttributes() - 1);
  // ein Modell erzeugen und trainieren, wir nehmen das J48-Modell von Weka
  WekaModel model = new WekaModel(new J48(), trainingData);
  // Vorhersage (hier direkt auf den Trainingsdaten) machen
  double[] predictedValues = model.predict(trainingData);

  // Ausgabe der Ergebnisse ...
}
```

Das Ergebnis der Vorhersage ist im Moment ein double-Array, dessen Werte nun ggf. noch auf die Ausprägungen der Zielvariable abgebildet werden müssen.

### 4.1.3 KNIME

Das Tool KNIME basiert ebenfalls auf Java-Technologien. Der Benutzer kann hierin *Workflows* modellieren, die im Tool durch Graphen dargestellt werden. Die *Nodes* repräsentieren die atomaren Funktionalitäten, wie z.B. das Laden eines Datensatzes, eine Transformation, wie etwa das Filtern, eine grafische Darstellung oder ein Data-Mining Modell. Die Kanten repräsentieren den Datenfluss.

Die Workflow-Graphen werden per *drag and drop* in Knime erstellt, wobei die einzelnen Nodes über das Öffnen von Kontextmenüs noch weiter zu parametrisieren sind.

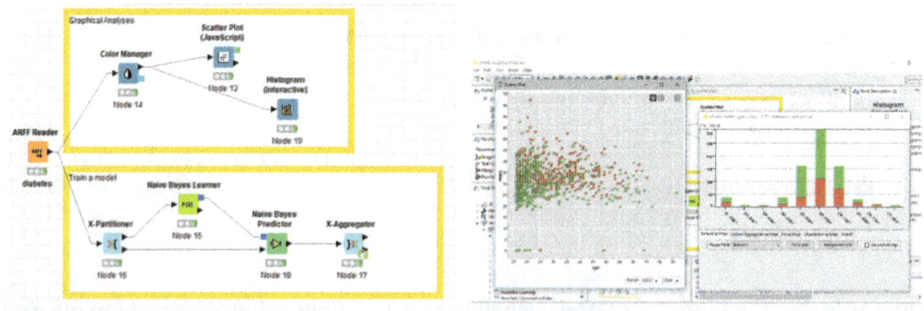


**(a)** Ein Modell. **(b)** Grafikausgabe in KNIME.

**Abb. 4.5:** KNIME.

Ein Beispiel zeigt Abbildung 4.5a. Das Modell besteht in diesem Fall aus acht Nodes. Die Daten werden über den ARFF-Reader geladen, der als Parameter einen Dateipfad erhalten hat. Im oberen Pfad werden zwei Visualisierungen erstellt, die über einen Knoten des Typs *Color Manager* laufen. Dieser erlaubt das Hinzufügen einer farblichen Dimension zu den Grafiken. Führt man die Workflows aus, werden die Charts erstellt. Als Parameter sind jeweils die darzustellenden Dimensionen auszuwählen. Die roten Punkte bzw. Balkenteile stehen jeweils für Datensätze mit positivem Diabetesbefund (Abbildung 4.5b).

Der untere Teil des Graphen trainiert ein Model (Naive Bayes) mit zehnfacher Kreuzvalidierung. Der Workflow beinhaltet eine Schleife, in welcher der Datensatz jeweils in Test- und Trainingsteil zerlegt und anschließend ein Modell auf dem Trainingsdatensatz gefittet wird. Das gefittete Model wird dann an einen *Predictor-Knoten* zusammen mit dem Testdatensatz übertragen, auf dem das Modell dann ausgewertet wird. Dieser Vorgang wird zehnmal durchlaufen. Die Ergebnisse können dann, z.B. in Form einer Tabelle mit *Error Rates* abgefragt werden, die man nun noch in eine Excel-Datei schreiben könnte (nicht Teil des Beispiels). Unsere Ergebnisse sind in Tabelle 4.1 zu finden. Verglichen werden jeweils die tatsächlichen und die vorhergesagten

**Tab. 4.1:** Ergebnis der Modellanpassung mit Kreuzvalidierung in KNIME.

| Fold-Nr. | Fehlerrate in % | Testset-Größe | Fehleranzahl |
|---:|---:|---:|---:|
| 1 | 31,2 | 77 | 24 |
| 2 | 26,0 | 77 | 20 |
| 3 | 23,4 | 77 | 18 |
| 4 | 29,9 | 77 | 23 |
| 5 | 35,1 | 77 | 27 |
| 6 | 26,0 | 77 | 20 |
| 7 | 20,8 | 77 | 16 |
| 8 | 35,1 | 77 | 27 |
| 9 | 23,7 | 76 | 18 |
| 10 | 30,3 | 76 | 23 |

Ergebnisse des Modells auf dem Testdatensatz. Die Erfolgsquote liegt somit zwischen 65% und 80% und das scheint konsistent zu der von WEKA ermittelten zu sein (dort waren 76% angegeben worden).

## 4.2 Python, R und Jupyter Notebooks

Die derzeitige Dominanz von R/Python im Zusammenhang mit der Anwendung von Machine Learning Algorithmen lässt sich teilweise dadurch erklären, dass diese Plattformen frei und kostenlos verfügbar sind und in der Leistungsfähigkeit in vielen Bereichen mit kommerziell angebotenen Lösungen mindestens konkurrieren können. Abstriche muss man (insbesondere bei Packages/Bibliotheken) zwar gelegentlich bei Dokumentation, kommerziellem Support oder generell bei der Benutzerfreundlichkeit machen, aber die weite Verbreitung von R/Python (u.a. auch in Lehre und Forschung) führt wiederum dazu, dass Probleme über Mailinglisten oder Plattformen wie *StackOverflow*[4] meistens schnell gelöst und Fragen beantwortet werden können. Auch die großen IT-Firmen setzen offenbar auf diese Tools (so war der Python-Erfinder und langjährigen Chefentwickler van Rossum mehrere Jahre bei Google angestellt und Microsoft bindet R/Python in immer weitere Produkte ein, wie z.B. Power BI (siehe dazu auch 4.2.2.1) oder den SQL Server) was nicht zuletzt auch zu der großen Zahl qualitativ hochwertiger Libraries geführt hat.

Hinzu kommt, dass die Lernkurve bei R und insbesondere bei Python verglichen mit anderen Programmiersprachen eher flach ausfällt und so die Grundlagen relativ schnell gemeistert werden können. Etwas konterkariert wird dies jedoch durch die Vielzahl von vorhandenen Packages und damit auch die hohe Zahl an möglichen Lösungen, die sich für konkrete Aufgaben finden lassen. Beide Sprachen haben gemeinsam, dass sie *höhere Datentypen* zum Umgang mit Vektoren, Matrizen und tabellarischen Daten vorweisen können: in R ist dies vor allem der eingebaute `data.frame`, in Python übernehmen die Rolle das `numpy.array` bzw. der `pandas.DataFrame`. Die letzten beiden sind, streng genommen, als eigenständige Bibliotheken nicht Teil von Python, sie sind aber so weit verbreitet, dass hier quasi kein Unterschied gemacht werden muss – sie müssen jedoch separat installiert werden.

Beide Sprachen (bzw. die genannten Bibliotheken) weisen auch mächtige Konstrukte zur vektoriellen Datenmanipulation vor, so dass die Notation einerseits kompakt gehalten werden kann und andererseits auch vergleichsweise nah an der mathematischen bleibt.

Als letzten Punkt muss in Bezug auf das maschinelle Lernen auf die Vielzahl von hochwertigen Machine Learning Bibliotheken hingewiesen werden, von denen wir einige in späteren Kapiteln des Buches verwenden werden (wiederum gehören hier Teile, die in Python von externen Bibliotheken abgedeckt werden, in R teilweise zum Kern).

Auch wenn die Anwendungsgebiete beider Sprachen heutzutage kaum noch Lücken haben, ist die ursprüngliche Ausrichtung der Sprachen nicht dieselbe: R ist primär als Statistiksprache entwickelt worden, es basiert auf der älteren Sprache S. Insbesondere die hervorragenden Grafikfunktionalitäten sollen an dieser Stelle erwähnt sein. Python ist deutlich jünger und als *General Purpose* Sprache konzipiert, sie wird von einfachen Automatisierungsskripten bis hin zu Backends für einige der meistgenutzten Webseiten des Internets genutzt.

4 https://stackoverflow.com/

Dieses Buch will und kann keine Einführungen in R bzw. Python sein, auch wenn man daraus einiges darüber lernen kann. Wir glauben, dass die Codebeispiele hinreichend einfach (bzw. entsprechend kommentiert) sind, sodass sie vom Leser nachvollzogen werden können. Als Data Scientist wird man in beiden Sprachen und den Bibliotheken zumindest rudimentär zu Hause sein müssen, so dass wir auch für dieses Buch an verschiedenen Stellen die aus Sicht des jeweiligen Autors näherliegende Variante gewählt haben.

Hinweise zur Installation von R bzw. Python finden sich in den Anhängen A.1.2 und A.1.1.

---

**!** Bei kommerzieller Nutzung von Open-Source-Software sind die Lizenzmodelle der verwendeten Softwarekomponenten in jedem Fall zu prüfen. Die Lizenzmodelle einiger Komponenten erlauben insbesondere die Weitergabe von auf diesen Komponenten aufsetzender Software nur dann, wenn die verwendende Software ebenfalls unter derselben Lizenz weitergegeben wird (Copy-Left).

---

### 4.2.1 Reproducible Research

Die meisten Programm-Beispiele für dieses Buch wurden mit Hilfe von Jupyter Notebooks erstellt[5]. Diese stellen eine interaktive, über den Webbrowser nutzbare Berechnungs- und Entwicklungsumgebung dar. Als Python-Package originär für den Python-Interpreter entwickelt, handelt es sich bei `jupyter` inzwischen um ein Plattform, die eine Vielzahl von Interpretern (u.a. R, Spark/Scala) unterstützen kann. Der Anhang A.1.2 gibt Hinweise, wie der Jupyter-Notebook-Server lokal installiert werden kann, in Distributionen wie Anaconda ist er meist schon integriert und es findet sich auch leicht Hilfe im Internet.

Ist der Server lokal gestartet oder hat man Zugriff auf einen Remote-Server, so bildet der Browser die Arbeitsumgebung, vgl. Abbildung 4.6

Das Jupyter-Notebook ist aus einzelnen sogenannten Zellen aufgebaut, die entweder Code oder Markup, also Text, Grafiken oder Ähnliches enthalten. Codezellen können ausgeführt werden, die Ausgaben werden unterhalb der Zellen im Notebook dargestellt.

Durch die Erstellung einzelner kleiner Codeteile und das unmittelbare Feedback nach deren Ausführung, wofür kein separater Kompilierungschritt nötig ist, kann eine hohe Entwicklungsgeschwindigkeit erreicht werden.

Auch die Möglichkeiten, ausführliche Texte, Grafiken und Plotausgaben direkt im Notebook darzustellen, machen es zu einer idealen Entwicklungs- und Experimentierumgebung für Data Science Anwendungen, und, wie wir meinen, auch für aktuarielle Berechnungen. Jupyter Notebooks eignen sich für die Implementierung von Ideen

---

5 https://jupyter.org/

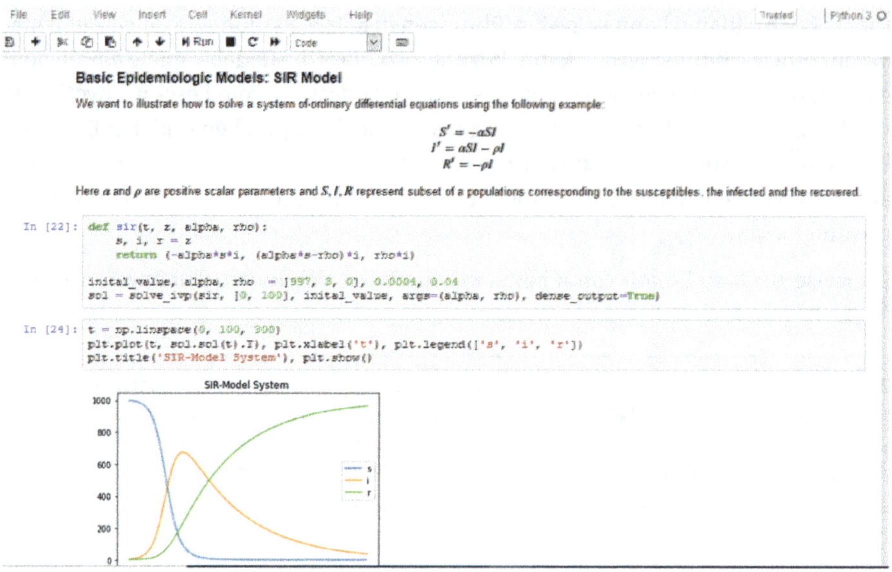


**Abb. 4.6:** Jupyter Notebook-Entwicklungsumgebung: Code, Dokumentation und Ergebnisse in einem.

des *reproducible research*. Unter diesem Begriff versteht man ein Vorgehen, bei dem es darum geht, Ergebnisse von (wissenschaftlichen) Analysen für andere nachvollziehbar zu machen. Dies kann dadurch erreicht werden, dass benutzte Daten und der zur Auswertung benutzte Programmcode zusammen mit den Schlussfolgerungen zugänglich gemacht werden. Dies ist nicht nur in der Forschung keineswegs gängige Praxis, man vergegenwärtige sich etwa, dass z.B. im Pharmabereich die Rohdaten von Studien der Öffentlichkeit (und teilweise auch den Aufsichtsbehörden) nicht zugänglich gemacht werden.

Auch wenn *reproducible research* im engeren Sinn im Unternehmenskontext selten eine Rolle spielen dürfte, kann es sich dennoch lohnen, sich mit dieser Idee zu beschäftigen, weil viele Bereiche, in denen die Nachvollziehbarkeit von Ergebnissen wichtig ist, davon ebenfalls profitieren können. Als offensichtliches Beispiel kann hier die Vereinfachung etwa bei internen Audits/Reviews aktuarieller Prozesse (z.B. durch die *Second Line* oder die Interne Revision) angeführt werden.

### 4.2.2 Weitere Aktuarielle Anwendungen

Python und R sind nicht nur die Sprachen der Wahl in Bezug auf maschinelles Lernen, sie können auch in anderen Kontexten von Aktuaren für Berechnungen und die Automatisierung (=Skriptierung) von Prozessen eingesetzt werden; dieser Abschnitt gibt einige Beispiele dafür.

#### 4.2.2.1 Berichte

In diesem Abschnitt werden zwei Möglichkeiten vorgestellt, wie mit Hilfe von R (bzw. im zweiten Fall auch Python) Berichte mit dynamisch erzeugten Inhalten erstellt werden können.

Das regelmäßige Erstellen von Auswertungen in Form von Textdokumenten oder Präsentation gehört zu den Hauptaufgaben der Aktuare. Datengrundlage kann jedes operative System[6], ein Datawarehouse[7] oder auch eine externe Datenzulieferung sein. Oftmals erhält der Aktuar die Daten bereits als Excel-Datei und auch die Datenaufbereitung und die Darstellung erfolgt in diesem Tool oder wird dort zumindest vorbeitet. Gerade für Prozesse, die nicht täglich oder wöchentlich sondern nur monats- oder quartalsweise durchlaufen werden müssen, ist eine vollständige Unterstützung durch ein IT-System oft zu aufwendig/zu teuer.

Doch das Fehlerrisiko ist bei solchen Lösungen generell hoch, und da sie meist nicht vollständig skriptiert sind, sondern manuelle Schritte notwendig bleiben (etwas das Filtern und anschließende Umkopieren von Daten in ein anderes Worksheet), entstehen auch schnell Kopfmonople und Übergaben an andere Mitarbeiter gestalten sich schwierig.

Abhilfe können hier R bzw. Python-Skripte schaffen, die für alle Phasen der Reporterstellung Unterstützung bieten können: Beispiele für das Laden und Aufbereiten der Daten werden wir in Kapitel 5 sehen, auch für das Erstellen von grafischen Darstellungen werden wir an mehreren Stellen Beispiele geben (u.a. in Abschnitt 6.2).

In diesem Abschnitt stellen wir Ansätze zur Integration der genannten Schritte einschließlich der Erzeugung der Ergebnisdokumente vor.

Das erste Beispiel, auf das wir näher eingehen, ist das R-Package Knitr[8]. Damit kann aus *Markdown* mit eingebetteten R-Code-Teilen ein druckbares Dokument erstellt werden. Markdown ist eine sogenannte Auszeichnungssprache, mit der Texte und Formatierungsinformationen zusammen in einem Dokument als Text auf einfache Art beschrieben werden können.

Wir wollen an dieser Stelle keine formale Einführung in Markdown geben, das folgende kurze Beispiel sollte dem Leser aber zumindest eine Idee vermitteln: Es zeigt die Überschrift eines Dokuments (eingeleitet durch ##), gefolgt von einem Textparagraphen, der aus etwas Text und einer Tabelle besteht. Die Tabelle wird in diesem Fall dynamisch durch R-Code generiert wird. Der entsprechende Code führt dazu eine Da-

6 Vgl. auch Abschnitt 5.10 für eine Übersicht zur typischen Systemlandschaft von Versicherungsunternehmen.

7 Mehr hierzu in Abschnitt 5.5.

8 Siehe https://yihui.org/knitr/

tenbankabfrage auf eine Tabelle VVertrag aus und konvertiert das Ergebnis mit dem Befehl knitr::kable in einen druckbare Tabelle.[9]

```
## Policenübersicht

Die folgende Tabelle zeigt das unverdichtete Portfolio
zum aktuellen Stichtag:
```{r data}
library(RSQLite)
mydb  <- dbConnect(RSQLite::SQLite(),
                   dbname="dav_turorial1.sqlite")
rs = dbGetQuery(mydb, "SELECT V1.* FROM VVertrag V1")
knitr::kable(rs, caption = sprintf("Bestand am %s", Sys.Date()))
dbDisconnect(mydb)
```
```

Knitr ist in R-Studio integriert, man erzeugt einfach per Menu ein neues *R Markdown* Dokument, das man leicht per Mausklick in ein druckbares Dokument verwandeln kann. Üblich ist zunächst die Ausgabe in eine .html-Datei, aber auch .pdf (über den Umweg Latex) oder Microsoft Word sind vorgesehen, vgl. Abbildung 4.7).

Eine weitere Möglichkeit zur Erstellung von Reports bietet das Microsoft-Tool Power BI[10]. Es stellt bereits von Haus aus zahlreiche Konnektoren zur Verfügung, mit denen Daten aus verschiedenen Systemen geladen und anschließend menugestützt oder mit der integrierten M-Query-Language[11] weiter manipuliert werden können.

Liegen die Daten im Tool vor (man kann mehrere Datensätze laden und sie in Power BI miteinander verknüpfen), kann man sie in sogenannten Visuals darstellen. Visuals sind hierbei Grafik-Elemente wie Balken- oder Tortendiagramme oder auch Tabellen. Ein Report umfasst nun mehrere Visuals und auch einfache Textbausteine, das Erstellen der Reports erfolgt per *drag and drop* und ist somit grundsätzlich ähnlich zur Arbeit mit beispielsweise PowerPoint[12]. Fertige Reports können über eine Server-Plattform mit anderen Nutzern geteilt werden, je nach Datenquellentyp und Konfiguration ist es möglich, dass die Reports beim Aufruf die Daten aus den Datenquellen sogar neu laden und damit immer aktuell sind.

Python und R sind (in neueren Versionen von Power BI) sowohl als Datenquellen als auch als Visuals integriert, d.h. man kann zum Laden und anschließenden Transformieren von Daten auf die Möglichkeiten der Sprachen zurückgreifen, zumin-

9 Vgl. hierzu Abschnitt 5.3, in dem wir auf Datenbanken und den Zugriff darauf aus R heraus genauer eingehen.

10 https://PowerBI.microsoft.com

11 https://docs.microsoft.com/en-us/powerquery-m/

12 Wobei klargestellt werden sollte, dass für die effektive Nutzung des Tools eine separate Einarbeitung benötigt wird.

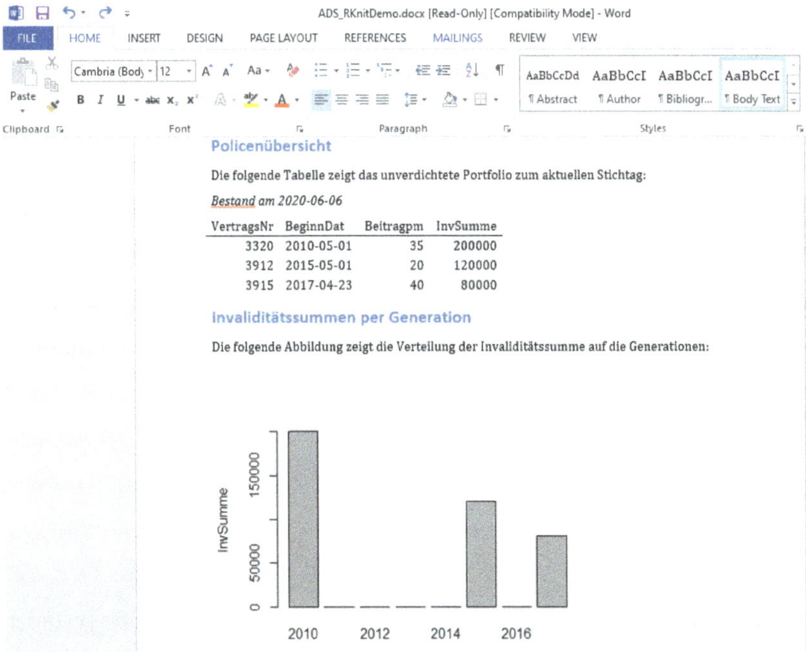


**Abb. 4.7:** Dynamische Berichte: Das R-Package Knitr kann auch Microsoft-Word-Dateien erzeugen.

dest gilt dies für die Desktop-Version und in der Cloud. Für viele Nutzer dürfte dies gegenüber der M-Query-Language zumindest für kompliziertere Transformationen eine große Erleichterung darstellen. Außerdem können auch die Grafikfunktionalitäten der Sprachen in speziellen Visuals genutzt werden, um Darstellungen für den Report zu erzeugen.

#### 4.2.2.2 Python-Beispiel: Simulationsmodelle

Für wichtige aktuarielle Aufgaben wie das *Pricing* von Versicherungsangeboten oder auch für Bewertung und Risikomessung wird oft auf stochastische Simulationen zurückgegriffen. Auch hier eignen sich Python/R hervorragend.

Als kleines Beispiel soll an dieser Stelle die Simulation eines einfachen Ein-Perioden-Modells zur Quantifizierung von Ausfällen in einem großen homogenen Portfolio von Kredittiteln dienen. Wir beschränken uns auf eine kurze Präsentation eines Modells und eine Implementierung. Für weitere Hintergründe zur dahinterliegenden Theorie sei auf [37, 59] verwiesen. Wir kommen auf das Beispiel im Abschnitt 5.7 zur Parallelisierung wieder zurück.

Im Modell werden $N$ Kreditrisikotitel gehalten (das könnten z.B. Unternehmensanleihen oder gegebene Darlehen sein). Im einfachsten und hier zu Grunde gelegten Fall sollen alle Titel für sich betrachtet die gleiche Ausfallwahrscheinlichkeit in Höhe von

$p = 1\%$ haben. Genauer wird im betrachteten Modell der Ausfall eines Einzeltitels über eine standard-normalverteilte Zufallsvariable $R$ und einen Schwellenwert modelliert, so dass am Ende der Periode der Wert des $i$-ten Titels gerade

$$T_i = 1 - \lambda \mathbb{1}_{R_i < \Phi^{-1}(p)}$$

ist. Hierbei ist $\Phi$ die Verteilungsfunktion der Standardnormalverteilung und $\lambda$ steht für den *Loss Given Default (LGD)*, d.h. den Anteil des Nennwerts, den der Kreditor im Falle eines Ausfalls tatsächlich verliert. Wir setzen im Beispiel $\lambda = 60\%$.

Für das Verhalten des gesamten Portfolios ist nun die Korrelationsannahme der Einzeltitel entscheidend. Im betrachteten **Ein-Faktor-Modell** gehen wir davon aus, dass die Einzelrisiken von einem gemeinsamen Faktor $Y$ und von idiosynkratischen Faktoren $\epsilon_i$ beeinflusst werden:

$$R_i = \sqrt{\rho_i} Y + \sqrt{1 - \rho_i} \epsilon_i \quad (i = 1, \ldots, N).$$

Hierbei ist

$$Y, \epsilon_1, \ldots, \epsilon_N \sim \mathcal{N}(0, 1) \text{ i.i.d.}$$

Unten setzen wir noch $\rho_i = \rho = 0{,}05$ voraus (homogener Fall). Die Größe $\rho$ steuert also, wie stark die Korrelation der Einzeltitel ist.

Das Modell lässt sich nun in Python einfach direkt umsetzen. Wir definieren zunächst eine Funktion, die die Realisierungen der Risikotreiber $Y, \epsilon_i$ festlegt:

```
import numpy as np

def get_market_state_advance_fun(N):

    def advance():
        draw = np.random.normal(size=N+1)
        return draw[0], draw[1:]

    return advance
```

Dann führen wir eine Klasse ein, die basierend auf der Funktion oben (welche hier weiter unten als *advance* injiziert wird) das Portfolio fortschreibt:

```
class MarketLossModel(object):

    def __init__(self, lgd, rho, p, advance):
        self.lgd = lgd
        self.rho = rho
        self.p = p
        self.c = norm.ppf(p)
        self.advance = advance
```

```
    def update_market_values(self):
        y, epsilon = self.advance()
        R = np.sqrt(self.rho) * y + np.sqrt(1 - self.rho) * epsilon
        return 1 - self.lgd * (R < self.c)
```

Im nächsten Schritt legen wir die Parameter des Modells fest und erzeugen ein `MarketLossModel`-Objekt:

```
N = 100000
lgd = 0.6
rho = 0.05 * np.ones(N)
p = 0.01 * np.ones(N)

ml_model = MarketLossModel(lgd, rho, p, get_market_state_advance_fun(N))
```

Zuletzt führen wir die Simulation für das gesamte Portfolio durch (und zwar hier 2000 Mal) und merken uns jeweils die Portfolio-Verluste:

```
its = 2000
market_values = np.zeros(its)
for i in range(its):
    market_values[i] = sum(ml_model.update_market_values())
market_values /= N

market_losses = 1 - market_values
```

Das Resultat kann man sich nun z.B. grafisch in einem Histogramm veranschaulichen, vgl. Abbildung 4.8. Neben dem Simulationsergebnis ist als gestrichelte Linie auch die Dichte des theoretischen Grenzwerts (*large portfolio limit*) dargestellt. Es handelt sich dabei um eine Zufallsvariable, die für homogene Parameter (also wie oben $\rho_i = \rho$, $p_i = p$) nur noch vom gemeinsamen Faktor $Y$ und nicht mehr von den idiosynkratischen Risiken $\epsilon_i$ abhängt. Sie hat folgende Darstellung:

$$\lambda\Phi\left(\frac{\Phi^{-1}(p) - \sqrt{\rho}Y}{\sqrt{1-\rho}}\right).$$

Die Dichte ergibt sich dann (vgl. [37]) zu

$$f_{\rho,p,\lambda}(x) = \frac{1}{\lambda}\sqrt{\frac{1-\rho}{\rho}}\exp\left(\frac{(\Phi^{-1}(x/\lambda))^2}{2} - \frac{(\Phi^{-1}(p) - \Phi^{-1}(x/\lambda)\sqrt{1-\rho})^2}{2\rho}\right).$$

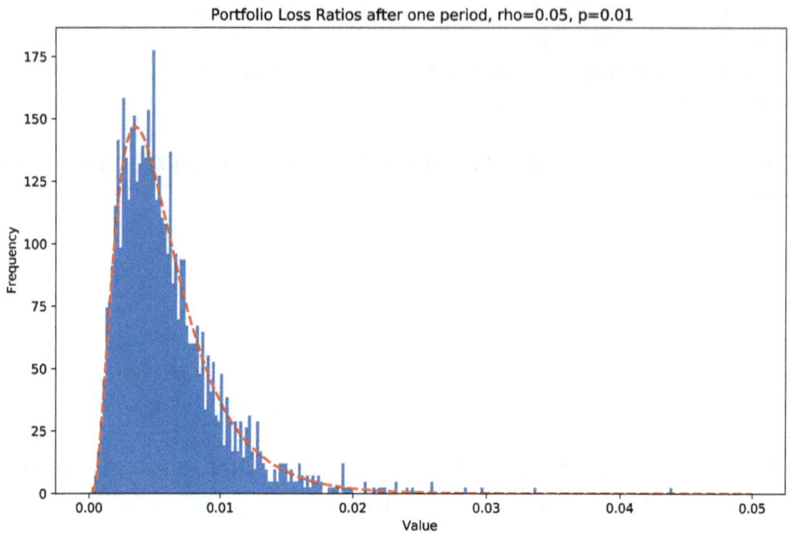


**Abb. 4.8:** Simuliertes Histogramm und Grenzverteilung. Zur Einordnung: Bei unterstellter Unabhängigkeit der Einzeltitel würde man bei der gewählten Portfoliogröße nahezu eine Punktverteilung bei 0,006 erwarten.

# 5 Informationstechnologie

In diesem Kapitel besprechen wir Grundlegendes zur Datenverarbeitung aus einer technischen Perspektive. Neben dem im aktuariellen Kontext üblichen Umgang mit Dateien und relationalen Datenbanken gehen wir auch auf einige jüngere Entwicklungen wie No-SQL 5.4 und Hadoop/Spark 5.8 ein, die inzwischen in vielen Branchen verwendet werden und unserer Einschätzung nach auch für die Versicherungsunternehmen an Bedeutung gewinnen werden. Der Abschnitt 5.10 gibt einen Überblick über die Anwendungslandschaft in Versicherungsunternehmen.

Die Darstellung der Vielzahl von Themen mit vielen Anwendungsbeispielen ist breit angelegt, sie soll vor allem der groben Orientierung dienen, bei Interesse an der Vertiefung einzelner Themen muss auf weiterführende Literatur verwiesen werden.

## 5.1 Arbeiten mit Dateien

Vor einer Datenanalyse oder der Anwendung statistischer Verfahren stehen im Allgemeinen eine ganze Reihe von Arbeitsschritten, die ein Data Analyst durchzuführen hat. Einige typische Beispiele dafür sind in Abbildung 5.1 zu finden.

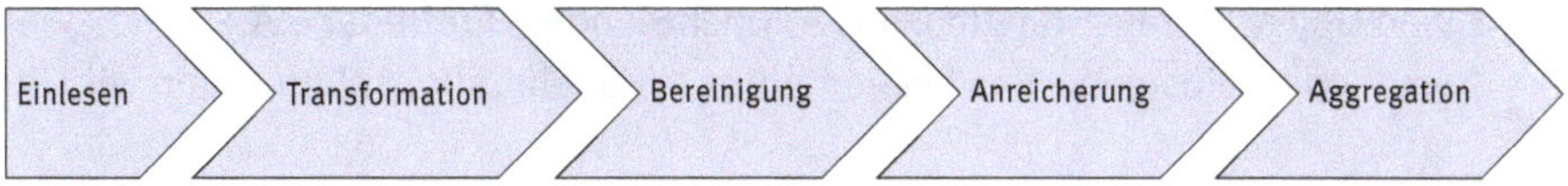


**Abb. 5.1:** Arbeitsschritte vor einer statistischen Analyse.

In diesem Abschnitt liegt der Fokus auf den beiden ersten Schritten im Kontext der Arbeit mit klassischen Dateien, u.a. in den Abschnitten 6.1.1 und 6.1.2 des Folgekapitels werden wir auf weitere Techniken zur Datentransformation und insbesondere auch den Umgang mit fehlenden Daten eingehen. Das Thema *Datenbanken* wird in den Abschnitten 5.3 für die *relationalen* Vertreter bzw. 5.4 für die sog. No-SQL-Datenbanken genauer besprochen.

Wir beschäftigen uns hier zunächst mit physikalischen (im Sinn von *wo liegen die Daten*) und logischen (*in welchem Format liegen die Daten vor*) Aspekten der Datenspeicherung und gehen im Anschluss beispielhaft auf den Umgang mit einigen häufig verwendeten Dateiformaten ein.

https://doi.org/10.1515/9783110659344-005

**Tab. 5.1:** Einige mögliche Datenquellen für eine statistische Anwendung.

| Textformate | offene binäre Formate | Datenbanken | proprietäre Formate |
|---|---|---|---|
| CSV | Protocol Buffer | Oracle | .mat-Files (Matlab) |
| JSON | HDF5 | Postgres | SAS |
| XML | Avro | SQL Server | |
| (Excel) | Java Serialization/pickle | MongoDB/Cassandra | |

### 5.1.1 Datenspeichermedien

Die dauerhafte Speicherung digitaler Dokumente erfolgt in Form von Dateien auf elektronischen Medien wie Festplatten. Abhängig von der konkreten Arbeitssituation (*Ist Teamzugriff erforderlich?*), von Vertraulichkeitsanforderungen oder ganz allgemein der Verfügbarkeit kommen hierbei verschiedene Varianten zum Einsatz, Beispiele sind u.a.

- die Ablage der Dateien auf der lokalen Festplatte eines Arbeitsplatzrechners,
- die Ablage von Dateien auf zentralen Netzlaufwerken im Unternehmen,
- die Benutzung von Kollaborationsplattformen wie Microsofts SharePoint,
- die Speicherung in einem Cloud-Angebot wie z.B. Google Docs, Google Drive oder Microsoft OneDrive,
- Cloud Object Storage wie Amazons S3 (insbesondere für Bilder o.Ä.),
- fremd- oder selbstgehostete Versionierungs-/Kollaborationsplattformen wie Git.

Hierbei muss man im Einzelfall normalerweise Kompromisse eingehen, da jede Variante spezifische Vor- und Nachteile mit sich bringt. Zugriffszeiten beispielsweise sind für die lokale Festplatte im Normalfall deutlich kürzer als bei einem Netzlaufwerk, Zugriffsrechte über Unternehmensgrenzen lassen sich in den beiden erstgenannten Ansätzen kaum realisieren und geteiltes Arbeiten am gleichen Dokument wird erst mit sinnvollen Konflikterkennungs- und -auflösungsmechanismen sinnvoll möglich (wie z.B. in Git, aber auch dort nur für reine Textformate). Zu beachten sind hier ferner rechtliche bzw. Compliance-Vorgaben der Unternehmen, die es ggf. untersagen, bestimmte Daten einfach auf der Festplatte eines Laptops abzulegen.

### 5.1.2 Datenformate

Neben dem Speichermedium ist auch zu überlegen, *wie* die Daten gespeichert werden, d.h. welche Dateiformate gelesen bzw. erzeugt werden müssen. Der Möglichkeiten sind undenkbar viele, die folgende Tabelle 5.1 soll daher nur als beispielhafte Annäherung verstanden werden.

Bei Dateien liefert die Einteilung in *textbasierte* bzw. *binäre* Dateien eine erste grobe logische Untergliederung. Auf dem Speichermedium liegen hierbei alle Daten als Sequenz von Bytes vor. Spricht man von binären Daten oder Dateien, so soll damit zum Ausdruck gebracht werden, dass es sich um beliebige Daten in Byteform handelt, die ein verarbeitender Prozess auf eine spezielle Art zu interpretieren hat. Die Byte-Sequenz ist also eine codierte Form der Nutzdaten und erst durch Anwendung und Interpretation durch ein vorgegebenes *Schema* erhält man die eigentlichen Nutzdaten.

Als Beispiel für eine binäre Datenspeicherung betrachten wir die Speicherung einer Matrix von Fließkommazahlen in einer Datei. Dies könnte man z.B. so erreichen, dass man zunächst zwei 16-Bit Zahlen mit den Dimensionen $n$ und $m$ der Matrix und dann $nm$ 8-Byte double precision Zahlen anfügt[1]. Die Anzahl der benötigten Bytes wäre also dann $4 + 8nm$.

---

Was ist darüber hinaus noch festzulegen? **?**

---

Im Beispiel war die Kodierung naheliegend aber im Grunde individuell, sodass das Wiedereinlesen der Daten wiederum durch einen individuellen Prozess erfolgen wird. Ein Binärformat kann aber auch öffentlich sein, als Beispiele seien hier genannt:

- das PDF-Format, dessen Spezifikation von Adobe offengelegt wurde und welches von vielen Programmen und Bibliotheken unterstützt wird[2],
- das `.mat` Format von Matlab[3].

Einen Sonderfall bilden hier in gewisser Weise die sog. Textdateien, wie sie z.B. von Texteditoren erzeugt werden. Ein vor allem im Kontext der Internationalisierung wichtiges Thema ist das des *Kodierungsformates* für Textdateien. Wir gehen im Folgenden kurz darauf ein, verweisen aber auch auf *JoelOnUnicode*[4] für einen amüsanten Einstieg. Als Hintergrund sollte man sich klarmachen, dass eine Textdatei interpretiert wird als Sequenz von Zeichen eines bestimmmten Alphabets, welche in einer bestimmten *Codierung* in eine Datei gespeichert werden. Bis vor nicht allzu langer Zeit wurde hierzu meist ASCII verwendet, ein Code, der 128 Zeichen mit sieben Bits codiert. Da diese Zeichenmenge in vielen Zusammenhängen nicht mehr ausreicht, sind verschiedene Erweiterungen entwickelt worden. Das Standardalphabet für druckbare

---

**1** Die Speicherung einer Fließkommazahl in 8 Bytes setzt wiederum einen Codierungsstandard voraus

**2** https://www.adobe.com/devnet/pdf/pdf_reference.html

**3** https://www.mathworks.com/help/pdf_doc/matlab/matfile_format.pdf

**4** https://www.joelonsoftware.com/2003/10/08/the-absolute-minimum-every-software-developer-absolutely-positively-must-know-about-unicode-and-character-sets-no-excuses/

Zeichen ist heutzutage *Unicode*[5]. Zur Speicherung der Zeichen ist wiederum eine Codierung in Bytes erforderlich, wobei ein Unicode-Zeichen ein, zwei oder noch mehr Bytes beanspruchen kann. Hierfür sind verschiedene Standards entwickelt worden, die Bytezahl je Zeichen kann entweder für alle Zeichen gleich sein (z.B. UTF-32) oder es wird eine unterschiedliche Anzahl von Bytes je nach Zeichen verwendet (z.B. UTF-8). Welche Unicode-Codierung standardmäßig zum Einsatz kommt, ist teilweise plattformabhängig und sollte bewusst entschieden werden.[6] Als Beispiel betrachten wir einmal das Einlesen und Ausgeben einer Textdatei unter Angabe der Codierung in Java:

```
File fileDir = new File("c:\\temp\\test.txt");

BufferedReader in = new BufferedReader(
                      new InputStreamReader(
                        new FileInputStream(fileDir), "UTF8"));

String str;
while ((str = in.readLine()) != null) {
  System.out.println(str);
}
in.close();
```

Die Stream-Klassen in Java machen den Prozess für den Nutzer transparent: Um an die Daten in der Datei heranzukommen wird die Funktionalität von drei Klassen genutzt. Der `FileInputStream` arbeitet hierbei noch auf der Byteebene, in der nächsten Verarbeitungsstufe im `InputStreamReader` erfolgt die Interpretation der Byte-Sequenz (oder des Byte-Streams in der Java-Terminologie) als Textsequenz. Als letztes wird darüber noch ein `BufferedReader` gelegt, was eine komfortablere Schnittstelle und Performanceverbesserungen mit sich bringt.

Analog dazu erfolgt auch das Schreiben einer Text-Datei als Umkehrung des Prozesses oben in zwei Schritten, wobei nicht jede Programmierschnittstelle oder -sprache dies auch explizit macht. Hier ein Beispiel in C#:

```
string fileName = "test.txt";
string textToAdd = "Text f\"ur die Datei.";
Encoding encoding = Encoding.GetEncoding("ISO-8859-1");

using (FileStream fs = new FileStream(fileName, FileMode.CreateNew)) {
  using (StreamWriter writer = new StreamWriter(fs, encoding)) {
    writer.Write(textToAdd);
  }
}
```

5 https://www.unicode.org/versions/Unicode11.0.0/
6 Im Zweifelsfall ist UTF-8 eine gute Wahl.

Im Gegensatz zu Textdateien repräsentieren die Bytes in einer binären Datei nicht notwendig Zeichen. Möchte man z.B. eine double precision Zahl in einer Datei speichern, so hat man acht Bytes zu speichern, wobei die einzelnen Bytes zunächst nichts mit einer textuellen Repräsentation der Zahl als Dezimalzahl zu tun haben. Das soeben für Zahlen gesagte gilt natürlich auch bei komplexeren Datenstrukturen. Als Konsequenz halten wir fest, dass binäre Speicherung i.d.R. kompakter und effizienter verarbeitbar ist, jedoch die genaue Kenntnis der Struktur erfordert und damit in der Regel nur von (der korrekten Version) der richtigen Software lesbar ist. Textformate (auch für strukturierte Daten) sind universell verarbeitbar und oft kann das Schema aus der vorliegenden Struktur erraten werden. Eine Kombination von einigen Vorteilen beider Möglichkeiten erreicht man z.B. dadurch, dass Textdateien in Form von komprimierten Archiven wie *zip* gespeichert werden, ein Verfahren wie es beispielsweise bei verschiedenen Office-Applikationen zum Einsatz kommt.

Wir wollen in den folgenden Abschnitten exemplarisch einige häufig verwendete Formate und deren Verarbeitung in Python/R vorstellen, für die es in den genannten Plattformen (meist mehrere) vorgefertigte Lösungen gibt. Der Import aus Datenbanken bleibt zunächst unberücksichtigt, da er später (Abschnitt 5.3.1) ausführlicher besprochen wird.

### 5.1.3 Tabellarische Daten

In vielen Fällen werden Eingabedaten für eine Datenanalyse schon in Tabellenform vorliegen oder sie werden in einem Vorverarbeitungsschritt dahin überführt. Die einzelnen Datensätze (auch *Records* oder *Beobachtungen*) sind dann in den Zeilen angeordnet. Zur Repräsentation im Rechner bedient man sich in R meist des Datentyps `data.frame` und in Python steht über die Bibliothek `pandas` ein mächtiges Äquivalent zur Verfügung (`pandas.DataFrame`). In diesem Abschnitt gehen wir davon aus, dass die Menge der zu bearbeitenden Daten es zulässt, sie problemlos in den Hauptspeicher zu laden[7], anderenfalls werden Technologien wie Hadoop/Spark relevant, vgl. dafür Abschnitt 5.8.

Wir beginnen mit einem einfachen, in der folgenden Tabelle 5.2 wiedergegebenen Beispiel.

7 Für viele aktuarielle Fragestellungen ist dies keine Einschränkung.

**Tab. 5.2:** Einfaches Tabellenbeispiel.

| NAME | SEX | DATE_OF_BIRTH |
|---|---|---|
| Matzerat, Oskar | m | 1926-10-11 |
| Bieberkopf, Franz | m | 1901-03-22 |

Im *CSV-Format*, was originär für *comma separated values* steht aber letztlich (s.u.) eine Familie von eng verwandten Formaten beschreibt, sieht die Darstellung dann beispielsweise wie folgt aus:

```
NAME,SEX,DATE_OF_BIRTH
"Matzerat, Oskar",m,1926-10-27
"Bieberkopf, Franz",m,1901-03-22
```

Die Datensätze werden also zeilenweise gespeichert und zwischen den einzelnen Spalten steht ein Trennzeichen. Es gibt einige Parameter des CSV-Formats, die zur Verarbeitung zu spezifizieren sind:

- Trennungszeichen (hier ",", aber auch TAB oder im Deutschen ";" oder das Leerzeichen sind gebräuchlich),
- Spaltenüberschriften (vorhanden/nicht vorhanden),
- Zeilenendezeichen - in unixoidalen Betriebssystemen normalerweise "\n" und unter Windows "\n\r",
- quote character (meist das doppelte Anführungszeichen, s.u.),
- escape character (meist "\", s.u.),
- Dateiencodierung,
- Unterstrukturen (z.B. im Namensfeld oben oder bei Datumsangaben relevant).

Die Notwendigkeit des *quote characters* ergibt sich daraus, dass das Trennungszeichen sonst nicht Teil eines Tabelleneintrags sein kann. Ist das der Fall, so ist der Tabelleneintrag zu quotieren (in Anführungszeichen zu setzen). Soll nun wiederum der *quote character* Teil eines Tabelleneintrags sein, so ist er mit dem *escape character* einzuleiten. Hier beispielhaft das programmatische Einlesen einer CSV-Datei mit Python

```python
import pandas as pd
df = pd.read_csv("data/data1.csv")
```

bzw. R

```r
read.csv("data\\data1.csv")
```

Für die genaue Spezifikation sei auf die Hilfe zu den einzelnen Kommandos verwiesen, in R zum Beispiel mit `?read.csv` zu erfragen.

### 5.1.4 Excel - Nicht-tabellarische Daten

Als weiteres, in der aktuariellen Praxis durchaus relevantes Beispiel werfen wir einen Blick auf *Excel* Dateien. Flache Tabellen in xls/xlsx-Dateien können mit ähnlichen Befehlen wie gerade eben für CSV demonstriert gelesen werden (z.B. `pandas.read_excel` an Stelle von `read_csv` – die Dokumentation ist online leicht zu finden).

Wir betrachten das in Abbildung 5.2 wiedergegebene Beispiel, in dem Informationen in zwei Spalten geordnet zu finden sind. Die erste Spalte ist jeweils ein Feldname und die zweite enthält die eigentliche Information. Zeilen mit Daten werden dabei von Überschriftszeilen unterbrochen.

| | A | B | C | D |
|---|---|---|---|---|
| 1 | | | | |
| 2 | **Information for Export** | | | |
| 3 | **MP Information** | **Value** | | |
| 4 | Period | 2015 | | |
| 5 | Financial Quarter | Q4 | | |
| 6 | Upload Folder | Total Business | | |
| 7 | ModelPoint ID | 2015_152535 | | |
| 8 | Uploaded at | 1/21/2016 02:51:33 PM | | |
| 9 | Last modified | 1/21/2016 03:09:27 PM | | |
| 10 | Model Point Status | Approved | | |
| 11 | **CF Consolidation** | | | |
| 12 | CF Consolidation Status | Complete | | |
| 13 | CF Consolidation at | 1/21/2016 03:09:27 PM | | |
| 14 | Yield curve date | 12-31-2015 | | |
| 15 | Yield curve name | YC Q4 2015 EIOPA original spot | | |
| 16 | FX Rates (end of quarter) | 12-31-2015 | | |
| 17 | Version Math Kernel | 2015.13.2 | | |
| 18 | **SCR Calculation** | | | |
| 19 | Calculation Status | Valid | | |
| 20 | Calculation date | 1/21/2016 03:47:36 PM | | |
| 21 | Yield curve date | 12-31-2015 | | |
| 22 | Yield curve name | YC Q4 2015 EIOPA original spot | | |
| 23 | FX Rates (end of quarter) | 12-31-2015 | | |
| 24 | Version Math Kernel | 2015.13.2 | | |
| 25 | Number of Iterations | 100000 | | |
| 26 | Results Folder | Result_1 | | |
| 27 | | | | |

**Abb. 5.2:** Spreadsheet-Daten mit zwei relevanten Spalten.

Es soll nun beispielhaft das Feld *model_point_id* und die Tabelle unter der Überschrift *SCR Calculation* gelesen werden. Das wäre auch mit `pandas.read_excel` möglich, wobei dann aus dem eingelesenen DataFrame die Daten auf geeignete Weise extrahiert werden müssten. Im folgenden Beispiel nutzen wir die Bibliothek `openpyxl`, die insbesondere auch zum Schreiben von Excel-Dateien zusätzliche Features anbietet und deren Interface an den Zugriff über Makros in *Visual Basic for Applications* (VBA) erinnert.

```
from openpyxl import load_workbook

# Worksheet-Object besorgen
wb_mp = load_workbook("mp_status_example.xlsx")
ws_status = wb_mp['status']

# einzelne Zelle auslesen
model_point_id = ws_status["B7"].value

# Lesen der Einträge unter "SCR properties"
scr_properties = {}
for row in ws_status["A19:B26"]:
    scr_properties[row[0].value.upper()] = row[1].value
```

Die Variable `model_point_id` hat dann den Wert ”2015_152535” und die Ausgabe des eingelesenen `scr_properties` Dictionaries ergibt

```
{'CALCULATION DATE': '1/21/2016 03:47:36 PM',
 'CALCULATION STATUS': 'Valid',
 'FX RATES (END OF QUARTER)': '12-31-2015',
 'NUMBER OF ITERATIONS': 100000,
 'RESULTS FOLDER': 'Result_1',
 'VERSION MATH KERNEL': '2015.13.2',
 'YIELD CURVE DATE': '12-31-2015',
 'YIELD CURVE NAME': 'YC Q4 2015 EIOPA original spot'}
```

In anderen Sprachen stehen teilweise eigene freie oder kommerzielle Excel-Libraries zur Verfügung (z.B. *Apache POI*[8] für Java).

Speziell für Excel besteht natürlich auch die Möglichkeit, die Datei als .csv zu speichern bzw. VBA-Skripte zu nutzen, die die Daten extrahieren und als csv/json-Dateien exportieren, sie direkt in Datenbanken schreiben oder sie an eine Web-API übermitteln. Die Ausführung solcher Skripte in vollständig automatisierten Arbeitsabläufen kann dann über die COM-Schnittstelle von Excel angestoßen werden (z.B. von einem Python/Matlab-Skript aus, vgl. hierzu auch das im Abschnitt 5.6 über Testautomatisierung angesprochene *AutoIT*). Insgesamt scheint jedoch die Komplexität deutlich geringer zu bleiben, wenn die Datenextraktion in einem Tool vorgenommen werden kann.

### 5.1.5 Textdateien

Die programmatische Verarbeitung von Text aus einfachen Textdateien erfolgt dadurch, dass der Text (oder jeweils nur eine oder wenige Zeilen) in eine entsprechende

8 https://poi.apache.org/

Variable eingelesen werden. Als Beispiel sei angenommen, dass in der Datei `ycfwd.sql` im aktuellen Arbeitsverzeichnis eine SQL-Query gespeichert ist. Diese kann beispielsweise in Python durch

```
with open("ycfwd.sql", "r") as query_file:
    yc_query = query_file.read()
```

in die Variable `yc_query` eingelesen und dann weiterverarbeitet werden.

Das programmatische Einlesen von Texten, die in Formaten wie *docx* oder *pdf* vorliegen, kann in vielen Fällen ähnlich wie oben beschrieben erfolgen, wobei natürlich entsprechende Pakete einzubinden sind, die mit den Dateiformaten umgehen können. Hierzu wird jedoch im Allgemeinen eine eingehendere Beschäftigung mit diesen Paketen von Nöten sein, um auftretende Probleme lösen zu können, das Thema soll deshalb an dieser Stelle nicht weiter vertieft werden.

**Digression: Textanalyse**

In diesem Abschnitt soll als kurzer Exkurs eine beispielhafte Aufbereitung eines Textes gezeigt werden, deren Ergebnis dann (zusammen mit vielen anderen aufbereiteten Texten) als Eingabe für Algorithmen des maschinellen Lernens benutzt werden könnte.

Der Startpunkt ist also ein Text, den wir im folgenden Skript zunächst herunterladen.[9]

```
import collections
import re
import requests

# einen Text aus dem Internet laden
url_lessing = "https://www.gutenberg.org/ebooks/9375.txt.utf-8"
fabeln_lessing = requests.get(url_lessing).content.decode("utf-8")

# Markierungen für Beginn/Ende des Textes
marker_head = "http://gutenberg.spiegel.de/ erreichbar."
marker_foot = "Ende dieses Projekt Gutenberg"

text_start_pos = fabeln_lessing.find(marker_head) + len(marker_head) + 4
tex_end_pos = fabeln_lessing.find(marker_foot)
fabeln_lessing_stripped = fabeln_lessing[text_start_pos:tex_end_pos]
print(fabeln_lessing_stripped)
```

9 Wie die Autoren später feststellen mussten, ist die oben angegebene URL inzwischen wegen eines anhängigen Rechtsstreits von Deutschland aus nicht mehr erreichbar.

Nach dem Laden des Textes über das Internet schneiden wir noch Vor- und Nachspann weg, die nicht zum Text gehören. Die ersten Zeilen des bisherigen Ergebnisses sind im Folgenden wiedergegeben.

```
Ausgewählte Fabeln

Gotthold Ephraim Lessing

1759


Inhalt:

Das Geschenk der Feien
Das Ro und der Stier
Der Affe und der Fuchs
Der Besitzer des Bogens
Der Esel mit dem
```

Für die meisten Analysevorhaben wird man den Text in eine geeignete Form überführen wollen, der nächste Schritt dahin ist meist eine Liste von einzelnen Worten, was mit Python-Bordmitteln leicht zu bewerkstelligen ist. Der Befehl

```
word_list = fabeln_lessing_stripped.split()
```

liefert die (gekürzte) Ausgabe

```
['Ausgewählte',
'Fabeln',
'Gotthold',
'Ephraim',
'Lessing',
'1759',
'Inhalt:',
'Das',
'Geschenk',
'der']
```

Je nach Zweck wird man noch etwas nacharbeiten müssen, wir wollen beispielsweise den Doppelpunkt entfernen. Wir versuchen es erneut, indem wir zunächst – wiederum mit Python Bordmitteln – einige Sonderzeichen entfernen:

```
def replace_special_chars(text):
    """ Sonderzeichen im Text durch Leerzeichen ersetzen. """
    for ch in [':', '"', ',', ';', '?', '\\','`','*','_','{','}',
               '[',']','(',')','>','#','+','-','.','!','$','\'']:
        if ch in text:
            text = text.replace(ch," ")
    return text

# Ersetzen und Trennen
word_list = replace_special_chars(fabeln_lessing_stripped).split()
```

Dieses Mal ist die Ausgabe der ersten zehn Worte

```
['Ausgewählte',
'Fabeln',
'Gotthold',
'Ephraim',
'Lessing',
'1759',
'Inhalt',
'Das',
'Geschenk',
'der']
```

Typische nächste Schritte der Textaufbereitung wären die Entfernung von Füllwörtern (engl. *stopwords*, das sind Wörter, die keine inhaltliche Bedeutung tragen) und die *Lemmatisierung* (engl. *stemming*, die Rückführung auf eine grammatikalische Grundform). Hierzu existieren leistungsfähige Bibliotheken (vgl. *spaCy*[10] oder *NLTK*[11] für Python), Listen mit Stopwords für verschiedene Sprachen sind auch leicht im Internet zu finden. Wir beschränken uns hier auf eine triviale Typisierung und einen anschließenden *Wordcount* mit der Python-Standardbibliothek, die hierfür auch schon sehr mächtige Tools wie *reguläre Ausdrücke* bereitstellt.

Im nächsten Codefragment teilen wir jedes Wort des Textes in eine von drei Kategorien ein, nämlich als Zeichenkette, die entweder ausschließlich aus Kleinbuchstaben besteht (Kategorie 1), als Zeichenkette, die mit einem Großbuchstaben beginnt und ggf. weitere Kleinbuchstaben enthält (Kategorie 2) oder als ein Wort, dass nur aus Ziffern besteht (Kategorie 3). Wir lassen in der Einteilung theoretisch auch eine Restkategorie zu, die im Beispiel aber nicht vorkommt. Hierfür wird die Wortfolge einmal

**10** https://spacy.io/
**11** https://www.nltk.org/

durchlaufen und für jedes Wort $w$ wird festgestellt, in welche Kategorie $K$ es fällt und das Ergebnis wird in Form eines Tupels $(w, K)$ in der Liste `words_with_types` festgehalten. Jedes Wort wird dabei mit den Mustern

```
expr1 = "^[a-z|ä|ö|ü|ß]*$"
expr2 = "^[A-Z|Ä|Ö|Ü][a-z|ä|ö|ü|ß]*$"
```

verglichen. Dies sind Beispiele für reguläre Ausdrücke, die ein überaus mächtiges Werkzeug zur Textanalyse darstellen und hier nur kurz angerissen werden sollen. Zur Erklärung: Die Symbole ^ und $ kennzeichnen den Anfang bzw. das Ende eines Wortes. Das erste Pattern passt hierbei, wenn ein Wort ausschließlich aus einer beliebigen Anzahl (dafür steht das Symbol *) der vorkommenden Symbole (hier eine zwischen eckigen Klammern eingeschlossene Alternativliste von einzelnen Buchstaben) aufgebaut ist, das zweite Pattern passt, wenn ein Wort mit einem Großbuchstaben (einschließlich Umlaut) beginnt und dann eine beliebige Anzahl von Kleinbuchstaben (inkl. Umlauten oder ß) folgt. Das dritte verwendete Muster (vgl. nächster Codeblock) sollte dann leicht zu verstehen sein.

```
# die Klassifizierung wird mit regulären Ausdrücken vorgenommen
check_lowercase_word = re.compile(expr1)
check_capital_first = re.compile(expr2)
check_number = re.compile(r"^[0-9]*$")

words_with_types = []

for s in word_list:
    if check_lowercase_word.match(s):
        words_with_types.append((s.lower(), 1))
    elif check_capital_first.match(s):
        words_with_types.append((s.lower(), 2))
    elif check_number.match(s):
        words_with_types.append((s.lower(), 3))
    else:
        words_with_types.append((s.lower(), 0))

# Zählen der Häufigkeiten der einzelnen Kategorien
collections.Counter([w[1] for w in words_with_types])
```

In der letzten Zeile wurden die Kategorienhäufigkeiten gezählt, die Ausgabe ist

```
Counter({1: 4427, 2: 1712, 3: 12})
```

Damit sind also alle Wörter klassifiziert als Wort in Klein- bzw. als mit Großbuchstaben beginnend oder als Zahl. Auch das Feststellen der Häufigkeiten der einzelnen Wörter geht nun schnell:

```
counter_words = collections.Counter([w[0] for w in words_with_types])

print("Anzahl unterschiedlicher Wörter:", len(counter_words))
print("Häufigste Wörter:")
counter_words.most_common(10)
```

Das Ergebnis ist nicht sonderlich überraschend, was wiederum die Notwendigkeit von nicht-trivialen Techniken wie *stemming* und die Entfernung von Stopwords unterstreicht.

```
Anzahl unterschiedlicher Wörter: 1861
Häufigste Wörter:

  [('der', 266),
  ('und', 191),
  ('die', 160),
  ('ich', 128),
  ('zu', 105),
  ('das', 86),
  ('du', 78),
  ('ein', 75),
  ('den', 72),
  ('nicht', 67)]
```

Neben dem Zählen und Typisieren von Wörtern kann man auch Machine Learning Algorithmen auf Texte anwenden. Hierzu muss man die Texte in für die Algorithmen geeignete Eingabevektoren umkodieren. Ein einfacher Ansatz besteht z.B. darin, ein *Vokabular* vorzugeben (z.B. alle vorkommenden Wörter eines interessierenden Textkorpus, also einer Gesamtheit von zu untersuchenden Texten) und diese zu ordnen und abzuzählen. Ein einzelner Text wird dann durch einen Vektor kodiert, dessen $j$-te Komponente die Häufigkeit des $j$-ten Wortes des Textkorpus im vorliegenden Text angibt.[12]

Es ist auch möglich nicht nur Vorkommen einzelner Worte, sondern von Wortgruppen im Text zu zählen. Eine Wortgruppe der Länge $N$ wird auch ein $N$-gramm genannt. Ein Digramm ist hierbei ein Wortpaar. Auf diese Art wird erreicht, dass die Kodierung neben der Häufigkeit auch Informationen über die Reihenfolge der Wörter abbildet.

Man erhält so im Allgemeinen hochdimensionale Featureräume, so dass weitere Vorverarbeitungsschritte notwendig sein können, die die Dimension des Problems reduzieren können. Das können auch klassische Verfahren zur Dimensionsreduktion (vgl. Abschnitt 6.5) sein, aber insbesondere die schon erwähnten Vorverarbeitungsschritte im Kontext der Textverarbeitung spielen eine wichtige Rolle:

**12** Das beschriebene Verfahren ist auch als *Bag of Words* Modell bekannt, vgl. [73]

- Standardisierung wie Umwandlung in Kleinbuchstaben und das Entfernen von Sonderzeichen
- das Entfernen von *Stopwords* (wie zum Beispiel Artikel)
- Stemming/Lemmatisierung: Die Rückführung eines Wortes auf auf eine grammatikalische Grundform.

Wir illustrieren das Vorgehen für den einfachsten Fall. Zunächst konstruieren wir aus der zuvor erzeugten Wortliste ein Vokabular, indem wir die Wörter in Kleinbuchstaben zunächst in ein Python *set* überführen und dann in eine sortierte Liste, der erste Schritt eliminiert dabei alle Wortwiederholungen. Anschließend werden die Wörter mit der Funktion *enumerate* abgezählt und daraus ein Dictionary erzeugt, das jedes Wort auf seine Nummer abbildet:

```
vokabular = sorted({w.lower() for w in word_list})
word_index = {word: index for (index, word) in  enumerate(vokabular)}
```

Als Beispieltext soll uns nun ein Ausschnitt des Orginaltexts dienen:

```
test_text = word_list[1105:1119]
```

Nun können wir den Text einfach kodieren, indem wir ausgehend vom einem Null-Vektor der Länge des Vokabulars über den Text iterieren und für jedes Wort die entsprechende Komponente des Vektors erhöhen.

```
import numpy as np
text_vec = np.zeros(len(vokabular))
for wrd in test_text:
    text_vec[word_index[wrd.lower()]] += 1
```

Mit dem Vektor `text_vec` liegt nun eine einfache, dem *Bag of Words*-Modell entsprechende, numerische Repräsentation des betrachteten Textauschnittes vor. Die Summe der Komponenten des erhaltene Vektors `test_vec` ist 14 und entspricht der Anzahl der Wörter des Textausschnittes.

Anstelle von Häufigkeiten von Wörtern kann es auch sinnvoll sein, Wortfrequenzen als normierte Maße zu Grunde zu legen. Um sinnvolle Maße zu erhalten wird dabei sowohl die Häufigkeit eines Wortes im zu untersuchenden Text als auch die Häufigkeit von Wörtern im ganzen Textkorpus zu Grunde gelegt, vgl. [73]. Darüber hinaus gibt es auch noch andere Techniken zur Kodierung von Texten als die besprochenen *N*-gramme, das Tutorial [27] stellt u.a. das Konzept der Worteinbettungen vor.

### 5.1.6 Techniken für Verschlüsselung und Pseudonymisierung

Für die in diesem Abschnitt behandelten Themen gibt es eine Reihe unterschiedlicher denkbarer Ziele und Anwendungsfälle, wie z.B.

- Teile von Daten sollen an Dritte weitergegeben werden, z.B. Policendaten an ein Biometrie-Department oder einen Rückversicherer, damit dieser statistische Untersuchungen vornehmen kann. Dafür ist ein Klartextname und normalerweise auch die genaue Adresse nicht erforderlich, möglicherweise aber eine Berufsgruppe.
- Bei der Bonitätseinschätzung eines Kreditnehmers durch eine Spezialistenabteilung oder eine externe Agentur könnten Aspekte des Wohnorts erforderlich sein, der Name sollte jedoch keine Rolle spielen.

Kritisch sind bei einer Datenweitergabe vor allem personenbezogene Daten wie z.B. Namen oder Adressdaten.[13] Für die in solchen Fällen angebrachte Anonymisierung oder Pseudonymisierung kann man sich mit einer *Hash*-Funktion behelfen, die z.B. die Namen auf eine abstrakte Menge *M* von IDs abbildet (Zeichenkette oder Zahl):

$$h\colon Namen \to M$$

Um den Zweck zu erfüllen, sollte die Funktion möglichst injektiv sein und nicht leicht umkehrbar. Beides wird man im Allgemeinen nicht erreichen, es gibt jedoch universelle *secure hash* Funktionen (SHA-XXX, MD5[14]), die in den meisten Fällen ausreichend stark sein sollten (und durch *salting* weiter verstärkt werden können, s.u.). Diese Pseudonymisierung ist dann deterministisch und kann jederzeit konsistent wiederholt werden, wodurch sich Vorteile gegenüber dem einfachen Abzählen der Datensätze ergeben, weil dann auch beim Empfänger eine Historie für einzelne (anonyme) Individuen aufgebaut werden kann

Um die Sicherheit noch weiter zu erhöhen, nutzt man in der Praxis normalerweise einen sogenannten *salted hash*. Man wendet dann die Hash-Funktion nicht auf das Originalwort, sondern auf ein um einen festen Bestandteil verlängertes Wort an, dessen genaue Konstruktion natürlich unter Verschluss zu halten ist. Diese Technik wird auch oft verwendet, wenn z.B. Passwörter in einer Datenbank gespeichert werden sollen. Es wird üblicherweise nicht das Klartextpasswort abgelegt sondern ein Hashwert des Passworts. Durch das erwähnte Verlängern wird nun zusätzlich erreicht, dass bei-

13 Man beachte, dass allein die Angabe eines Berufes in Verbindung mit einer groben geographischen Information wie der Postleitzahl in einigen Fällen schon Rückschlüsse auf die Identität einer Person zulassen kann, für weitere Erläuterungen zu den gesetzlichen Rahmenbedingungen sei auf den Abschnitt 9.2 verwiesen.

14 vgl. https://de.wikipedia.org/wiki/Secure_Hash_Algorithm

spielsweise bekannte Standardpasswörter nicht mit ihrem Standardhashwert gespeichert werden, wodurch zusätzliche Sicherheit entsteht, falls ein Unbefugter Kenntnis von den gespeicherten Passwort-Hashwerten erlangt. Beispiele zur Berechnung von Hashwerten zeigen die folgenden Beispiele.

Python:

```
import hashlib
m = hashlib.sha1()
m.update(b"Mein Name")
m.digest().hex()     # ergibt '7ac8c4aa30fba6eb2ec92ef3ff81b7f24159a82a'
```

R:

```
digest::digest("Mein Name", algo='sha1', serialize=FALSE)
#
# [1] "7ac8c4aa30fba6eb2ec92ef3ff81b7f24159a82a"
```

Auch einige Datenbanken können Hashwerte berechnen. In Postgres beispielsweise liefert `SELECT encode(digest('Mein Name', 'sha1'), 'hex')` ebenfalls den angegebenen Hash-String, wofür allerdings die Erweiterung *pgcrypto* aktiviert sein muss.

Eine Verschlüsselung soll im Unterschied zum Hashing umkehrbar sein, wenn man im Besitz des Schlüssels ist. Man unterscheidet zwischen symmetrischen und asymmetrischen Verfahren. Bei symmetrischer Verschlüsselung sind die zum Ver- und Entschlüsseln eingesetzten Schlüssel identisch, bei asymmetrischen sind sie verschieden.

Symmetrische Verfahren sind in der Regel effizienter zu berechnen und werden für größere Datensätze (z.B. große Dateien) eingesetzt. Bei einem Datenaustausch muss der Schlüssel sowohl dem Sender als auch dem Empfänger bekannt sein. Es ist also ein Schlüsselaustausch erforderlich, wodurch zusätzliche Kompromittierungsrisiken entstehen.

Asymmetrische Verfahren werden häufig so eingesetzt, dass ein *privater Schlüssel* (nur) dem Empfänger und ein *öffentlicher Schlüssel* (mindestens auch) dem Sender bekannt ist. Der Sender verschlüsselt die Nachricht (Daten) mit dem öffentlichen Schlüssel und (nur) der Empfänger kann die Nachricht mit dem privaten Schlüssel entschlüsseln. In der praktischen Umsetzung sind die benutzten Algorithmen häufig teuer in der Ausführung und somit eher nur für kleine Datensätze geeignet. Ein Zusatzrisiko durch einen Austausch von Schlüsseln entsteht in diesem Fall nicht.

In der Praxis setzt man bei größerem Datenvolumen oft eine Kombination beider Verfahren ein, um die Vorteile der asymmetrischen Verfahren zu den Kosten der symmetrischen zu nutzen, hierzu kann etwa der Schlüsselaustausch nach Diffie-Hellman[15] oder ein Protokoll ähnlich dem folgenden Schema verwendet werden:

- Der Sender generiert einen neuen symmetrischen Schlüssel $k$
- Die Daten $D$ werden symmetrisch damit verschlüsselt (z.B. mit dem AES-Verfahren[16]) zum Datensatz $V$
- der Schlüssel $k$ wird mit dem öffentlichen Schlüssel des Empfängers asymmetrisch verschlüsselt zu $s$
- $(s, V)$ wird an Empfänger übermittelt
- Empfänger entschlüsselt $s$ unter Verwendung des ihm bekannten privaten Schlüssels und erhält $k$
- die symmetrische Verschlüsselung wird mittels $k$ invertiert, um $D$ zu erhalten

Ein weiteres Einsatzfeld für die asymmetrischen Verfahren ist das Signieren von Nachrichten, indem die zu übermittelnde Nachricht (oder ein Hashwert derselben) noch mit dem privaten Schlüssel des Senders verschlüsselt wird und das erhaltene Ergebnis als Kontrollcode der Nachricht hinzugefügt wird. Ein Empfänger kann dann durch Entschlüsseln des Controllcodes mit dem bekannten öffentlichen Schlüssel verifizieren, ob der Sender Kenntnis vom entsprechenden privaten Schlüssel hatte und schließt dadurch auf die Identität des Senders.

---

! In der praktischen Anwendung sind selbst erstellte *Lehrbuch-Varianten* der genannten Algorithmen in jedem Fall zu vermeiden und stattdessen die jeweils aktuelle Version einer etablierten Bibliothek zu verwenden. Das ist nicht nur eine Frage der Berechnungseffizienz, es gibt auch dramatische Sicherheitslücken, die durch Implementierungsfehler von kryptographischen Algorithmen entstanden sind[17].

---

## 5.2 Arbeiten mit Daten aus dem Netz

Bezieht man Daten direkt aus dem Internet, trifft man neben den bekannten Dateiformaten auch auf andere, speziell für das Web entwickelte Formate with *html* und *json*. Wir stellen in diesem Abschnitt einige wichtige Beispiele vor und zeigen, wie man Daten in eine Data-Science-Umgebung laden kann und erklären Grundsätzliches zu ihrer Verarbeitung.

---

**15** Siehe z.B. https://de.wikipedia.org/wiki/Diffie-Hellman-Schlüsselaustausch
**16** https://de.wikipedia.org/wiki/Advanced_Encryption_Standard
**17** vgl. http://heartbleed.com/

### 5.2.1 Objekt-Darstellungen in JSON

Zur textuellen Repräsentation und zur Übertragung von Datensätzen in einem Rechnernetz werden oft Formate wie XML, JSON oder Yaml genutzt[18]. Wir konzentrieren uns hier auf JSON (*Java Script Object Notation*), da es vermutlich das wichtigste der genannten Formate ist. Dies ist u.a. auf folgende Eigenschaft von JSON zurückzuführen:

- das Format ist leicht maschinell verarbeitbar,
- JSON ist menschenlesbar,
- JSON ist kompakter als viele andere Formate (z.B. als XML),
- JSON ist Teil der JavaScript-Spezifikation, der wahrscheinlich derzeit am weitesten verbreiteten Programmiersprache.

Die Notation in JavaScript kann etwas laxer gehandhabt werden als die offizielle JSON-Spezifikation vorgibt[19]. In JSON wird ein Datenobjekt als eine in geschweifte Klammern eingeschlossene Liste von Schlüssel/Wert-Paaren notiert:

```
{
  "key_1": member_1,
  ...
  "key_N": member_N
}
```

wobei `key_1`, ..., `key_N` die Schlüsselnamen und `member_j` die Werte, also die eigentlichen Daten darstellen. Als Schlüssel sind hier beliebige, im jeweiligen Datenobjekt eindeutige Zeichenketten verwendbar, Werte können Folgendes sein:

- null,
- True/False,
- eine Zahl (Dezimal mit ".", Exponentialnotation möglich),
- eine Zeichenkette (in Anführungszeichen),
- ein eingebettetes JSON-Objekt,
- eine Liste, die ihrerseits als `[o_1, o_2, ..., o_N]` notiert wird, wobei die `o_k` jeweils Elemente dieser Aufzählung sind.

Der Datentyp ist also rekursiv, da sowohl das JSON-Objekt als als auch die JSON-Liste Verschachtelungen erlauben. Als Beispiel betrachten wir Verlustdaten eines Versicherers infolge von Naturkatastrophen. Ein Beispieldatensatz könnte etwa so aussehen:

---

18 vgl. http://json.org/, https://en.wikipedia.org/wiki/XML, https://yaml.org/

19 vgl. www.json.org

```
{
    "event_id": "dkjtz8989_2014",
    "event_type": "Winterstorm",
    "event_date": "2014-01-16",
    "losses": [
      {"policy_id": 22289378, "loss": 484200},
      {"policy_id": 3873829, "loss": 1232000},
      {"policy_id": 13122122, "loss": 27600, "subrogation": true}
    ],
    "valid-at": "2014-02-25"
}
```

Die folgenden Zeilen konvertieren einen als JSON-Zeichenkette vorliegenden Datensatz in ein Python-Dictionary:

```
json_str = """ {
    "event_id": "dkjtz8989_2014",
    "event_type": "Winterstorm",
    "event_date": "2014-01-16",
    "losses": [ {"policy_id": 22289378, "loss": 484200},
                {"policy_id": 3873829, "loss": 1232000},
                {"policy_id": 13122122, "loss": 27600, "subrogation": true}
     ],
     "valid-at": "2014-02-25"
}"""

import json
obj = json.loads(json_str)
```

bzw. eine R-Liste unter Verwendung des Packages `jsonlite`

```
json_str <- ' {
    \"event_id\": \"dkjtz8989_2014\",
    \"event_type\": \"Winterstorm\",
    \"event_date\": \"2014-01-16\",
    \"losses\": [
      {\"policy_id\": 22289378, \"loss\": 484200},
      {\"policy_id\": 3873829, \"loss\": 1232000},
      {\"policy_id\": 13122122, \"loss\": 27600, \"subrogation\": true}
    ],
    \"valid-at\": \"2014-02-25\"
}'
obj <- jsonlite::fromJSON(json_str)
```

Auf die eingelesene Information kann man dann direkt zugreifen, z.B. ergibt `obj['losses'][2]['policy_id']` (bzw. in R `obj$losses$policy_id[3]`) jeweils den Wert 13122122. Die unterschiedliche Syntax für den Zugriff in Python/R hat mit den unterschiedlichen Datenstrukturen zu tun, in welche die jeweilige Library die JSON-

Struktur genau überträgt und damit, dass Arrayindexierung in Python generell bei 0 und in R mit 1 beginnt. Für beide Sprachen gibt es verschiedene Libraries, die einen JSON-String parsen und in eine Datenstruktur der Sprache übertragen können. Will man aus dem Beispiel eine flache Tabelle erzeugen, wie sie üblicherweise für Anwendungen des maschinellen Lernens benötigt wird, so ist zunächst zu überlegen, wie die verschachtelten Objekte aufgelöst werden können. Für das betrachteten Beispiel löst zum Beispiel der Pandas DataFrame-Konstruktor `pd.DataFrame(obj)` die eingebettete Liste gleich sinnvoll auf:

**Tab. 5.3:** Datensatz nach Auflösung der Liste.

| | event_date | event_id | event_type | losses | valid-at |
|---|---|---|---|---|---|
| 0 | 2014-01-16 | dkjtz8989_2014 | Winterstorm | {'loss': 484200, 'policy_id': 22289378} | 2014-02-25 |
| 1 | 2014-01-16 | dkjtz8989_2014 | Winterstorm | {'loss': 1232000, 'policy_id': 3873829} | 2014-02-25 |
| 2 | 2014-01-16 | dkjtz8989_2014 | Winterstorm | {'subrogation': True, 'loss': 27600, 'policy_id': 13122122} | 2014-02-25 |

Die in die Liste eingebetten JSON-Objekte wurden jedoch in einem Feld übernommen, so dass auf die Informationen darin nicht direkt zugegriffen werden kann. Eine in diesem einfachen Fall funktionierende Variante ist es, die Liste selbst zunächst in einen DataFrame zu übertragen und diesen dann mit demjenigen für das Objekt zu verknüpfen, etwa durch den Befehl

```
pd.DataFrame(obj).drop("losses", axis=1).join(pd.DataFrame(obj['losses'])),
```

der dann Folgendes zurückliefert:

**Tab. 5.4:** Denormalisierter DataFrame.

| | event_date | event_id | event_type | valid-at | loss | policy_id | subrogation |
|---|---|---|---|---|---|---|---|
| 0 | 2014-01-16 | dkjtz8989_2014 | Winterstorm | 2014-02-25 | 484 200 | 22289378 | NaN |
| 1 | 2014-01-16 | dkjtz8989_2014 | Winterstorm | 2014-02-25 | 1 232 000 | 3873829 | NaN |
| 2 | 2014-01-16 | dkjtz8989_2014 | Winterstorm | 2014-02-25 | 27 600 | 13122122 | True |

Über das Vorgehen in solchen Fällen wird man von Fall zu Fall entscheiden müssen, die gezeigte *Denormalisierung*[20] muss auch nicht immer sinnvoll sein.

**20** Der Begriff bezieht sich auf sog. Normalformen für tabellarische Daten, auf die im Abschnitt 5.3 kurz eingegangen wird.

### 5.2.2 Datenabfragen von Web-APIs

Wir werfen einen kurzen Blick auf zwei Beispiele, in denen Daten über Web-APIs bezogen werden. Der Begriff *Web-API* steht heutzutage für eine durch einen Server bereitgestellte Schnittstelle, die über HTTP-Anfragen von anderen Softwaresystemen (in diesem Zusammenhang dann *Clients* genannt) angesprochen werden kann.

Das erste Beispiel benutzt die *Alpha Vantage API*[21], über die bestimmte Kapitalmarktdaten bezogen werden können. Zur Benutzung ist es erforderlich, sich einen API-Key zu generieren, vgl. dazu die Angaben auf der Homepage des Services. Damit sind dann beispielsweise Abfragen von aktuellen Wechselkursen möglich. Für die Abfragen selbst nutzen wir im Beispiel die Python-Bibliothek `requests`, die hierfür natürlich zu installieren ist.

```
import requests

def make_api_call(from_currency = "BTC", to_currency = "CNY",
                  api_key = "demo"):
    """ Funktion laedt Wechselkurse von AV-API. """
    curr_exch_url = "https://www.alphavantage.co/query" +\
                    "?function=CURRENCY_EXCHANGE_RATE&" +\
                    "from_currency={}&to_currency={}&apikey={}".\
                    format(from_currency, to_currency, api_key)
    return requests.get(curr_exch_url).json()

make_api_call("USD", "EUR", "MY_API_KEY")
```

Hier haben wir die Abfrage gleich in einer Funktion gekapselt. Als Ergebnis erhält man ein Python-Dictionary, in dessen Feld `'5. Exchange Rate'` der gesuchte Wechselkurs vorzufinden ist:

```
{'Realtime Currency Exchange Rate': {'1. From_Currency Code': 'USD',
  '2. From_Currency Name': 'United States Dollar',
  '3. To_Currency Code': 'EUR',
  '4. To_Currency Name': 'Euro',
  '5. Exchange Rate': '0.88287400',
  '6. Last Refreshed': '2018-08-17 16:36:20',
  '7. Time Zone': 'UTC'}}
```

Als weiteres Beispiel betrachten wir die *Google Geocoding API*. Damit kann man sich u.a. die latitude/longitude Koordinaten zu gegebenen Adressen anzeigen lassen. Wir betrachten ein Beispiel:

**21** Siehe https://www.alphavantage.co/

```
import requests
address = "K\"oniginstra\"se 107, M\"unchen"
baseurl = "https://maps.googleapis.com/maps/api/geocode/json"
url = "{}?address={}".format(baseurl, address)
reply = requests.get(url).json()
```

Vor Kurzem hat Google die hier gezeigte öffentliche Abfrage an die API ohne Registrierungsschlüssel leider unterbunden. Die Antwort lautet


```
{'results': [{'address_components': [{'long_name': '107',
    'short_name': '107',
    'types': ['street_number']},
    {'long_name': 'K\"oniginstra\"se',
    'short_name': 'K\"oniginstra\"se',
     'types': ['route']},
    {'long_name': 'Schwabing-Freimann',
    'short_name': 'Schwabing-Freimann',
    'types': ['political', 'sublocality', 'sublocality_level_1']},
    {'long_name': 'M\"unchen',
    'short_name': 'M\"unchen',
    'types': ['locality', 'political']},
    {'long_name': 'Oberbayern',
    'short_name': 'Oberbayern',
    'types': ['administrative_area_level_2', 'political']},
    {'long_name': 'Bayern',
    'short_name': 'BY',
    'types': ['administrative_area_level_1', 'political']},
    {'long_name': 'Germany',
    'short_name': 'DE',
    'types': ['country', 'political']},
    {'long_name': '80802', 'short_name': '80802', 'types': ['postal_code']}],
  'formatted_address': 'K\"oniginstra\"se 107, 80802 M\"unchen, Germany',
  'geometry': {'bounds': {'northeast': {'lat': 48.156728, 'lng': 11.5887816},
    'southwest': {'lat': 48.1558867, 'lng': 11.5874051}},
    'location': {'lat': 48.1562679, 'lng': 11.5879099},
    'location_type': 'ROOFTOP',
    'viewport': {'northeast': {'lat': 48.1576563302915,
      'lng': 11.5894423302915},
    'southwest': {'lat': 48.1549583697085, 'lng': 11.5867443697085}}},
  'place_id': 'ChIJw_WUi751nkcRpEYxJ2gwFFQ',
  'types': ['premise']}],
 'status': 'OK'}
```


Aus der Struktur kann man sich nun die interessierenden Daten extrahieren, indem auf die entsprechenden Objekt-Member zugegriffen wird.

### 5.2.3 Daten aus Webseiten

Den Inhalt von Webseiten zu lesen ist bereits auf der syntaktischen Ebene schwierig, weil real existierende HTML-Seiten vor Syntaxfehlern oft nur so strotzen (z.B. vergessene oder falsch platzierte schließende Tags). Der Webseitenbetrachter bemerkt davon meist nichts, weil die Browser die Fehler so gut es geht kaschieren. Will man jedoch zu Fuß oder über einen der vielen XML-Parser die Inhalte verarbeiten, stößt man oft schnell auf Probleme.

Abhilfe schaffen spezialisierte Bibliotheken wie *JSoup* (Java)[22] oder *Beautiful Soup* (Python)[23] die – ebenso wie die Webbrowser – eine Fehlertoleranz gegenüber falschem HTML an den Tag legen. Als Beispiel für ihren Einsatz wollen wir die Überschriften der Artikel auf www.spiegel.de auslesen. Mit *Beautiful Soup* können wir so vorgehen:

```
import requests
from bs4 import BeautifulSoup

html = requests.get("http://www.spiegel.de").content
soup = BeautifulSoup(html, 'html.parser')

header_tags = soup.find_all(class_="headline")
headers = [h.contents if len(h)>0 else "" for h in header_tags]
```

Nach dem Laden der Seite in die Variable `html` wird diese an ein Objekt namens `soup` des Typs `BeautifulSoup` übergeben, welches Methoden zum Analysieren der Datenstruktur bereitstellt. Das Beispiel selektiert dann alle Objekte im HTML-Baum, die ein Attribut `class="headline"` aufweisen. Um auf diese Weise eine interessierende Information aus einer Webseite zu erhalten, muss also etwas über deren Struktur in Erfahrung gebracht werden, was im Allgemeinen auf ein Quellcodestudium hinausläuft. Dabei ist damit zu rechnen, dass diese Struktur irgendwann einmal geändert wird und die Extraktion dann nicht mehr funktioniert.

Das Ergebnis des Code-Fragments oben könnte etwa folgendermaßen aussehen und kann dann in Python weiter verarbeitet werden:

```
['',
['Noch verdammt viel Arbeit'],
['Gewaltsame Proteste und\xa0Tote am Gazastreifen'],
['Als Aschwak Talo ihren IS-Peiniger in Schwäbisch-Gmünd wiedererkannte'],
['Der Tod lauert im Tragwerk'],
['Ursache für Brückeneinsturz war womöglich gerissenes Stahlseil'],
['"Eltern schreiben ihren Kindern weniger vor"'],
['Warum die Tourismusbranche auf "Adults only" setzt'],
```

22 https://jsoup.org/

23 https://www.crummy.com/software/BeautifulSoup/

```
['Wir müssen drauen bleiben'],
['Wie eine Behörde Hunderte fragwürdige Asylbescheide ausstellen konnte'],
['Mutmalicher Taliban-Elitekämpfer angeklagt'],
['Die brisante Folie "2"'],
```

Ein etwas anderes Vorgehen ist meistens notwendig, wenn die Inhalte von Webseiten dynamisch nachgeladen werden. Damit ist der inzwischen sehr häufig auftretende Fall gemeint, dass eine Webseite letztlich nur als ein Strukturgerüst konzipiert wird und nach dem Laden der Seite durch den Browser der mitgelieferte JavaScript-Code die konkreten Inhalte erst nachlädt (möglicherweise in Abhängigkeit einer Login-Information oder von einem gespeicherten Nutzerprofil). Hier greift die Analyse des statischen Contents der HTML-Seite zu kurz, weil die eigentlich interessierenden Daten gar nicht vorhanden sind. Eine Möglichkeit, um an dieser Stelle dennoch weiterzukommen, besteht darin, die Verarbeitungsschritte der Browser (wie das Verfolgen von Redirect-Request, das Mitsenden von Cookies in Anfragen sowie maßgeblich das Nachladen von verlinkten Inhalten und die Ausführung von JavaScript-Code) nachzuvollziehen und erst wenn dies erfolgt ist, den Seiteninhalt zu untersuchen. Auch hierfür gibt es Lösungen, mit denen man sich bei Bedarf genauer auseinander setzen sollte (z.B. das Tool *Selenium*[24], das eine eingebettete Browser-Runtime (z.B. Firefox) mit sich führt und Zugriffe darauf ermöglicht).

### 5.2.4 Daten in Amazons S3-Object Storage

*S3* ist ein Angebot aus der Kategorie *Object Storage* in der Amazon-Cloud AWS (Amazon Web Services)[25]. Vergleichbare Angebote gibt es auch von anderen großen und kleineren Cloudanbietern, deren Ziel es teilweise sogar ist, eine mit S3 kompatible API anzubieten. Das Konzept des Object Storage erlaubt es, beliebige binäre Daten (Objekte) zusammen mit einem begrenzten Umfang an Metadaten (einer Menge von Schlüssel-Wert-Paaren) unter einem Schlüssel (*key*) zu speichern. In S3 werden die Objekte zusätzlich jeweils in einem *bucket* (eine Art Ordner auf höchster Ebene) abgelegt. Wir illustrieren mit diesem Fall den Zugriff über eine programmatische Bibliothek, die ein komplexes Zugriffsprotokoll implementiert und dieses – zumindest in dem einfachen Fall – vor dem Nutzer verbirgt.

Um das folgende Beispiel nachzuvollziehen sind einige vorbereitende Schritte notwendig, die man im Detail auf den Internet-Seiten von Amazon Web Services nachlesen kann, dazu gehören:

- einen AWS-Account anlegen,

24 https://www.seleniumhq.org/
25 https://aws.amazon.com/

- ein *bucket* anlegen,
- eine Gruppe anlegen,
- einen User anlegen und Credentials herunterladen,
- Credentials in die (anzulegende) Datei ~/.aws/credentials eintragen,
- das Python-Modul Boto3 mit `pip install boto3` installieren.

Nach Abschluss der Vorbereitungen, kann man über die Python-Console programmatisch auf die Daten zugreifen und sich z.B. die vorhandenen *buckets* anzeigen lassen:

```
D:\programming\py\aws_access>ipython
Python 3.6.1 |Continuum Analytics, Inc.| (default, May 11 2017, 13:25:24)
Type 'copyright', 'credits' or 'license' for more information
IPython 6.1.0 -- An enhanced Interactive Python. Type '?' for help.

In [1]: import boto3

In [2]: s3 = boto3.resource('s3')

In [3]: for bucket in s3.buckets.all():
   ...:     print(bucket.name)
   ...:
adsdemo.ms
```

Die Ausgabe zeigt, dass genau ein Bucket mit dem Namen `adsdemo.ms` vorhanden ist. Es ist nun auch leicht möglich, mit Skripten Daten in S3 zu speichern oder sie von dort herunterzuladen. Das folgende Codefragment beispielsweise lädt die lokale Datei `lokale_datei.txt` nach S3 hoch und macht sie allgemein lesbar:

```
file_name = "lokale_datei.txt"
s3_client = boto3.client('s3')
s3_client.upload_file(file_name,
                      "adsdemo.xyz",
                      file_name,
                      ExtraArgs={'ACL':'public-read'})
```

Eine denkbare Anwendung könnte beispielsweise so aussehen, dass eine Anwendung Ressourcen (z.B. Bilder) in S3 hostet, die bei Bedarf von dort auf einen Client (Webseite, App, ...) geladen werden können, wodurch die Skalierungseffekte der Cloud genutzt und Kapazitäten auf dem eigenen Server gespart werden können.

## 5.3 Arbeiten mit Relationalen Datenbanken

Die relationalen Datenbanksysteme stellen das wichtigste System zur Datenhaltung im Versicherungsunternehmen dar und nahezu alle operativen Systeme (vgl. Abschnitt 5.10) nutzen sie für die Datenhaltung. Wir geben u.a. eine allgemeine Einführung in Datenbanksysteme, in die Datenmodellierung und die Abfragesprache SQL.

### 5.3.1 Der Nutzen von (relationalen) Datenbanken

Die anwendungsspezifische Verwaltung von Daten durch jeweils eine Applikation war lange Zeit die Regel, wodurch im Routinebetrieb eine hohe Effizienz erreicht werden konnte. Die Applikation schreibt und liest alle benötigten Daten exklusiv direkt im Dateisystem. In diesem Szenario führt der Austausch von Daten zwischen verschiedenen Applikationen über Ex- bzw. Importe und als Zwischenschritt ist u.U. noch eine Konvertierung erforderlich, vgl. Abbildung 5.3.

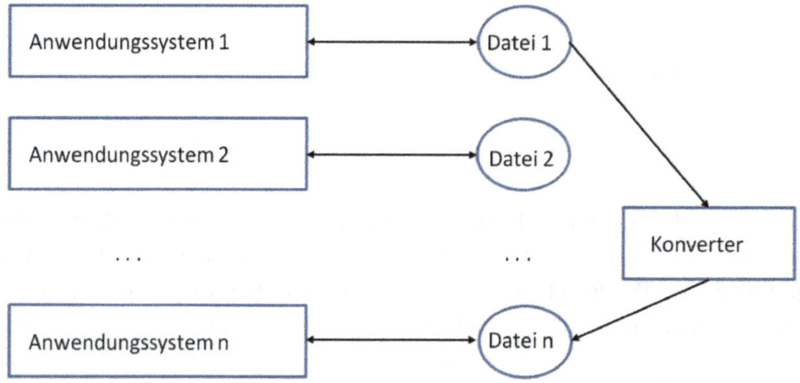


**Abb. 5.3:** Datenmanagement ohne zentralisierte Datenbank, in Anlehnung an Jarosch ([44]), Seite 15.

Neben hoher Effizienz und der Vermeidung von externen Abhängigkeiten der Applikationen hat die exklusive Datennutzung aber auch Nachteile:

- Daten, die von mehreren Anwendungssystemen benötigt werden, werden ggf. mehrfach gespeichert (redundante Datenspeicherung)
- Notwendigkeit von Konverter-Programmen, um Daten zwischen verschiedenen Anwendungen austauschen zu können
- Änderungen in der Datenstruktur erzwingen Umprogrammierung der Anwendungen (abhängig von der physischen Datenstruktur)
- Exklusive Nutzung durch eine Anwendung, d.h. keine parallelen Zugriffe
- Jedes Anwendungssystem sorgt selbst für die Integrität seiner Daten (i.A. kein allgemeiner Mechanismus zur Datenkonsistenz/Zugriffsschutz)

Der letztgenannte Punkt impliziert natürlich auch, dass die entsprechenden nichttrivialen Mechanismen des Datenmanagements für jede Applikation von Grund auf neu konzipiert und erstellt werden müssen. Um diesen Problemen zu begegnen, wurde in den 60er Jahren das Konzept von zentralisierten Datenspeichern entwickelt, sogenannten *Datenbanken (DB)*. Eine Datenbank ist eine Sammlung von strukturierten Daten, zwischen denen sachlogische Zusammenhänge bestehen.

Zugriffe auf die Datenbank erfolgen über ein spezielles Softwaresystem, ein *Datenbank-Managementsystem (DBMS)*. Letzteres ist ein Programm, das die notwendige System-Software für alle Aspekte der Datenverwaltung bereitstellt (Abbildung 5.4). Umgangssprachlich wird allerdings oft nicht zwischen den Daten (Datenbank) und der Verwaltungssoftware (Datenbankmanagementsystem) unterschieden.

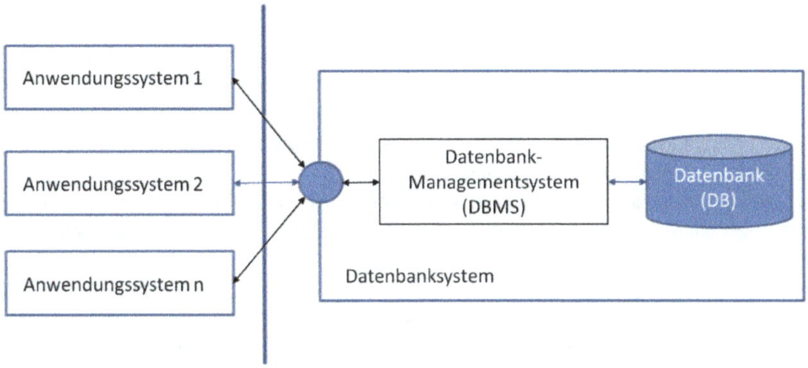


**Abb. 5.4:** Mehrere Anwendungen greifen auf eine zentrale Datenbank zu, Bild in Anlehnung an Jarosch ([44]), Seite 18.

Es gibt verschiedene Ansätze zur Datenspeicherung in Datenbanken, der bei weitem populärste wird durch die *Relationalen Datenbanksysteme* umgesetzt. Der Begriff *Relation* steht in diesem Fall für eine zweidimensionale Tabelle (Spalten und Zeilen) und leitet sich aus dem entsprechenden mengentheoretischen Begriff ab. Die Gesamtheit der überhaupt möglichen Einträge (oder Zeilen) einer Tabelle mit $k$ Spalten $C_1, \ldots, C_k$ ist demnach das kartesische Produkt

$$M_1 \times M_2 \times \cdots \times M_k$$

der Wertemengen $M_j$ der Spalten ($j = 1, \ldots, k$). Eine reale Tabelle ist dann eine Teilmenge $R \subseteq M_1 \times M_2 \times \cdots \times M_k$, was einer mathematischen Relation entspricht. Die Begriffsbildung basierend auf mengentheoretischen Konzepten deckt gewisse Analogien zur Praxis ab, aber beispielsweise das Vorhandensein mehrerer identischer Zeilen in einer Tabelle ist nicht direkt erfasst.

Normalerweise beinhaltet eine Datenbank nicht nur eine, sondern mehrere Tabellen und die Daten darin stehen in bestimmten Verhältnissen zueinander. Die Aufgabe, ein reales Problem auf ein solches Tabellenmodell abzubilden, wird *Datenmodellierung* genannt. Der Kern der (relationalen) Datenmodellierung ist es, zunächst denjenigen Ausschnitt der Realität zu umreißen, über den Daten gesammelt werden sollen und dann die darin enthaltenen Objekte (*Entities*) mit den kontextrelevanten Eigenschaften sowie die notwendigen Beziehungen (*Relationships*) zwischen den Entitäten zu bestimmen.

Oft wird die Datenmodellierung mit grafischen Hilfsmitteln durchgeführt, eine weit verbreitete Methode mit mehreren gebräuchlichen Varianten sind die sogenannten *Entity-Relationship-Diagramme*. Wir wollen im Folgenden die eingeführten Begriffe anhand eines Beispiels genauer verdeutlichen.

---

**Beispiel:** Für ein Versicherungsunternehmen (VU) wird ein einfaches System zur Vertragsverwaltung für Eigen- und Fremdverträge modelliert. Kunden und Interessenten des Unternehmens sollen mit ihren Daten erfasst werden. Für jede Person sollen Vorname, Name und Geburtsdatum gespeichert werden. Weiter soll es möglich sein, einer Person einen Ehepartner sowie mehrere Kinder zuzuordnen, die ebenfalls in der Datenbank erfasst werden sollen.

Das VU verkauft als Produkt nur Risikounfallversicherungen. Dabei besteht jede Versicherung aus einer Vertragsnummer, einem Beginndatum, einem (monatlichen) Beitrag und einer Invaliditätssumme.

Jeder Versicherungsvertrag ist mit mindestens einem Kunden abgeschlossen, und Kunden können mehrere Versicherungsverträge abschließen. Zusätzlich können für Kunden und Interessenten Fremdverträge gespeichert werden. Jeder Fremdvertrag besitzt eine laufende Nummer, eine Versicherungsnummer, eine Versicherungsgesellschaft, eine Art, einen monatlichen Beitrag, ein Beginn- und ein Enddatum.

---

Es soll nun ein Modell für dieses Beispiel entworfen werden, indem wir formal von realen Objekten zum Datenmodell übergehen wie in Abbildung 5.5 konzeptionell veranschaulicht.

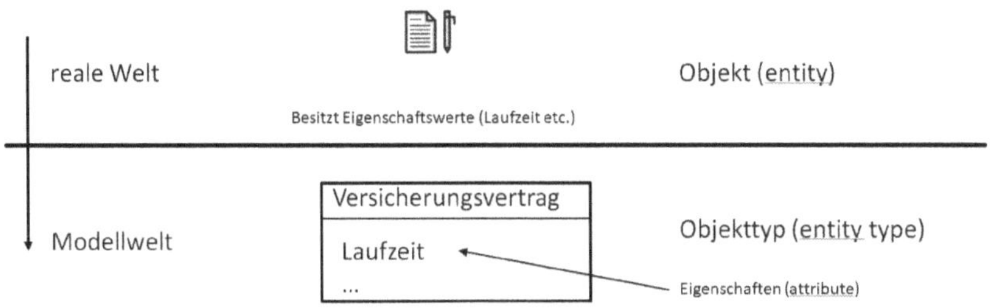


**Abb. 5.5:** Übergang von realer Welt zu modellierten Entitäten.

### 5.3.2 Objekte und Objekttypen in relationalen Datenbanken

Bevor wir ein formales Datenmodell für das Beispiel aus dem vorausgegangenen Abschnitt erstellen, sollen in diesem Abschnitt die notwendigen Konzepte noch etwas genauer vorgestellt werden.

Unter einer *Entität (entity)* verstehen wir ein konkretes Objekt, über das Informationen gespeichert werden. Objekte können Personen (z.B. Kunden), Gegenstände (Gebäude, Autos, ...) oder nicht-materielle Dinge wie ein Beschäftigungsverhältnis sein. Ein *Entitätstyp (entity type)* ist eine eindeutig benannte Klasse von Objekten, über die strukturell identische Informationen gespeichert werden und die in prinzipiell gleicher Weise verarbeitet werden.

Neben seinem Entitätstyp wird ein Objekt durch die mit ihm assoziierten (und gespeicherten) Eigenschaften charakterisiert. Eigenschaften von Objekttypen können in identifizierende (bzw. teilidentifizierende) und beschreibende Eigenschaften eingeteilt werden. Identifizierende Eigenschaften ermöglichen die Identifizierung eines Objekts innerhalb eines Objekttyps (z.B. eine eindeutige Kundennummer). In der von uns im Folgenden verwendeten grafischen Notation werden identifizierende (bzw. teilidentifizierende) Eigenschaften durch eine Unterstreichung kenntlich gemacht.

Einige typische Objekte und deren jeweils gespeicherte Eigenschaften, wie sie bei der Datenmodellierung im Versicherungskontext (bzw. in unserem Beispiel) auftreten können, sind in Abbildung 5.6 dargestellt.

Entitäten bzw. Entitätstypen treten nicht isoliert auf, sondern sie stehen in vielfältiger Weise miteinander in Beziehung: Ein Versicherungsvertrag steht beispielsweise mit einer natürlichen Person in Beziehung, z.B. als versicherte Person (VP) oder als Versicherungsnehmer (VN). Im relationalen Modell wird jede Beziehung als eine Menge

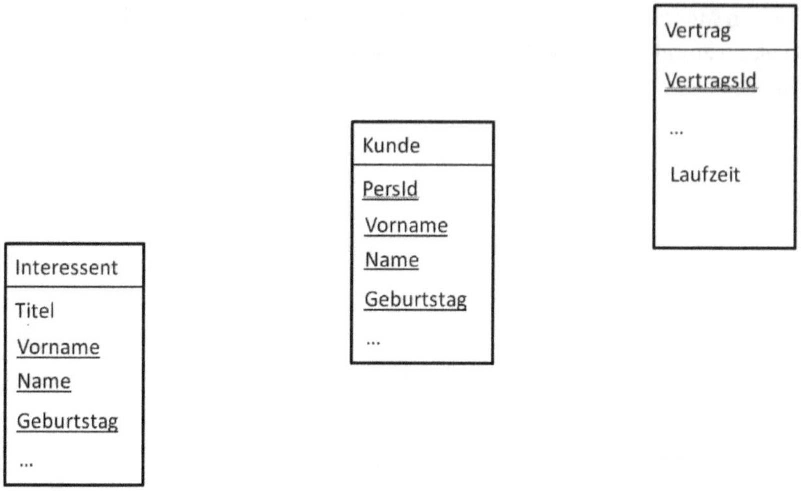


**Abb. 5.6:** Einige Beispiele für Entitätstypen und der für sie relevanten Eigenschaften, (teil)identifizierende Eigenschaften sind unterstrichen.

von dualen Beziehungen, das sind Beziehungen zwischen genau zwei Entitätsklassen, modelliert. Um komplexere Beziehungen modellieren zu können, müssen hierfür dann u.U. neue Entitätstypen definiert werden, die die Beziehungen selbst repräsentieren. Auch der Spezialfall, dass Entitäten einer Klasse mit sich selbst in Beziehung stehen, ist möglich, eine solche Beziehung wird *rekursiv* genannt (Beispiel: ein Mitarbeiter kann der Vorgesetzte eines anderen Mitarbeiters sein).

Eine duale Beziehung kann immer von zwei Richtungen betrachtet werden: Ein Versicherungsvertrag versichert eine natürliche Person und eine natürliche Person hat einen Versicherungsvertrag abgeschlossen. Jede Richtung wird durch folgende Punkte konkretisiert:

- die Benennung der Beziehung, die beschreibt, was gespeichert wird
- die Optionalität, die definiert, ob mindestens eine Beziehung bestehen muss
- die Kardinalität, die beschreibt ob es mehrere Beziehungen geben kann

Für Entity-Relationship-Diagramme gibt es verschiedene graphische Notationen. Die hier verwendete ist die Krähenfußnotation, veranschaulicht in Abbildung 5.7. Eine weitere weit verbreitete Notation ist die im Jahr 1976 von P. Chen entwickelte, in der Entity-Mengen als Rechtecke und die Attribute als Kreise (bzw. Ellipsen) dargestellt werden.

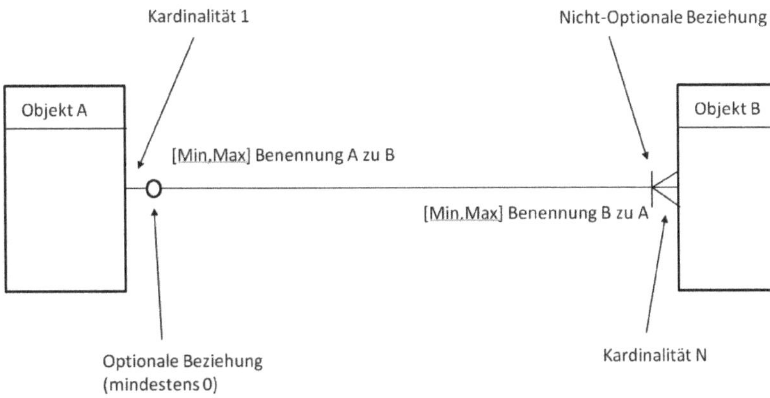


**Abb. 5.7:** Krähenfußnotation für Beziehungen in Entity-Relationship-Diagrammen.

Abbildung 5.8 zeigt allgemein, in welchen Beziehungen zwei Objekte zueinander stehen können.

Von einem Objekt A zu einem Objekt B kann es in der Modellierung mehrere Beziehungen ("Brücken") geben. Manchmal sind dann eine oder ggf. mehrere der Beziehungen überflüssig und solche Fälle nennt man redundante Beziehungstypen. In der Praxis werden Redundanzen teilweise bewusst herbeigeführt, um Suchprozesse in der Datenbank zu beschleunigen. Allerdings kann es dabei zu Problemen kommen, wie dem Verbrauch von unnötigem Speicherplatz oder der erzwungenen Änderung von Daten an mehreren Stellen, um die Konsistenz zu erhalten. Wir betrachten hierzu zwei Beispiele für verschiedene Beziehungstypen zwischen den Entitätstypen *Kunde*, *Auftrag* und *Produkt*:

1. Erteilt ein Kunde einen Auftrag (modelliert durch eine entsprechende Beziehung) und stehen die bestellten Produkte wiederum in Beziehung zum Auftrag, so ist eine weitere Beziehung vom Typ "Ein Kunde bestellt einen Artikel" redundant.
2. In der gleichen Situation wäre "Ein Kunde reklamiert einen Artikel" eine nicht redundante Information, die durch eine separate Beziehung im Datenmodell zu erfassen ist.

Es kommt vor, dass die Attribute einer Entität keine eindeutige Identifizierung erlauben, man spricht dann auch von *schwachen* Objekttypen, ein Beispiel ist in Abbildung 5.9 zu finden. Daher muss zur Identifizierung in einem solchen Fall, neben den Eigenschaften, auch auf die Beziehungen zurückgegriffen werden. Die Beziehungstyp-Richtung, die den schwachen Objekttyp mit einem anderen Objekt verbindet, wird damit zu einem identifizierenden Element für den schwachen Objekttyp (dabei handelt es sich um eine nicht-optionale Beziehung der Kardinalität 1, vom schwachen Objekttyp zu dem anderen Objekt).

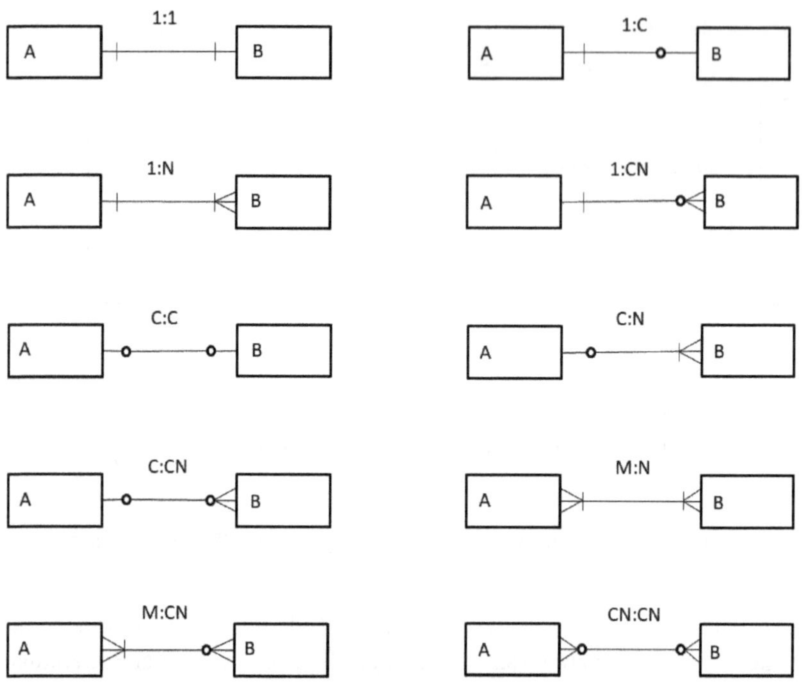


**Abb. 5.8:** Mögliche Beziehungen zwischen zwei verschiedenen Objekttypen A und B (die Eigenschaften sind aus Vereinfachungsgründen nicht dargestellt). Zudem sind aus Symmetriegründen nur die relevanten 10 Beziehungen dargestellt. Mit den Buchstaben *M* und *N* werden Kardinalitäten größer 1 bezeichnet. Zudem verdeutlicht das *C* die Optionalität, d.h. die Abwesenheit einer Beziehung ist zugelassen.

Eine weitere Besonderheit stellen die schon erwähnten *rekursiven* Beziehungstypen dar, durch die sachlogische Zusammenhänge zwischen Objekten des gleichen Objekttyps beschrieben werden. Auch hier sind die drei Punkte – Benennung, Optionalität, Kardinalität – relevant.

Das vervollständigte Datenmodell zu dem Beispiel aus Abschnitt 5.3.1 ist in Abbildung 5.10 dargestellt.

**Weitere Modellierungsfälle**

Die bisher betrachteten Modellierungen können als Grundgerüst angesehen werden. Jedoch gibt es Spezialfälle, die hier nicht weiter betrachtet werden können. Dazu gehören z.B. sachlogische Zusammenhänge zwischen mehr als zwei Objekten oder Eigenschaften von Beziehungstypen. Diese können mit Modifizierungen in der Modellierung mit den hier besprochenen Mitteln durchgeführt werden.

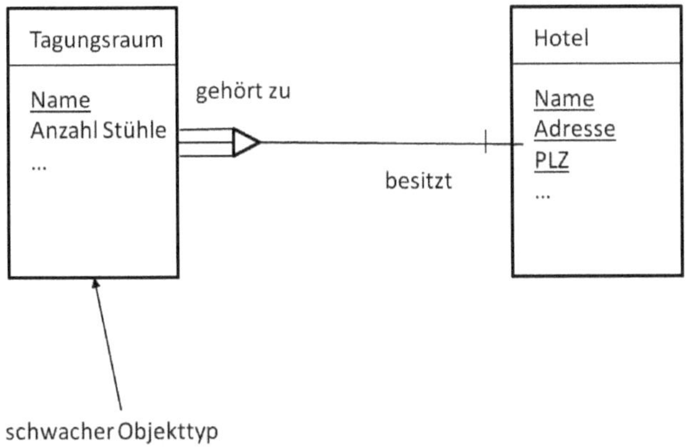


**Abb. 5.9:** Schwacher Objekttyp: Zur eindeutigen Identifizierung muss auf die Beziehungen zurückgegriffen werden. Die identifizierende Beziehungstyp-Richtung wird durch ein Dreieck dargestellt, welches vom schwachen Objekttyp weg zeigt.

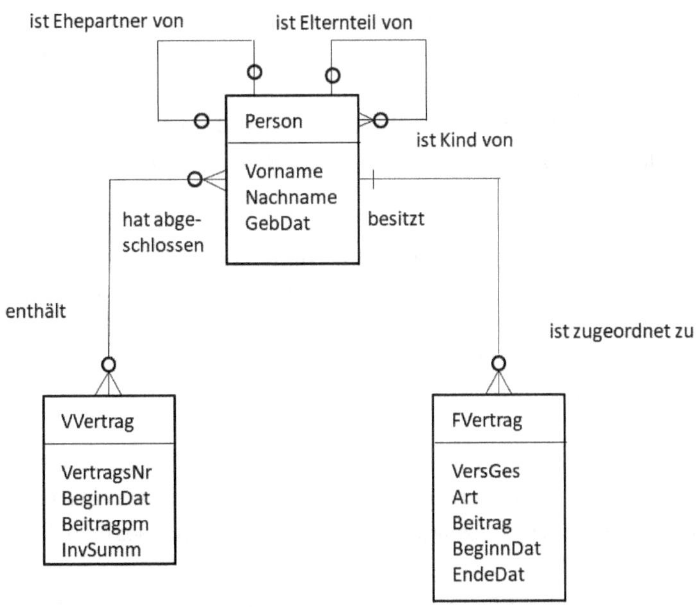


**Abb. 5.10:** Datenmodell zu dem Beispiel aus Abschnitt 5.3.1.

### Qualitätssicherung von konzeptionellen Datenmodellen

Die Modellierung mit ER-Diagrammen unterliegt zunächst einer gewissen Willkür, da bei komplexeren Konstellationen i.d.R. mehrere sachlich richtige Modellierungsmöglichkeiten bestehen. Daher ist es wünschenswert, einen gewissen Regelkatalog zu haben, anhand dessen sich die Modelle überprüfen lassen.

Einen Beitrag hierzu leisten die sogenannten *Normalformen* (siehe z.B. [44]), als Beispiel wird hier die erste Normalform angeführt: Ein Datenmodell liegt in der ersten Normalform vor, wenn seine Eigenschaften atomar sind. Eine Eigenschaft wie *Adresse* wird im Allgemeinen nicht atomar sein, da sie in weitere Bestandteile wie Ort, Postleitzahl usw. zerlegt werden kann. Für die Überführung in die erste Normalform müssen also nichtatomare Eigenschaften aufgebrochen werden.

### 5.3.3 Datenbank-Modelle: Relationale Datenbanken

Nach dem bisher Eingeführten kann durch ER-Diagramme ein konzeptionelles Datenbankmodell auf syntaktischer Ebene formuliert werden. Im nächsten Schritt soll auf der Basis desselben ein logisches Datenschema abgeleitet werden. Dabei sind die Möglichkeiten zu berücksichtigen, die das Datenbank-Managementsystem für die Strukturierung der Daten vorsieht. Diese hängen vom Datenbank-Modell ab, das dem Datenbank-Managementsystem zugrunde liegt. Ein Datenbank-Modell ist dabei ein logisches Beziehungsgebilde, durch das festgelegt wird, in welcher Weise Datensätze (durch die Objekte beschrieben werden), miteinander in Verbindung gebracht werden. Neben dem relationalen Datenbankmodell gibt es u.a. das hierarchische Datenbank-Modell und das Netzwerk-Datenbank-Modell. Im Folgenden wird jedoch nur auf das relationale Datenbankmodell eingegangen. Es wird durch folgende Punkte charakterisiert:

- Jeder Objekttyp ist ein möglicher Einstiegspunkt für die Informationssuche.
- Die einzelnen Objekttypen können durch ein beliebiges strukturiertes Netzwerk miteinander verbunden werden.
- Brücken zwischen den Dateninseln werden nicht zum Zeitpunkt der Speicherung, sondern erst zum Zeitpunkt der Informationssuche angelegt.

Das relationale Datenbankmodell wurde 1970 von Codd vorgeschlagen. Analog der beschriebenen ER-Diagramme wird im Folgenden die Strukturierung der Daten in diesem Modell beschrieben. Dann wird gezeigt, wie ER-Diagramme in dieses Modell *übersetzt* werden.

Den Ausgangspunkt bildet der Begriff des Attributs $A$, welches eine wesentliche Eigenschaft eines Objekttyps $T$ darstellt. Für die Dokumentation der Datenstruktur werden beiden Elementen Bezeichnungen zugeordnet: Bez[$A$] und Bez[$T$].

**Beispiel:** Der Objekttyp $T$ mit Bez[$T$] = "VVertrag" wird durch die vier Elemente $A_1, A_2, A_3$ und $A_4$ beschrieben mit

- Bez[$A_1$] = "VertragsNr",
- Bez[$A_2$] = "BeginnDat",
- Bez[$A_3$] = "Beitragpm" und
- Bez[$A_4$] = "InvSumme".

Die Typbeschreibung für den Objekttyp *VVertrag* hat die Form:

$$VVertrag(VertragsNr, BeginnDat, Beitragpm, InvSumme)$$

Der Wertebereich (Domäne) des $i$-ten Attributs wird wie folgt angegeben:

$$\text{Dom}[A_i] = \{a_{i_1}, a_{i_2}, \ldots, a_{i_n}\}$$

Ist bei einem konkreten Objekt für ein Attribut kein Wert angebbar (z.B. ist noch keine Dateneingabe erfolgt), wird dieses mit einer speziellen Markierung (*Null*) belegt.

Für ein konkretes Objekt vom Objekttyp $T$ und Typbeschreibung Bez[$T$] (Bez[$A_1$],. . .,Bez[$A_n$]) kann die Folge seiner Werte als $n$-Tupel angegeben werden:

$$(a_1, a_2, \ldots, a_n) \text{ mit } a_i \in \text{Dom}[A_i] \text{ für } i = 1, 2, \ldots, n.$$

Die Menge der möglichen Versicherungsverträge ist dann die Produktmenge

$$\text{Dom}[VertragsNr] \times \text{Dom}[BeginnDat] \times \text{Dom}[Beitragpm] \times \text{Dom}[InvSumme].$$

Die Menge der tatsächlich gespeicherten $n$-Tupel ist wesentlich kleiner (dies ist wiederum die im Abschnitt 5.3.1 angesprochene für das Paradigma namensgebende n-stellige Relation $R \subseteq \text{Dom}[A_1] \times \cdots \times \text{Dom}[A_n]$ über den Wertebereichen der Attribute $A_1, A_2, \ldots, A_n$).

### Darstellung des relationalen Datenbankmodells als Tabellen

Die Darstellung der Typbeschreibung und der Relation kann in einfacher Weise als Tabelle graphisch dargestellt werden.

**Tab. 5.5:** Tabellentypbeschreibung, der Tabellentyp ist definiert durch seine Bezeichnung, sowie die Bezeichnungen und die Wertebereiche der Attribute.

| Typbeschreibung | Bez[$T$] | Bez($A_1$) | Bez($A_2$) | ... | Bez($A_n$) |
|---|---|---|---|---|---|
| Relation | $R \subseteq$ | Dom($A_1$) | Dom($A_2$) | ... | Dom($A_n$) |

Der Zugriff auf einzelne Elemente der Tabelle erfolgt nicht durch hardwarenahe Adressierung (z.B. durch Adressverweise, d.h. Pointer) wie etwa im hierarchischen Datenmodell, sondern auf logischer (Tabellen-)Ebene. Ein Datensatz ist nur über spezielle Werte, genannt *Schlüssel*, ansprechbar (analog den ER-Diagrammen).[26]

Ein *einfacher Schlüssel* ist ein Attribut und ein *zusammengesetzter Schlüssel* ist eine Attribute-Kombination mit der Eigenschaft, dass jede Zeile der Tabelle eindeutig durch die Angabe des Wertes dieser Attribute (bzw. der Werte-Kombination dieser Attribute) zu identifizieren ist. Dieser Schlüssel bzw. die Kombination darf in einer Tabelle nur einmal vorkommen, und ist daher unikal.

Aus der Menge der Schlüssel für eine Tabelle wird einer als *Primärschlüssel* ausgezeichnet. Ein *Primärschlüssel* ist daher ein ausgewählter Schlüssel dieser Tabelle, der in erster Linie für den Zugriff auf die Tabellenzeilen verwendet wird. Alle anderen Schlüssel heißen *Sekundärschlüssel.* Der Primärschlüssel wird zusätzlich unterstrichen oder kursiv gesetzt.

**Beispiel:** Das Objekt *VVertrag* enthält als Primärschlüssel das Attribut *VertragsNr*. Damit kann das Objekt in folgender Form dargestellt werden:

$$\text{VVertrag}(\mathit{VertragsNr}, \text{BeginnDat, Beitragpm, InvSumme})$$

Würde das Objekt Person durch die Felder GebDatum und Nachname identifiziert, dann ist folgende Darstellung denkbar:

$$\text{Person}(\mathit{GebDatum}, \mathit{Nachname}, \text{Vorname})$$

Eine wichtige Rolle bei der Modellierung von Beziehungen spielen die sog. *Fremdschlüssel.* Fremdschlüssel sind Attribute einer Tabelle $A$, die einen Verweis auf eine Zeile einer anderen Tabelle $B$ darstellen. Konkret sind also der oder die Schlüssel von $B$ als Attribute in $A$ aufzunehmen. In der Typbeschreibung werden die Attribute, die den Fremdschlüssel bezeichnen, wie folgt dargestellt: $\Uparrow \text{Bez}[A] \Uparrow$.

**Beispiel:** Ein Fremdvertrag soll auf die dazugehörige Person verweisen (im Beispiel ist das genau eine Person). Hierfür wird die Personenid (Primärschlüssel in der Tabelle Person) mit in die Typbeschreibung des Objektes FVertrag aufgenommen:

$$\text{FVertrag}(\mathit{Fid}, \text{VersNum, VersG, Art, Beitrag, BeginnDat, EndDat}, \Uparrow \text{PersId} \Uparrow)$$

Wenn der sachlogische Zusammenhang zwischen zwei Tabellen $A$ und $B$ dadurch repräsentiert wird, dass die Werte des Fremdschlüssels in $A$ mit Werten des Primärschlüssels in $B$ übereinstimmen, dann besagt das **Gebot der referenziellen Integrität**, dass *entweder* jeder in $A$ auftretende Wert des Fremdschlüssels mit einem Wert

26 Dies gilt hier zunächst nur konzeptionell, in den heute gebräuchlichen Datenbankmanagementsystemen können Datensätze über Bedingungen an beliebige Kombinationen der Attribute identifiziert werden.

des Primärschlüssels in $B$ übereinstimmen muss *oder* der Fremdschlüssel in $A$ mit der NULL-Marke belegt sein muss. Daher muss ein Verweis entweder auf ein existierendes Objekt zielen oder explizit zum Ausdruck gebracht werden, dass eben kein Verweis vorliegt. Daraus ergibt sich ein wesentlicher Unterschied zwischen Fremd- und Primärschlüssel: Keines der Attribute eines Primärschlüssels darf mit der NULL-Marke belegt werden, dagegen können die Attribute des Fremdschlüssels gemeinschaftlich mit der NULL-Marke belegt sein.

Häufig treten auch duale $M : N$-Beziehungstypen auf. Sie lassen sich nicht direkt in natürlicher Weise im relationalen Datenbankmodell repräsentieren, weil ein Fremdschlüssel einer Tabellenzeile nicht auf mehrere andere Tabellenzeilen verweisen kann.

**Beispiel:** Wir betrachten die Tabellentypen

Person(*PerId*, Vorname, Nachname, GebDatum),

VVertrag(*VertragsNr*, BeginnDat, Beitragpm, InvSumme)

In diesem Beispiel kann eine Person mehrere Versicherungsverträge abschließen, und ein Vertrag kann einer oder mehreren Personen zugeordnet werden. Zur Lösung des Problems wird eine neue Tabelle eingeführt, die Personen und Versicherungsverträge einander zuordnet (Koppel-Tabelle). Diese enthält den Primärschlüssel der VVertrag-Tabelle und den Primärschlüssel der Person-Tabelle. Das führt zu folgender zusätzlicher Tabellentypbeschreibung

Person/VVertrag(⥣ PerId ⥣, ⥣ VertragsNr ⥣)

Auch die angesprochenen *rekursiven* Beziehungen lassen sich ebenfalls in der gezeigten Weise modellieren, da Fremdschlüssel nicht notwendig auf eine andere Tabelle verweisen müssen. In diesem Fall ist also der Fremdschlüssel ein weiteres Attribut einer Tabelle, das auf den Primärschlüssel derselben Tabelle verweist.

**Beispiel:** Im Kontext des Beispiels dieses Abschnittes können Kinder wie folgt durch die Abänderung des Tabellentyps *Person* abgebildet werden:

Person(*Pid*, Vorname, Nachname, GebDat, ⥣ Elternteil-Pid ⥣).

Am Ende dies Abschnittes geben wir das transformierte Modell zu dem behandelten Beispiel an:

Person(*Pid*, Vorname, Nachname, GebDat, ⥣ Elternteil-Pid ⥣, ⥣ Ehepartner-Pid ⥣)

FVertrag(*Fid*, VersG, VersNum, Art, Beitrag, BeginnDat, EndDat)

Person/FVertrag(⥣ PerId ⥣, ⥣ Fid ⥣)

VVertrag(*VertragsNr*, BeginnDat, Beitragpm, InvSumme)

Person/VVertrag(⥣ PerId ⥣, ⥣ VertragsNr ⥣)

### 5.3.4 Structured Query Language

Die *Structured Query Language* (SQL) ist eine standardisierte Zugriffssprache für relationale Datenbanken, die fünf Untersprachen beinhaltet:

- Abfragen: Um Zeilen von Tabellen zu selektierten, wird die Anweisung SELECT verwendet.
- Data Manipulation Language (DML): Hierzu gehören Anweisungen, die den Inhalt von Tabellen modifizieren können, das sind insbesondere
  - INSERT (Zeile in einer Tabelle hinzufügen)
  - UPDATE (Änderung von Zeilen)
  - DELETE (Löschen von Zeilen)
- Data Definition Language (DDL): Sie dient zur Definition von Datenstrukturen, wie z.B. Tabellen. Hierzu gehören:
  - CREATE (Erzeugung von Datenstrukturen, wie z.B. Tabellen oder Benutzern)
  - ALTER (Modifikation von z.B. Tabellen)
  - DROP (Löschen von Datenstrukturen, wie z.B. Tabellen)
  - RENAME (Ändert den Namen einer Tabelle)
  - TRUNCATE (Löscht alle Zeilen einer Tabelle)
- Transaction Control Language (TCL): Dies sind Anweisungen, die das transaktionale Verhalten (siehe unten) steuern und damit insbesondere die permanente Speicherung (COMMIT) bzw. die Rücksetzung von bereits erfolgten Änderungen veranlassen.
- Data Control Language (DCL): Hiermit wird das Erteilen von Berechtigungen gesteuert, z.B. durch GRANT oder REVOKE Anweisungen.

Die beiden letztgenannten Bereiche werden im folgenden Beispiel nicht benötigt.

Zugriffe auf eine Datenbank können lesend und schreibend erfolgen. Es wird zwischen den drei Zugriffsarten *Abfrage (Query)*, *Mutation* und *Transaktion* unterschieden.

Durch eine *Abfrage* wird ein Ausschnitt der Datenbank ausgewählt und der Inhalt gelesen. Dabei bleibt die Datenbank selbst unverändert (SQL-Befehl: SELECT).

Bei einer *Mutation* wird ein Ausschnitt der Datenbank ausgewählt und der Inhalt wird geändert, gelöscht oder neuer Inhalt wird hinzugefügt (SQL-Befehle: UPDATE, DELETE und INSERT).

*Transaktionen* bezeichnen konsistenzerhaltende Operationen auf einer Datenbank. Sie bestehen eventuell aus mehreren Abfragen und Mutationen. Ausgehend von einer konsistenten Datenbank steht nach Ausführung der Transaktion wieder eine konsistente Datenbank zu Verfügung. Transaktionen bilden die Kernfunktionalität von Datenbanksystemen: Sobald mehr als ein Nutzer zugreift, besteht die Gefahr von Dateninkonsistenzen. Wir können sie an dieser Stelle trotzdem nur oberflächlich diskutieren.

**Beispiel Banküberweisung:** Es sollen 100 EUR vom Konto *X* auf das Konto *Y* überwiesen werden, wobei als Nebenbedingung vorausgesetzt wird, dass auf dem Konto *X* mehr als 100 EUR vorhanden sind. Schriebe das System nun zuerst *Y* die 100 EUR zu und stellt danach fest, dass X die nötige Deckung nicht hat, hat man ein Problem, denn es könnte einen Stromausfall geben, der in diesem Fall nach dem Hochfahren unbeabsichtigte ökonomische Auswirkungen haben könnte.

Selbst wenn X die Deckung hat, muss sichergestellt sein, dass beide Vorgänge nur gemeinsam stattfinden (oder gemeinsam scheitern). Hierbei sollen also gerade auch externe Faktoren wie Netzwerkausfall oder Serverabsturz (zu wenig Speicher o.Ä.) berücksichtigt sein. Tritt ein Fehler auf, wird ein *ROLLBACK* ausgelöst, der alle Aktionen der noch nicht beendeten Transaktionen rückabwickelt.

Der erfolgreiche Abschluss einer Transaktion ist der *COMMIT*. Erst nach dem COMMIT sind die Änderungen der Transaktion für andere Verbindungen bzw. Benutzer sichtbar (Ausnahmen gibt es in manchen Systemen wie MySQL oder MS-SQL-Server, sie werden als *dirty read* bezeichnet). Die Kapselung von Aktionen in Transaktionen allein deckt aber noch nicht alle möglich Probleme ab. Unter dem Stichwort *transaction isolation* kann man sich über die Details der Garantien informieren, welche ein interessierendes Datenbanksystem bietet. Weitere ggf. notwendige Mittel um Konsistenzerhaltung zu garantieren stellen sogenannte *Locks* dar, die einzelne Zeilen oder ganze Tabellen für andere Verbindungen temporär sperren. Zugriffe mit gesetzten Locks sind dann exklusiv für eine Transaktion und so können bestimmte Konflikte vermieden werden.

#### Das Konsistenzmodell ACID

Wesentliche Erwartungen an eine Datenbank sind die dauerhafte, sichere und konsistente Speicherung der Daten. Mehrere Benutzer sollen problemlos parallel lesend und schreibend auf die Daten zugreifen können. Diese Erwartungen motivieren die folgenden Begriffe für das Konsistenzmodell *ACID* (Härder und Reuter, 1983):

- **A**tomarität
- Konsistenz (**C**onsistency)
- **I**solation
- Dauerhaftigkeit (**D**urability)

Wir erläutern die Eigenschaften noch etwas genauer:

*Atomarität*: Jede Transaktion erfolgt atomar, d.h. zusammenhängend. Entweder wird die gesamte Transaktion vollständig ausgeführt, oder die Transaktion wird überhaupt nicht vollzogen (Wichtige SQL-Befehle: `COMMIT` bzw. `ROLLBACK`).

*Konsistenz*: Die Atomarität garantiert, dass Transaktionen vollständig ausgeführt werden. Dabei bleibt die Konsistenz der Datenbank gewährleistet.

*Isolation*: Eine Datenbank muss die einzelnen Benutzer gegenseitig schützen. Jede einzelne Transaktion soll unbeeinflusst von Seiteneffekten anderer Transaktionen ablaufen.

*Dauerhaftigkeit*: Das langfristige und dauerhafte sichere Ablegen der Daten ist die Basis jeder Datenbank. Nach dem Beenden einer Transaktion darf ein einmal gespeichertes Datum grundsätzlich nicht mehr verloren gehen.

### 5.3.5 Umsetzung in einer relationalen Datenbank

Wir illustrieren nun die praktische Umsetzung unseres Beispiels. Die folgenden R-Befehle legen einige Tabellen an. Zu beachten ist dabei, dass das Anlegen eines Fremdschlüssels nur möglich ist, falls die Tabelle, auf die er sich bezieht, bereits existiert. Wie im Abschnitt über Transaktionen beschrieben wurde, muss bei Änderungen an der Datenbank stets darauf geachtet werden, dass keine Inkonsistenzen entstehen. Die Zugriffssprache SQL unterstützt dazu den Transaktionsbetrieb, der hier aber nicht explizit zum Einsatz kommt.

Um die Beispiele in diesem Abschnitt ausführen zu können, wird eine Datenbank benötigt. Das hier präsentierte Beispiel wurde mit einer lokalen Installation von *MySQL*[27] getestet, funktioniert aber auch ohne separate Installation mit *SQLite*[28]. Hierzu ist lediglich der `dbConnect`-Befehl anzupassen:

```
# install.packages("RSQLite") bzw. install.packages("RMySQL")
mydb  <- dbConnect(RSQLite::SQLite(), dbname="dav_turorial.sqlite")
# bzw. dbConnect(RMySQL::MySQL(), user='dav', password='abc',
#                dbname='dav', host='localhost')
```

Die Parameter USER, PASSWORD und DBNAME müssen natürlich angepasst werden.

#### Eintabellenabfragen

Als erstes erstellen wir die Tabellen aus unserem Datenmodell, wobei der Befehl `CREATE TABLE` zum Einsatz kommt. Bei den SQL-Schlüsselworten muss übrigens nicht auf Groß- bzw. Kleinschreibung geachtet werden.

```
# Tabelle VVertrag anlegen
dbExecute(mydb, "
  CREATE TABLE VVertrag (
    VertragsNr INTEGER NOT NULL,
    BeginnDat DATE,
    Beitragpm INTEGER,
```

27 https://www.mysql.com/de/ bzw. auch https://mariadb.org/
28 https://sqlite.org/index.html

```
    InvSumme INTEGER,
    PRIMARY KEY(VertragsNr));")

# Tabelle FVertrag anlegen
dbExecute(mydb, "
  CREATE TABLE FVertrag (
    Fid INTEGER NOT NULL,
    VersG VARCHAR(100),
    VersNum VARCHAR(50),
    Art VARCHAR(100),
    Beitrag INTEGER,
    BeginnDat DATE,
    EndDat DATE,
    PRIMARY KEY(Fid));")

# Tabelle Person anlegen
dbExecute(mydb, "
  CREATE TABLE Person (
    PerId INTEGER NOT NULL,
    Vorname VARCHAR(50),
    Nachname VARCHAR(50),
    GebDat DATE,
    EhepartnerPid INTEGER,
    ElternteilPid INTEGER,
    PRIMARY KEY (PerId),
    FOREIGN KEY (EhepartnerPid) REFERENCES Person(PerId),
    FOREIGN KEY (ElternteilPid) REFERENCES Person(PerId));")

# Koppeltabelle Person/FVertrag anlegen
dbExecute(mydb, "
  CREATE TABLE PersonFVertrag (
    PerId INTEGER NOT NULL,
    FId INTEGER NOT NULL,
    FOREIGN KEY (PerId) REFERENCES Person(PerId),
    FOREIGN KEY (FId) REFERENCES FVertrag(FId));")

# Koppeltabelle Person/VVertrag anlegen
dbExecute(mydb, "
  CREATE TABLE PersonVVertrag (
    PerId INTEGER NOT NULL,
    VertragsNr INTEGER NOT NULL,
    FOREIGN KEY (PerId) REFERENCES Person(PerId),
    FOREIGN KEY (VertragsNr) REFERENCES VVertrag(VertragsNr));
")

# Alle Tabellen der Datenbank auflisten
dbListTables(mydb)
```

Wird SQLite verwendet, sollte nach dem Durchlauf eine neue Datenbankdatei im Arbeitsverzeichnis (zu finden mit `getwd()`) erstellt worden sein und die Ausgabe der vorletzten Anweisung sollte die Namen der fünf erstellten Tabellen geliefert haben. Das Beispiel zeigt die Erstellung von Tabellen über Angabe des Namens und der Definition, wobei hier in der Definition der Spalten neben dem Spaltennamen und dem Datentyp auch sogenannte Constraints zum Einsatz kommen (z.B. `NOT NULL`). Man beachte, dass die Definition auch die Anlage von Primär- und Fremdschlüsseln einschließt.

Zu erwähnen ist hier auch, dass das verwendete R-Paket *RSQLite* standardmäßig den sog. *autocommit*-Modus verwendet. Hierbei wird jedes Statement implizit in einer eigenen Transaktion ausgeführt. Sollen mehrere Anweisungen in einer Transaktion ablaufen, so müssen sie in die Befehle `dbBegin(mydb)` und `dbCommit(mydb)` eingeschlossen werden.

Im nächsten Schritt sollen einige Beispieldaten in die Datenbank eingespielt werden. Dabei kommt der SQL-Befehl `INSERT` (Mutation, DML) zum Einsatz. Es können damit ein oder auch gleich mehrere neue Tupel in einer Anweisung zu einer bestehenden Relation hinzugefügt werden. Die vereinfachte Syntax des Befehls ist

```
INSERT INTO Tabellenname [ (Spaltenliste) ] { VALUES (Auswahlliste)
[,...] | SELECT-Befehl }
```

Wir fügen nun einige Daten in die soeben angelegten Tabellen ein:

```
# Anlegen der Personen
dbExecute(mydb, "
  INSERT INTO Person (PerId, Vorname, Nachname,
                     GebDat, EhepartnerPid, ElternteilPid) VALUES
    (1012, 'Heinz', 'Meier', '1960-06-01', NULL,NULL),
    (1013, 'Laura', 'Hitz', '1978-05-13', NULL, NULL),
    (1014, 'Thomas', 'Hitz', '1978-12-06', 1013, NULL),
    (1015, 'Nina', 'Hitz', '2005-05-13', NULL, 1013),
    (1016, 'Jonas', 'Hitz', '2008-06-17', NULL, 1013),
    (1017, 'Tim', 'Wasser', '1965-08-04', NULL, NULL),
    (1020, 'Johann', 'Stein', '1958-06-01', NULL, NULL)")

# Anlegen der Fremdverträge
dbExecute(mydb, "
  INSERT INTO FVertrag (Fid, VersNum, VersG, Art, Beitrag, BeginnDat, EndDat)
  VALUES
    (5156, '56668976', 'Jumbo AG', 'Haftpflicht', 10,
     '2015-08-01', '2018-08-01'),
    (5157, '56668978', 'Jumbo AG', 'Lebensversicherung', 300,
     '2000-04-01', '2023-04-01'),
    (5310, 'AS00982341', 'Taxo AG', 'Rechtsschutz', 15,
     '2016-10-01', '2019,10-01')")

# Koppeltabelle Person/FVertrag
dbExecute(mydb, "
  INSERT INTO PersonFVertrag(PerId, FId) VALUES
```

```
    (1012, 5156),
    (1012, 5157),
    (1017, 5310)")

# Eigenverträge
dbExecute(mydb, "
  INSERT INTO VVertrag(VertragsNr, BeginnDat, Beitragpm, InvSumme) VALUES
    (3912, '2015-05-01', 20, 120000),
    (3915, '2017-04-23', 40, 80000),
    (3320, '2010-05-01', 35, 200000) ")

# Koppeltabelle Person/VVertrag
dbExecute(mydb, "
  INSERT INTO PersonVVertrag(PerId, VertragsNr) VALUES
    (1012, 3912),
    (1013, 3915),
    (1014, 3915),
    (1015, 3915),
    (1016, 3915),
    (1020, 3320) ")
```

Nach dem Einfügen sollten die Daten in der Datenbank stehen, vgl. Abbildung 5.11, worüber man sich durch Abfragen oder die Benutzung eines externen Datenbank-Viewers[29] vergewissern kann.

| | PerId | Vorname | Nachname | GebDat | EhepartnerPid | ElternteilPid |
|---|---|---|---|---|---|---|
| 1 | 1.012 | Heinz | Meier | 1960-06-01 | [NULL] | [NULL] |
| 2 | 1.013 | Laura | Hitz | 1978-05-13 | [NULL] | [NULL] |
| 3 | 1.014 | Thomas | Hitz | 1978-12-06 | 1.013 | [NULL] |
| 4 | 1.015 | Nina | Hitz | 2005-05-13 | [NULL] | 1.013 |
| 5 | 1.016 | Jonas | Hitz | 2008-06-17 | [NULL] | 1.013 |
| 6 | 1.017 | Tim | Wasser | 1965-08-04 | [NULL] | [NULL] |
| 7 | 1.020 | Johann | Stein | 1958-06-01 | [NULL] | [NULL] |

**Abb. 5.11:** Personen-Tabelle in der Datenbank nach der Einfüge-Operation.

Die normalerweise bei weitem häufigste Anweisung ist der SELECT-Befehl. Sie dient zur Suche und Abfrage von Daten in einer Datenbank. Es gibt viele Varianten, die hier natürlich nicht alle besprochen werden können. Der Hauptteil des SELECT-Befehls sieht in etwa so aus:

```
SELECT [ ALL | DISTINCT] Spaltenauswahlliste
  FROM Tabellenliste [ WHERE Bedingung] [ GROUP BY Spaltenliste] [
  HAVING Bedingung]
```

29 Vgl. z.B. https://dbeaver.io/

Damit enthält jeder SELECT-Befehl mindestens die Schlüsselwörter SELECT und FROM. Auf FROM folgen Tabellennamen, aus denen Daten zu lesen sind. Im Abfrageergebnis werden die in der Spaltenauswahlliste angegebenen Spalten zurückgegeben.

```
# Beispiel: Abfrage aller Personen in der Tabelle Person
rs = dbGetQuery(mydb, "SELECT * FROM Person")
```

Das *-Symbol ist hierbei ein Platzhalter und steht für *alle Spalten*. Das Ergebnis steht jetzt als R-DataFrame zur Verfügung. Will man ausgewählte Datensätze erhalten, kann man sie über Kriterien in der WHERE-Klausel filtern:

```
# Beispiel mit Filterung
rs = dbGetQuery(mydb, "SELECT * FROM Person WHERE PerId = 1017")
```

Die bisher gezeigten Beispiele greifen nur auf eine Tabelle zurück. Die FROM-Klausel ermöglicht jedoch die Angabe einer Liste von Tabellen, die dann mittels Kreuzprodukt oder Verbund (s.u.) die Datengrundlage für die Abfrage bilden.

```
# Beispiel einer Kreuzreferenz
rs = dbGetQuery(mydb, "
  SELECT
    V1.VertragsNr AS V1,
    V2.VertragsNr AS V2
  FROM VVertrag V1, VVertrag V2")
```

In dieser Abfrage werden zunächst in der FROM-Klausel Aliasnamen für die Tabellen eingeführt, die dann anschließend im SELECT-Teil verwendet werden. Dies ist in diesem Fall auch notwendig, um Eindeutigkeit herzustellen. Außerdem werden dann auch noch Alias-Namen für die Spalten in der Ergebnismenge eingeführt. In R-Studio wird das Ergebnis wie folgt in Abbildung 5.12 gezeigt dargestellt.

| | V1 | V2 |
|---|---|---|
| 1 | 3320 | 3320 |
| 2 | 3320 | 3912 |
| 3 | 3320 | 3915 |
| 4 | 3912 | 3320 |
| 5 | 3912 | 3912 |
| 6 | 3912 | 3915 |
| 7 | 3915 | 3320 |
| 8 | 3915 | 3912 |
| 9 | 3915 | 3915 |

**Abb. 5.12:** Kreuzprodukt der Vertragsnummern.

In SQL-Abfragen können Operationen auf Spalten angewendet werden, dies können arithmetische Operationen oder auch Operationen auf Zeichenketten sein, wie z.B.

- UPPER (wandelt Kleinbuchstaben in Großbuchstaben)
- LOWER (wandelt Großbuchstaben in Kleinbuchstaben)
- TRIM (führende und schließende Leerzeichen entfernen)
- RTRIM (schließende Leerzeichen entfernen)
- SUBSTRING (Extraktion einer Teilzeichenkette)

Daneben sind auch noch folgende Aggregationsfunktionen vorhanden:

- AVG (Mittelwert)
- COUNT (Anzahl aller Zeilen)
- MAX (Maximumwert)
- MIN (Minimumwert)
- SUM (Summenwert)

Das folgenden Beispiel kombiniert beide Typen: Zunächst wird der Beitrag eines jeden Datensatzes mit zwölf multipliziert und dann liefert die Aggregatfunktion **SUM** die Summe aller Jahresbeiträge über alle selektierten Datensätze:

```
SELECT SUM(Beitragpm*12) AS Beitragpa
FROM VVertrag
```

Will man nicht über alle sondern über gewisse Teilmengen summieren, so bedient man sich der **GROUP BY**-Klausel.

### Joins

Die Tabellenreferenz in der **FROM**-Klausel wird nun um den Joinausdruck erweitert. Dieser hat folgende vereinfachte Form:

```
Tabellenreferenz { [ NATURAL ] [INNER] | [ NATURAL {
 LEFT | RIGHT } [ OUTER ] } JOIN Tabellenreferenz [ ON Bedingung |
 USING { SPALTENLISTE } ]
```

Wir betrachten als erstes ein Beispiel für einen **INNER**-Join. Hier werden zwei Tabellen unter Berücksichtigung von einer oder mehreren Bedingungen verknüpft, die die Ergebnismenge des Kreuzproduktes einschränken. Das Ergebnis besteht beim **INNER**-Join genau aus den Zeilen, die die Bedingungen erfüllen (und somit fallen Zeilen aus einer der Tabellen, zu denen es keine passende Zeile in der zweiten Tabelle gibt, weg). Das folgenden Beispiel selektiert aus allen Versicherungsverträgen die Versicherungssumme und zeigt sie zusammen mit dem Namen des Versicherten an:

```
SELECT z.Vorname, z.Nachname, v.InvSumme
FROM (
```

```
  SELECT p.Vorname, p.Nachname, v.VertragsNr
  FROM Person p INNER JOIN PersonVVertrag v
  WHERE p.PerId = v.PerId) z INNER JOIN VVertrag v
WHERE z.VertragsNr = v.VertragsNr
```

Anstelle eines verschachtelten Joins und der *temporären* Tabelle *z* können auch alle Tabellen direkt verwendet werden:

```
SELECT p.Vorname, p.Nachname, v.InvSumme
FROM Person p INNER JOIN PersonVVertrag pv INNER JOIN VVertrag v
WHERE (p.PerId = pv.PerId) AND (pv.VertragsNr = v.VertragsNr)
```

Der LEFT OUTER-Join wird so gebildet, dass zusätzlich zum Ergebnis des INNER-Join auch alle Sätze des linken Join-Partners erhalten bleiben, zu denen es keinen passenden Eintrag in der rechten Tabelle gibt. Sind Spalten aus der rechten Tabelle in der SELECT-Spaltenliste, wird hier die NULL-Marke geliefert. Entsprechend umgekehrt wirkt der RIGHT OUTER-Join. Der OUTER-JOIN ist dann schließlich die Vereinigungsmenge aus LEFT und RIGHT JOIN.

### 5.3.6 Fortgeschrittene Themen zu Relationalen Datenbanken

#### Indizes

Ein Mittel zur Erhöhung der Performanz von Datenbankabfragen können Indizes sein. Zum Verständnis mache man sich klar, dass Daten in relationalen Datenbanken grundsätzlich nicht sortiert sind, wodurch das Einfügen neuer Daten vereinfacht wird. Gleichzeitig entsteht natürlich ein Nachteil, wenn gezielt nach Datensätzen gesucht werden muss.

Um diesen Nachteil auszugleichen, kann auf einer Tabelle ein Index (oder auch mehrere) als zusätzliche Struktur angelegt werden. Er wird in der Regel wie eine eigenständige sortierte Tabelle intern vom Datenbanksystem angelegt und verwaltet und er kann somit auch wieder entfernt werden.

Bei der Suche nach Datensätzen kann die Datenbank dann über die schnelle Auswertung des sortierten Index die Zeilen aus der Basistabelle identifizieren, die gelesen werden müssen. Ein Index wird in SQL wie folgt angelegt:

```
CREATE [Unique] INDEX
Name ON Tabellenname ( { Spalte [ASC | DESC ] } [ , ... ] )
```

Oft legen Datenbanksysteme automatisch Indizes für die Primärschlüssel einer Tabelle an.

Als Beispiel soll in der Tabelle *Person* auf den Nachnamen ein Index in aufsteigender Reihenfolge (Voreinstellung) angelegt werden. Das Kommando dazu sieht nun wie folgt aus:

```
CREATE INDEX IPersonen On Person(Nachname)
```

#### Logische Abarbeitungsreihenfolge von SQL-Statements

Im Gegensatz zu etwa R verfolgt die Programmiersprache SQL einen deklarativen Ansatz: Die SQL-Statements beschreiben das gewünscht Ergebnis, wie es erstellt wird, entscheidet das Datenbanksystem. Das bedeutet natürlich auch, dass die Abarbeitung der einzelnen Teilausdrücke in einer SQL-Abfrage nicht in der Reihenfolge passiert, in der sie in der Abfrage erscheinen. Es gibt jedoch eine *logische Abarbeitungsreihenfolge*, die durch den SQL-Standard vorgegeben wird. Die Einhaltung des SQL-Standards ist nicht immer garantiert, so dass einzelne Datenbanksysteme die einzelnen Schritte möglicherweise dennoch in einer anderen logischen Reihenfolge durchführen. Die logische Abarbeitungsreihenfolge ist nicht zwingend intuitiv. Das im Hinterkopf zu behalten kann helfen, falls man über nicht akzeptierte oder nicht (wie erwartet) funktionierende SQL-Statements nachdenkt.

Die Implementierung selbst bestimmt die physikalische Abarbeitungsreihenfolge. Sie ist dem Systembenutzer in der Regel nicht bekannt und muss dies auch nicht sein, solange garantiert ist, dass sie das im Sinne der logischen Abarbeitung richtige Ergebnis liefert. Allerdings ist anzunehmen, dass die physikalische Abarbeitung entscheidend für die Performanz des Systems ist.

Die logische Reihenfolge definiert Einzelschritte, die – wenn sie aufeinander folgend ausgeführt würden – das Abfrageergebnis generieren.[30] Von den bislang besprochenen Konstrukten kann zusammenfassend gesagt werden, dass die FROM-Klausel am Anfang, die WHERE-Klausel im Anschluss und die am Anfang des Statements stehende Spaltenselektion innerhalb des SELECT-Blocks erst deutlich später ausgeführt wird. Damit erklärt sich sich zum Beispiel auch, warum ein Alias-Name aus dem SELECT-Block nicht in der WHERE-Klausel benutzt werden kann: Das Alias wird erst im SELECT-Schritt verarbeitet und ist daher im WHERE-Schritt noch nicht bekannt.

#### Common Table Expressions und Turing Vollständigkeit

Dieser Abschnitt weist auf einige Sprachelemente von SQL hin, die erst im SQL-99-Standard eingeführt wurden, insbesondere die rekursiven *common table expressions* (CTE). CTEs werden möglicherweise nicht von allen Datenbanksystemen gleichermaßen unterstützt. Die Beispiel in diesem Abschnitt wurden mit Postgres 9.6 getestet.

---

**30** Vgl. z.B. https://www.youtube.com/watch?v=wTPGW1PNy_Y

CTEs sind temporäre Tabellen, die in einem SQL-Statement erzeugt werden und die dann in der Hauptabfrage weiterverwendet werden können. Die Syntax hierfür ist

```
WITH
  expr_name_1 AS ( <table_def 1 via SQL>),
  ...,
  expr_name_N AS ( <table_def_N via SQL>)
SELECT
  ...
FROM ..., expr_name_1, ..., expr_name_N, ...
```

Die temporären Tabellen sind hierbei *expr_name_1, . . ., expr_name_N*, sie werden i.d.R. durch SQL-Select-Statements definiert und können in der Hauptabfrage genauso wie normale Tabellen verwendet werden. Ferner darf es Abhängigkeiten zwischen den einzelnen Ausdrücke geben (d.h. *expr_name_N* kann wiederum durch *expr_name_1* definiert sein). Auf diese Weise wird es möglich, sehr komplexe Ausdrücke übersichtlicher zu notieren. Allerdings kann eine äquivalente aber vielleicht weniger verständliche Schreibweise durchaus dazu führen, dass die Abfrage durch die Datenbank performanter verarbeitet werden kann.

Man unterscheidet weiter zwischen rekursiven und nicht-rekursiven CTEs, ein Beispiel für eine nicht-rekursive CTE ist:

```
WITH nums(counter) AS (
  VALUES (1), (2), (3), (4), (5), (6), (7), (8), (9), (10)
)
SELECT * FROM nums;
```

Im `WITH`-Teil wird hier die temporäre Tabelle `nums` mit der Spalte `counter` erzeugt, die dann im Hauptstatement gelesen wird. Das Ergebnis sind eine Spalte und zehn Zeilen mit den Werten eins bis zehn. Das gleiche Resultat kann man auch rekursiv erzeugen:

```
WITH RECURSIVE nums_to_ten(counter) AS
( SELECT 1 UNION ALL SELECT counter+1 FROM nums_to_ten WHERE counter+1<= 10 )
SELECT * FROM nums_to_ten;
```

Eine etwas erweiterte Variante des vorstehenden Beispiels ist das folgende Statement, welches allerdings Postgres-spezifische Datumsfunktionen verwendet:

```
WITH RECURSIVE oct_dates(date_counter) AS (
  SELECT DATE '2018-10-1'
UNION ALL
  SELECT date_counter + 1
  FROM oct_dates WHERE date_counter <= DATE '2018-11-1'
)
SELECT date_counter, to_char(date_counter, 'dy') as day_of_week
FROM oct_dates;
```

Es erzeugt als Ergebnis eine Liste aller Tage im Oktober 2018 mit dem zugehörigen Wochentag.

SQL lässt also Rekursion zu und erlaubt damit sehr allgemeine Berechnungen. SQL ist sogar *Turing-vollständig*: Theoretisch kann man damit jedes Problem lösen, welches in irgend einer anderen Programmiersprache gelöst werden kann.

### Datenbankzugriff aus Pythonskripten

Früher in diesem Kapitel wurde gezeigt, wie der Zugriff von R auf eine MySQL-Datenbank bzw. eine SQLite-Datenbank erreicht werden kann. Hier illustrieren wir den Zugriff von Python auf eine Postgres-Datenbank.

Wir starten mit einer leeren Tabelle in Postgres, die wie folgt definiert ist:

```
CREATE SEQUENCE tbl_period_id_seq;
CREATE TABLE public.tbl_period
(
  updated_at timestamp without time zone DEFAULT now(),
  id integer NOT NULL DEFAULT nextval('tbl_period_id_seq'::regclass),
  period_name character varying(50) NOT NULL,
  year integer,
  CONSTRAINT pk_tbl_period PRIMARY KEY (id),
  CONSTRAINT uq_tbl_period_id UNIQUE (id),
  CONSTRAINT uq_tbl_period_period_name UNIQUE (period_name)
)
```

Es gibt also die vier Spalten `updated_at`, `id`, `period_name` und `year`. Man beachte, dass `updated_at` und *id* mittels *DEFAULT-Klauseln* definiert sind, wodurch bei Einfügeoperationen die Datenbank automatisch einen Wert setzt, falls nicht explizit ein Wert vorgegeben wird. Beim Feld `id` ist die eine fortlaufenden Nummer und bei dem Feld `updated_at` ist das der aktuelle Zeitstempel. Der Zugriff von Python aus setzt das Treiberpaket *psycopg2* voraus, welches die Python DBAPI[31] implementiert und ggf. nachinstalliert werden muss. Der erste Schritt beim Zugriff ist, eine Verbindung zur Datenbank zu öffnen. Anschließend fügen wir einige Daten ein:

```
import psycopg2
conn = psycopg2.connect(f"dbname=dwh user=postgres password={pwd}")

# zwei Zeilen einfügen
with conn.cursor() as cur:
    cur.execute("""INSERT INTO tbl_period (period_name, year)
                   VALUES ('2016', 2016), ('2017', 2017)""")
conn.commit()
```

31 Dies ist ein allgemeiner Python-Standard, der von vielen Treiber-Packages implementiert wird, vgl. https://www.python.org/dev/peps/pep-0249/

Die Daten können nun auch wieder eingelesen werden:

```
with conn.cursor() as cur:
    cur.execute("SELECT * FROM tbl_period")
    periods = cur.fetchall()
```

Die Variable `periods` ist eine Liste und hat jetzt folgenden Wert:

```
[(datetime.datetime(2018, 12, 9, 9, 47, 45, 464066), 1, '2016', 2016),
 (datetime.datetime(2018, 12, 9, 9, 47, 45, 464066), 2, '2017', 2017)]
```

Der nächste Schritt ist nun häufig, die Datenstruktur, die der Datenbanktreiber geliefert hat (in diesem Fall eine Liste von Tupeln), in etwas Brauchbareres zu transformieren. Manchmal kann man das z.B. mit dem Pandas-Package einfach erreichen, indem man das Ergebnis direkt in einen Pandas-DataFrame übertragen lässt:

```
import pandas as pd
with psycopg2.connect(f"dbname=dwh user=postgres password={pwd}") as con:
    df = pd.read_sql("SELECT * FROM tbl_period", con=con)
```

#### ORMs: Object Relational Mappers

Ein anderes sehr mächtiges Konzept sind *Object-Relational-Mappers*. Sie stellen eine Schicht dar, die Objekte der Programmiersprache in Zeilen von Datenbanktabellen überträgt, und zwar in beide Richtungen.

Wir betrachten ein einfaches Beispiel, das *SqlAlchemy* verwendet, einen weit verbreiteten Mapper in Python. Das Ziel ist es zunächst, das Datenmodell in Python zu beschreiben. Hierzu muss zu jeder Tabelle eine entsprechende Python-Klasse erstellt werden. Das erfordert einige Vorbereitungen:

```
from sqlalchemy import *
from sqlalchemy.ext.declarative import declarative_base
from sqlalchemy.orm import sessionmaker

conn_str = f"postgresql://postgres:{pwd}@localhost:5432/dwh"
session_maker = sessionmaker(bind=create_engine(conn_str))
_Base = declarative_base()
```

Mit Hilfe des Objektes *session_maker* wird später eine Verbindung aufgebaut werden, das Objekt *_Base* dient als Basisklasse. Der Kern des Ansatzes sind nun die Klassendefinitionen in Python, deren Objekte in der Datenbank gespeichert werden sollen. Wir kommen im folgenden Beispiel zurück auf die Struktur des vorherigen Abschnitts:

```
class Period(_Base):
    __tablename__ = 'tbl_period'

    id = Column(Integer, primary_key=True, unique=True)
    updated_at = Column(DateTime, server_default=func.now(),
                        onupdate=func.current_timestamp())
    period_name = Column(String(50), nullable=False, unique=True)
    year = Column(Integer, nullable=True)

    def __repr__(self):
        return f"Period: id={self.id}, " +\
               f"name={self.period_name}, year={self.year}"
```

Die Klasse hat als Klassenvariablen die Spalten der korrespondierenden Tabelle. Lesender Datenbankzugriff erfolgt nun direkt über SqlAlchemy, welches die notwendigen SQL-Statements automatisch generiert und die Rückgabewerte der Datenbank in entsprechende Python-Objekte konvertiert. Hierzu erzeugt man zunächst ein session-Objekt, welches nach dem Zugriff wieder geschlossen wird. Als Beispiel laden wir alle Einträge der Tabelle `tbl_period` in eine Liste von Instanzen der Klasse `Period`:

```
session = session_maker()
periods = session.query(Period).all()
session.close()
```

Die anschließende Verwendung der Objekte ist nun leicht möglich:

```
for p in periods:
    print(p)
```

Wir erhalten die folgende Ausgabe (man beachte: beim `print`-Aufruf kommt implizit die oben definierte Methode `__repr__` der Klasse `Period` zum Einsatz):

```
Period: id=5, name=2016, year=2016
Period: id=6, name=2017, year=2017
```

**Verwundbarkeit: SQL Injection**

Eine Gefahr beim Einsatz von SQL in Software-Applikationen kann entstehen, wenn Nutzereingaben unverändert in SQL-Code integriert werden.

Als Beispiel soll angenommen werden, dass ein Benutzer etwa in einem Anmeldungs-Formularfeld seinen Nutzernamen eingeben soll. Ein schematischer Beispiel-Code für die Weiterverarbeitung könnte vielleicht so aussehen:

```
name = ...    # Wert direkt aus Eingabefeld übernommen
prepared_sql = """select email_address
                  from userdetails where name = '""" + name + "'"
execute(prepared_sql)
```

In diesem Fall hat ein Benutzer nun die Möglichkeit, durch eine gezielte Eingabe das SQL-Statement so zu manipulieren, dass eine nicht intendierte Antwort geliefert wird. Zum Beispiel führt die Eingabe von

```
name = "' or ''='"
```

dazu, dass folgendes SQL-Statement an die Datenbank geschickt wird:

```
select email_address from userdetails where name = '' or ''=''.
```

Derartiger Missbrauch muss natürlich vermieden werden. Der Ausweg hierzu ist, die Ersetzung der Parameter in der Abfrage der Datenbank oder dem verwendeten Treiber zu überlassen, der eine korrekte Behandlung von Sonderzeichen in Texteingaben sicherstellt. Hierzu sind sog. *parametrisierte Abfragen* vorgesehen, wobei die genaue Syntax produktabhängig sein kann. Die Lösung besteht allgemein darin eine Anfrage mit einem Platzhalter zu formulieren (beispielhaft für eine Oracle-DB):

```
prepared_sql = """select email_address
                  from userdetails where name = :name_parameter'"""
```

Dann wird die Abfrage zusammen mit dem Parameter an die Datenbank (oder den genutzten Treiber) übergeben. In der weiteren Verarbeitung werden dann Steuerzeichen im Parameterstring (also z.B. die einfachen Anführungszeichen in der Benutzereingabe) so maskiert, dass sie die Semantik nicht verändert wird.

**Trigger und Stored Procedures**

Viele Datenbanken bieten die Möglichkeit, bestimmte Aktionen durch direkt im Datenbanksystem gespeicherte und ablaufende Skripte erledigen zu lassen. Diese Skripte heißen auch *Stored Procedures* (gespeicherte Prozeduren). Die benutzte Skriptsprache hängt hierbei vom benutzten System ab, oft kommt eine um etwa Variablen, Verzweigungen und Schleifen angereicherte Variante von SQL zum Einsatz aber teilweise werden auch Hochsprachen wie Java, Python, C# unterstützt. Stored Procedures haben mehrere Vorteile:

- Da sie (meist) vom Client aus aufgerufen werden und komplexe Logik beinhalten können, erspart der Einsatz ggf. den Datentransfer von und zum Client über das Netzwerk. Das kann sich deutlich positiv auf die Performanz auswirken.

- Sie können die Sicherheit verbessern, da sie einerseits SQL-Injection verhindern können und es andererseits auch ermöglichen, restriktivere Rechte auf den unterliegenden Datentabellen zu vergeben. So können manche Benutzer beispielsweise die Berechtigung für bestimmte Stored Procedures erhalten, die Daten einer Tabelle modifizieren, nicht aber den vollen Schreibzugriff auf die betreffende Tabelle.
- Sie können dazu beitragen Codeduplizierungen zu vermeiden.

Dem entgegen stehen auch Nachteile: Gerade SQL-lastige Stored Procedures sind oft imperativ angelegt und die Skripte sind nicht immer leicht zu verstehen, schwer zu warten und zu debuggen. Darüber hinaus sind sie auch systemspezifisch und somit nicht portabel, wodurch der sog. *Vendor-Lock* befördert wird.

Stored Procedures treten oft gemeinsam mit sog. *Triggern* auf. Dies sind definierte Einsprungpunkte für vordefinierte Routinen oder Stored Procedures, die es erlauben, Skripte oder andere Aktionen vor oder nach bestimmten Ereignissen ausführen zu lassen Ein typisches Beispiel ist etwa das Löschen eines Datensatzes, das u.U. eine ganze Kaskade weiterer Löschvorgänge initiieren muss, um die Konsistenz zu erhalten, ggf. sollen auch manche dieser Datensätze noch vor dem finalen Löschen in einer Archiv-Tabelle aufgehoben werden. Andere Szenarien sind beispielsweise die automatische Validierungen oder die Anreicherung eines Datensatzes vor dem Einfügen.

## 5.4 Arbeiten mit No-SQL-Datenbanken

Das Modell der relationalen Datenbank ist nicht das einzig denkbare. Im Gegenteil, es gibt schon seit langem konkurrierende Konzepte, deren Vertreter aber lange Zeit keine signifikanten Marktanteile gewinnen konnten und auch heute dominieren relationale Datenbanken (in diesem Zusammenhang etwas irreführend auch *SQL*-Datenbanken genannt) die meisten kommerziellen Einsatzszenarien.

Erst kurz nach der Jahrtausendwende erreichten in einer kurzen Zeitspanne mehrere Datenbanksysteme, die sich von den relationalen Datenbanken jeweils in bestimmter Hinsicht unterschieden, eine Qualitätsstufe, die sie fortan als echte Alternativen erscheinen ließen.

Einige dieser Produkte wurden dann als *No-SQL Datenbanken* bekannt, da sie andere Abfragesprachen als SQL einsetzten – andere neue Vertreter wiederum setzen auch hier auf Vertrautes. Nicht nur durch die Abfragesprache sondern auch in anderer Hinsicht verhielten sich diese Produkte anders als die relationalen Modelle. Der Begriff *No-SQL* wird heute meist als *Not-Only-SQL* gelesen. Die Vorteile der No-SQL Datenbanken bestehen vor allem in höherem Durchsatz (Performanz) und Skalierbarkeit, aber es gibt teilweise auch größere Einschränkungen in Bezug auf Konsistenzgarantien, wodurch die No-SQL-Vertreter für einige Anwendungstypen, nicht jedoch für alle, geeignet erscheinen.

In der Folge haben die Entwickler der traditioneller Datenbanken teilweise die Ideen der No-SQL-Produkte übernommen, so dass die Unterschiede der Paradigmen wieder etwas aufgeweicht wurden. Der neuere Begriff *New-SQL* trägt diesem *hybriden* Ansatz Rechnung.

In diesem Abschnitt sollen einige allgemeine Merkmale der No-SQL-Datenbanken besprochen und einige bekannte Vertreter vorgestellt werden, die jeweils verschiedene Ansätze verfolgen. Der Abschnitt erhebt nicht den Anspruch das Konzept No-SQL theoretisch zu durchdringen und auch die Auswahl der Vertreter ist nicht repräsentativ sondern durch den subjektiven Erfahrungshorizont der Autoren bestimmt.

### 5.4.1 Verteilte Datenbanksysteme

Viele Entwicklungen im Bereich der sogenannten No-SQL Datenbanken haben ihren Ursprung in dem Ziel der Bereitstellung von verteilten Datenbanken bzw. Datenbankmanagementsystemen. Es gibt eine ganze Reihe von Gründen, warum man Datenbanken als verteilte Systeme betreiben möchte:

- **Größe**: Die Datenmenge kann einfach zu groß für einen einzelnen Rechner sein, man muss die Daten auf verschiedene Rechner bzw. Speichermedien verteilen.
- **Verfügbarkeit**: Man möchte sich gegen (auch nur kurze) Ausfälle des Systems durch mehrere sogenannte *(Hot)-Standbye* Systeme schützen.
- **Sicherheit**: Schutz vor Datenverlusten durch *redundante* Speicherung.
- **Performance**: Ist die Anfragelast hoch, kann eine Verteilung der Anfragen helfen, die Antwortzeiten zu verkürzen. Hierbei werden die Zugriffe jeweils auf verschiedene Server verteilt (*Load-Balancing* ), so dass eine höhere Parallelität in der Verarbeitung erreicht werden kann.

Es ist unmittelbar klar, dass durch die Verteilung die Komplexität der Systeme deutlich steigt. Betrachten wir kurz das letztgenannten Szenario, so ist einsichtig, dass es auf einem stabilen Datenbestand mit read-only Zugriffen gut funktionieren wird, wenn die Daten auf mehrere Systemteile repliziert wurden. Schwieriger wird es aber, wenn Änderungen an Daten vorgenommen und diese zu mehreren Instanzen propagiert werden müssen.

Auch viele Relationale Datenmanagementsystem (RDBMS) bieten Funktionalitäten, die die besprochenen Problemstellungen teilweise adressieren, ein Beispiel ist die zeitnahe Replikation von Änderungen auf einen oder mehrere entfernte Server, vgl. Abbildung 5.13, die auch von vielen RDBMS direkt unterstützt wird.

### 5.4.2 CAP Theorem für verteilte Systeme

Es zeigt sich, dass die Zielsetzung der vollständigen Lösung des Problems, die verteilten Datenbanken mit den Konsistenzgarantien des Relationalen Modells zu verbinden, nicht erreicht werden kann. Brewers CAP-Theorem zufolge ist es nicht möglich, die Eigenschaften Konsistenz (**C**onstistency), Verfügbarkeit (**A**vailability) und **P**artition Tolerance eines verteilten Datenbankmanagementsystems zugleich zu gewährleisten. Hierbei wird angenommen, dass Daten an verschiedenen Orten eines vernetzten Systems vorgehalten werden und die Datenhaltung redundant (oder zumindest mit Bestehen/Gewährleistung bestimmter Abhängigkeiten von einander) erfolgt.

Die im CAP-Theorem verwendeten Begriffe können nun folgendermaßen interpretiert werden:

- Nach **P** sollte das System funktionieren, auch wenn die Kommunikation innerhalb des Systems gestört ist.
- Nach **A** sollte (jeder Teil) des Systems Transaktionen verarbeiten, auch wenn die Kommunikation innerhalb gestört ist.
- Nach **C** sollten die Antworten von unterschiedlichen Systemteilen konsistent sein.

Bei gestörter Kommunikation innerhalb des Systems sind die Lieferung konsistenter Antworten und die gleichzeitige Verarbeitung von Schreibvorgängen nicht miteinander zu vereinbaren. Bestimmte Szenarien wie das *Sharding*- und das *Replikationsszenario* lassen sich jedoch realisieren, vgl. Abbildungen 5.13 und 5.14.

**Abb. 5.13:** Replikations-Szenario: Hier werden die gesamten Daten redundant vorgehalten. Werden Schreibvorgänge parallel auf allen Instanzen durchgeführt, so können durch geeignetes Load-Balancing alle Instanzen auf Leseanfragen reagieren und somit die Leseperformanz steigern (aber jede Anfrage geht dabei komplett an eine Instanz). Die Art der Schreibvorgänge kann hierbei synchron oder asynchron realisiert werden: Bei synchroner Replikation gilt der Schreibvorgang erst als erfolgt, wenn er auf allen Instanzen gültig ist. Eine Netzwerkpartition verhindert dann Schreibvorgänge. Bei asynchroner Replikation erfolgt die Propagierung von Schreibvorgängen im Hintergrund und oft auch zeitverzögert. Hier kann es kurzfristig zu unterschiedlichen Datenständen auf den verschiedenen Subsystemen kommen.

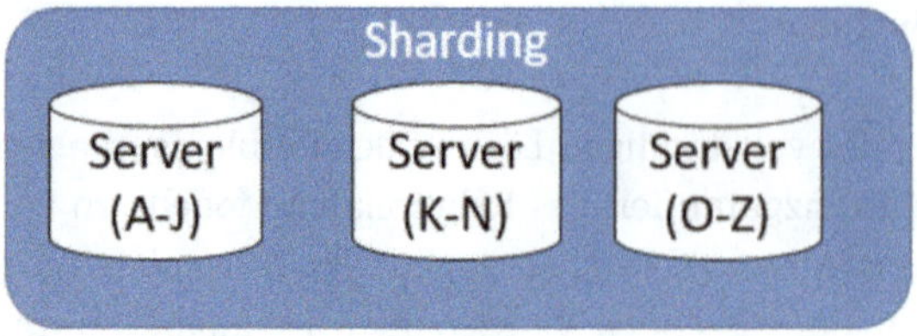


**Abb. 5.14:** Sharding-Szenario: Daten werden abhängig vom Wert eines Schlüssels auf jeweils einer separaten Instanz vorgehalten (keine Redundanz). In dieser Form ist jeder Datensatz nur einmal vorhanden. Um maximale Parallelität erreichen zu können, sollten sich die Zugriffe möglichst gleichmäßig auf die verschiedenen Subsysteme verteilen. Bei Zugriffen, die mehrere Instanzen betreffen, müssen die einzelnen Antworten durch ein zusätzliches Koordinationsmodul zusammengefügt werden.

Auch Kombinationen der besprochenen Szenarien sind gebräuchlich, in denen jeder *Shard* wiederum mehrfach repliziert wird, vgl. Abbildung 5.15.

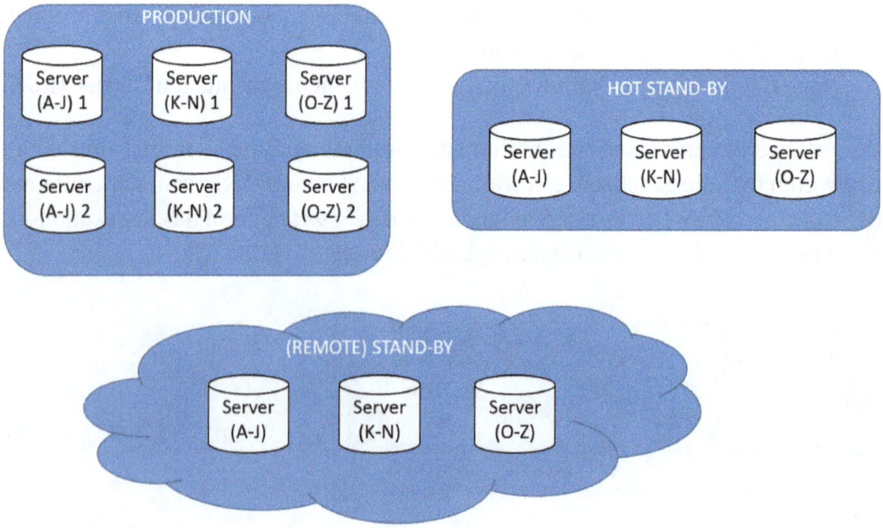


**Abb. 5.15:** Eine mögliche Konfiguration einer produktiven verteilten Datenbank. Die Datenbank zerfällt in sechs Subsysteme, die die Daten in drei separaten Einheiten vorhalten, die wiederum jeweils aus zwei synchron gehaltenen Einheiten bestehen, um Lesezugriffe schnell verarbeiten zu können. Das Produktivsystem wird ergänzt durch zwei Backup-Systeme: Ein *Hot-Standbye-System* wird hierbei stets synchron zur produktiven Datenbank gehalten und kann beim Ausfall kurzfristig das Produktivsystem ersetzen. Der *Remote-Standbye-Server* befindet sich an einem anderen Ort und sorgt durch die räumliche Trennung für zusätzliche Datensicherheit.

### 5.4.3 Einsatz von No-SQL

Wie eingangs des Kapitels gesagt, verstehen wir unter *No-SQL-Systemen* Datenbankmanagementsysteme, die hinsichtlich der Konsistenzgarantien *oder* durch eine andere logische Strukturierung der Daten vom relationalen Modell abweichen. Außerdem werden diese Systeme meistens nicht über SQL angesprochen und sie kommen oft in Szenarien zum Einsatz, in denen verteilte Systeme benötigt werden, was z.B. wegen hoher Anforderungen an die Performanz oder das Datenvolumen der Fall sein kann.

In den nächsten Abschnitten sollen einige der Ideen und Konzepte beispielhaft an in der Praxis verwendeten Systemtypen und deren Vertretern erläutert werden.

#### 5.4.3.1 Key-Value Stores

Die in diese Kategorie fallenden Systeme kann man als Verallgemeinerungen von Dictionary/Hashmap-Objekten verstehen, wie sie aus vielen Programmiersprachen bekannt sind. Es sei hier nochmal ein Beispiel in Python gegeben, das die Funktionsweise des Python-Dictionary-Typs rekapituliert:

```
my_dict = dict()                   # erzeuge leeres Dictionary
my_dict["kurs1"] = "ADS Basic"     # füge ein String Element ein

# ein dict als Wert einfügen
my_dict["kurs2"] = {"name": "ADS Basic", "dauer": 3}

my_dict["kurs2"]["dauer"]
# Ausgabe:  3
```

In Python-Dictionaries kann man Objekte (*values*) unter Schlüsseln (*keys*) speichern und bei Kenntnis des Schlüssels auch wieder abfragen. Ein Dictionary ähnelt also einem Regal mit verschiedenen Schubladen, die alle mit einem *key* beschriftet sind und jeweils die Objekte enthalten. Sowohl der *value* als auch der *key* (dieser jedoch mit Einschränkungen) können hierbei allgemeine Python-Objekte sein (Zahltypen, Strings, Objekte zu selbstdefinierten Klassen, Listen oder andere Dictionaries).

Ein *Key-Value-Store* ist nun eine eigenständige Anwendung, die diese Funktionalität für andere Programme über eine Schnittstelle verfügbar macht, z.B. über das http-Protokoll oder ein speziell hierfür entwickeltes.

Einige gebräuchliche Systeme, die dieses Konzept umsetzen sind:

- memcached (https://memcached.org/)
- DynamoDB (https://aws.amazon.com/de/dynamodb/, ein Link auf ein maßgebliches Paper dazu ist http://s3.amazonaws.com/AllThingsDistributed/sosp/amazon-dynamo-sosp2007.pdf
- Redis (https://redis.io/)
- Riak (https://riak.com/riak/)

Die Datenmodelle der Tools sind einfach, oft sind sowohl Schlüssel und Wert einfach Bytearrays.

Als Beispiel betrachten wir **Redis** ein wenig genauer. Auf einen laufenden Server kann man z.B. mit der mitgelieferten Konsolenanwendung zugreifen (Abbildung 5.16).

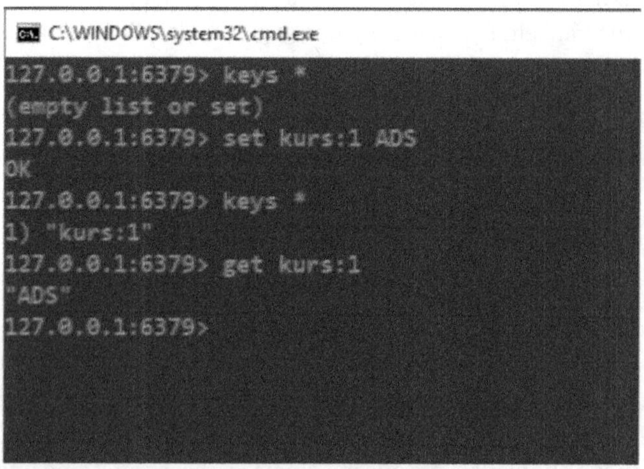


**Abb. 5.16:** Eine kurze Redis-Session mit dem Kommandozeilenwerkzeug. Zunächst werden alle bekannten Schlüssel ausgegeben (die Ausgabe ist leer). Dann wird der Schlüssel *kurs:1* mit dem Wert *ADS* belegt und erneut abgefragt.

Ein Hauptanwendungsgebiet für *Key-Value-Stores* ist die Nutzung als (verteilter) *In-Memory Cache*. Das bedeutet, dass Daten lediglich zum Zwecke der schnellen wiederholten Abfrage zwischengespeichert werden. Da keine (oder nur eine verzögerte) Datensicherung auf einem permanenten Speichermedium vorgenommen wird, können Daten durch Hard- oder Softwarefehler dauerhaft verlorengehen. Dieses Risiko sollte beim Einsatz also gegen die Vorteile der kurzen Antwortzeiten abgewogen werden.

Durch das einfache Datenmodell (Speicherung von Bytearrays) sind keine komplexen Anfragen möglich, einfache *Lookups* von Werten bei gegebenem Schlüssel sind die Regel. Zu Bedenken ist auch, dass sich ein erhöhter Aufwand beim Erstellen der

Clientanwendung ergeben kann, wenn komplexere zu speichernde Datenstrukturen auf Anwendungsseite in eine Bytesequenz (de)serialisiert werden müssen. Das führt im Allgemeinen dazu, dass diese Daten jeweils nur von der Applikation gelesen werden können, von der sie auch geschrieben wurden. Als Vorteil steht dem wie schon gesagt eine hohe Performanz gegenüber. Außerdem bietet das Datenmodell die natürliche Möglichkeit, Zugriffe über den Schlüssel auf verschiedene Instanzen zu verteilen (Sharding-Szenario).

**Bemerkung**
Spezielle Systeme bieten eine ganze Reihe zusätzlicher Funktionalitäten, z.B. bietet Redis Persistenz und einige komlexere Datenstrukturen. Das Tool kann auch als Message-Broker mit einem Publish/Subscribe-Mechanismus genutzt werden.

#### 5.4.3.2 Dokument-Datenbanken

Diese Art von Datenbank kann man als eine Erweiterung der Key-Value-Stores verstehen, die komplexere Datenstrukturen und Abfragen unterstützt. Bekannte Vertreter sind z.B. *CouchDB*[32] und *MongoDB*[33]. Daten sind in sogenannten Dokumenten organisiert, wobei bei den genannten Vertretern i.W.

```
Dokument = <JSON-OBJEKT>
```

gilt. Unter einem Dokument stellt man sich also am besten ein (geschachteltes) Dictionary vor. Intern werden die Strukturen dann teilweise noch um beispielsweise IDs oder Versionierungsinformationen erweitert. Andere Produkte setzen auch teilweise auf XML auf und sind damit näher am HTML/docx-Format, mithin an Dokumenten im umgangssprachlichen Sinn.

Vergleicht man das Modell mit dem der relationalen Datenbanken, so entspricht ein Dokument einer Zeile in einer Tabelle. Oft gibt es weitere Strukturen in den Dokument-Datenbanken, die die Trennung unterschiedlicher Dokument-Typen ermöglichen und dann etwa den Tabellen im relationalen Modell entsprechen. In der MongoDB werden die Dokumente beispielsweise in *Collections* vorgehalten.

Ein wichtiger Unterschied zwischen Dokumenten in einer Dokument-Datenbank und Einträgen in einer relationalen Tabelle ist, dass Dokumente *schemafrei* sind, d.h. dass die Struktur der einzelnen Dokumente frei gewählt werden kann (meist abgesehen von einem notwendig vorhandenen Primärschlüssel).

---

**32** https://couchdb.apache.org/
**33** https://www.mongodb.com/

Wir rekapitulieren die Struktur der Datenspeicherung noch einmal am Beispiel von *MongoDB*:

- Daten sind in einzelnen sog. *Datenbanken* gespeichert (analog dem entsprechenden Konzept in der relationalen Welt),
- *Datenbanken* enthalten *Collections*,
- *Collections* enthalten die Dokumente (analog den Zeilen in einer relationalen Datenbanktabelle),
- Dokumente in einer Collection sind nicht identisch strukturiert.

Im Extremfall kann also jedes Dokument in einer Collection ganz anders aufgebaut sein als alle anderen. Dieses Extrem ist vermutlich nur selten erstrebenswert, aber gerade in der sich ergebenden Flexibilität liegt eine der Stärken der Dokument-Datenbanken.

**Bemerkung**

1. In einem Key-Value-Store herrscht ebenfalls Schemafreiheit: Nutzt man eine Serialisierungstechnik, so kann man beliebige Objekte/Dokumente speichern. Die Dokument-Datenbanken gehen darüber hinaus, indem die Struktur zwar von Dokument zu Dokument unterschiedlich sein kann, aber die Abfragen die Struktur nutzen können, d.h. man kann Dokumente nicht nur anhand eines Schlüssel bzw. eines Primärschlüssels sondern auch über die anderen Felder selektieren.
2. CouchDB setzt, anders als z.B. MongoDB, noch ein weiteres interessantes Konzept von Haus aus um: *Immutable Data*. Jedes Dokument wird intern mittels zweier Schlüssel verwaltet, einer *ID* und einer *REVISION_ID*, die beide beim Anlegen eines Dokuments erzeugt werden. *Updates* ändern in diesem Sinn nicht die vorhandenen Daten sondern es wird immer ein neues Dokument erzeugt und dabei die *REVISION_ID* geändert. Um ein Update durchzuführen muss dem Client die aktuelle *REVISION_ID* bekannt sein und er muss sie an den Server übermitteln, ansonsten weist der Server das Update zurück.

Um einen Eindruck von den Möglichkeiten und der Anfragesprache von Dokument-Datenbanken zu gewinnen, betrachten wir nun einige Beispieltransaktionen innerhalb einer MongoDB in einer interaktiven Session mit dem Kommandozeilen-Client. Wenn der Server gestartet ist, kann man sich mit dem Kommandozeilen-Client *mongo* damit verbinden und zur Zieldatenbank wechseln:

```
PS D:\programming\py\ads_skripten> mongo
MongoDB server version: 3.4.2
2018-05-25T09:34:52.537-0700 I CONTROL  [initandlisten]
> use ads
switched to db ads
```

Wir arbeiten jetzt also in der Datenbank *ads*. In Datenbanken kann man in MongoDB *collections* anlegen, die wiederum Dokumente beherbergen (also die eigentlichen Daten). Wir fügen jetzt zwei Dokumente ein, wodurch auch die Collection *items* bei Bedarf automatisch miterstellt wird:

```
> db.items.insert({butter: 1, milk: 12})
> db.items.insert({butter: 1, milk: 2})
```

Die *find*-Methode der Collection stellt die Such-Abfrage dar, ihr wird ein Argument übergeben, das die Suchabfrage kodiert, das leere Objekt *{}* liefert alles:

```
> db.items.find({})
{ "_id" : ObjectId("5b084056c08c46c5296e63c1"), "butter" : 1, "milk" : 12 }
{ "_id" : ObjectId("5b0848a5efdcff201758f252"), "beer" : 12, "milk" : 2 }
```

Das Feld `_id` wird systemseitig beim Einfügen vergeben, wenn es nicht explizit gesetzt wird. Es stellt den Primärindex der *Collection* dar.

Die Mongo-Konsole beherrscht JavaScript, was im nächsten Fragment bei der Erstellung des Datumsobjekts benutzt wird:

```
> db.items.insert({inserted_at: new Date()})
WriteResult({ "nInserted" : 1 })
> db.items.find({})
{ "_id" : ObjectId("5b084056c08c46c5296e63c1"), "butter" : 1, "milk" : 12 }
{ "_id" : ObjectId("5b0848a5efdcff201758f252"), "beer" : 12, "milk" : 2 }
{ "_id" : ObjectId("5b084ab7dd46ed2af2d29480"), "inserted_at" : ISODate("2018-05-25T17
    :41:11.836Z") }
```

Das Beispiel illustriert auch die *Schemafreiheit*: Die Dokumente in einer *Collection* können strukturell gänzlich verschieden sein.

Es folgen noch ein paar Beispiele, ein Update:

```
> db.items.update({"_id":  ObjectId("5b084056c08c46c5296e63c1")}, {$set:{butter: 13,
    bread: 3}})
WriteResult({ "nMatched" : 1, "nUpserted" : 0, "nModified" : 1 })
> db.items.find({"_id":  ObjectId("5b084056c08c46c5296e63c1")})
{ "_id" : ObjectId("5b084056c08c46c5296e63c1"), "butter" : 13, "milk" : 12, "bread" :
    3 }
```

Und ein Insert:

```
> db.items.insert({beer: 6})
WriteResult({ "nInserted" : 1 })
```

Zeige nur Dokumente mit mindestens einem Bier: Hierfür wird der Operator `$gte: 1` verwendet, durch den die Bedingung größer oder gleich (*greater than or equal*) ausgedrückt werden kann:

```
> db.items.find({beer: {$gte: 1}})
{ "_id" : ObjectId("5b0848a5efdcff201758f252"), "beer" : 12, "milk" : 2 }
{ "_id" : ObjectId("5b084dba6f289fca8efc9e05"), "beer" : 6 }
```

Die Selektion der benötigter Rückgabefelder kann durch das zweite Argument der find-Methode gesteuert werden:

```
> // das Feld _id wird in der Ausgabe unterdrückt
> db.items.find({beer: {$gte: 1}}, {beer: 1, _id: 0})
{ "beer" : 12 }
{ "beer" : 6 }
```

Beim bedingten Löschen werden nur die Datensätze gelöscht, die eine Bedingung erfüllen, hier wird die Bedingung an das Feld `beer` über den Operator `$lte: 10` definiert, was für kleiner oder gleich (*less than or equal*) steht, vgl. das folgende Beispiel.

```
> db.items.deleteMany({beer: {$lte: 10}})
{ "acknowledged" : true, "deletedCount" : 1 }
> db.items.find({beer: {$gte: 1}}, {beer:1, _id: 0})
{ "beer" : 12 }
```

Will man komplexere Änderungen durchführen, kann man Skripte schreiben, wofür kann man sich entweder eines Treibers und der Programmiersprache der Wahl bedienen kann – falls sie unterstützt wird, die Chancen stehen gut – oder man nutzt die JavaScript-Fähigkeiten des Kommandozeilen-Clients.

Mit einem Skript haben wir Zufallsdaten erzeugt, wie sie an den Verkaufstheken eines überregional agierenden Delikatessengeschäftes anfallen könnten, welches seine Daten zentral für Analysezwecke in Echtzeit zusammenführt, für Details zur Erzeugung der Daten des Beispiels vgl. A.2.3. Eine beispielhafter Datensatz ist hierbei folgendermaßen aufgebaut:

```
> db.items.findOne()
{
        "_id" : ObjectId("5b095075ca820a6214429350"),
        "storeId" : "Berlin 1",
        "paymentType" : "VISA",
        "products" : [
                {
                        "name" : "Trüffelsalami",
                        "pricePerItem" : 3.99,
                        "numberOfItems" : 9
                }
        ]
}
```

Es gibt offenbar Informationen zur jeweiligen Niederlassung (*storeId*), zur Zahlungsweise (*paymentType*) und zu den gekauften Produkten (*products*, ein Array, das auch mehrere Elemente enthalten kann).

Anhand der Beispieldaten demonstrieren wir nun mit einer komplexeren Query noch weitere Möglichkeiten. Das *Aggregation Framework* der MongoDB erlaubt das Aufbauen einer Sequenz von Transformationen

```
db.items.aggregate([{ < 1. Transformation > },
                    { < 2. Transformation > },
                     ...   ])
```

Das Ergebnis von Transformation $k$ ist hierbei der Input für Transformation $k+1$. Will man nur die zusammen gekauften Produkte erhalten (z.B. als Ausgangspunkt für eine *Association Analysis* über den Datensatz), so könnte man etwa so vorgehen:

```
db.items.aggregate([
    {$project: {"products.name": 1}},
    {$unwind: "$products"},
    {$group: { _id: "$_id", "products": {$addToSet: "$products.name"}}},
    {$project: {_id:0}}
])
```

Wir erklären die Anweisung im Folgenden Schritt für Schritt anhand der Struktur der Ergebnismenge, wobei wir nur die Ideen vermitteln wollen, eine Erklärung der Details würde den Rahmen an dieser Stelle sprengen.

Der erste Schritt ist eine Projektionsphase, die durch den Operator `$project` initiiert wird. Das Ziel ist das Filtern der Spaltenmenge, Einträge der Ergebnismenge nach diesem Schritt haben folgende Struktur:

```
{ "_id" : ObjectId("5b095075ca820a6214429350"), "products" : [ { "name" : "
    Trüffelsalami" } ] }
{ "_id" : ObjectId("5b095075ca820a6214429351"), "products" : [ { "name" : "
    Trüffelsalami" }, { "name" : "Frische Feigen" } ] }
```

Es folgt im nächsten Schritt der `$unwind`-Operator auf dem Listenfeld `products`. *Unwind* expandiert ein eingebettetes Array-Feld in eine Liste von einzelnen Records unter Beibehaltung der übrigen Felder. Angewendet auf das vorstehende Beispiel erhält man jetzt drei Zeilen in der Ergebnismenge, eine korrespondiert mit der ersten und die beiden anderen mit der zweiten der vorher erhaltenen Zeilen:

```
{ "_id" : ObjectId("5b095075ca820a6214429350"), "products" : { "name" : "Trüffelsalami
    " } }
{ "_id" : ObjectId("5b095075ca820a6214429351"), "products" : { "name" : "Trüffelsalami
    " } }
{ "_id" : ObjectId("5b095075ca820a6214429351"), "products" : { "name" : "Frische
    Feigen" } }
```

Nun folgt eine Gruppierungsphase, die durch den Operator `$group` eingeleitet wird. Die Gruppen werden durch das jeweilige `_id`-Feld definiert und enthalten je Gruppe noch das (in diesem Statement neu definierte) Ergebnisfeld `products`, welches wiederum ein Arraytyp ist, der aus dem verschachtelten Feld `products.name` aufgebaut wird, indem alle Feldeinträge einer Gruppe zusammengefasst werden. Wir kehren also den vorherigen Unwind-Schritt wieder um, wobei allerdings nur die interessierenden Teile der Informationen erhalten geblieben sind:

```
{ "_id" : ObjectId("5b095075ca820a62144419ed"), "products" : [ "Frische Feigen", "
    Trüffelsalami" ] }
{ "_id" : ObjectId("5b095075ca820a62144419ec"), "products" : [ "Trüffelsalami" ] }
```

In der abschließenden zweiten `$project`-Phase wird dann noch das `_id`-Feld ausgeblendet, jede Zeile der Ergebnismenge gibt jeweils die Produkte eines Einkaufs an:

```
{ "products" : [ "Frische Feigen", "Trüffelsalami" ] }
{ "products" : [ "Trüffelsalami" ] }
```

---

Es folgt noch ein weiteres Beispiel, man mache sich klar, was genau passiert:

```
> db.items.aggregate( [
    // nur VISA-Zahlungen berücksichtigen
    { $match: {"paymentType" : "VISA"} },
    // Spalten-Filter
    { $project: {_id: 1, storeId: 1, products: 1}},
    // Expandiere mehrere Produkte pro Einzeleinkauf zu ganzen Dokumenten
    { $unwind: "$products"},
    // Berechnen Preis der Artikelgruppe
    { $addFields: { price: {$multiply: ["$products.pricePerItem",
                                       "$products.numberOfItems"]}}},
    // Berechnen Gesamtpreis pro Einkauf
    { $group: { _id: "$_id", "storeId": { "$first": "$storeId"},
                "totalPrice": {"$sum": "$price"} }},
    // gruppiere je Store und berechne Gesamtumsatz
    { $group: { _id: "$storeId", "revenue": {"$sum": "$totalPrice"},
                 "highestPricePerSale": {"$max": "$totalPrice"},
                 "salesCount": { $sum: 1 }}}
 ]);
```

In diesem Beispiel erhalten wir folgendes Ergebnis:

```
> items
{ "_id" : "Jüterbog", "revenue" : 606924.6, "highestPricePerSale" : 276.63, "
     salesCount" : 6284 }
{ "_id" : "Augsburg", "revenue" : 615780.47, "highestPricePerSale" : 269.46, "
     salesCount" : 6314 }
{ "_id" : "Berlin 1", "revenue" : 624552.5399999999, "highestPricePerSale" : 275.01, "
     salesCount" : 6314 }
{ "_id" : "Eltville", "revenue" : 602595.2, "highestPricePerSale" : 288.06, "
     salesCount" : 6180 }
```

---

Wir gehen abschließend noch kurz auf den Zugriff mittels Python ein, was die Installation des Treibers (z.B. mittels `python -m pip install pymongo`) voraussetzt. Ein einfacher Zugriff gestaltet sich dann wie folgt:

```
# mit der DB "ads" verbinden
import pymongo
client = pymongo.MongoClient("localhost", 27017)
db = client.ads
# aus der collection `items` lesen:
db.items.find_one({"paymentType" : {"$ne": "VISA"}})
```

Der Rückgabewert liegt dann als Python-Dictionary vor und ist in unserem Beispiel

```
{'_id': ObjectId('5b095075ca820a6214429351'),
 'storeId': 'Jüterbog',
 'paymentType': 'EC',
 'products': [{'name': 'Trüffelsalami',
 'pricePerItem': 3.99,
 'numberOfItems': 9.0},
 {'name': 'Frische Feigen', 'pricePerItem': 0.69, 'numberOfItems': 165.0}]}
```

Wie schon erklärt wurde, stehen die Dokument-Datenbanken konzeptionell zwischen relationalen Datenbanken und Key-Value-Stores und die Entwicklung ist noch im Gange. Es war in MongoDB beispielsweise bis vor kurzem kein *join*, also eine Abfrage, die Dokumente aus mehreren Collections verknüpft, möglich. Das ist inzwischen jedoch anders und seit Oktober 2019 (Version 4.2) werden auch Transaktionen in verteilten Installationen unterstützt.

Erwägt man den Einsatz von einer Dokument-Datenbank, können folgende Fragen bei der Entscheidung und der Wahl eines passenden Produktes eine Rolle spielen:

- Werden Transaktionen benötigt oder reicht die Garantie des atomaren Updates auf einzelnen Dokumenten?
- Performance: Hier muss man immer selbst testen und sich über das Datenmodell und Indizes Gedanken machen
- Welche Vor- und Nachteile bringt die Schemafreiheit mit sich?
- Gibt es Treiber/Dokumentation/Support für die Plattform, die vorgesehen ist?
- Vorhandene Expertise/Einarbeitungszeiten
- Lizenz- und Supportkosten
- Austauschbarkeit (Wie stark hängt das Projekt von dieser Entscheidung ab?)

#### 5.4.3.3 Graphdatenbanken am Beispiel von Neo4J

Als Alternative zu den relationalen sind für bestimmte Zwecke sog. Graphdatenbanken entwickelt worden, wobei *Neo4J* derzeit anscheinend der populärste Vertreter ist. Die *community edition* kann man hier[34] herunterladen, für erste Experimente ist sie in jedem Fall ausreichend. Dieser Abschnitt soll einen Eindruck vom Einsatz einer Graphen-Datenbank an Hand einer interaktiven Session geben.

Zum Laufen bringt man den Server einfach durch das Entpacken des heruntergeladenen zip-Files. Danach wechselt man auf der Konsole in das Installationsverzeichnis und startet `bin\neo4j console`. Der Server setzt eine Java8-Installation voraus. Er stellt ein Web-UI zur Verfügung, das unter http://localhost:7474 zu erreichen und zur weiteren Exploration geeignet ist.

34 https://neo4j.com/download/other-releases/#releases

Um auf die Datenbank zuzugreifen, bedient man sich am besten eines Treibers in der Programmiersprache der Wahl. Im Folgenden kommt das Community-Tool `py2neo` zum Einsatz, welches zunächst mittels `pip install py2neo` zu installieren ist.

Graphdatenbanken speichern Graphen im Sinn der Graphentheorie, also Objekte bestehend aus Knoten und Kanten. In Neo4J haben diese Objekte jeweils ein *Label*, das üblicherweise den semantischen Typ des Objekts definiert und weitere *Properties*, in denen die Attribute, also die eigentlichen Daten gespeichert werden, die mit den Knoten und Kanten assoziiert sind.

Zum Zugriff existieren mehrere Sprachen, wobei ganz offenbar *Cypher* von den Entwickler/Vermarktern inzwischen klar favorisiert wird.

In einer interaktiven Python-Session stellen wir zunächst ein Verbindung zum Server her und legen dann einen Knoten in einer leeren Datenbank an:

```
import datetime
import pandas as pd
from py2neo import Graph, Node, Relationship

# diese Variable repräsentiert die Graphen-Datenbank
graph = Graph(password="<mein Password>")

# alles Löschen:
# graph.run("MATCH (n) DETACH DELETE n")

# Anlegen eines Knotens: Variante 1: Cypher-Query
query_create_prod = """CREATE (pg:Product { name: {name},
                                            productGroup: {productGroup}})
                      RETURN pg"""
prod_riester = graph.run(query_create_prod, productGroup="Annuities",
                        name="Riester_01")
```

Nun besteht der Graph aus genau einem Knoten, den wir in der Web-UI inspizieren können. Wir fügen noch ein paar Elemente hinzu, diesmal unter Benutzung der Python-API in einer Transaktion:

```
# Transaktion beginnen
tx = graph.begin()

# vier Knoten definieren
alice = Node("Client", name="Alice")
bob = Node("Client", name="Bob")
alice_addr = Node("Address", city="Berlin", country="GER", street="Ginsterweg 12")
bob_addr = Node("Address", city="Dresden", country="GER", street="Am Bühl 31")

tx.create(alice)
tx.create(bob)
```

```
# zwei Relationen definieren
alice_rechn = Relationship(alice, "Anschrift", alice_addr)
bob_rechn = Relationship(bob, "Anschrift", bob_addr)

# anlegen der Relationen (und implizit der `Address`-Knoten)
tx.create(alice_rechn)
tx.create(bob_rechn)

# Anlegen von zwei Versicherungsprodukten
prod_sterbegeld_alice = Node("Product", productGroup="Mortality", name="Funeral")
prod_sterbegeld_bob = Node("Product", productGroup="Mortality", name="Funeral")
tx.create(prod_sterbegeld_alice)
tx.create(prod_sterbegeld_bob)

# Definition und Anlage von Versicherungsverträgen als Relationen
alice_sterbegeld = Relationship(alice,
                                "HAT_ABGESCHLOSSEN",
                                prod_sterbegeld_alice,
                                valid_from="2018/04/21")
bob_sterbegeld = Relationship(bob,
                              "HAT_ABGESCHLOSSEN",
                              prod_sterbegeld_bob,
                              valid_from="2012/01/19")

tx.create(alice_sterbegeld)
tx.create(bob_sterbegeld)

tx.commit()
```

Neo4J unterstützt ACID-Transaktionen, vgl. Abschnitt 5.3.3. Das Ergebnis ist in Abbildung 5.17 visualisiert.

Nachdem wir nun Daten in der Datenbank angelegt haben, können wir programmatisch einige Abfragen stellen, wobei hier auch erstmals das wichtige `match` Statement zum Einsatz kommt. Als erstes Beispiel sollen alle Kunden ausgegeben werden. Hierfür wird jeweils ein Cipher-Statement an die Methode `graph.run` übergeben. Das `dump()`-Statement sorgt für die unmittelbare Ausgabe des Ergebnisses

```
graph.run("""MATCH (c:Client) RETURN c""").dump()
```

Die Ausgabe ist dann

```
c
-------------------------------
 (alice:Client {name:"Alice"})
 (bob:Client {name:"Bob"})
```

Das `match` Statement definiert eine Struktur (hier sinngemäß *alle Knoten vom semantischen Typ 'Client'*), zu der die Neo4J-Engine dann die passenden Knoten zurückgibt.

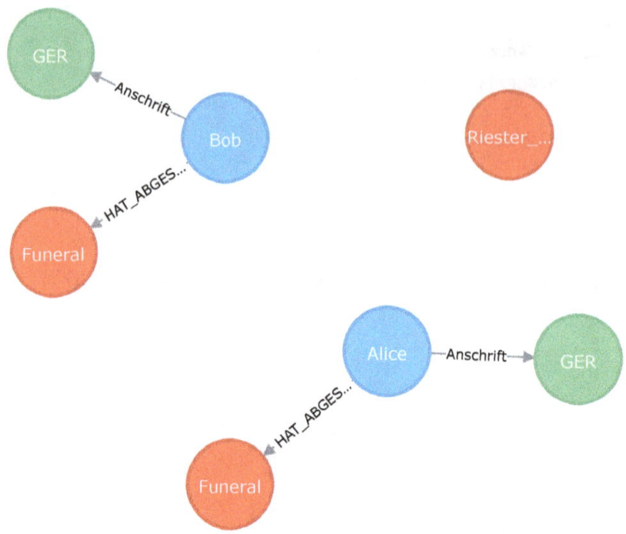


**Abb. 5.17:** Graph Datenbank: mehrere Knoten und Kanten.

Im folgenden Beispiel lassen wir uns alle Adressen in Dresden zurückgeben. Die Abfrage lautet:

```
graph.run("""MATCH (a:Address{city:"Dresden"})
            RETURN a""").dump()
```

In dieser Abfrage wurde neben dem Knotentypen noch ein Wert für das Attribut `city` vorgegeben, um die Knotenmenge geeignet einzuschränken. Das Ergebnis ist

```
a
-------------------------------------------------------------------
 (d11f255:Address {city:"Dresden",country:"GER",street:"Am Bühl 31"})
```

Will man alle Kunden in Dresden finden, so muss man für die Formulierung der Einschränkung vom Kunden aus der Relation *Anschrift* folgen, wie im folgenden Statement illustriert wird:

```
graph.run("""MATCH (c:Client)-[Anschrift]->(Address{city: "Dresden"})
            RETURN c""").dump()
```

Die Ausgabe ist dann `(bob:Client {name:"Bob"})` .

Wir fügen noch eine Kante mittels Cypher hinzu. Jetzt soll Alice auch ein Riesterprodukt erwerben. Hierzu müssen zunächst die Knoten `c` für den Kunden und `p` für das Produkt selektiert werden und anschließend wird eine Kante mittels `(c)-[]->(p)` eingefügt:

```
insert_query = """
MATCH (c:Client {name:'Alice'}), (p:Product{name:'Riester_01'})
CREATE (c)-[:HAT_ABGESCHLOSSEN{valid_from:{valid_from}}]->(p)
"""

today = datetime.datetime.now().strftime("%Y/%m/%d")
graph.run(insert_query, valid_from=today)
```

Der entstandene Graph ist nun in Abbildung 5.18 dargestellt.

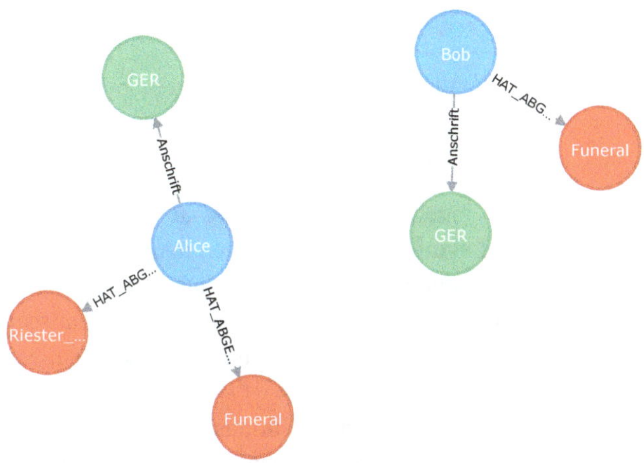


**Abb. 5.18:** Graph Datenbank: Riestervertrag für Alice hinzugefügt.

Praktisch für die weitere Arbeit mit aus Neo4J geladenen Daten ist auch die Möglichkeit, ein Query-Ergebnis direkt in einen Pandas-DataFrame überführen zu können. Hier fragen wir z.B. nach allen Policen einschließlich dem Abschlussdatum. Anschließend liegt das Ergebnis als Pandas-DataFrame in der Variablen `df_clients` vor:

```
query = """MATCH (c:Client)-[r:HAT_ABGESCHLOSSEN]->(p)
           RETURN c.name, r.valid_from, p.name"""
df_clients = pd.DataFrame(graph.run(query).data())
```

#### 5.4.3.4 Column Store Databases

Der Begriff der *Spaltenorientierung* bezieht sich zunächst darauf, wie tabellarische Daten im Speicher oder auf Speichermedien vorgehalten werden: Gehören die einzelnen Zeilen zusammen und werden als Block gelesen und verarbeitet oder eher die einzelnen Spalten? Wir illustrieren die gebräuchlichen Konzepte an Hand der Daten in Tabelle 5.6.

Tab. 5.6: Beispieldaten zum Vergleich von spalten- und zeilenweiser Speicherung.

| Spalte A | Spalte B | Spalte C |
|---|---|---|
| 1 | AAA | T |
| 2 | BBB | T |
| 3 | CCC | F |

Klassisch erfolgt die Speicherung zeilenweise, d.h. das Layout im Speicher kann man sich etwa so vorstellen:

| 1 | AAA | T | | 2 | BBB | T | | 3 | CCC | F |
|---|---|---|---|---|---|---|---|---|---|---|

In der spaltenorientierten Variante erfolgt die Speicherung nach diesem Schema:

| 1 | 2 | 3 | | AAA | BBB | CCC | | T | T | F |
|---|---|---|---|---|---|---|---|---|---|---|

Die gewählte Speicherarchitektur kann entscheidenden Einfluss auf das Verhalten des Systems haben. Im **spaltenweisen Layout** ist das Hinzufügen neuer Spalten vergleichsweise einfach, da diese in einem neuen Speicherbereich liegen und lediglich die Tabellendefinitions-Metadaten aktualisiert (und ggf. umkopiert) werden müssen. Dadurch gewinnt man eine höhere Flexibilität in Bezug auf das Datenschema, welches dann leicht dynamisch erweitert werden kann.

Durch das spaltenweisen Layout kann man darüber hinaus auch Speicherplatz einsparen, da es möglich ist, die Daten in jeder Spalte separat zu komprimieren und durch die zu erwartende höhere Homogenität der Daten der einzelnen Spalten kann die Kompressionsrate deutlich höher ausfallen als bei Kompression von Daten in zeilenweiser Speicherung.

Auch die Performanz wird durch das Speicherlayout beeinflusst, gerade wenn, was häufig der Fall ist, in Queries nur wenige Spalten einer Tabelle abgefragt werden. Da von der Harddisk üblicherweise jedoch größere Blöcke gelesen werden (z.B. kann die Mindestgröße mehrere Kilobyte betragen), kann das Auslesen einer einzigen Spalte einer zeilenweise gespeicherten Tabelle dazu führen, dass effektiv die ganze Tabelle von der Disk gelesen werden muss und entsprechend Energie und Zeit benötigt wird. Bei spaltenweiser Speicherung ergibt sich hier ein Vorteil, weil der Umfang nicht notwendiger Lesevorgänge deutlich reduziert werden kann.

Einen wichtigen Anstoß zur Popularisierung der *spaltenorientierten* Datenbanken war Arbeit bei Google und deren anschließende Veröffentlichung, insbesondere das *BigTable Paper* [35]. In dem Paper beschreiben die Autoren das System *BigTable* als Abbil-

35 https://research.google.com/archive/bigtable.html

dung wie folgt:

$$\begin{aligned} \text{m: } (string, string, int64), &\rightarrow string \\ (row, column, time) &\mapsto m(row, column, time). \end{aligned}$$

Der Zugriff auf Daten erfolgt also über eine Zeilen-ID und einen Spaltennnamen und es gibt eine zusätzliche zeitliche Versionierung.

Ziele der Entwicklung bei Google waren Skalierbarkeit im Umgang mit großen Datenmengen und eine verteilte Installation des Systems auf günstiger *commodity hardware* zu erreichen. Es folgen einige weitere Eigenschaften, die im Google-Paper genannt werden:

- pro Zeile sind Lese- und Schreibvorgänge atomar,
- die Datenbank verwaltet uninterpretierte Zeichenketten,
- die Verteilung auf unterschiedliche Maschinen erfolgt über die Zeilen-ID,
- Spalten sind in *Column Families* (Notation: "family:column_name") organisiert, die Zahl der Spalten kann sehr groß sein und pro Eintrag variieren,
- der timestamp *time* dient zur Versionierung und wird i.A. automatisch erzeugt, dazu gehört auch eine konfigurierbare Garbage-Collection: man kann vorgeben, wie viele historische Versionen vorgehalten werden sollen,
- keine Multi-Row Transactions (2006),
- Daten können Input/Output für Map-Reduce-Jobs sein.

Konzeptionell stehen spaltenorientierten Datenbanken zwischen den Key-Value-Stores (KV-Stores) und den Dokumentendatenbanken:

- der Row-Key entspricht dem Schlüssel eines KV-Stores,
- im Gegensatz zu KV-Store gibt es mehrere Felder (die Column-Families),
- im Gegensatz zu Dokument-Datenbanken haben die Dateneinträge keine unterstützte Substrukturen/Schemata.

Die Interpretation von Strukturen erfolgt beim Client. Freie Produkte, die sich eng am BigTable-Konzept orientieren sind z.B. *Apache Cassandra*, ein von Facebook entwickeltes und genutztes System, sowie *HBase*, ein Produkt der *Apache Software Foundation*.

**Beispiel**: *Cassandra* wurde ursprünglich für Facebooks *Inbox search* entwickelt. Es handelt sich um ein verteiltes Datenbanksystem mit Unterstützung von sharding/rebalancing. Wir skizzieren ein Anwendungsszenario in der Industrie 4.0 in Abbildung 5.19.

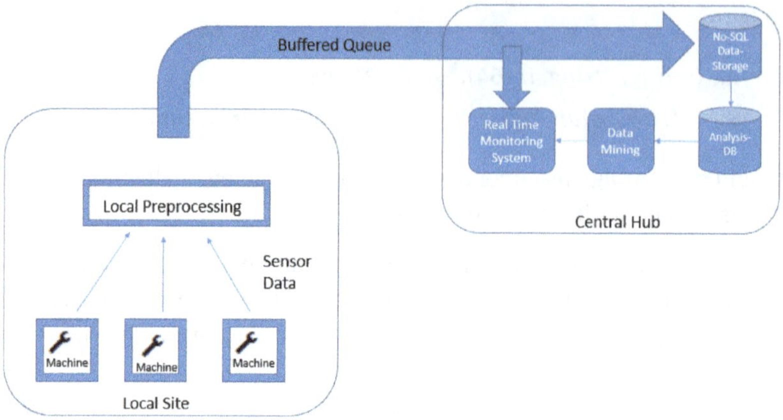


**Abb. 5.19:** Einsatzszenario: Die Sensordaten einer Maschine in einer Fabrik werden zum Hersteller geschickt und werden dort nahezu in Echtzeit gemonitort, was u.a. Grundlage von *Predictive Maintenance*-Prozessen sein kann. Durch das hohe Datenvolumen kommen Column-Stores in der Rolle des No-SQL Data Storage für solche Szenarien in Frage.

#### 5.4.3.5 Andere No-SQL-Vertreter

Es gibt noch einige weitere Systemtypen, die man ebenfalls der Kategorie *NoSQL* zuordnen kann. In der Regel wurden sie für spezielle Einssatzszenarien konstruiert.

**Broker/Message-Queues/Publish-Subscribe**

Dies sind Systeme, die als Kopplungsmechanismus zwischen verschiedenen Komponenten eines Systems ins Spiel kommen: *Producer*-Systeme erzeugen Nachrichten, die von *Consumer*-Systemen gelesen und verarbeitet werden sollen. Das Bindeglied sind die Message-Broker, bei denen sich Producer und Consumer anmelden können und die die Zustellung und Zwischenspeicherung der Nachrichten übernehmen.
Bekannte Implementierungen unterscheiden sich teilweise durch folgende Eigenschaften:

- Nachrichten können gepuffert sein oder nicht (gehen evt. verloren, wenn gerade niemand liest),
- teilweise müssen gesendete Nachrichten einem *Topic* zugeordnet werden, die Consumer *abonnieren* dann bestimmte Topics,
- Nachrichten können an einen einzelnen oder an alle Consumer ausgeliefert werden,
- Unterschiedliche Persistenzgarantien,
- Clusterbetrieb kann möglich sein oder nicht.

Nicht alle Tools unterstützen alle Szenarien. Bekannte Systeme sind u.a. *RabbitMQ, Apache Kafka, Redis.*

#### Zeitreihendatenbanken

Diese Systeme eignen sich besonders für die Speicherung regelmäßiger Messungen (z.B. Monitoring von Systemparametern) und sie bieten komfortable Möglichkeiten, diese Daten aggregiert über bestimmte Zeiträume auszugeben.

#### Spezielle Suchmaschinen

Vertreter hierfür sind beispielsweise *Solr/Elastic-Search.* Diese Systemen sind als Grundbaustein von Suchmaschinen konzipiert, sie bieten eine effiziente Indexierung und Features wie *full text search* und *fuzzy matching*, die für bestimmte Zwecke der Textverarbeitung sehr nützlich sind.

Typische Anwendungsfälle entstehen beispielsweise auch dann, wenn größere Mengen an semi-strukturierten Daten anfallen die nach Auffälligkeiten durchsucht werden (z.B. Fehlersuche in Anwendungen mit Hilfe von Log-Files).

## 5.5 Datenwarenhäuser

In diesem Abschnitt führen wir in die Grundbegriffe von *Data Warehouses* ein. Diese Systeme haben sich einen festen Platz in vielen Unternehmen erobert und werden dort u.a. für das Reporting und die Analyse von Finanzkennzahlen eingesetzt.

### 5.5.1 Operative und dispositive Datenhaltung

**Operative Datenhaltung.** Versicherungsunternehmen werden heutzutage in ihren operativen Anwendungsbereichen durch eine Vielzahl an *operativen Informationssystemen* unterstützt (siehe hierzu auch Abschnitt 5.10). Als prominentestes Beispiel sind Bestandsführungssysteme zu nennen. Ein solches operatives System besteht natürlich nicht nur aus einer Software, welche die Benutzereingabe und die Businesslogik bereitstellt, sondern auch aus einer oder mehreren Datenbanken für die Speicherung der benötigten Daten. Diese Datenbanken sind für einen schnellen und fehlerfreien Zugriff der operativen Systeme optimiert und zeichnen sich mitunter durch folgende Eigenschaft aus:

- hohe Zugriffsfrequenz,
- dynamische transaktionsbezogene Aktualisierung der Daten,
- keine Redundanz der Datenspeicherung und referentielle Integrität.

Die letztgenannte Eigenschaft hat zur Folge, dass angefragte Informationen oft auf viele Tabellen verteilt sind. Operative Datenbanken sind daher für Datenauswertungen, wie sie z.B. für Reporting-Fragestellungen oder Data Analytics Projekte benötigt werden, eher ungeeignet.

**Dispositive Datenhaltung.** Um analytische und planerische Managementaufgaben oder das Unternehmenscontrolling zu unterstützen, werden *dispositive Informationssysteme* benötigt. Mit ihrer Hilfe sollen Entscheidungsgrundlagen für das Management erstellt und die Datenbasis für internes oder externes Reporting (z.B. für Solvency II oder IFRS) sowie für moderne Data Science Anwendungen bereitgestellt werden.

Dispositive Informationsverarbeitung basiert auf Daten, die aus operativen Anwendungssystemen und externen Quellen extrahiert wurden. Typischerweise ist das Ziel dieser Extraktion ein *Data Warehouse* (DWH).

In jüngster Zeit hat sich neben dem DWH ein weiteres dispositives IT System etabliert: der *Data Lake*. Dieser beruht oft auf der Apache Hadoop Technologie, die wir im Abschnitt 5.8 genauer besprechen. Mit Hilfe eines Data Lakes können sehr große Mengen an strukturierten und unstrukturierten Daten gespeichert und verarbeitet werden. Er ist daher ein idealer Ausgangspunkt für Data Science Use Cases, wobei allerdings ein erhöhter initialer Aufwand zur Datenaufbereitung anfallen kann, vergleiche die Diskussion in Abschnitt 5.5.4.

### 5.5.2 Data Warehouses

Ein Data Warehouse ist eine von operativen Systemen separierte Datenbank, in der zyklisch (z.B. real time, täglich) Daten aus operativen Systemen zusammengetragen, vereinheitlicht, geordnet, verdichtet und dauerhaft archiviert werden. Anwender haben in der Regel nur lesende Zugriffsrechte. Die Zielsetzung ist hierbei die Verbesserung der unternehmensinternen Informationsversorgung (Wissensmanagement). Ein Data Warehouse dient damit aber auch der Unterstützung strategischer Entscheidungen.

#### 5.5.2.1 Aufbau und Struktur

Abbildung 5.20 zeigt die typische Architektur eines Data Warehouse. Wir werden nun die verschiedenen Schichten von links nach rechts durchgehen und die wichtigsten Begriffe besprechen.

Die Bestückung eines Data Warehouse erfolgt oft mit Daten aus den *operationellen Anwendungen*, Beispiele sind Bestandsführungssysteme oder etwa ein Customer-Relationship-Managment (CRM) System. In der Regel schreiben diese Systeme in separate Datenbanken, die jeweils unterschiedliche Schemata haben und meist auch von unterschiedlichen Mitarbeitern / Teams aufgebaut und betrieben werden.

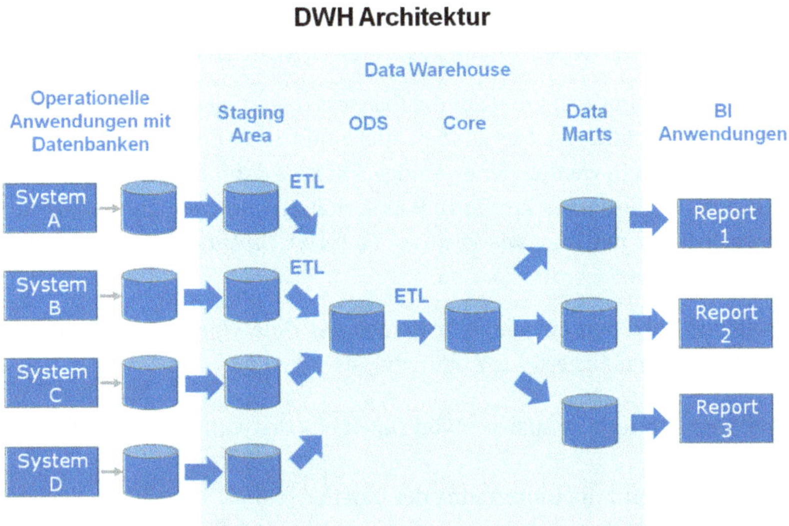


**Abb. 5.20:** Architektur eines Data Warehouse.

Die *Staging Area* beinhaltet zunächst eine Kopie der operationellen Daten. Diese wird benötigt, weil das Data Warehouse nicht direkt auf die Produktiv-Datenbanken zugreifen sollte (das könnte die operationellen Anwendungen beispielsweise verlangsamen).

Die operationellen Datenbanken enthalten oft viele Datenfelder, die für dispositive Anwendungen uninteressant sind. Im *Operational Data Store* (ODS) werden nur noch solche Daten gehalten, die für Reports und andere Anwendungen im Warehouse relevant sind. Während in der operationellen Schicht die Daten auf unterschiedliche Datenbanken verteilt waren, werden sie nun in einer gemeinsamen Datenbank mit einem vereinheitlichten Schema zusammengeführt. Um die Daten für Analysen nutzbar zu machen, werden sie außerdem bereinigt und validiert, fehlerhafte Einträge und Duplikate werden entfernt.

Im nächsten Schritt werden die Daten historisiert, um in den Reports auch frühere Datenstände zugänglich zu machen. Genau diese Schicht, der *Core*, wird in Teilen der Literatur als Data Warehouse bezeichnet, was allerdings etwas irreführend sein kann, weil der gesamte Komplex bestehend aus Staging Area, ODS, Core und Data Marts ebenfalls Data Warehouse genannt wird.

Nun gilt es, die Daten für die jeweiligen Reports aufzubereiten, das ist die Aufgabe der *Data Marts*. Ein Report hat in der Regel einen bestimmten Zweck (z.B. Darstellung der Schadenverläufe) und eine bestimmte Nutzergruppe. Die Data Marts sind kleinere Datenpools, die auf einen bestimmten Report zugeschnitten sind. Sie enthalten nur noch solche Daten, die für den Report relevant sind. Oft liegen die Kennzahlen des Reports schon vorberechnet im Data Mart vor und die Daten sind falls nötig und möglich aggregiert, so dass der Report performant abgerufen werden kann.

Der Systembenutzer schließlich greift auf die *Business Intelligence (BI) Anwendungen zu*, um Analysen durchzuführen. Das können zum einen Excel-Reports sein, die über eine Eingabemaske erstellt werden. Eine gängige Software dafür ist *SAP Business Objects*. Eine Alternative, die derzeit kräftig an Popularität gewinnt, sind interaktive und visuelle Dashboards, die mit Tools wie *Microsoft Power BI, Tableau, QlikView* oder *SAS Visual Analytics* umgesetzt werden können.

Die Übergänge zwischen den einzelnen Schichten des Data Warehouse werden mit Hilfe von *ETL Prozessen* realisiert. Die Abkürzung steht für

- E: *Extract* bezeichnet das Auslesen von Daten aus der vorherigen Schicht oder dem Quellsystem,
- T: *Transform* steht für die Umformung der Daten,
- L: *Load*, d.h. die Speicherung der umgeformten Daten in der nächste Schicht.

Diese Prozesse laufen in einem gewissen Zyklus ab, z.B. täglich oder alle zehn Minuten.

### 5.5.3 Sternschema

Das Datenmodell im Data Warehouse, insbesondere in den Data Marts, ist nicht wie in den operationellen Systemen auf vollständige Normalisierung ausgelegt, sondern hat die effiziente Ausführbarkeit von Abfragen zum Ziel. Ein üblicher Ansatzpunkt hierfür ist das Sternschema, deren zentrales Element die sogenannte *Faktentabelle* bildet, mit der die *Dimensionstabellen* verknüpft sind, vgl. zur Illustration Abbildung 5.21.
Die Faktentabelle enthält als Attribute die Kennzahlen, welche im Report ausgewiesen werden sollen. Der Primärschlüssel setzt sich aus den einzelnen Primärschlüsseln der Dimensionstabellen zusammen. Die Kennzahlen können dadurch mit den Attributen der Dimensionstabellen in Verbindung gebracht und analysiert werden. Die Faktentabelle wird fortlaufend mit neuen Daten erweitert und ist meist verhältnismäßig groß. Im Beispiel aus Abbildung 5.21 würde die Faktentabelle sämtliche Verträge beinhalten.

Die Dimensionstabellen enthalten beschreibende Attribute, wie zum Beispiel den Kunden- oder Mitarbeiternamen. Sie sind meist deutlich kleiner als die Faktentabelle und werden vergleichsweise selten aktualisiert. Es besteht eine 1:n Beziehung zur Faktentabelle, d.h. für einen Eintrag in der Dimensionstabelle kann es mehrere verlinkte Zeilen in der Faktentabelle geben.

In der Regel *verletzen* die Dimensionstabellen die dritte Normalform. Als Beispiel betrachten wir die Kundentabelle in Abbildung 5.21. Hier besteht eine funktionale Ab-

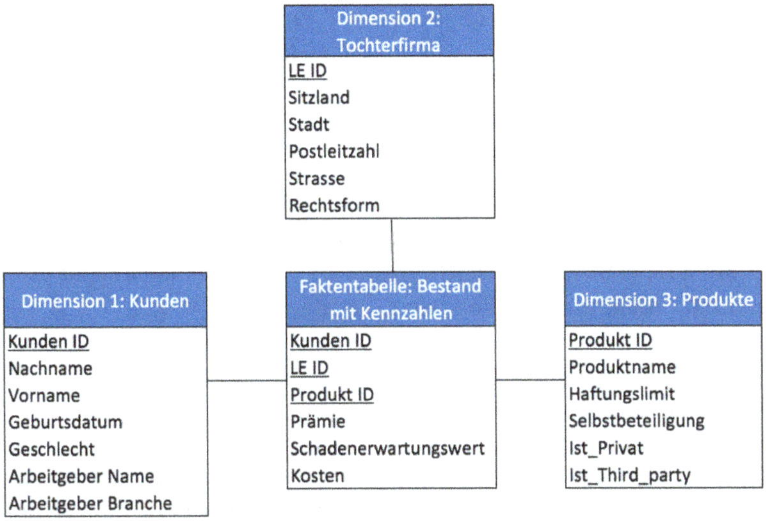


**Abb. 5.21:** Vereinfachtes Beispiel zur Illustration des Sternschemas anhand eines Versicherungsbestands. Im Zentrum befindet sich die Faktentabelle umringt von Dimensionstabellen. Die unterstrichenen Attribute bilden jeweils den Primärschlüssel.

hängigkeit der Spalte *Arbeitgeber Branche* zu einem Nichtschlüsselattribut *Arbeitgeber Name*. Um die Tabelle in die dritte Normalform zu überführen, müsste eine neue Tabelle *Arbeitgeber* erstellt werden, die dann mit der Kundentabelle verknüpft wäre. Darauf wird bewusst verzichtet, weil sonst ein tief verzweigtes Datenmodell entstehen würde (Schneeflockenschema), dass mehrstufige Verknüpfungen von Tabellen in Abfragen erforderlich machen würde.

Durch die beschriebene Vorgehensweise erhält man neben einer verbesserten Performanz auch ein einfaches und intuitives Datenmodell. Auf der anderen Seite werden jedoch redundante Informationen vorgehalten: Im obigen Beispiel könnten mehrere Kunden bei einem Arbeitgeber angestellt sein, so dass Duplikate von der *Arbeitgeber Branche* entstehen. Dies kann zur Verletzung der Datenintegrität führen, etwa wenn beim Aktualisieren der redundanten Dimensionsattribute nicht alle Duplikate angepasst werden. Die Vor- und Nachteile einer nicht durchgeführten Normalisierung müssen in jedem Fall gegeneinander abgewogen werden.

### 5.5.4 Data Lakes

Data Warehouses sind seit Jahrzehnten für Reporting-Anwendungen in den Versicherungsunternehmen etabliert. Sie weisen in der Regel eine hohe Datenintegrität auf (d.h. man kann den Zahlen vertrauen) und die entsprechenden Reports sind auf die

Unterstützung bestimmter Prozesse (z.B. Solvency II Reporting) zugeschnitten. Für diese Standard Reportings werden Data Warehouses auch noch lange im Einsatz sein.

Für die Umsetzung moderner Big Data Analytics Use Cases sind DWHs jedoch nur bedingt geeignet, unter anderem, weil:

- die IT Entwicklungszeiten lange und die Aufwände hoch sind,
- die unterliegenden relationalen Datenbankmanagementsysteme in der Regel keine sehr großen Datenmengen speichern bzw. verarbeiten können und auch die Speicherkosten verhältnismäßig hoch sind,
- die Daten in tabellarischer Form, also strukturiert, vorliegen müssen,
- das Schema der Tabellen im Vorhinein festgelegt werden muss und nur mit hohem Aufwand angepasst werden kann (Schema on Read, mehr dazu unten).

Viele Unternehmen haben deshalb angefangen, parallel zu einem bestehenden Data Warehouse, einen sogenannten Data Lake aufzubauen, auf den wir nun näher eingehen werden.

#### Konzept und Aufbau

Die grundlegende Idee eines Data Lakes ist die Bereitstellung eines zentralen und hochdimensionierten Datenspeichers, der mit möglichst vielen dem Unternehmen zur Verfügung stehenden Daten – die potentiell für Analysen relevant sein könnten – versorgt wird. Zudem werden verschiedenste Analytics Tools angebunden, so dass der Data Lake eine konzernweite Analytics Plattform mit zentraler Datenhaltung darstellt.

Die Daten können in verschiedensten Formaten vorliegen, strukturiert als Tabellen, semistrukturiert (z.B. im Json Format) oder unstrukturiert in Form von Texten, Bildern oder Videos.

Wesentlich ist auch die *zentrale* Bereitstellung der Daten. Idealerweise gibt es nur den einen Datentopf, auf den alle Konzernmitarbeiter, die Datenanalysen durchführen, zugreifen. Dadurch wird die Umsetzungsdauer für Data Analytics Use Cases deutlich gesenkt, weil die Dauer für die Datenbeschaffung entscheidend verkürzt wird. In der Praxis dürfen natürlich nicht alle Mitarbeiter auf alle Unternehmensdaten zugreifen, zum Beispiel aufgrund von Datenschutzbestimmungen oder internen Vertraulichkeitseinstufungen. Daher müssen Zugriffsrechte differenziert vergeben und eventuell doch verschiedene Datentöpfe gebildet werden.

Als Speichertechnologie für Data Lakes hat sich das *Hadoop Distributed File System* (HDFS) durchgesetzt, bei dem die Daten nicht auf einem einzelnen Rechner, sondern auf einem ganzen Cluster von Computern redundant gespeichert werden. Es können damit sehr große Datenmengen in unterschiedlichen Fileformaten und zu verhältnismäßig niedrigen Kosten gespeichert und verarbeitet werden. Eine genauere Beschreibung von HDFS findet sich im Abschnitt 5.5.4.

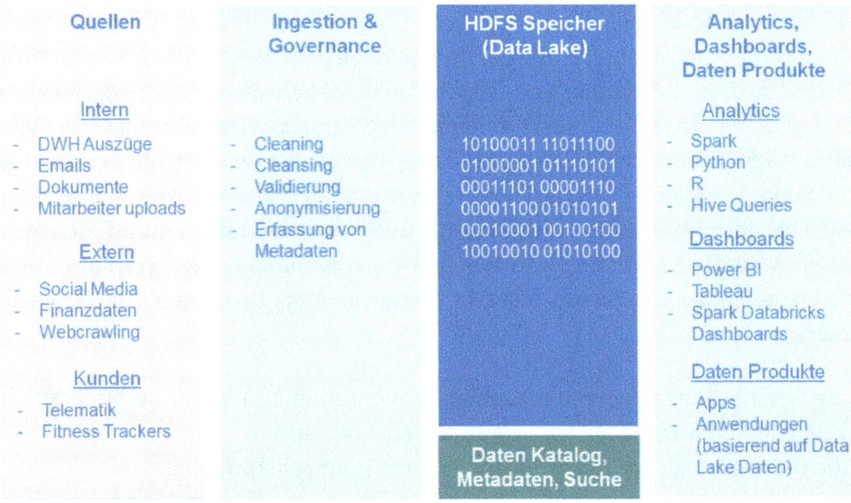


**Abb. 5.22:** Data Lake Grundbausteine.

Eine Herausforderung besteht darin, die vielen verschiedenen Datensets im Data Lake für die Nutzer auffindbar zu machen. Zu diesem Zweck gibt es spezialisierte Software, die eine Katalogisierung der Daten ermöglicht (*Data Catalog*). Hierzu sind die Daten mit Metainformationen (z.B. Beschreibungen, Schema Definition, Tags, Data Owner Name) zu versehen und es werden Suchfunktionen bereitgestellt, um die Daten (z.B. aufgrund des Dateinamens oder der Metadaten) aufzufinden.

Im Gegensatz zum DWH gibt es für Data Lakes noch keine einheitliche Architektur. Man findet im Internet unterschiedlichste Darstellungen. Es gibt jedoch gewisse Grundbausteine die sich schon jetzt herauskristallisiert haben und die in Abbildung 5.22 dargestellt sind.

Der Datenfluss ist dabei von links nach rechts. Die Bullet Points in den einzelnen Blöcken sind natürlich unvollständig und sollen lediglich eine Idee davon geben, was sich hinter den einzelnen Blöcken verbirgt.

### Abgrenzung zu Data Warehouse

Wie oben bereits erwähnt, unterscheiden sich Data Warehouse und Data Lake hinsichtlich des Anwendungsbereichs (Standardreporting vs. Big Data Analytics). Ein wesentlicher Aspekt dabei ist der Zeitpunkt der Schema-Definition, auf den wir nun näher eingehen.[36]

36 Zur Wiederholung: das Schema einer Tabelle ist die Menge der Spaltennamen, zusammen mit dem jeweiligen Datentyp.

Ein Datawarehouse setzt das Konzept *Schema on Write* um, wonach das Schema schon zum Zeitpunkt der Erstellung des Datenmodells festgelegt wird. Beim Schreiben von Daten müssen diese dann genau in die durch das Schema vorgegebene Schablone passen. Neue Attribute können nur dann aufgenommen werden, wenn vorher eine Änderung am Datenmodell erfolgt ist (was typischerweise einen IT Change Request mit Planungs-, Implementierungs- und Testaufwänden erfordert). Das Vorgehen unterstützt bei der Wahrung der Datenintegrität und führt zu niedrigen Aufwänden beim Auslesen, weil die Daten bereits in Tabellen vorliegen und für Analysen also nicht erst in ein tabellarisches Format gebracht werden müssen. Demgegenüber stehen als Nachteile:

- die Erschließung neuer Datenquellen ist mit großen Aufwänden verbunden,
- zeitliche Änderungen am Schema sind nicht vorgesehen,
- die Daten können nur in tabellarischer Form gespeichert werden.

Beim Data Lake werden die Daten typischerweise in ihrem ursprünglichen Format abgelegt (z.B. Text, Json, Bild, Audio). Zu einem späteren Zeitpunkt, wenn die Daten für Analysezwecke ausgelesen werden, müssen sie dann in der Regel in tabellarische Form überführt werden (das ist insbesondere für die Anwendung von Machine Learning Modellen erforderlich). Der Analyst muss sich dann für ein Schema entscheiden (daher die Bezeichnung *Schema on Read*). Für semi- und unstrukturierte Daten ist die Wahl des Schemas normalerweise nicht eindeutig. So kann ein verschachtelter Json Datensatz in verschiedene tabellarische Formate umgeformt werden, vgl. die Diskussion in Abschnitt 5.2.1. Die Wahl des Schemas hängt dann vom jeweiligen Use Case ab. Unter diesen Prämissen lassen sich Daten *im großen Stil*, unabhängig von ihrem Format, sammeln (auch wenn der Use Case zum Zeitpunkt der Datensammlung noch nicht bekannt ist). Eine Änderung des Schemas über die Zeit stellt – zumindest beim Sammeln – kein Problem dar. Größere Aufwände entstehen ggf. aber zum Zeitpunkt der Analyse, weil die Daten erst validiert und transformiert werden müssen.

Eine (unvollständige) Übersicht der Unterschiede von Data Warehouse und Data Lake findet sich in der Tabelle in Abbildung 5.23.

#### Hadoop Distributed File System

Data Lakes basieren auf der Apache Hadoop Technologie, die wir in Abschnitt 5.8 noch detaillierter behandeln werden. Sie ermöglicht es, sowohl große Datenmengen zu speichern, als auch diese Daten algorithmisch in Form von Map-Reduce-Jobs zu verarbeiten. Im Folgenden liegt der Fokus auf der Speichertechnologie, die auch *Hadoop Distributed File System* (HDFS) genannt wird.

| Kriterium | DWH | Data Lake |
|---|---|---|
| Scope | Standard Reporting | Analytics |
| Datenintegrität | hoch | niedrige bis mittel |
| Aufwand für Änderungen an Berichten/Analytics Resultaten | hoch | niedrige bis mittel |
| Schema on Read/Write | Schema on Write | Schema on Read |
| Datenformate | tabellarisch | beliebig (strukturiert und unstrukturiert) |
| Speicherplatz | niedrig bis mittel | hoch |
| Unterstützung für Verarbeitung von Echtzeitdaten, d.h. Datenströmen | Typischerweise Batch Modus (Daten werden mit bestimmter Frequenz neu geladen) | Es gibt eine Vielzahl an Tools (Kafka, Storm, Spark Streaming, Flume,...) |

**Abb. 5.23:** Gegenüberstellung Datawarehouse/Data Lake.

Die Idee dahinter geht auf eine Veröffentlichung von Google[37] zurück. Hier wird die damalige in-house Lösung von Google, das *Google File System*, vorgestellt. Das Konzept wurde dann federführend von Doug Cutting and Mike Cafarella aufgegriffen, in Java implementiert, und als Open Source Lösung bereitgestellt.

Die grundlegende Idee lässt sich folgendermaßen zusammenfassen: Daten werden in Blöcke zerteilt, wobei Blöcke eine vorgegeben Größe (beispielsweise 64 MB ) haben. Die Blöcke werden dann auf einem Cluster, also auf mehreren vernetzten Computern, verteilt abgelegt, so dass auch sehr große Datenmengen Platz haben. Für die Computer des Clusters (im Folgenden *Nodes* genannt) wird Standard-Server-Hardware (commodity hardware) gewählt, wodurch der Cluster relativ kostengünstig ist.

Bei großen Clustern kann es immer wieder zu Ausfällen einzelner Nodes kommen. Um keine Datenblöcke zu verlieren, werden die Blöcke in HDFS meist dreifach repliziert, d.h. von jedem Block gibt es zwei weitere Kopien, die auf anderen Nodes abgelegt werden. Der Cluster funktioniert daher auch bei Ausfällen fehlerfrei, was als *fault tolerance* bezeichnet wird.

Aufgrund der genannten Eigenschaften skalieren Hadoop Cluster sehr gut. Clustergrößen von 1 000 Nodes und mehr sind nicht unüblich. Der schematische Aufbau von HDFS ist in Abbildung 5.24 veranschaulicht.

Der *Master Node* übernimmt die Koordination auf dem Cluster. Dort arbeitet eine Softwarekomponente, welche die Metadaten des Filesystems speichert (z.B. Filenamen,

37 https://static.googleusercontent.com/media/research.google.com/en//archive/gfs-sosp2003.pdf

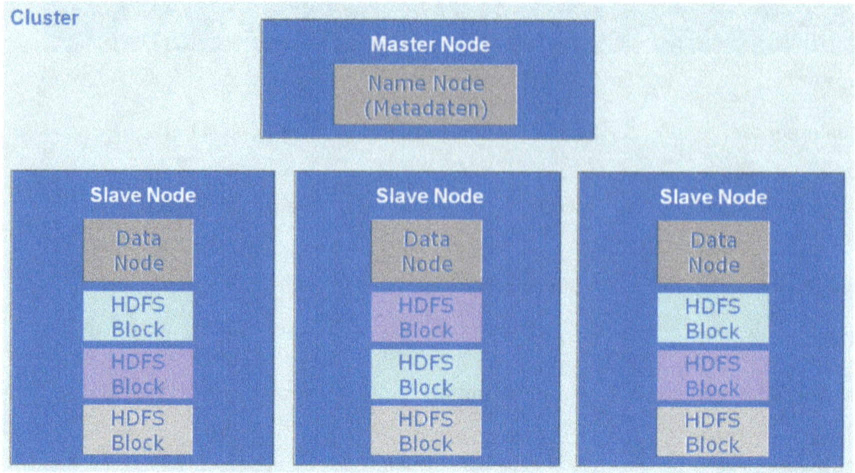


**Abb. 5.24:** Architektur des Hadoop Distributed File Systems.

Zugriffsrechte, die Orte der einzelnen Blöcke und welche Blöcke zu welchem File gehören). Die Datenblöcke selbst (hier HDFS Blöcke genannt) sind auf den *Slave Nodes* gespeichert. Jeden Block gibt es in beispielsweise dreifacher Ausführung (um wie erläutert *fault tolerance* zu gewährleisten), was hier durch die Farben illustriert ist. Zum Beispiel gibt es vom lila Block zwei Kopien.

Auf jedem Slave Node läuft nun außerdem eine Softwarekomponente, welche die Speicherung der Blöcke und die Kommunikation mit dem Name Node übernimmt.

### Verbindungen von Hadoop zu No-SQL-Technologien

Es gibt einige Gemeinsamkeiten zwischen Hadoop/HDFS und No-SQL. Beide Technologien

- ermöglichen es, große und schnell wachsende Datenmengen unterschiedlichen Formats zu speichern,
- bestehen aus Clustern von herkömmlichen Computern (d.h. günstiger *commodity hardware*),
- erlauben horizontale Skalierung (vgl. Abschnitt 5.7) – bei Bedarf können mehr Nodes hinzugenommen werden,
- erlauben zeitliche Veränderungen im Schema / Format.

Dennoch gibt es Unterschiede, sowohl in den Eigenschaften wie auch im Anwendungsbereich. Hadoops Ausrichtung und Stärke liegt in der Anwendung von Algorithmen (z.B. Map Reduce, siehe 5.8) auf wirklich großen Datenmengen, wodurch sich das Tool für (predictive) Analytics in Verbindung mit großen Datenmengen eignet. No-SQL-Datenbanken ermöglichen teilweise hochperformante Zugriffe und eignen sich damit u.a. für die Umsetzung von Benutzerschnittstellen, beispielsweise als Backend in Web Anwendungen. Tatsächlich werden in vielen Big Data Analytics Infrastrukturen beide Technologien eingesetzt, aber eben für unterschiedliche Aufgaben und Zwecke.

## 5.6 Softwaretests

Tests haben allgemein das Ziel, sich der korrekten Funktionsweise von Software anhand von *Stichproben* möglicher Abläufe zu versichern. Obwohl seit einiger Zeit integraler Bestandteil eines industrialisierten Softwareentwicklungsprozesses und aktives Forschungsgebiet ([89]) haben sich die Tests im Bereich Data-Analytics vermutlich noch nicht in gleichem Maße etablieren können.

Ansätze wie *Test Driven Development* (s.u.) können jedoch mit entsprechender Disziplin (oder durch verbindliche Vorgaben an die Analysten) auch für die Entwicklung von Data-Science-Modulen oder im aktuariellen Kontext allgemein eingesetzt werden.

Dieser Abschnitt widmet sich Ansätzen, die bei einem *automatisierten Testen* verwendet werden können. Hier steht der Gedanke im Vordergrund, durch die automatische Ausführung von Tests (etwa als Teil der *Builds*[38] oder nach einem *Push* in ein Repository) eine Reihe von Checks ablaufen zu lassen, die den bestehenden sowie neu hinzugekommenen Code prüfen.

Tests lassen sich also einsetzen, um

- die Korrektheit des Codes (z.B. von eingesetzten Algorithmen) durch Testfälle zu prüfen (Komponententest),
- die Spezifikation der Funktionalitäten festzuhalten und deren Einhaltung zu validieren,
- die Integrität von bestehenden Funktionalitäten gegenüber neuen Codeänderungen zu gewährleisten (Regressionstest / Integrationstest),
- das Zusammenspiel verschiedener unabhängig entwickelter Komponenten zu prüfen (Systemtest).

Allerdings sind Tests nicht nur nötig und sinnvoll, um die eigene Arbeit zu validieren, sie sind sogar gesetzlich vorgeschrieben. Einmal in den Grundsätzen ordnungsgemäßer Buchführung (GoBD, [34]) und dann auch noch in den versicherungsaufsichtrechtlichen Anforderungen an die IT (VAIT, [98]).

Tests können nun auf verschiedenen Ebenen angesiedelt werden, oft betrachtet man hier einzelne Module, größere Programmteile und das System als Ganzes. Wichtig ist

**38** Der Vorgang des Erstellens einer kompilierten/gepackten Version der Komponente.

es in diesem Zusammenhang auch, sich über die Gewichtung der Tests der einzelnen Komponenten Gedanken zu machen. Bewährt hat sich hier das Pyramidenmodell von Cohn ([18]), vgl. Abbildung (5.25). Generell wird ein hoher Anteil an Modultests und ein geringerer Anteil an (aufwendigen) Integrations- und Systemstests empfohlen.

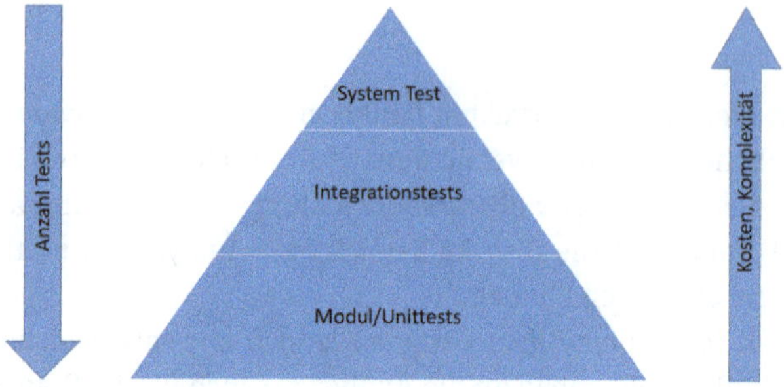


**Abb. 5.25:** Testpyramide nach Cohn, in der Literatur finden sich aber auch andere Ansätze (wie etwa *Testdiamanten*).

### Unit-Tests

An dieser Stelle soll ein Blick auf *Testrunner* im Rahmen eines kleinen Beispiels geworfen werden. Inzwischen gibt es in jeder Programmiersprache mehrere Testframeworks, die oft nach *jUnit*, einem sehr bekannten Java-Framework modelliert sind.

Die Idee ist hier, dass der Entwickler Testcode schreibt, der durch entsprechende Frameworks oder andere Konstrukte als solcher identifiziert und vom Testframework ausgeführt wird. Bei jUnit ist dies über Annotationen gelöst, die eine Klasse als spezielle Testklasse auszeichnen, bei *pytest* reicht es, entsprechende Testfunktionen mit dem Namensteil `test_` beginnen zu lassen.

Es folgen ein jUnit-Beispiel, das eine selbstgeschriebene *Counter*-Klasse testet und die Implementierung des getesteten Klasse Counter.

```
public class TestCounter {

  @Test public void testSimpleInsert() {
    Counter c = new Counter();
    String fruit = "Apple";
    c.addItem(fruit);
    assert(c.getCount(fruit) == 1);  // eigentlicher Test!
    c.addItem(fruit);
    assert(c.getCount(fruit) == 2);  // eigentlicher Test!
  }

  @Test public void testMultiple() {
    Counter c = new Counter();
    List<String> fruits = new ArrayList<String>();
    fruits.add("Apple");
    fruits.add("Orange");
    fruits.add("Apple");
    c.addItems(fruits);

    assert(c.getCount("Apple") == 2);
    assert(c.getCount("Orange") == 1);
    assert(c.getCount("Pineapple") == 0);
  }
}
```

Die mit `@Test` annotierten Methoden sind die Testfälle, es werden jeweils Instanzen der zu testenden Klasse erzeugt und in einen bestimmten Zustand gebracht. Dann erfolgt die Überprüfung des Zustandes mit den `assert`-Aufrufen. Die getestete Implementierung könnte beispielsweise so aussehen:

```
public class Counter {

  private Map<String, Integer> map;

  public Counter() {
    map = new HashMap<String, Integer>();
  }

  public void addItem(String item) {
    map.put(item, this.getCount(item) + 1);
  }

  public void addItems(List<String> items) {
    items.forEach(i -> this.addItem(i));
  }
```

```
  public int getCount(String item) {
    return map.getOrDefault(item, 0);
  }

  public Map<String, Integer> getCounts() {
    return new HashMap<String, Integer>(map);
  }
}
```

Führt man die Test-Klasse aus (z.B. in Eclipse), sieht man eine Ausgabe wie in Abbildung (5.26).

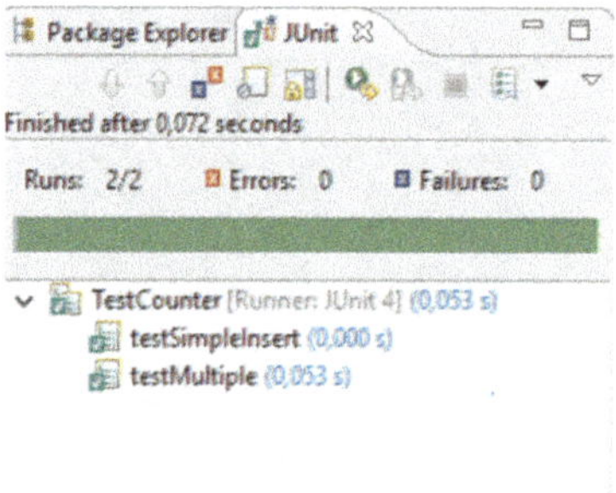


**Abb. 5.26:** Unit-Test: Darstellung des *Test-Protokolls* in der Entwicklungsumgebung Eclipse.

Die Testklasse behält man von nun an bei und erweitert sie bei Bedarf und führt sie zu passenden Gelegenheiten (beispielsweise nach Code-Anpassungen an der entsprechenden Klasse, oder automatisiert bei jedem Build) aus, um sich davon zu überzeugen, dass der Counter noch funktioniert. In realen Projekten kann es dann Hunderte (oder Tausende) von Testfällen geben.

Das Prinzip funktioniert ganz analog mit *pytest*. Will man z.B. im aktuellen Python-Projekt einen Testfall anlegen, der eine Password-Abfrage überprüft, erstellt man eine Datei namens `test_login.py` (z.B. im Unterordner `test`) und darin the Methode `test_admin_login`, die den Testcode enthält. Führt man dann im aktuellen Verzeichnis `pytest` aus, wird die Methode ausgeführt und ein Resultat ausgegeben:

```
D:\programming\py\my_project\src>pytest tests
============================ test session starts =============================
platform win32 -- Python 3.6.1, pytest-3.6.0, py-1.5.3, pluggy-0.6.0
rootdir: D:\programming\py\my_project\src, inifile:
collected 1 item

tests\test_login.py E                                                   [100%]

=================================== ERRORS ===================================
____________________ ERROR at setup of test_admin_login _____________________
```

Der Test ist fehlgeschlagen, es folgen noch die Fehlerausgaben.

Zu den Tools gäbe es noch einiges zu sagen. Wichtig ist z.B. oft ein fixierter Ausgangszustand, um gleiche Bedingungen bei jeder Ausführung zu gewährleisten. Allerdings würde ein tiefer Blick in das Erstellen und Ausführen von Tests den Rahmen dieses Buches überschreiten. Hier bieten die entsprechenden Frameworks weitere Unterstützung.

### Test Driven Development (TDD)

TDD[39] hat ihren Ursprung im sog. Extreme Programming (einer Methode der Softwarentwicklung, vgl. [11]). Bei TDD stellt man *vor* der Entwicklung der eigentlichen Funktionalität die benötigten Tests fertig. Die Tests sollen die erwartete Funktionalität prüfen und die API definieren und dokumentieren. Der Prozess der Softwareentwicklung stellt sich dann wie in Abbildung 5.27 dar.

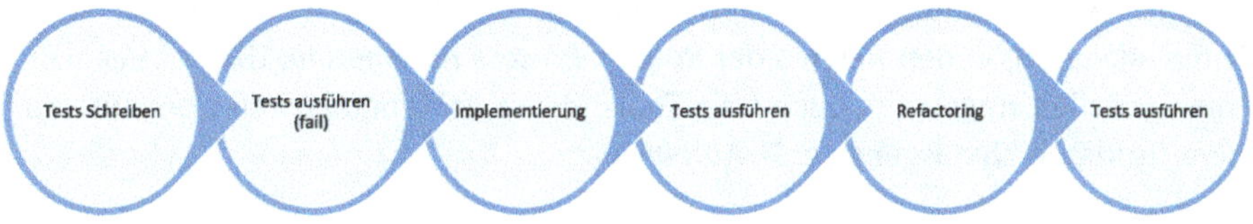


**Abb. 5.27:** TDD-Zyklus.

Zunächst werden die Testfälle geschrieben (die erst mal fehlschlagen). Dann wird die Funktionalität programmiert, bis die Tests erfolgreich sind. Anschließend wird optimiert, wobei danach die Tests immer noch erfolgreich sein müssen.

39 Eine gut lesbare Einführung in TDD hat Robert C. Martin in seinem insgesamt sehr empfehlenswerten Buch Clean Code ([56]) geschrieben.

Eine wichtige Frage ist, wie man Code testbar macht. Hier ist neben einer sinnvollen Modularisierung die Idee der *Dependency Injection* inzwischen allgemein akzeptiert. Das bedeutet, dass zu testende Methoden oder Funktionen so angelegt werden, dass sie benötigte Abhängigkeiten von außen übergeben bekommen. Also nicht

```
def test_credentials(username, pwd):
    db = createDatabaseConnection()
    db.query("...")
    # ...
```

sondern

```
def test_credentials(username, pwd, db):
    db.query("...")
    # ...
```

Man spricht dann auch vom Entkoppeln der Komponenten. Hier wird das Object `db` an die Methode übergeben. Man kann es gegebenenfalls durch eine Instanz einer einfacheren Testklasse ersetzen, die ein kompatibles Interface aufweist (ein sog. *mock*-Objekt), in der evt. also gar keine Datenbankabfrage ausführt wird (evt. existiert die Database-Connection-Klasse auch noch gar nicht). So kann man sich beim Test auf den Kern der Spezifikation des zu testenden Codeteils konzentrieren und Programmteile unabhängig voneinander testen.

Oft scheinen bei Ausführung der Tests manuelle Schritte notwendig, um z.B. Benutzereingaben zu berücksichtigen. Teilweise kann dies durch andere Tools wieder umgangen werden. Ein interessantes Framework zur Simulation von Nutzeraktionen im Browser ist das schon in Abschnitt 5.2.3 erwähnte Tool *Selenium*. Damit wird es möglich, Abläufe wie Mausklicks und Tastatureingaben im Browser zu simulieren. Sind Aktionen außerhalb des Browsers notwendig, kommt man mit der Ablauf-Automatisierung in den Bereich der *Robotic Process Automation*. Hier gibt es neben kommerziellen Angeboten auch freie Tools, deren Anwendung weit über automatisierte Testläufe hinausgehen (z.B. AutoIt[40]).

## 5.7 Parallele Datenverarbeitung

### Skalierbarkeit

Skalierbarkeit bezeichnet allgemein die *Fähigkeit eines Systems zur Größenveränderung*, üblicherweise wird im IT Kontext darunter die Fähigkeit zu wachsen verstanden. Oder noch konkreter: die Fähigkeit, durch Hinzufügen von Komponenten die Leis-

---

**40** https://www.autoitscript.com/site/autoit/

tungsfähigkeit eines Systems zu steigern. Gerade im Bereich Data Science ist das ein wichtiger Gesichtspunkt, da die behandelten Fragestellungen schnell dazu tendieren größer zu werden – sowohl im Sinne von komplizierteren und komplexeren Methoden als auch im Sinne größerer Datenmengen.

Hierbei werden *vertikale* und *horizontale Skalierung* unterschieden. Vertikale Skalierung (*scale up*) stellt im IT-Bereich die nächstliegende Möglichkeit zur Leistungssteigerung dar: einen Ausbau der verfügbaren Rechenleistung durch schnellere CPUs, mehr Haupt- und Massenspeicher, schnellere Netzwerkanbindung etc. Offenbar gibt es hier aber auch relativ nahe liegende Grenzen der Skalierbarkeit. Potenziell unbegrenzt ist der im Folgenden beschriebene Ausbau in der Breite. Ein wesentlicher Vorteil der vertikalen Skalierung liegt hingegen darin, dass grundsätzlich keine Änderungen an den Algorithmen und Programmen erforderlich sind.

Horizontale Skalierung (*scale out*) bedeutet eine Skalierung durch Hinzufügen weiterer Rechner bzw. Knoten. Grundsätzlich kann eine beliebige Anzahl von weiteren Einheiten dem System hinzugefügt werden, allerdings sind i.A. Änderungen an den Algorithmen erforderlich, damit die zusätzlich zur Verfügung gestellten Ressourcen auch tatsächlich genutzt werden können (Parallelisierbarkeit).

Neben den Aspekten der technischen Umsetzung von Skalierbarkeit werden folgende konzeptionelle Arten von Skalierbarkeit unterschieden:

- **Lastskalierbarkeit:** Sie betrifft die Skalierbarkeit in Bezug auf die Belastung des Systems. Ein gutes Beispiel hierfür sind Webseiten bzw. Webserver, die auch bei Lastspitzen, d.h. also einer hochfrequenten Nachfrage, stets responsiv sein sollten.
- **Räumliche Skalierbarkeit:** Hier geht es um die Ressourcenbeanspruchung bei steigenden Anforderungen, insbesondere bei der Datenspeicherung. Der Einsatz von Kompressionsverfahren in der Datenspeicherung kann beispielsweise dazu führen, dass der Speicherbedarf nur sublinear mit der Anzahl der gespeicherter Datensätze wächst.
- **Zeitlich-räumliche Skalierbarkeit:** Dies betrifft den zeitlichen Ressourcenverbrauch bei steigender Anzahl von relevanten Objekten. Ein Beispiel hierfür sind Suchmaschinen, die in zeitlich-räumlicher Sicht gut skalieren, wenn ein Suchindex genutzt wird. Sie skalieren jedoch bei einfacher, linearer Suche schlecht.
- **Strukturelle Skalierbarkeit:** Hier geht es um strukturbedingte Grenzen im Wachstum eines Systems. Ein Gegenbeispiel wäre ein System mit hart implementierten Limits (z.B. mögliche Anzahl der Einträge in ein Verzeichnis < 1 Mio.), ein Positivbeispiel ein System ohne solche grundsätzlichen (strukturellen) Grenzen, das mit den Möglichkeiten der Hardware wächst.

Aufgrund der begrenzten Möglichkeiten zur einfacheren vertikalen Skalierung ist die horizontale Skalierung das Mittel der Wahl, um hohe Skalierbarkeit darzustellen. Wie bereits erwähnt, setzt dies aber die Parallelisierbarkeit von Algorithmen und/oder Datenhaltung voraus.

Häufig fällt in diesem Zusammenhang auch der Begriff der *Nebenläufigkeit*. Dieser beschreibt die Fähigkeit von Algorithmen parallel zu laufen, ohne dass dies notwendig auch so erfolgen muss. Nebenläufige Algorithmen können aber auf geeigneten Systemen stets parallel laufen. Im Folgenden werden die wichtigsten hierfür relevanten Konzepte vorgestellt.

### Verteilte Systeme / Multiprocessing / Multithreading

Der Begriff der verteilten Systeme geht auf Andrew S. Tanenbaum, den Entwickler von Minix (einem für Lehrzwecke entworfenen Betriebssystem), zurück und beschreibt einen Zusammenschluss unabhängiger Computer, auf denen miteinander interagierende aber ansonsten unabhängige Prozesse laufen. Insbesondere läuft jeder Prozess mit einem eigenen Speicherbereich, auf den von den anderen Prozessen nicht zugegriffen werden kann.

Aufgrund der strikten Trennung der Speicherbereiche eignen sich verteilte Systeme bzw. Multiprocessing für parallelisierbare Aufgaben gut, bei denen lediglich wenig Daten ausgetauscht werden müssen. Außerdem sollten nicht zu viele Prozesse erzeugt werden müssen, da das Erzeugen eines Prozesses einen relativ aufwändigen Vorgang darstellt.

Will man in Python parallel rechnen, kann man auf das *multiprocessing*-Modul der Standard-Library zurückgreifen. Wir führen das Beispiel aus Abschnitt 4.2.2.2 fort. Die dortige Berechnung stehe hier als Funktion `simulate_pf_losses` im Kontext zur Verfügung. Die Aufgabe sei nun, die Simulation für verschiedene Eingabeparameter durchzuführen. Das kann man wie folgt erreichen:

```
from multiprocessing import Pool, cpu_count

# Liste von Parametersaetzen
PARAMS = [
    {"_id": 0, "rho": 0.05, "p": 0.003, "lgd": 0.6, "its": 5000, "N": 10000},
    {"_id": 1, "rho": 0.2, "p": 0.003, "lgd": 0.6, "its": 5000, "N": 10000},
    {"_id": 2, "rho": 0.05, "p": 0.01, "lgd": 0.6, "its": 5000, "N": 10000},
    {"_id": 3, "rho": 0.1, "p": 0.01, "lgd": 0.6, "its": 5000, "N": 10000}
]

# Container für die Ergebnisse
mkt_losses_save = [None] * len(PARAMS)

def par_wrapper(p):
    return (simulate_pf_losses(**p), p)

pool = Pool(cpu_count())
```

```
for market_losses_bndl in pool.map(par_wrapper, PARAMS):
    market_losses, p = market_losses_bndl
    mkt_losses_save[p["_id"]] = market_losses
```

Das Objekt `pool` vom Typ `multiprocessing.Pool` verwaltet hierbei einen Prozesspool und stellt über die Methode `map` eine Möglichkeit bereit, eine Funktion (erstes Argument) für mehrere Argumente (zweites Argument) parallel abzuarbeiten.

Nach dem Durchlauf stehen die berechneten Ergebnisse in `mkt_losses_save` bereit. Da in unserem Beispiel die Arbeitsfunktion `simulate_pf_losses` mehrere Argumente entgegennimmt aber die `map`-Methode nur eines übergibt wird die Hilfsfunktion `par_wrapper` eingeführt, die das erhaltene Argument-Tupel geeignet weitergibt und gleichzeitig noch den Eingabeparameter mit dem Resultat zusammen zurückgibt, wodurch es möglich wird, die Ergebnisse der parallelen Abarbeitung wieder richtig zu ordnen.

Ein wenig anders liegt der Fall beim sogenannten *Multithreading.* Threads werden auch leichtgewichtige Prozesse genannt und sind im Unterschied zu echten Prozessen günstig zu erzeugen. Threads laufen im Kontext eines Prozesses und teilen sich die Ressourcen des Prozesses, insbesondere den Speicherbereich sowie geöffnete Dateien. Hierdurch ist ein sehr schneller Datenaustausch möglich. Allerdings ist es eine anspruchsvolle Aufgabe, die Threadfähigkeit von Programmen sicherzustellen. Insbesondere muss für sämtliche Bibliotheks- und sonstigen Funktionsaufrufe die Threadsicherheit sicher- bzw. durch die Nutzung von Mutexen oder Semaphoren überhaupt erst einmal hergestellt werden. Grundsätzlich stellt Multithreading aber eine relativ schnelle und einfache Möglichkeit zur horizontalen Skalierung dar. Die praktische Umsetzung von Multithreading im soeben erläuterten Sinn ist in Python nativ nicht möglich, die *threading*-Module der Standard-Library unterstützen derzeit keine echt parallele Ausführung der erzeugten Threads.[41] Will man dies dennoch erreichen, ist ein möglicher Weg die Nutzung von C/C++-Extensionmodulen (und darin z.B. die Nutzung des OpenMP-Standards[42]), wobei die Parallelisierung dann natürlich auf den C/C++-Code beschränkt bleibt.

### GPU-Processing (SIMD)

Gerade im Bereich Data Science trifft man häufig auf Probleme, in denen dieselben Anweisungen auf verschiedene Daten anzuwenden sind, z.B. typische Operationen

**41** Vgl. die Anmerkung zum *Global Interpreter Lock* unter https://docs.python.org/3.8/library/threading.html#module-threading. Multithreading in Python kann dennoch deutliche Performanzverbesserungen mit sich bringen, wenn beispielsweise ein Thread eine (mit Wartezeiten verbundene) IO-Operationen durchführt und in anderen Threads Berechnungen durchgeführt werden.

**42** https://www.openmp.org/

der Linearen Algebra wie die Matrizenmultiplikation aber auch das Trainieren eines neuronalen Netzes. Eine gebräuchliche Abkürzung für Aufgaben dieser Art ist SIMD (Single Instruction, Multiple Data), sie können mit modernen Grafikkarten oder mit spezieller Hardware, die genau für solche Aufgabenstellungen konstruiert worden ist, sehr effizient bearbeitet werden[43]. Aber auch moderne CPUs stellen mit *Advanced Vector Extensions, AVX* und dessen Erweiterungen SIMD-Funktionalität zur Verfügung.

Im Unterschied zu den Prozessoren gibt es im Bereich der Grafikkarten keine Vereinheitlichung. NVIDIA bietet eine proprietäre SIMD-Funktionalität namens CUDA (Compute Unified Device Architecture), ansonsten gibt es noch den übergreifenden Standard OpenCL (Open Computing Language) der sogenannten Khronos Group[44]. Packages zur Nutzung von OpenCL in Python sind über das Internet leicht zu finden.

### Parallel Collections

Im Folgenden thematisieren wir einige Aspekte, die bei Parallelprogrammierung zu berücksichtigen und einige Tücken, die zu beachten sind. Oftmals ist die Parallelisierbarkeit aber recht einfach umzusetzen, das betrifft insbesondere die Problemstellungen, die in die Kategorie der map-reduce-Probleme fallen (siehe Abschnitt 5.8).

Gerade im Bereich der Data-Analytics benutzt man gerne Abstraktionen (wie die Programmiersprachen Python, R oder Scala) zum Zugriff auf komplizierte Data-Analytics-Algorithmen, so dass es sich anbietet, auch für einfachere Parallelisierungen eine Abstraktion anzubieten. Dies bietet beispielsweise die Programmiersprache *Scala*[45] mit den sogenannten *parallel collections*. Hierbei handelt es sich um Sammlungen von Objekten (da Skalare nicht parallelisiert werden können), für die Routinen zur parallelen Berechnung verfügbar sind. Diese Sammlungen umfassen

- Arrays,
- Vektoren,
- Bereiche,
- diverse veränderbare und unveränderbare Mappingtypen.

**Beispiel:**

```
val list = (1 to 1000).toList.par
list.reduce(_+_)
```

43 Als Beispiel für dedizierte Hardware sei etwa auf Googles *Tensor Processing Units* verwiesen
44 https://www.khronos.org/opencl/
45 https://scala-lang.org/

Diese Addition der ersten tausend Zahlen wird dann (je nach System) parallel durchgeführt. Ähnliche Konstrukte stehen teilweise auch in anderen Sprachen zur Verfügung.

### Probleme der Parallelisierbarkeit

Ein spezifisches Problem von Multi-Threading-Anwendungen entsteht bei gleichzeitigem Zugriff mehrerer Anwendungen (bzw. Threads) auf ein geteiltes Datum, wenn mindestens einer der Zugriffe schreibend erfolgt. Durch die Möglichkeit, mittels *shared memories* auf gemeinsam genutzte Speicherbereiche zugreifen zu können, gilt das analog aber auch für Multiprocessing-Aufgabenstellungen.

Sofern auch nur eine Anwendung die Daten ändert, ist es ohne explizite Synchronisierungsmechanismen nicht klar, ob die lesenden Anwendungen den ursprünglichen oder den neuen Wert erhalten (oder gar einen temporär erzeugten dritten). Noch schlimmer ist es, wenn mehrere Anwendungen eine Information gleichzeitig ändern wollen, da hier der Endwert der Information nicht determiniert ist. Hängt der neue Wert gar vom alten ab, können auf diese Weise sogar undefinierte bzw. falsche Werte auftreten.

*Atomarität* bedeutet, dass gewisse Zugriffe auf Objekte nicht teilbar sind, sondern als Einheit ausgeführt werden. Hierdurch kann vermieden werden, dass durch unglückliches Timing undefinierte Zustände auftreten. Das folgende Beispiel zeigt anhand einer globalen Variable, die eigentlich nur gerade Werte annehmen sollte, dass durch fehlende Atomarität (der Funktionen f1 und f2) auch ungerade Werte gelesen werden können.

```
import time
import threading

# globale Variable, die nur gerade Zahlen enthalten soll
Gerade = 0

def f1():
    global Gerade
    print("f1 adding 1 ...", flush=True)
    Gerade = Gerade + 1
    time.sleep(1)
    print("f1 adding 1 again ...", flush=True)
    Gerade = Gerade + 1

def f2():
    global Gerade
    print("f2 adding 2 ...", flush=True)
    time.sleep(0.25)
    Gerade = Gerade + 2
```

```
def f3():
    time.sleep(0.5)
    print("Wert in f3:", Gerade)
```

Die soeben definierten Funktionen werden nun in unterschiedlichen Threads zur Ausführung gebracht.

```
# Erzeugen der Threads
thread1 = threading.Thread(target = f1)
thread2 = threading.Thread(target = f2)
thread3 = threading.Thread(target = f3)

# Starten der Threads
thread1.start()
thread2.start()
thread3.start()

# Warten auf Beenden der Threads
thread1.join()
thread2.join()
thread3.join()

# Programmende
print("Wert zum Ende:", Gerade)
```

```
f1 adding 1 ...
f2 adding 2 ...
Wert in f3: 3
f1 adding 1 again ...
Wert zum Ende: 4
```

Offenbar (drittletzte Zeile) wird der eigentlich nicht erwartete Wert 3 von der Funktion `f3` verarbeitet. Der Ablauf ist in diesem Beispiel wegen der großen Wartezeiten quasi deterministisch und gut nachvollziehbar. Bei realistischen Abläufen mit Wechselwirkungen im Mikro- oder Nanosekundenbereich sind derartige Probleme oft schwer zu erkennen, zumal wenn sie nicht mehr deterministisch auftreten, sondern nur sporadisch. *Locking* erlaubt es, das Atomaritätsproblem in den Griff zu bekommen, birgt aber, wie wir nachfolgend sehen werden, seinerseits wiederum Risiken wie das von *Deadlocks*. Locks erlauben durch explizites Nachfragen nach der Verfügbarkeit einer Ressource die Zugriffe zu synchronisieren. Wir betrachten ein ähnliches Beispiel:

```
import time
import threading

# globale Variable, die nur gerade Zahlen enthalten soll
Gerade = 0
```

```
# lock für Gerade
lock_gerade = threading.Lock()

def f1():
    global Gerade
    lock_gerade.acquire()
    print("f1 adding 1 ...", flush=True)
    Gerade = Gerade + 1
    time.sleep(1)
    print("f1 adding 1 again ...", flush=True)
    Gerade = Gerade + 1
    lock_gerade.release()

def f2():
    global Gerade
    lock_gerade.acquire()
    print("f2 adding 2 ...", flush=True)
    time.sleep(0.25)
    Gerade = Gerade + 2
    lock_gerade.release()

def f3():
    time.sleep(0.5)
    lock_gerade.acquire()
    print("Wert in f3:", Gerade)
    lock_gerade.release()
```

Das Ausführen der Funktionen erfolgt dann wie oben bereits gesehen, man erhält die folgende Ausgabe:

```
f1 adding 1 ...
f1 adding 1 again ...
f2 adding 2 ...
Wert in f3: 4
Wert zum Ende: 4
```

Ein Deadlock (auf Deutsch auch Verklemmung genannt) tritt auf, wenn zwei (oder mehr) Prozesse gegenseitig auf die Freigabe einer Ressource warten, die der andere Prozess freigeben muss, was er aber nicht tun kann, da er gerade auf die Freigabe einer anderen Ressource wartet.

Deadlocks können sowohl bei parallelen Prozessen als auch bei Threads auftreten. Wir zeigen im Folgenden ein Beispiel mit zwei Threads.

```
import time
import threading

lock1 = threading.Lock()
lock2 = threading.Lock()
```

```
def f1():
    print("f1 acquiring first lock ...", flush=True)
    lock1.acquire()
    time.sleep(1)
    print("f1 acquiring second lock ...", flush=True)
    lock2.acquire()
    print("f1 releasing first lock ...", flush=True)
    lock1.release()
    print("f1 releasing second lock ...", flush=True)
    lock2.release()

def f2():
    print("f2 acquiring second lock ...", flush=True)
    lock2.acquire()
    time.sleep(1)
    print("f2 acquiring first lock ...", flush=True)
    lock1.acquire()
    print("f2 releasing second lock ...", flush=True)
    lock2.release()
    print("f2 releasing first lock ...", flush=True)
    lock1.release()

# Erzeugen der Threads
thread1 = threading.Thread(target = f1)
thread2 = threading.Thread(target = f2)

# Starten der Threads
thread1.start()
thread2.start()

# Warten auf Beenden der Threads
thread1.join()
thread2.join()

# Das Ende wird nicht erreicht
print("Ende")
```

```
f1 acquiring first lock ...
f2 acquiring second lock ...
f1 acquiring second lock ...
f2 acquiring first lock ...
```

Aufgrund des Deadlocks muss das Code-Fragment mittels Kernel-Interrupt abgebrochen werden.

### Das Aktorenmodell

Aktoren bieten einen abstrakteren Zugang zur Nebenläufigkeit, der es erlaubt, sich nicht mit Implementierungsdetails befassen zu müssen. Aktoren finden sich ursprünglich in der Programmiersprache Erlang, sind aber auch in der im Data Science-Umfeld häufig genutzten Sprache Scala umgesetzt, wo von mehreren Implementierungen *akka*[46] die populärste ist. Eine Implementierung von Aktoren gibt es für viele Programmiersprachen, insbesondere auch für Python. Eine R-Implementierung ist den Autoren nicht bekannt.

Aktoren-Systeme funktionieren auf der Basis von versandten Nachrichten, auf die einzelne Programmbestandteile in definierter Art und Weise reagieren. Ein Aktor ist hierbei eine Einheit, die in Reaktion auf eine Nachricht, die sie erhält, Folgendes durchführen kann:

- eine endliche Anzahl von Nachrichten an andere Aktoren (auch an sich selbst) senden, hierbei kann sie nur an ihr bekannte Aktoren Nachrichten versenden (Lokalitätsprinzip);
- eine endliche Anzahl neuer Aktoren erzeugen;
- ihren Zustand für nachfolgende Nachrichten ändern (aber nicht die Zustände anderer Aktoren).

Ein Aktor kennt andere Aktoren, die ihm per Nachricht übermittelt worden sind (dies beinhaltet üblicherweise den Absender einer Nachricht) oder die er selber erzeugt hat. Verschiedene Aktoren können auf verschiedenen Systemen laufen. Aktoren sind leichtgewichtig, d.h. sie benötigen nur wenige Systemressourcen. Nachrichten werden von Aktoren typischerweise in der Reihenfolge verarbeitet, in der sie ankommen. Es ist aber nicht gewährleistet, dass Nachrichten in derselben Reihenfolge ankommen, in der sie verschickt worden sind.

Ein praktische Vorstellung für das Aktorenmodell liefert ein E-Mail-System. Hierbei sind die Mailprogramme bzw. die einzelnen Mail-Teilnehmer die Aktoren und die Mails die Nachrichten.

Das Aktorenmodell findet weniger im Bereich der Data Science Anwendung als im Bereich von Netzwerktechniken. So bedeutet Erlang *Ericsson Language* und wurde für den Bereich der Telekommunikation entwickelt und dort zuerst eingesetzt. Weiter bekannt Anwendungsfälle finden sich bei *WhatsApp* und *CouchDB*, die das Aktorenmodell in Erlang nutzen.[47]

46 https://akka.io/
47 Vgl. etwa https://t3n.de/magazin/erlang-247504/.

## 5.8 MapReduce, Hadoop und Spark

Die Verarbeitung sehr großer Datenmengen erfordert einen teilweisen Paradigmenwechsel in der Programmierung.

Die *imperative Programmierung* ist das gängigste Paradigma. Die Grundidee ist die Verwendung von Zustandsvariablen, die initialisiert werden und deren Werte im Programmablauf, z.B. in einer Schleife verändert werden. Als Beispiel berechnen wir die Summe der Quadrate natürlicher Zahlen von 0 bis 10:

```
i = 0
for l in range(11):
    i += l ** 2
```

Die Zustandsvariablen sind `l` und `i`. Ihre Werte werden durch Vorschriften geändert, die *Laufvariable* `l` wird hier durch eine implizite Vorschrift inkrementiert und zu `l` wird jeweils das Quadrat der *Laufvariablen* hinzuaddiert wird. Probleme können bei der Verarbeitung großer Datenmengen auftreten, nämlich wenn es erforderlich wird, die Rechnung auf viele Kernen oder Prozessoren zu verteilen, die dann gleichzeitig auf die Zustandsvariablen zugreifen müssen, vgl. Abschnitt 5.7. Der Zustand ist dann unter Umständen nicht mehr wohldefiniert und kann sich in verschiedenen Teilen des Systems unterscheiden. Imperative Programmierung ist somit nicht mehr ohne weiteres anwendbar.

*Funktionale Programmierung* verarbeitet die Daten durch die sukzessive Anwendung von Funktionen und Funktionalen. Eine Grundidee zur Vermeidung von expliziten Zuständen ist hierbei die Rekursion. Das einfache Beispiel von oben lässt sich auch mit Hilfe einer rekursiv definierten Funktion umsetzen:

```
def sum_squares(bound):
    return 0 if bound == 0 else bound ** 2 + sum_squares(bound - 1)
```

Der Aufruf `sum_squares(10)` liefert dann den gesuchten Wert 385. Typische *Funktionale Programmiersprachen*, wie Scala, Lisp oder Haskell, stellen darüber hinaus geeignete Hilfsmittel zur Verfügung, z.B.:

- grundlegende Funktionale wie *Map, Filter* und *Reduce*,
- die Möglichkeit, eigene Funktionale zu definieren.

Das Beispiel von oben könnte dann auch folgendermaßen aussehen, wobei sowohl Python als auch Scala/Spark Code gezeigt wird. Eine abstraktere Beschreibung und Definition der Map und Reduce Funktionale folgt im nächsten Abschnitt:

```
import functools

# erzeuge Range [1, 2, 3, ..., 10]
firstTenNumbers = range(1, 11)
squares = map(lambda x: x * x, firstTenNumbers)
sumSquares = functools.reduce(lambda x, y: x + y, squares)
```

Das Symbol *lambda* leitet in Python die Definition einer anonymen Funktion, d.h. einer Funktion ohne Namen, ein. Die Zuweisung an `squares` im gezeigten Listing führt zur Anwendung der anonymen Funktion auf alle Elemente des Range-Objekts. `squares` beherbergt danach also die Quadratzahlen $[1, 4, \ldots, 100]$. In der letzten Zeile wird wieder eine anonyme Funktion erzeugt, die diesmal ihre beiden Argumente addiert. Das *reduce*-Funktional nimmt diese Funktion und die berechnete Sequenz der Quadratzahlen entgegen und *reduziert* die Sequenz in ein Skalar, indem jeweils die anonyme Funktion auf ein noch nicht behandeltes Element der Sequenz und den Ergebnisausdruck aller bereits behandelten Elemente der Sequenz angewendet wird.

Die gleiche Wirkungsweise enthält der folgende Scala/Spark-Code:

```
// definiere Spark-Dataset, welches auf dem Spark-Cluster verteilt ist
val firstTenNumbers = spark.range(1,11)

val squares = firstTenNumbers.map(x => x*x)
val sumSquares = squares.reduce(_+_)
```

Der Code ähnelt dem Python-Code sehr, lediglich die Notationen der anonymen Funktionen unterscheiden sich und die Funktionale *map* und *reduce* sind als Objektmethoden realisiert. Hier wird deutlich, dass Scala – ebenso wie Python – als Programmiersprache nicht nur dem rein funktionalen Paradigma verpflichtet ist, sondern viele Paradigmen zugleich unterstützt.

Die Idee der funktionalen Programmierung bzw. der funktionalen Programmiersprachen ist nicht neu, spätestens seit den 50er Jahren existierten beispielsweise mit Lisp relevante Implementierungen. Die Wahrnehmung auch durch die Praxis änderte sich erst ungefähr zur Jahrtausendwende deutlich. Google veröffentlichte 2004 ein bedeutsames Paper[48], das den damaligen Google Cluster und seine Unterstützung für *MapReduce-Operationen* beschreibt. Die Ingenieure bei Google hatten die Erfahrung gemacht, dass viele Algorithmen durch die sukzessive Anwendung von Map und Reduce Funktionalen umgesetzt werden können. Programme, die diesem Ansatz folgen,

48 https://research.google.com/archive/mapreduce.html

werden von dem Cluster automatisch parallelisiert und auf dem Rechnerverbund aus Standardhardware verarbeitet. Der Cluster kümmert sich um alle Aspekte des verteilten Rechnens – z.B. die Verteilung der Daten auf dem Cluster, die Steuerung des Jobs und die Sicherstellung der Fehlertoleranz – während sich der Programmierer vollständig auf die Formulierung des Algorithmus' mittels MapReduce fokussieren kann.

### Apache Hadoop und Spark

Das Konzept des Google Clusters wurde etwa 2006 von Doug Cutting and Mike Cafarella aufgegriffen und als Open-Source Projekt in Java implementiert. Das Projekt wird inzwischen von der Apache Software Foundation (einer ehrenamtlichen Organisation)[49] weiterentwickelt und läuft unter dem Namen *Hadoop*. Es ist Ausgangspunkt für viele weitere Entwicklungen im Big Data Umfeld.

Um auch gegen Stromausfälle gewappnet zu sein, werden in Hadoop Daten stets auf den Festplatten der Cluster-Nodes gespeichert und nicht im Arbeitsspeicher, vgl. hierzu auch Abschnitt 5.5 zum Hadoop Distributed File Systems (HDFS). Die Datenverarbeitung ist deshalb verhältnismäßig langsam, was sich insbesondere bei Algorithmen bemerkbar macht, bei denen über viele Arbeitsschritte iteriert wird und somit viele Zwischenergebnisse erzeugt und persistiert werden. Letzteres ist insbesondere auch bei den meisten Machine Learning Anwendungen der Fall und daher ist Hadoop eher ungeeignet für das maschinelle Lernen, obwohl es einzelne Machine Learning Frameworks gibt, die auf Hadoop aufbauen (z.B. Apache Mahout).

Um eine schnelle Verarbeitung auch großer Datenmengen zu gewährleisten, hat Matei Zaharia 2009 *Apache Spark* ins Leben gerufen. Spark versucht, die Daten so weit wie möglich im Arbeitsspeicher der Cluster-Nodes zu halten und ist dadurch wesentlich schneller als Hadoop. Spark implementiert ebenfalls die Map und Reduce Funktionale, wobei mittlerweile viele weitere Sprachelemente hinzugekommen sind, z.B. ein SQL Interface (*Spark SQL*).

Spark ist keine eigene Programmiersprache sondern – wie Hadoop Map/Reduce – ein Framework zur Ausführung verteilter Berechnungen auf einem Cluster und es wird daher immer in Kombination mit einer anderen Sprache benutzt, in der die eigentlichen Berechnungen beschrieben werden. Derzeit werden Scala, Java, Python und R als Schnittstellen angeboten. Spark selbst ist größtenteils in Scala programmiert, so dass Scala in gewissem Sinne die natürlichste Wahl ist. Scala ist eine relativ moderne Sprache (2003 eingeführt), die auf der *Java Virtual Machine* aufsetzt und wie bereits erwähnt sowohl funktionale als auch objektorientierte Programmierung ermöglicht.

Spark besteht aus verschiedenen Komponenten. Das Grundgerüst bildet *Basic Spark*. Der grundlegende Datentyp ist hier das *Resilisient Distributed Dataset (RDD)*. Das ist

49 https://apache.org/

im wesentlichen eine Liste, die auf dem Cluster verteilt ist. Seit 2012 gibt es zusätzlich *Spark SQL*, was die beiden Datentypen *Dataframes* und *Datasets* bereitstellt und SQL-Abfragen ermöglicht. Dataframes haben Tabellenform und sind vergleichbar mit R oder Pandas Dataframes.

Weitere Komponenten sind die Machine Learning Bibliothek *Spark MLib* oder die Streaming Bibliothek *Spark Streaming*.

### MapReduce Funktionale

Aufgrund der großen Bedeutung der Map und Reduce Funktionale in der Verarbeitung großer Datenmengen und der Funktionalen Programmierung wollen wir an dieser Stelle eine formalere Definition einfließen lassen.

Das **Map** Funktional wendet eine Funktion $f$ auf jedes Element einer Sequenz an und gibt eine neue Sequenz mit den berechneten Funktionswerten zurück:

$$\text{Map: } [x_1, x_2, \ldots, x_n], f \;\mapsto\; [f(x_1), f(x_2), \ldots, f(x_n)]$$

*Map* eignet sich also für Transformationen auf den Input-Daten.

Mit Hilfe von **Reduce** können Sequenzen aggregiert werden. Ausgangspunkt ist eine assoziative Funktion mit zwei Argumenten $f\colon \mathbb{D}\times\mathbb{D} \to \mathbb{D}$, die dann auf zwei Elemente einer Liste angewandt wird. Das Ergebnis wird dann wiederum zusammen mit einem weiteren Element der Liste in die Funktion eingesetzt, so dass sich schlussendlich ein skalarer Wert ergibt. Für den Spezialfall einer Liste mit vier Elementen lässt sich das folgendermaßen ausdrücken:

$$\text{Reduce: } [x_1, x_2, x_3, x_4], f \;\mapsto\; f(f(f(x_1, x_2), x_3), x_4)$$

Die Assoziativität der Funktion $f$ wird gefordert, weil die Reihenfolge der Funktionsanwendung nicht notwendigerweise von Links nach Rechts erfolgen muss. Insbesondere auf einem Cluster, wo die Inputdaten auf vielen Rechnern verteilt sind, ist die Reihenfolge willkürlich. Dennoch sind nichtassoziative Funktionen bei vielen Programmiersprachen als Argument für das Reduce-Funktional nicht ausgeschlossen, sollten aber möglichst vermieden werden. Ein Beispiel für eine nichtassoziative Operation ist die Differenz, $f(x, y) = x - y$.

**Filter** ist ein weiteres Funktional, das häufig in Verbindung mit Map Anweisungen benutzt wird. Dabei werden bestimmte Elemente einer Liste gefiltert:

$$\text{Filter: } [x_1, x_2, \ldots, x_n], c \;\mapsto\; [x_k, \ldots, x_l], \qquad 1 \le k < l \le n$$

für die eine Bedingung $c : \mathbb{D} \to \{\text{False}, \text{True}\}$ erfüllt ist:

$$c(x_k) = \ldots = c(x_l) = \text{True}$$

Eine gute Erklärung der Map-Reduce-Funktionale und ihrer Umsetzung in Python findet man in Youtube unter diesem Link https://www.youtube.com/watch?v=cKlnR-CB3tk.

### Word Count Beispiel

Als konkrete Anwendung von Map-Reduce werden wir nun die Häufigkeiten der Wörter in folgendem Satz zählen:

```
text = "Actuarial data science applies data science to actuarial problems"
```

Um die Aufgabe etwas zu erschweren, werden wir zusätzlich nicht zwischen Groß- und Kleinschreibung differenzieren und nur Wörter mit mehr als zwei Zeichen betrachten.

Zunächst splitten wir den String bei jedem Leerzeichen und erhalten damit eine Liste. In Spark würden wir hier außerdem eine Umwandlung in ein Dataset vornehmen, so dass die Daten auf dem Cluster verteilt vorliegen und nicht lokal auf einer einzelnen Maschine).

```
wordList = text.split(" ")

# Out: ['Actuarial', 'data', 'science', 'applies', 'data', 'science',
#       'to', 'actuarial', 'problems']
```

Um kurze Wörter – mit zwei oder einem Zeichen – auszuschließen, wenden wir einen Filter an:

```
wordListShort = list(filter(lambda s: len(s)>2, wordList))

# Out: ['Actuarial', 'data', 'science', 'applies', 'data', 'science',
#       'actuarial', 'problems']
```

Als Vorbereitung für die Zählung der Wörter mit Hilfe von Map-Reduce wandeln wir jedes Element der Liste in ein Tupel der Form ('Wort', 1) um. Dafür benutzen wir das Map Funktional. Bei der Gelegenheit wechseln wir zudem zu Kleinbuchstaben.

```
wordTuples = list(map(lambda x: (x.lower(), 1), wordListShort))

# Out: [('actuarial', 1),
#       ('data', 1),
#       ('science', 1),
#       ('applies', 1),
#       ('data', 1),
#       ('science', 1),
```

```
#       ('actuarial', 1),
#       ('problems', 1)]
```

Im letzten Schritt werden die Wörter gezählt. Dafür benötigen wir eine Verallgemeinerung von Reduce, die auch *reduceByKey* genannt wird: die Aggregation soll pro Wort (=Key) erfolgen. Das Reduce Funktional nach der obigen Definition liefert aber ein Skalar, es wird also über alle Elemente der Liste aggregiert. In Python müssen wir die *reduceByKey* Funktion selbst definieren (während z.B. Spark die Funktion bereitstellt):

```
from functools import reduce
from itertools import groupby

# leider gibt es in Python keine reduceByKey-Funktion
def reduceByKey(func, iterable):
    get_first = lambda p: p[0]
    get_second = lambda p: p[1]
    return map(
      lambda l: (l[0], reduce(func, map(get_second, l[1]))),
      groupby(sorted(iterable, key=get_first), get_first)
    )

wordCount = list(reduceByKey(lambda x, y: x + y, wordTuples))

"""
Out: [('actuarial', 2),
      ('applies', 1),
      ('data', 2),
      ('problems', 1),
      ('science', 2)]
"""
```

In der Implementierung der `reduceByKey`-Funktion wird zunächst (zweites Argument des `map`-Aufrufs) die Sequenz nach den Wörtern sortiert und dann mit der *groupby*-Funktion zu einer neuen Sequenz zusammengefasst, die aus 2-Tupeln besteht: Es sind jeweils Kombinationen aus einem Wort und einer Liste aller mit diesem Wort in der ursprünglichen Liste gepaarten Zahlen. Im Beispiel sieht dieses Zwischenergebnis so aus:

```
[
  ('actuarial', (1, 1)),
  ('applies', (1)),
  ('data', (1, 1)),
  ('problems', (1))
  ('science', (1, 1)),
]
```

Anschließend erfolgt ein `map`-Aufruf auf diesem Zwischenergebnis, wobei auf jedem Eintrag eine *reduce*-Operation auf der inneren Liste aufgerufen wird, die als Ergebnis die Summe der Zahlen der inneren Liste liefert, mithin die Anzahl der Vorkommen des jeweiligen Wortes.

**Algorithmischer Ablauf eines MapReduce Jobs**

Im Folgenden diskutieren wir den algorithmischen Grundablauf eines Map Reduce Jobs auf einem Hadoop bzw. Spark Cluster. Im Detail unterscheiden sich die Abläufe in Hadoop und Spark zwar deutlich, der vereinfachte Grundablauf, wie er hier beschrieben wird, trifft aber auf beide Systeme gleichermaßen zu.

Zunächst werden die Daten in *M* Teile aufgesplittet. Jeder dieser Teile wird separat durch die Anwendung der Map Funktion verarbeitet. Es laufen also *M* parallele Map Prozesse (*Mappers*) ab. Die Zwischenergebnisse werden dann durch *R* parallel laufende reduceByKey Prozesse (*Reducers*) weiterverarbeitet. Zwischen der Map- und Reduce-Verarbeitung müssen die Daten im Cluster umverteilt werden (*Shuffle Phase*). Dafür werden die Keys, die bei der Map Phase entstehen in *R* Teilmengen unterteilt und jede Teilmenge wird genau einem Reducer zugeordnet. In der Regel ist *M* und *R* deutlich größer gewählt, als der Anzahl der Rechner im Cluster, so dass mehrere Mapper oder Reducer auf einem Rechner laufen. Dies hat den Vorteil, dass es zu einer gleichmäßigen Auslastung auf dem Cluster kommt. In Abbildung 5.28 ist eine graphische Veranschaulichung des Grundablaufs für das Word Count Beispiel dargestellt.

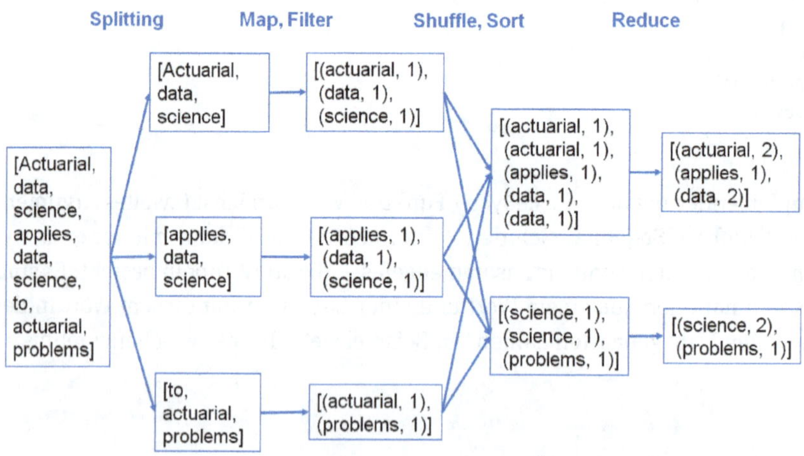


**Abb. 5.28:** Ablauf des Word-Count-Beispiels mit drei Mappern und zwei Reducern.

Wir wiederholen nun nochmal die einzelnen Phasen des Ablaufs und gehen dabei auf weitere Details ein:

1. **Split:** Die Input-Daten werden in *M* Teile zerlegt. Häufig sind die Input-Daten bereits auf dem Cluster im HDFS gespeichert und sind daher bereits partitioniert. Der Cluster versucht dann diese Partitionierung für die Map-Phase beizubehalten, so dass möglichst nur wenige Daten auf dem Cluster verschoben werden müssen. Mehr dazu unten im Abschnitt zur Lokalität.
2. **Map und Filter:** Jeder Teil wird separat durch die Map und Filter Funktionale abgebildet. In Hadoop wird das Zwischenergebnis dann lokal auf den Festplatten der entsprechenden Cluster-Nodes abgespeichert und in *R* Teilmengen partitioniert. In Spark wird das Zwischenergebnis im Arbeitsspeicher gehalten, falls genügend RAM verfügbar ist.
3. **Shuffle und Sort:** Die Zwischenergebnisse der Map-Tasks müssen nun auf die *R* Prozesse verteilt werden (*Shuffle*). Dazu werden die Keys des Map Outputs in *R* Teile aufgeteilt. In dem obigen Word Count Beispiel kommt es zu den zwei Teilmengen {actuarial, applies, data} und {science, problems}. Es werden dann z.B. alle Datensätze mit dem Key *actuarial* auf den Rechner mit der ersten Reducer-Task umverteilt. Außerdem werden die Datensätze alphabetisch nach dem Key sortiert (das wird für die Reduce Phase benötigt).
4. **Reduce:** Es kommt nun auf jedem Reducer zur Anwendung des reduceByKey Funktionals (im Allgemeinen Sprachgebrauch wird dabei nicht zwischen *reduce* und *reduceByKey* unterschieden). Das Endergebnis wird üblicherweise im HDFS abgespeichert und ist dann in *R* Teile partitioniert.

### Job-Steuerung in Hadoop

Der obige algorithmische Grundablauf muss von dem Cluster organisiert werden. Für diese Steuerung sind auf dem Cluster verschiedene Softwarekomponenten zuständig, z.B. der Job und der Task Tracker. Wir werden nun die Job Steuerung genauer beleuchten.

Aus didaktischen Gründen diskutieren wir erst die vereinfachte Jobsteuerung aus Hadoop Version 1.x und gehen dann in einem zweiten Schritt auf die Erweiterungen in Hadoop 2.x ein.

#### MapReduce 1

Die Job Steuerung in MapReduce 1, d.h. Hadoop Version 1.x, ist in der Graphik in Abbildung 5.29 illustriert.
Der Cluster besteht aus verschiedenen Rechnern (Nodes). Dabei gibt es einen *Master Node*, der die Organisation auf dem Cluster übernimmt, und viele Slave Nodes, die die Arbeit ausführen.

Für das weitere Verständnis ist es wichtig zu erwähnen, dass auf dem Cluster sowohl die Datenspeicherung erfolgt (in Form von HDFS), als auch die Verarbeitung der

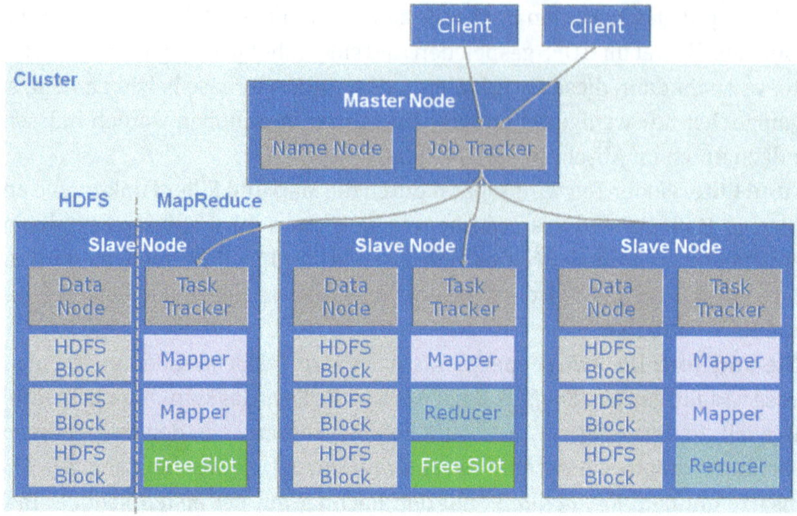


**Abb. 5.29:** Job-Verarbeitung in Map-Reduce 1.

Daten in Form von Map Reduce Jobs. Man findet daher auf den Nodes sowohl Komponenten die zu HDFS gehören (in der Graphik jeweils links in dem Node gezeigt), als auch Komponenten, die sich um MapReduce kümmern (jeweils rechts gezeigt).

Auf dem Master Node befinden sich zwei wesentliche Software Komponenten: der *Name Node* und der *Job Tracker*. Wie oben erwähnt verwaltet der Name Node die Meta Daten des HDFS Filesystems. Der Job Tracker wiederum orchestriert den MapReduce Ablauf auf dem Cluster

Auf den Slave Nodes sind die Daten in Form von HDFS Blöcken gespeichert. Außerdem finden hier die Map und Reduce Rechnungen statt, was auf dem jeweiligen Slave Node durch den Task Tracker verwaltet und überwacht wird.

### Der Job Tracker

Seine Aufgaben sind im Detail:

- empfängt vom Client Anfragen zur Ausführung von MapReduce Programmen,
- kommuniziert mit dem Name Node um den Speicherort der Daten zu bestimmen,
- findet für jede Aufgabe den optimalen Slave Node, basierend auf der Lage der Daten und der Verfügbarkeit von Rechenkapazitäten. Das heißt, falls freie Rechenslots verfügbar sind, werden die Mapper direkt bei dem Slave Node mit den jeweiligen HDFS Blöcken platziert und falls nicht, dann wird ein Rechner mit freien Slots auf dem gleichen Cluster Segment gewählt,
- überwacht die einzelnen Task Tracker und übermittelt den Gesamtstatus zurück an den Client.

### Die Task Tracker

Sie übernehmen Folgendes:

- empfangen Map und Reduce Aufgaben vom Job Tracker,
- senden regelmäßig Statusinformationen über die laufenden Tasks an den Job Tracker.

### MapReduce 2

Der Job Tracker hat in MapReduce 1 zu viele Aufgaben (Job Scheduling, Resource Management und Task Monitoring). MapReduce 1 ist daher nicht beliebig skalierbar. Yahoo hat herausgefunden, dass MapReduce nur mit maximal 5 000 Nodes und 40 000 Tasks betrieben werden kann. Außerdem kann die obige Architektur nur mit MapReduce Aufgaben umgehen. Moderne Big Data Anwendungen benötigen ein breiteres Spektrum an Verfahren, dass über MapReduce hinausgeht, z.B. interaktive SQL Anfragen und die Verarbeitung von Echtzeitdatenströmen. Um diese Probleme zu beheben, wurde in Hadoop 2.x die Architektur angepasst:

- Der Job Tracker wurde durch zwei neue Komponenten ersetzt: *Resource Manager (YARN)* und *Application Master*. Die Aufgaben sind daher besser verteilt und die Skalierbarkeit wird verbessert,
- Statt dem Task Tracker gibt es nun den *Node Manager*,
- Hadoop 1 ist auf Mapper und Reducer Tasks beschränkt. In Hadoop 2 werden Prozesse von Containern ausgeführt, die beliebe Aufgaben ausführen können.

Es folgen noch einige weitere Details zur Arbeitsweise der neuen Komponenten.

**Der Resource Manager** läuft auf dem Master Node und hat den Überblick über alle verfügbaren Ressourcen auf dem Cluster. Auf dem Resource Manger laufen verschiedene Services, wobei der wichtigste davon der *Resource Scheduler* ist. Er empfängt Aufgaben von verschiedenen Clients und entscheidet, welche Anwendung als nächstes Ressourcen gestellt bekommt. Ein weiterer wichtiger Service ist der *Application Manager*, der Anwendungen vom Scheduler zugewiesen bekommt. Nach einer Zuweisung spricht er mit den Name Nodes um einen freien Container auf einem Slave Node zu finden. Nach erfolgreicher Suche startet der Application Manager den *Application Master* in dem freien Container.

**Der Application Master** läuft auf einem Slave Node und ist für den kompletten Lebenszyklus einer Anwendung zuständig. Er erfragt vom Resource Manager freie Container und führt Programme auf den Containern aus. Der Application Master kennt die Anwendungslogik und ist daher Framework-spezifisch. Zum Beispiel hat MapReduce eine eigene Implementierung für den Application Master. Nach erfolgreicher Beendigung der Anwendung wird der Application Master heruntergefahren und alle benötigten Container werden für neue Anwendungen freigegeben.

**Node Manager:** Auf jedem Slave Node läuft ein Node Manager, der den Überblick über die verfügbaren Ressourcen auf dem jeweiligen Slave Node hat. Er hat den Überblick über die Container, welche auf dem Slave Node laufen, und überwacht deren Auslastung. Konzeptionell ist der Node Manager vergleichbar mit dem Task Tracker aus MapReduce 1. Der Task Tracker hatte jedoch eine feste Zahl an Mappern und Reducern zur Verfügung, während der Node Manager dynamisch erzeugte Container (beliebiger Größe) überwacht. Diese können für beliebige Aufgaben und Frameworks genutzt werden (nicht nur für Map und Reduce).

### Skalierbarkeit

Um sehr große Datenmengen verarbeiten zu können, muss ein Cluster Framework auch mit sehr vielen Slave Nodes fehlerfreie Ergebnisse in endlicher Zeit liefern. Diese Skalierbarkeit wird in Hadoop durch verschiedene Mechanismen erreicht, auf die wir jetzt näher eingehen.

#### Ausfallsicherheit

Bei Clustern mit vielen Nodes sind Hardwareausfälle die Norm und nicht die Ausnahme. Ein Big Data Cluster-Framework sollte in der Lage sein, damit umzugehen und dennoch richtige Rechenergebnisse zu liefern. Hadoop hat sowohl für die Datenspeicherung (HDFS), als auch für die Datenverarbeitung (MapReduce) Mechanismen um Ausfallsicherheit (*fault tolerance*) zu erreichen.

**Fault tolerance in HDFS:** Die Datenblöcke werden jeweils dreifach repliziert, d.h. von jedem HDFS Block werden zwei identische Kopien angelegt. Diese werden auf anderen Data Nodes abgelegt. Der Name Node behält den Überblick, wo im Cluster die Replikate gespeichert sind. Die Data Nodes senden regelmäßig Lebenszeichen an den Name Node. Falls der Name Node von einem Data Node kein Signal mehr empfängt, werden die entsprechenden Blöcken auf einem weiteren Slave Node repliziert.

**Fault tolerance in MapReduce:** Die Task Tracker senden periodisch Signale an den Job Tracker. Falls keine Signale mehr ankommen, werden sämtliche Map und Reduce Tasks (egal ob noch laufend, bereits abgeschlossen oder noch nicht begonnen) des betroffenen Task Trackers an einen anderen Task Tracker vergeben. Eine Ausnahme sind bereits abgeschlossene Reduce Tasks. Deren Output ist im globalen HDFS Filesystem gespeichert und liegt somit in dreifacher Kopie vor. Diese Tasks müssen daher nicht erneut ausgeführt werden.

In Spark ist Ausfallsicherheit noch kritischer, weil hier die Daten typischerweise im Arbeitsspeicher vorliegen und damit bei Stromausfällen verloren gehen könnten. In

Spark gibt es daher eine weitere Sicherheitsmaßnahme: *Lineage*. Spark merkt sich jeden Rechenpfad, so dass bei Ausfällen alle Resultate und Zwischenergebnisse aus den Ursprungsdaten regeneriert werden können.

**Lokalität**
Datentransport innerhalb eines Computernetzwerks ist zeitaufwendig. Hadoop versucht daher möglichst, die Daten dort zu verarbeiten, wo sie anfangs gespeichert sind. Der Job Tracker kommuniziert mit dem Name Node und weiß daher auf welchen Slave Nodes die HDFS Blöcke und ihre Replikate liegen. Falls Ressourcen auf dem entsprechenden Slave Nodes verfügbar sind, werden die Map Tasks auf den gleichen Slave Nodes ausgeführt, auf denen auch die entsprechende HDFS Blöcke gespeichert sind. Falls kein freier Slot verfügbar ist, wird ein Slave Node ausgewählt, der über das selbe Network Switch verbunden ist.

**Effektive Job-Steuerung**
Skalierbarkeit kann nur bei einer effektiven und gleichmäßigen Verteilung der Aufgaben innerhalb des Clusters erreicht werden. Aus diesem Grund wurde die Job Steuerung mit der Einführung von Map Reduce 2 noch weiter optimiert. Damit sind auch Cluster jenseits von 5 000 Nodes möglich.

### Wichtige Tools im Hadoop-Umfeld

Seit der Einführung von Hadoop im Jahr 2006 sind viele weitere Open Source Big Data Tools entstanden, die oft in Verbindung mit Hadoop oder Spark genutzt werden. Typischerweise werden diese Tools ebenfalls von der Apache Foundation entwickelt. Wir geben hier einen kurzen Ausblick.

**Hive:** Ursprünglich von Facebook entwickelt und auf Apache Hadoop aufbauend, bietet Hive typische Datenbank-Funktionalitäten. So können Schemata angelegt werden und Tabellen geschrieben bzw. ausgelesen werden. Hive bietet dafür eine SQL Abfragesprache genannt *Hive Query Language (HQL)*, welche weitgehend die *SQL-92 Standards* erfüllt.

**Pig:** Apache Pig ist eine High-Level Plattform, welche eine vereinfachte Erstellung von Map Reduce Programmen ermöglicht. Dafür wird eine eigene Programmiersprache bereitgestellt (*Pig Latin*). Außerdem kann der Nutzer eigene Funktionen in Sprachen wie Java und Python erstellen.

**Hue:** Hue ist ein Web Interface, das Hadoop Anwendungen und andere Systeme aus dem Big Data Umfeld unterstützt. Es stellt z.B. einen Editor für Hive, Pig, Spark und andere Sprachen zur Verfügung, sowie einen Browser für HDFS Files und Jobs die auf dem entsprechenden Cluster laufen.

**Ambari View:** Ähnlicher Anwendungsbereich wie Hue. Ambari View wurde von HortonWorks entwickelt, während Hue von Cloudera kommt.

**Kafka:** Verteilte Plattform für die Verarbeitung von Echtzeitdaten. Nachrichten können von verschiedenen Quellen empfangen, weiterverarbeitet, gespeichert und an unterschiedliche Datensenken gesendet werden.

**Storm:** Ähnlicher Scope wie Kafka, aber mehr Fokus auf Echtzeit Analytics / Datenverarbeitung. Storm wird oft in Kombination mit Kafka benutzt; die Datenströme werden zunächst von Kafka empfangen und dann von Storm weiterverarbeitet. Eine Storm Anwendung hat die Form eines gerichteten azyklischen Graphen. Es gibt eine ganze Reihe an weiteren Streaming Engines, wie z.B. Spark Streaming.

## 5.9 Cloud Computing

Unzweifelhaft ist die Wichtigkeit der *Clouds* in den letzten Jahren gestiegen. Nach Gartner[50] wird sich diese ökonomische Erfolgsgeschichte auch weiterhin in zweistelligen Umsatzwachstumszahlen vor allem bei den großen Anbietern Amazon, Microsoft und Google widerspiegeln. Auch an den Versicherungsunternehmen im Allgemeinen und den Aktuaren geht dieser Trend nicht vorbei, weshalb wir in den folgenden Abschnitten auf die grundlegenden Konzepte und Begriffe und auf spezielle Data Science Angebote eingehen. Anschließend widmen wir uns einem Beispiel, in dem wir andeuten, wie eine kleine Data Science Anwendung zu einem Cloud-Angebot werden kann.

### 5.9.1 Begriffe und Konzepte

Für welchen Verantwortlichen in einem Unternehmen klingen die Versprechen des Cloud Computings nicht verlockend? Hard- und Softwareressourcen beliebig verfügbar, Skalierbarkeit nach Bedarf und ohne Wartezeiten und dazu noch eine sekundengenaue Abrechnung nach der Inanspruchnahme. Auch wenn dieses Feld nicht zum primären Fachgebiet der Autoren gehört, fühlen wir uns mit dem Hinweis, diese Versprechen jeweils einer sehr genauen Prüfung zu unterziehen, auf sehr sicherer Seite.

Die grundlegende Idee von Clouds ist es, zentrale Ressourcen wie Hard- oder Software an Kunden zu vermieten. Durch eine damit verbundene Spezialisierung der Anbieter auf bestimmte Dienstleistungen, günstigeren Einkauf der Ressourcen (einschließlich Strom), eine bessere Ausnutzung der Ressourcen und auch eine gewisse Standardisierung lassen sich ökonomische Skalierungseffekte und damit eine echte Effizienzsteigerung erzielen. Außerdem ist wegen der, im Vergleich zum *on premise*

---

**50** Vgl. https://www.gartner.com/en/newsroom/press-releases/2019-11-13-gartner-worldwide-forecasts-public-cloud-revenue-to-grow-17-percent-in-2020

Betrieb, niedrigen Initialkosten auch mit der Gewinnung von Kunden zu rechnen, die die anderweitig notwendigen Investitionen gescheut hätten.

Eine entscheidende Variable im Zusammenhang mit der Bereitstellung von Ressourcen ist die *Virtualisierung*. Hierunter ist eine Zwischenschicht zwischen den beim Cloudanbieter vorhandenen und den an den Kunden weitergegebenen Ressourcen zu verstehen, letztere werden auch *logische Ressourcen* genannt. Das Ziel der Virtualisierung ist also die bedarfs- bzw. nachfragekonforme Zuteilung der logischen Resourcen. Die verwendeten Technologien müssen in der Lage sein, die logischen Resourcen effizient auf die vorhandenen physikalischen abzubilden und erstere dort zu betreiben. Das wichtigste Beispiel hierfür dürften die virtualisierten Rechner sein, die als Software auf den physischen Rechnern des Anbieters laufen. Auch beispielsweise Speicher- oder Netzwerkkomponenten werden virtualisiert zur Verfügung gestellt.

#### Arten der Clouds und Clouddiensten

Da gibt es zum einen die sogenannten **Public Clouds** wie z.B. *Amazon AWS*, *Microsoft Azure* oder *Google Cloud Platform*, die zentral von den genannten Unternehmen betrieben werden und allen Nutzern offen stehen. Dabei gehören sämtliche Hard- und Softwareressourcen dem Betreiber und werden von diesem verwaltet, der Zugriff erfolgt über das Internet.

Im Gegensatz dazu steht eine **Private Cloud** exklusiv einem Unternehmen zur Verfügung und wird auch von diesem verwaltet. Der Zugriff erfolgt normalerweise über das eigene Netzwerk (Intranet).

Kombinationen aus Public und Private Cloud sind unter dem Namen **Hybrid Clouds** bekannt, hier können Daten zwischen den *Private* und den *Public* Teilen verschoben werden.

Oft werden folgende, jeweils aufeinander aufbauende Angebotstypen unterschieden:

- **Infrastructure as a Service (IaaS)**: Hier werden nur grundlegende Ressourcen wie Server, Speicher und ein Netzwerk bereitgestellt.
- **Platform as a Service (PaaS)**: In dieser Ausbaustufe steht darüber hinaus eine für Anwendungen vorbereitete Umgebung bereit, das schließt üblicherweise zumindest ein Betriebssystem aber oft auch Administrations- und Monotoringtools, Agenten für das automatische Ausrollen und spezielle Laufzeitumgebungen (Docker, Kubernetes, etc.) ein.
- **Software as Service (SaaS)**: Hier wird dem Nutzer eine ganze Anwendung bereitgestellt, die üblicherweise über den Webbrowser erreichbar ist. Beispiele sind Office-Anwenungen oder auch ein Spark-Cluster mit konfigurierten Frontends.

### 5.9.2 Data Sciene Angebote in der Cloud

Es gibt auch spezialisierte Data-Science- und KI-Angebote in der Cloud. Das schließt zum einen *intelligente Dienste* wie Textübersetzungen ein, die vor allem aus der Sicht der Anwendungsentwicklung interessant sind, wenn solche Services in eigenen Produkten verwendet werden sollen. Zum anderen werden aber auch fertige Plattformen angeboten, mit denen der Nutzer in der Cloud Algorithmen des maschinellen Lernens erstellen und auf leistungsfähiger Hardware (etwa mit GPU-Unterstützung, vgl. Abschnitt 5.7) trainieren kann.

Die Angebote und auch deren Namen ändern sich häufiger, als Beispiel soll daher ein kurzer Blick auf den *Azure Machine Learning Service*[51] genügen. Einen Azure-Account vorausgesetzt ist ein Deployment in wenigen Minuten abgeschlossen, das Angebot bietet viele Möglichkeiten und ähnelt einem virtuellen Laptop. Es enthält unter anderem Entwicklungsumgebungen für Python und R, vgl. Abbildung 5.30.

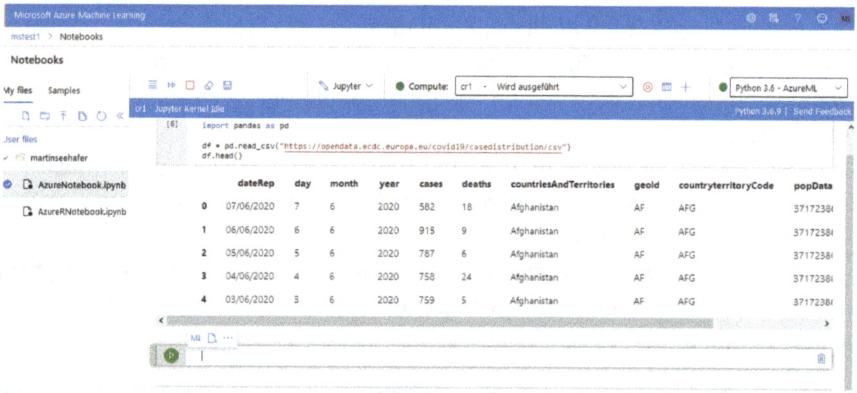

**Abb. 5.30:** Jupyter Notebook im Azure Machine Learning Service.

### 5.9.3 Deployment von Machine Learning Algorithmen

In diesem Abschnitt wollen wir einen möglichen Weg zu einem produktiven Einsatz einer Machine-Learning-Anwendung skizzieren. Dabei durchlaufen wir mehrere Schritte:

1. Trainieren des Modells
2. Export des Modells

51 https://docs.microsoft.com/en-us/azure/machine-learning/

3. Einbinden in ein Skript
4. Einbinden in eine Backend Server-Applikation
5. Erstellen eines Web-Frontends
6. Erstellen eines Container-Images mit Applikation und Laufzeitumgebung
7. Hochladen des Containers in die Microsoft Cloud
8. Start der Anwendung in der Microsoft Cloud

**Training und Export des Modells**

In diesem Fall wird das ML-Modell zunächst in einem Python3-Jupyter-Notebook erstellt. Als Beispiel dient uns in diesem Abschnitt das *Boston*-Dataset, welches in verschiedenen Packages enthalten ist. Wir fitten in diesem Fall ein *XGBoost* Modell, wobei der spezielle Datensatz und das gewählte Modell in diesem Abschnitt nebensächlich sind und nur zur Illustration des prinzipiellen Vorgehens dienen sollen.

Wir beginnen mit einigen Import-Statements und laden dann den Datensatz:

```
import numpy as np
import pandas as pd
import xgboost as xgb

from sklearn.metrics import mean_squared_error
from sklearn.model_selection import train_test_split
from sklearn.datasets import load_boston

boston = load_boston()
data = pd.DataFrame(boston.data)
data.columns = boston.feature_names
# Hinzufügen der Zielvariable zum Datensatz
data['PRICE'] = boston.target
```

Der Datensatz liegt jetzt als `Pandas.DataFrame` in der Variablen `data` vor und kann interaktiv weiter untersucht werden.
Zur Vorbereitung der Modellanpassung zerlegen wir unseren Datensatz geeignet und splitten in einen Test- und eine Trainingsdatensatz:

```
# Separation von abhängigen und unabhängigen Variablen
X, y = data.iloc[:,:-1], data.iloc[:,-1]
# Zerlegung in Trainings und Testdatensatz
X_train, X_test, y_train, y_test = train_test_split(X, y,
                                                    test_size=0.2,
                                                    random_state=123)
```

Nun erfolgt das Training mit *xgboost*. Hierfür müssen eine ganze Reihe an Parametern gewählt werden. Das eigentliche Fitten passiert dann im Aufruf von `fit`:

```
xg_reg = xgb.XGBRegressor(objective ='reg:linear', colsample_bytree = 0.3,
                          learning_rate = 0.1, max_depth = 5, alpha = 10,
                          n_estimators = 10)
xg_reg.fit(X_train, y_train)
```

Nachdem das Modell nun trainiert (und in der Variablen `xg_reg` gespeichert ist), kann man damit Vorhersagen treffen, z.B. mit `xg_reg.predict(X_test)`. Will man das trainierte Modell an anderer Stelle weiterverwenden, so muss man es speichern, wofür der Aufruf

```
xg_reg.save_model("xgb_fit.dat")
```

genutzt werden kann, der das trainierte Modell in der Datei `xgb_fit.dat` speichert. An anderer Stelle kann man es dann wieder laden:

```
import xgboost as xgb
xg_reg = xgb.XGBRegressor()
xg_reg.load_model("xgb_fit.dat")
```

#### Modularisierung

In diesem Abschnitt verfolgen wir das Ziel, die Modellvorhersagen als Funktion zur Verfügung zu stellen. Hierzu schreiben wir eine Funktion `get_predictor`, die ihrerseits das trainierte Modell aus der Datei lädt und **als Rückgabewert eine Funktion** liefert, die Modellvorhersagen liefern kann.

```
import xgboost as xgb

def get_predictor(f_name="xgb_fit.dat"):
    """ Gibt Funktion zurück, die Vorhersagen basierend
        auf dem (über den Pfad `f_name`) spezifizierten
        Modell macht."""

    # Modell laden
    xg_reg = xgb.XGBRegressor()
    xg_reg.load_model(f_name)

    # Spalten-Reihenfolge wie im Training des Modells verwendet
    COLUMNS_ORDERED = ['CRIM', 'ZN', 'INDUS', 'CHAS',
                       'NOX', 'RM', 'AGE', 'DIS', 'RAD',
                       'TAX', 'PTRATIO', 'B', 'LSTAT']

    def predict(df_x_pred):
        """ Generiere Vorhersage (numpy-Vektor) auf dem Input `df_x_pred`. """

        # Spalten in erwartete Reihenfolge bringen
        df_x_ordered = df_x_pred[COLUMNS_ORDERED]
```

```
        # hier könnte man weitere Validierungen durchführen
        return xg_reg.predict(df_x_ordered.values)

    return predict
```

Ruft man nun die Funktion `get_predictor` auf, etwa durch

```
predictor_fun = predict.get_predictor("<Pfad zu xgb_fit.dat>"),
```

so erhält man eine Funktion `predictor_fun`, die einen DataFrame entsprechend der Struktur des Boston-Datensatzes als Argument erwartet und einen Numpy-Vektor mit den Vorhersagen zurückliefert. Ein typischer Aufruf wäre nun also

```
predictor_fun(df)
```

mit einem DataFrame `df`.

### Integration in eine Server-Applikation

Das ML-Modell aus den vorangegangenen Abschnitten soll nun als HTTP-Service zur Verfügung gestellt werden, damit es beispielsweise aus anderen Anwendungen heraus genutzt werden kann. Eine Möglichkeit, dies in Python umzusetzen, bietet der Tornado-Server[52], der ohne weitere externe Komponenten (wie einen Apache-Web-Server) auskommt. Alternativ wäre auch der Einsatz einen Web-Frameworks wie Flask/Django denkbar, wofür aber ein WSGI-Web-Server (z.B. Apache) benötigt würde. Allen diesen Webframeworks ist gemein, dass letztlich eine HTTP-Antwort auf eine eingegangene HTTP-Anfrage generiert werden muss. Anfragen (auch als *requests* bezeichnet) gehen dabei immer an eine bestimmte URL, sind von einem bestimmten Typ (meist POST oder GET) und sie bringen bestimmte Parameter oder Daten mit, die den Aufruf steuern bzw. als Eingaben verwendet werden. Ein Webframework (wie Tornado) nimmt dem Entwickler nun die meisten der Aufgaben ab, die mit der technischen Ebene der Kommunikation, also der Entgegennahme und Beantwortung der Requests zu tun haben.

Um den Tornado-Server benutzen zu können, muss zunächst ein app-Objekt erzeugt werden. Bei der Anlage dieses app-Objektes wird beispielsweise konfiguriert, dass Anfragen an den URL-Pfad `/predict` zur Bearbeitung an den Request-Handler `handlers.PredictHandler` weitergeleitet werden sollen:

```
app = tornado.web.Application([
    (r"/", tornado.web.RedirectHandler, {"url": "/app/index.html"}),
    (r"/predict", handlers.PredictHandler)],
```

52 Siehe https://www.tornadoweb.org/en/stable/, die Installation kann mit `pip install tornado` erfolgen.

```
    static_path=os.path.join(dir_path, "web"),
    static_url_prefix="/app/")
# füge predict Funktion dem app-Objekt hinzu
app.predict_fun = predict.get_predictor()
```

Der soeben beim Framework registrierte Request-Handler reagiert in diesem Fall auf Anfragen vom Typ POST und hat die Aufgabe, die Daten für die Antwort an den Aufrufer bereitzustellen. Er könnte nun etwa folgendermaßen aufgebaut sein:

```
class PredictHandler(tornado.web.RequestHandler):

    def post(self):
        # json Information aus dem Request-Body der Anfrage extrahieren
        json = tornado.escape.to_unicode(self.request.body)
        self.write(self.generate_predict_reply(json))

    def generate_predict_reply(self, json):
        """ ML-Modell ausführen und Antwort nach JSON konvertieren. """

        df_x_pred = pd.read_json(json)
        prediction = self.application.predict_fun(df_x_pred)

        # Ergebnis als json-String zurückliefern
        df_out = pd.DataFrame({"y": prediction})
        df_out.index = df_x_pred.index
        return df_out.to_json(orient='columns')
```

In der `post`-Methode, die das Framework bei eingehenden Anfragen an die URL `/predict` aufgrund der Konfiguration oben ansteuert, werden zunächst die Anfrage-Parameter in der Variablen `json` zwischengespeichert und dann an `generate_predict_rep.` weitergeleitet. Deren Rückgabewert wird dann mittels `self.write` an den Aufrufer zurückgeleitet.

Die Methode `generate_predict_reply` erzeugt zunächst einen *DataFrame* aus dem JSON-String aus der Anfrage. Der DataFrame wird dann an die Funktion `predict_fun` übergeben, deren Rückgabewert (über den Umweg der Konvertierung in einen DataFrame) schließlich nach JSON konvertiert wird.

#### Web-Frontend

Der HTTP-Service aus dem vorangegangen Abschnitt ist schon lauffähig und kann beispielsweise über das Kommandozeilenwerkzeug *curl* oder von anderen Applikationen konsumiert werden. Will man einen benutzerfreundlicheren Zugriff ermöglichen, so bietet sich ein Interface für den Web-Browser an. Dies ist ein weites, jenseits der Kernkompetenz von Aktuaren liegendes Feld, mit einem unübersichtlichen Pool an Tools und Frameworks. Es kann hier deshalb nur kurz angerissen werden, was im Prinzip zu tun ist.

Zunächst muss eine HTML-Seite gestaltet werden, in der die Anfrageparameter ('CRIM', 'ZN', 'INDUS', 'CHAS', ...) des Modells eingegeben werden können, typischerweise wird dies über ein HTML-<form>-Tag realisiert werden. Beim Klicken auf den *submit*-Button des Formulars, werden die Formulardaten an den Server gesendet und bei Erhalt der Antwort wird diese auf der Seite angezeigt (vgl. Abbildung 5.31 für eine illustrative Implementierung).

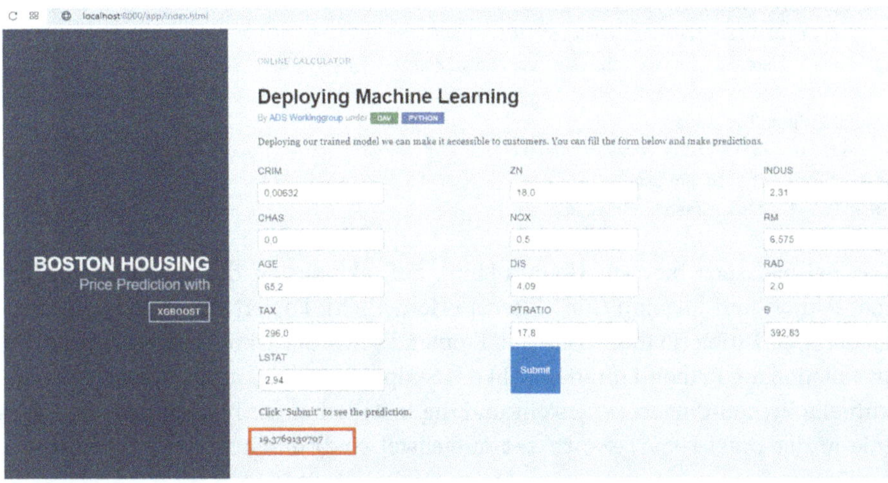


**Abb. 5.31:** Beispiel-Frontend: Lokal laufender Server wird im Webbrowser angefragt, nach dem Submit-Klicken übermittelt der Browser die Daten an das Server-Backend und stellt anschließend die erhaltene Antwort (rot umrandet) dar.

**Containerisierung**

Die Applikation hat inzwischen eine ganze Reihe von Abhängigkeiten, z.B. Python3.x, das Tornado-Framework, XGBoost, numpy etc. Will man die Applikation starten, müssen zunächst alle diese Abhängigkeiten auf dem Zielsystem in kompatiblen Versionen vorhanden sein. Eine Möglichkeit, das Ausrollen von Anwendungen mit Abhängigkeiten zu vereinfachen, sind sogenannte Container-Images, deren bekannteste Vertreter die *Docker*-Images sind.

Die Idee ist es hierbei, alle Abhängigkeiten einer Applikation (angefangen beim Betriebssystem) zusammen mit der Applikation in ein *Container-Image* zu verpacken und dieses dann von einer *Container-Runtime* ausführen zu lassen.

Um einen solches Image zu erstellen, benötigt man (neben der Container-Software, hier Docker) ein Build-File für das Image (meist Dockerfile genannt). Wir zeigen zunächst, wie die Datei für das Beispiel von oben konkret aussehen könnte, anschließend folgen noch einige Erklärungen.

```
FROM ubuntu:18.04

# Ein Verzeichnis für die App im Container erzeugen
RUN rm /bin/sh && ln -s /bin/bash /bin/sh && mkdir /usr/local/app
# Update und installieren der Packages
RUN apt update && apt upgrade -y &&\
    apt install -y --no-install-recommends libgomp1 python3 python3-venv
# App-Dateien vom Host in das Image kopieren
COPY server_app/* /usr/local/app/
COPY containerization/build_env.sh /usr/local/app/
COPY containerization/run_app.sh /usr/local/app/

WORKDIR /usr/local/app
# Erstellen der Python-Umgebung durch das Skript build_env
RUN source ./build_env.sh
ENTRYPOINT ["/bin/bash", "run_app.sh"]
```

Das Beispiel setzt hier auf Ubuntu-Linux auf, aktualisiert das System, installiert u.a. Python und libgomp (für XGBoost erforderlich), kopiert die benötigten Dateien der Applikation (Python-Code und Frontend sowie Startskripte) in das Image. Die Installation der Python-Libraries ist in das Skript `build_env.sh` ausgelagert, das eine virtuelle Python-Umgebung erstellt und die Installation der notwendigen Packages (die in der Datei `requirements.txt` aufgelistet sind) durch folgende Kommandos auslöst:

```
# virtuelle Python Umgebung erstellen und aktivieren
python3 -m venv /usr/local/myenv
source /usr/local/myenv/bin/activate
# Abhängigkeiten des Projektes installieren
python -m pip install --upgrade pip
pip install -r requirements.txt
```

Das zweite Skript `run_app.sh` wird dann beim Start des Images ausgeführt. Es aktiviert die Umgebung und startet den Server.

Nun kann man das Image mit dem folgenden Befehl erstellen:

```
docker build  -f .\containerization\Dockerfile . -t boston_server
```

Dem `docker build`-Kommando wird dabei der Pfad zum Dockerfile übergeben. Weiter erhält das fertige Image den Namen (*tag*) `boston_server`. Lokal starten kann man es anschließend beispielsweise mit

```
docker run -it -p 8000:8000 boston_server.
```

Im vorstehenden Kommando wurde der Port 8000 des Hosts auf den entsprechenden Port des Containers gemappt, so dass die Applikation nun auf dem Host erreichbar ist (z.B. lokal über den Webbrowser).

**Cloud-Deployment**

Meist bestehen Applikationen nicht nur aus einem einzelnen sondern aus vielen Containern, wodurch die Komplexität deutlich steigt. Zur Koordinierung sind sog. Container-Orchestrierungstools im Einsatz (z.B. *kubernetes*), die eine ganze Reihe zusätzlicher Hilfestellungen für den Betrieb offerieren. Dazu bieten die großen Public-Cloud-Anbieter (und vermutlich auch viele kleinere) Support, eine weitere Diskussion von Container-Orchestrierung würde aber schnell den Rahmen dieses Buches sprengen, zumal sie für das kleine Beispiel dieses Abschnittes auch nicht erforderlich ist. Um die lokal erzeugte Applikation online verfügbar zu machen, kann man zum Beispiel Microsofts Azure-Plattform nutzen und das Image dort zur Ausführung bringen.

Der Vorgang erfordert – neben der Registrierung – mehrere Teilschritte, die hier nur überblicksartig genannt werden, für weitere Details muss auf die Online-Dokumentation von Azure verwiesen werden:

- eine Container-Registry erstellen[53]: Dies ist der Ort in Azure, an dem das erstellte Image gespeichert wird.
- Hochladen des Images in die Registry. Dies kann manuell vom Entwicklungsrechner geschehen, nachdem das Image dort erstellt wurde, oder es wird eine sog. Build-Pipeline eingerichtet. Letzteres ist ein Cloud-gestützter Prozess, der durch bestimmt Ereignisse ausgelöst werden kann (z.B. nach dem Commit von Code-Änderungen in einem Code-Repository) und der dann das Image direkt in der Cloud neu erstellt und in die Registry hochlädt.
- Um einen Container aus einer Registry zu starten, bieten die verschiedenen kommerziellen Clouds unterschiedliche Möglichkeiten. In Azure beispielsweise kann eine Cloud-Resource vom Typ Container-Instanz in Azure erzeugt und mit dem Image verknüpft werden[54].
- Die Container-Instanz kann man ausführen, der Container ist dann sofort online und kann über die IP-Adresse angesprochen werden.
- Nach der Verwendung sollte man ihn wieder stoppen und ggf. die erstellten Ressourcen löschen.

53 https://docs.microsoft.com/de-de/azure/container-registry/

54 https://docs.microsoft.com/en-us/azure/container-instances/container-instances-quickstart-portal

Für einen Produktivbetrieb sind dann noch etliche weitere Schritte nötig, wie z.B.

- Verschlüsselter Zugriff über HTTPS, wofür Zertifikate benötigt werden,
- Verknüpfung mit einem geeigneten Domainnamen, den man erst einmal inne haben muss,
- Authentifizierungs- und Autorisierungsmechanismen, evt. eine Benutzerverwaltung,
- Monitoringprozesse etc.

## 5.10 Informationsverarbeitung in Versicherungsunternehmen

Um erfolgreich Data Science im Versicherungsumfeld anwenden zu können, reicht es nicht allein aus, die mathematische Methoden, das regulatorische Umfeld und einige spannende Use-Cases zu kennen, sondern es wird auch ein grundlegendes Verständnis davon benötigt *wo* und *wie welche* Daten innerhalb der Geschäftsprozesse eines Versicherungsunternehmens anfallen. Mitunter kann es auch hilfreich sein zu wissen *warum*.

Aus diesem Grund gibt dieses Kapitel einen Einblick in die Informationsverarbeitung in Versicherungsunternehmen. Wir werden kurz auf die typischen Geschäftsprozesse in den Unternehmen eingehen, um anschließend grob die Systemlandschaft zu beleuchten. Natürlich gibt es unternehmensspezifische Unterschiede, aber die hier vorgestellten Grundlagen sollten in jedem Versicherungsunternehmen mit ggf. leichten Abwandlungen vorhanden sein.

### 5.10.1 Geschäftsprozesse in Versicherungsunternehmen

Bevor wir uns der Systemlandschaft in Versicherungen zuwenden, wollen wir in diesem Abschnitt die wichtigsten Geschäftsprozesse einer typischen Versicherung betrachten. Für zwei Beispiele wollen wir verstehen, welche Daten dort anfallen und prototypisch überlegen, wofür diese verwendet werden könnten. Bei der hier vorgestellten Auflistung der Kernprozesse orientieren wir uns stark an der Auflistung[55] von Broschinski ([7]), siehe Tabelle 5.7.

Demnach gibt es strategische Management- und Führungsprozesse wie Strategiedefinition, Controlling, Risikomanagement und interne Revision, operative Kernprozesse wie Vertrieb, Produktentwicklung, Bestandsführung, Schadenmanagement und daneben unterstützende Prozesse wie Beschaffung und Rechnungswesen.

---

55 Andere Quellen für die Kernprozesse von Versicherungen sind im Buch von Farny (Kapitel IV und V) [25] oder, überraschenderweise, auch im VAG (2015), §7 laufende Nummer 9 zu finden.

Tab. 5.7: Übersicht Kernprozesse.

| Management- und Führungsprozesse | Operative Prozesse | Unterstützende Prozesse |
|---|---|---|
| Strategiedefinition | Marketing und Vertrieb | Beschaffung |
| Controlling | Produktentwicklung | Rechnungswesen |
| Risikomanagement | Bestandsführung | Verwaltung |
| Qualitätsmanagement | Schadenmanagement | Personal |
| | (Kapitalanlagemanagement) | Dokumentenmanagement |

Aus Data Science Sicht sind die interessanteren Prozesse die operativen, weil gerade aus diesen Informationen über den Kern des Unternehmens extrahiert werden können. Sicher finden sich auch im Rechnungswesen, beispielsweise in den Buchungsdatenbanken, oder in den Solvenzsimulationen des Risikomanagements größere Datenmengen, durch die man interessante Einblicke mithilfe von den in den anderen Kapitel beschriebenen Methoden gewinnen kann. Wenn man als Actuarial Data Scientist allerdings Mehrwert für das Unternehmen generieren will, sollte man vermutlich bei den operativen Prozessen beginnen.

Wir werden zwei dieser Prozesse im Folgenden genauer betrachten, um hierüber auf die typische Systemlandschaft überzuleiten und um Use-Cases für Data Science Anwendungsfälle zu finden.

#### Schadenmanagement

Der Schadenmanagement-Prozess tritt immer dann ein, wenn vom Kunden ein Schadenereignis bzw. ein Leistungsfall gemeldet wird.[56] Nun muss der Versicherer den Schaden prüfen und gegebenenfalls eine Leistung zahlen. Die hierbei auftretenden Teilprozesse sind pro Sparte und sogar pro Unternehmen unterschiedlich, aber grob vergleichbar wie folgt gegliedert:

- Aufnahme aller für Prüfung und Regulierung erforderlichen Daten
- Prüfung der Schadenumstände und -merkmale
- Ablehnung des Schadens oder Auszahlung
- Anstoß von Folgeprozessen (Exkasso, Abrechnung mit Rückversicherung / Mitversicherern)

Aus Sicht dieses Buches ist natürlich der erste Schritt einer der wichtigsten. Einen der naheliegendsten Anwendungsfälle für Machine-Learning Algorithmen stellt nämlich die Leistungsprüfung dar. Gerade wenn es darum geht, ob ein Schaden ausgezahlt oder abgelehnt werden soll, kann, z.B. mit Entscheidungsbäumen, sehr gut eine ma-

56 In der Lebensversicherung gibt es auch Leistungsfälle, welche ohne aktive Kundeneinwirkung auftreten, etwa der Übergang in die Rentenphase oder der Ablauf einer Kapitallebensversicherung.

schinelle Prüfung unterstützend zur manuellen Sachbearbeitung herangezogen werden bzw. diese die manuelle Prüfung komplett unnötig machen.

Allerdings sind hierzu voraussichtlich mehr Daten nötig, als heute vorhanden sind und die heute vorhandenen Daten sind typischerweise nicht für eine maschinelle Verarbeitung aufbereitet. Neben diesen beiden Hindernissen ist auch die Anzahl der Schadenereignisse mitunter zu gering um ein geeignetes Modell zu trainieren. Trotzdem lohnt es sich, ein genauen Blick auf diesen Anwendungsfall zu werfen.

#### Bestandsverwaltung

Das Herzstück jeder Versicherung ist die Bestandsverwaltung[57]. Hier wird das Ergebnis jedes erfolgreichen Verkaufes gespeichert und gegebenenfalls angepasst. Der typische Ablauf innerhalb dieses Prozesses gliedert sich in drei Schritte:

- **Erstbearbeitung:** Antrag- oder Neugeschäftsbearbeitung,
- **Folgebearbeitung:** Planmäßige und außerplanmäßige Vertragsänderungen, [58]
- **Schlussbearbeitung:** Abgang, Kündigung.

In allen drei Fällen ist es Aufgabe der Bestandsverwaltung, Vertragsinformationen bereitzustellen und Wertstände des Vertrages zu jedem Zeitpunkt der Laufzeit auszugeben. Daneben müssen natürlich einzelvertragliche und kollektive Berechnungen durchgeführt werden (Schadenreserven, Zinszusatzreserve oder die RfB) und, wie wir unten sehen werden, die Schnittstellen der angeschlossenen Systeme versorgt werden. Inzwischen dient die Bestandsverwaltung allerdings auch als Informationsquelle für Kundenportale und Apps.

Für den Actuarial Data Scientist gibt es gerade in der Bestandsverwaltung einige spannende Use-Cases zu entdecken:

- Ähnlich wie die oben angesprochene Leistungsprüfung, kann auch der Teilprozess der **Annahme-/Risikoprüfung** im Rahmen des Antragsprozesse sehr gut durch geeignete Data Science Modelle unterstützt werden. Allerdings gilt – wie schon oben – auch hier: es fehlen Daten. Die vorhandenen Daten sind mitunter lediglich handschriftlich auf dem Antrag aufgeführt (z.B. Gesundheitsfragen) und es gibt zu wenig Fälle für das Training von Modellen (beispielsweise gibt es re-

57 Genaueres zur Bestandsverwaltung findet sich in [7], Kapitel 5.6.

58 Als *planmäßig* werden Vertragsänderungen bezeichnet, welche nach einer vorgegeben Regel regelmäßig durchgeführt werden, etwa die Zuteilung von Überschüssen, Umschichtungen in einem Fondsportfolio, Prämienanpassungen etc. Als *außerplanmäßig* bezeichnet man Vertragsänderungen welche erst durch Kundenaktion oder das Eintreten eines äußeren Ereignisses nötig werden. Dazu gehören Beitragsfreistellungen, Änderungen von Bankverbindungen, Umschichtungen aufgrund positiver oder negativer Kapitalmarktentwicklungen, etc.

lativ wenige Leistungsfälle für Berufsunfähigkeit bei einem Lebensversicherer). Ausnahme sind hier einige Direktversicherer, die dadurch, dass sie ihre Antragsstrecke in Web-Anwendungen ausgelagert haben, deutlich mehr Daten aufnehmen als klassische Versicherer und die diese dann auch direkt digital auswerten können.
- Innerhalb der Folgebearbeitung liegt der Einsatz von Data Science Methodiken vor allem darin, **Cross-Selling-Potenzial** zu erkennen und zu nutzen. Dies könnte beispielsweise geschehen, indem durch einen intelligenten Assistenten bei der Adressänderung auf die Deckungssumme der Hausratversicherung geprüft wird oder indem Bilder aus einem Videotelefonat automatisch ausgewertet werden, um zu überprüfen, ob der aktuelle Versicherungsschutz noch ausreicht.

Dies ist zum aktuellen Zeitpunkt noch Zukunftsmusik, aber gerade wenn man als Aktuar heute an der Neugestaltung einer Bestandsführung beteiligt ist, sollte man diese Aspekte im Hinterkopf behalten.

### 5.10.2 Typische Systemlandschaft

Wie oben schon gesagt wurde, ist der zentrale Kern einer jeden Versicherungssystemlandschaft die Bestandsverwaltung. Um die Bestandsführung herum gliedern sich verschiedene andere Teilsysteme, welche oft einem der oben genannten Teilprozesse zugeordnet werden können. Beispielsweise gibt es bei einem Lebensversicherungsunternehmen, das Riesterverträge anbietet, typischerweise ein Teilsystem für die Zulagenverwaltung, bei Schadenversicherungen ein Teilsystem zur Schadenbearbeitung und bei eigentlich allen Sparten ein System für die Partnerverwaltung.

Trotz erheblicher unternehmensspezifischer Unterschiede ist die Systemlandschaft oft so aufgebaut, wie in Abbildung 5.32 dargestellt.

Es zeigt sich auch, dass der Aufbau der Systemlandschaft mitunter den Aufbau der Organisation widerspiegelt, oder umgekehrt. Das hat auch den Hintergrund, dass typischerweise für jedes Teilsystem eine Organisationseinheit in der IT und eine Organisationseinheit im Fachbereich verantwortlich ist. Zukünftig wird sich dies eventuell ändern, wenn die Unternehmen sich, wie in Kapitel 3 beschrieben, agiler und interdisziplinärer aufstellen wollen.

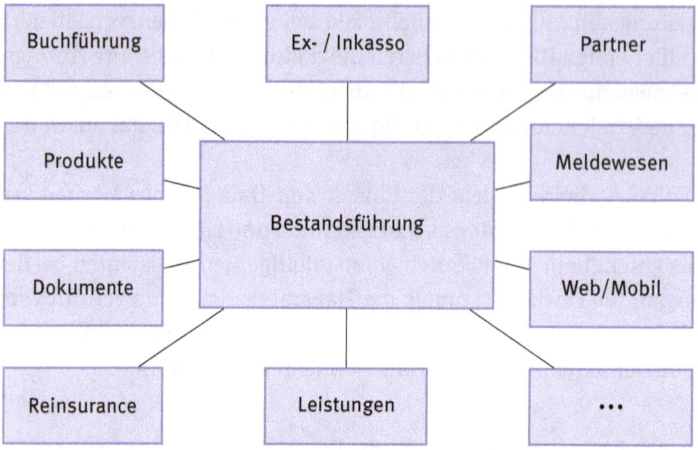


**Abb. 5.32:** Typische Systemlandschaft eines Versicherungsunternehmens. Prominent in der Mitte die Bestandsführung umgeben von verschiedensten Randsystemen.

Betrieben werden viele dieser Systeme auch heute noch auf drei verschiedenen Plattformen:

- den IBM-Großrechnern (auch *Host* oder *Mainframe* genannt),
- verschiedenen Servern,[59]
- den Einzelplatz-PCs.

Typischerweise läuft auf dem Host die Bestandsführung und weitere zentrale Komponenten. Auf den Servern läuft Software für Teilprozesse (wie Finanzbuchhaltungssoftware, Profit-Test- und ALM-Software, Data-Warehouse, ...). Auf den dezentralen PCs sind schließlich die Angebotssoftware und natürlich die persönlichen Office-Anwendungen wie E-Mail, Dokumentenerstellung (Textverarbeitung, Präsentationen), etc. beheimatet.

Für den Aktuar, der unternehmensweite Analysen durchführen will, erzeugt diese Vielzahl an Systemen und die darunter liegenden Technologien einen hohen Abstimmungsaufwand.

Nehmen wir nur einmal an, es gibt bereits eine automatisierte Auswertung der Buchungsdaten, beispielsweise um Betrug zu erkennen, und diese soll nun mittels eines maschinellen Lernverfahrens verfeinert werden. Allerdings benötigt das maschinelle Lernverfahren zusätzlich zu den schon vorhandenen Buchungsdaten (Soll-Konto, Haben-Konto, Buchungsbetrag) noch weitere Informationen, zum Beispiel den betroffenen Tarif. Das heißt dann, die Buchungen müssen angereichert werden und zwar

59 Im Prinzip ist der *Host* auch nichts anderes als ein Server. Da er aber so zentral ist und schon als Server agiert hat, als noch niemand von Servern gesprochen hat, führen wir ihn hier separat auf.

am besten dort, wo sie entstehen. Dies umfasst allerdings schon die Bestandsverwaltung (Neuzugänge werden hier gebucht), das Schaden-/Leistungssystem (Schäden werden gebucht), Inkasso-/Exkasso (typischerweise werden die Buchungen hier nur weitergereicht), das Provisionssystem und schließlich das System, in welchem die Analyse der Buchungen läuft, vielleicht das Data Warehouse.

Insgesamt kann so eine vermeintlich kleine Anforderung, schnell für hohe Anpassungsaufwände und viele betroffene Abteilungen sorgen.[60] Um solche Situationen zu vermeiden oder frühzeitig erkennen zu können, ist es wichtig, die Systemlandschaft und den Ablauf der Prozesse des eigenen Unternehmens zu kennen. Nur mit diesem Wissen können die Aktuare ganzheitlich und unternehmensweit neue, durch Data Science gestützte, Anwendungen einfordern, spezifizieren und die erfolgreiche Umsetzung begleiten.

**60** Dies ist leider kein fiktives Beispiel, sondern wurde im Unternehmen eines der Autoren dieses Buches genauso diskutiert. Die Aufwände für die Anpassung der Buchungsdaten waren schlussendlich so hoch, dass der Vorstand entscheiden musste, ob drei weitere Datenfelder aufgenommen werden sollten oder nicht.

# 6 Mathematische Verfahren

In diesem Kapitel widmen wir uns verschiedenen mathematischen Aspekten des maschinellen Lernens. Dazu gehört natürlich insbesondere ein Einblick in die theoretischen Grundlagen der gebräuchlichsten Algorithmen des überwachten Lernens, den wir im Abschnitt 6.3 geben. Neben der Theorie wird auch der praktische Einsatz der Methoden anhand einfacher Beispiele aufgezeigt.

Anschließend werden einige Methoden des unüberwachten Lernens in den Kapiteln zu Clusterverfahren (6.4) und Dimensionsreduktion (6.5) näher vorgestellt.

Den Abschluss des Kapitels stellen einige Überlegungen zur Bewertung von Modellen dar (6.6). Dies schließt allgemeine Fragen zur Verbesserung der Modellperformanz wie Modellauswahl und Regularisierung ebenso ein wie Ansätze zu Design, Validierung und Qualitätsmessung im maschinellen Lernen. Zuvor beschäftigen wir uns jedoch mit dem Thema der Datenaufbereitung (6.1) einschließlich einigen Ansätzen zum Umgang mit fehlenden Daten und der Visualisierung von Daten (6.2).

## 6.1 Datenaufbereitung

Die Anforderungen an die Datenaufbereitung ergeben sich aus dem jeweiligen Zweck und können sehr unterschiedlich sein. In Abschnitt 6.1.1 erklären wir einige elementare Techniken anhand eines Beispiels, wobei die Aufbereitung zunächst mit dem Ziel durchgeführt wird, einen *sprechenderen* Datensatz für die allgemeine spätere Verwendung zu erhalten. Daran anschließend werden weitere Aufbereitungsschritte vorgenommen, um die Daten unmittelbar für das maschinelle Lernen verwenden zu können.

Anschließend gehen wir in Abschnitt 6.1.2 noch genauer auf mathematische Techniken für den Umgang mit fehlenden Daten ein.

### 6.1.1 Schritte der Datenaufbereitung

Wir wollen einige elementare Schritte der Datenaufbereitung an einem einfachen Beispiel durchgehen. Zunächst soll in einem ersten Teilschritt ein gegebener Datensatz für eine spätere Verarbeitung bereinigt werden, wobei als konkretes Zwischenziel die spätere Ablage in einer relationalen Datenbank vorgesehen sei. Der Datensatz wird dafür transformiert, wobei Augenmerk auf die sinnvolle Verwendung von Datentypen und Variablennamen gelegt wird. Im zweiten Teilschritt transformieren wir den zuvor erzeugten Datensatz nochmals, so dass er als Eingabe für Machine Learning-Algorithmen benutzt werden kann, wobei elementare Methoden im Umgang mit feh-

https://doi.org/10.1515/9783110659344-006

lenden Daten zum Einsatz kommen, anspruchsvollere Methoden diesbezüglich werden im folgenden Abschnitt 6.1.2 behandelt.

Ausgangspunkt ist der Datensatz *autobi* aus dem R-Package *insuranceData*. Er wurde in R geladen und von dort als csv-Datei exportiert, vgl. A.2.1.

**Datenbereinigung**

In diesem Abschnitt soll eine Datentransformation und Bearbeitung illustriert werden. Das Ziel soll es zunächst sein, die Daten in ein verständlicheres Format zu überführen, wobei wir einige häufiger vorkommende Transformationsschritte exemplarisch durchführen. In konkreten Situationen in der Praxis (und auch beim behandelten Beispiel) sind viele alternative Vorgehensweisen möglich. Zur Datentransformation nutzen wir in diesem Abschitt die Python-Bibliothek *pandas*[1]. Zur Bearbeitung solcher Aufgaben eignen sich Jupyter Notebooks wegen der Möglichkeiten der Datendarstellung besonders gut. Nach dem Laden des Datensatzes werfen wir einen ersten Blick auf die Daten.

```
import numpy as np
import pandas as pd
autobi_raw = pd.read_csv("insuranceData_autobi.csv", index_col=0)
autobi_raw.head()
```

| | CASENUM | ATTORNEY | CLMSEX | MARITAL | CLMINSUR | SEATBELT | CLMAGE | LOSS |
|---|---|---|---|---|---|---|---|---|
| 1 | 5 | 1 | 1 | NA | 2 | 1 | 50 | 34,94 |
| 2 | 13 | 2 | 2 | 2 | 1 | 1 | 28 | 10,892 |
| 3 | 66 | 2 | 1 | 2 | 2 | 1 | 5 | 0,33 |
| 4 | 71 | 1 | 1 | 1 | 2 | 2 | 32 | 11,037 |
| 5 | 96 | 2 | 1 | 4 | 2 | 1 | 30 | 0,138 |

Das Kommando `autobi.info()` zeigt Informationen zu den einzelnen Spalten an, die *Pandas* für die Daten gewählt hat:

```
<class 'pandas.core.frame.DataFrame'>
Int64Index: 1340 entries, 1 to 1340
Data columns (total 8 columns):
CASENUM     1340 non-null int64
ATTORNEY    1340 non-null int64
CLMSEX      1328 non-null float64
MARITAL     1324 non-null float64
CLMINSUR    1299 non-null float64
```

1 https://pandas.pydata.org/

```
SEATBELT      1292 non-null float64
CLMAGE        1151 non-null float64
LOSS          1340 non-null float64
dtypes: float64(6), int64(2)
memory usage: 94.2 KB
```

Offenbar wurden sowohl ganze Zahlen als auch Fließkommazahlen als Spaltentypen gewählt. Es ist auch erkennbar, dass es einige fehlende Einträge gibt.

---

**!** NaN und NULL sind zwei unterschiedliche Dinge: der Wert NaN ist ein gültiger Wert des Typs float64 (ebenso wie INF und -INF), wohingegen None das generische leere Objekt darstellt und in mit Operatoren durchgeführten Vergleichen stets zu *false* evaluiert. Will man NULL erzwingen (in Python üblicherweise durch *None* repräsentiert), müsste man einen allgemeineren Spaltentyp wählen und explizit konvertieren, für unsere Zwecke ist dies jedoch nicht erforderlich.

---

**Typkonvertierungen**

Es ist hilfreich, sich mit der Dokumentation des Datensatzes zu beschäftigen, die glücklicherweise in diesem Fall leicht zu finden ist.[2] Der Datensatz beinhaltet Informationen zu Schadenfällen eines Kfz-Versicherers. Wir entnehmen der Dokumentation folgende Angaben zu den einzelnen Merkmalen:

- CASENUM Case number to identify the claim, a numeric vector
- ATTORNEY Whether the claimant is represented by an attorney (=1 if yes and =2 if no), a numeric vector
- CLMSEX Claimant's gender (=1 if male and =2 if female), a numeric vector
- MARITAL Claimant's marital status (=1 if married, =2 if single, =3 if widowed, and =4 if divorced/separated), a numeric vector
- CLMINSUR Whether or not the driver of the claimant's vehicle was uninsured (=1 if yes, =2 if no, and =3 if not applicable), a numeric vector
- SEATBELT Whether or not the claimant was wearing a seatbelt/child restraint (=1 if yes, =2 if no, and =3 if not applicable), a numeric vector
- CLMAGE Claimant's age, a numeric vector
- LOSS The claimant's total economic loss (in thousands), a numeric vector

Es fällt auf, dass die als ganzzahlig zu vermutenden Spalten CLMSEX, MARITAL, CLMINSUR, SEATBELT, CLMAGE von Pandas als Floats übernommen wurden. Wir prüfen das genauer, indem wir alle Vorkommen von NaN heraussuchen:

```
cols = ["CLMSEX", "MARITAL", "CLMINSUR", "SEATBELT", "CLMAGE"]
na_ind = {}
```

2 vgl. https://cran.r-project.org/web/packages/insuranceData/insuranceData.pdf

```
for c in cols:
    na_ind[c] = autobi[autobi[c].isna()].index
```

Das Dictionary na_ind enthält nun je Spalte jeweils die Index-Einträge, die leer sind. Die Anzahl der in jeder Spalte fehlenden Einträge kann man sich beispielsweise mit dem Kommando `print({p: len(q) for p,q in na_ind.items()})` anzeigen lassen:

```
{'CLMSEX': 12, 'MARITAL': 16, 'CLMINSUR': 41, 'SEATBELT': 48, 'CLMAGE': 189}
```

Wir nehmen zur Veranschaulichung einige Typkonvertierungen vor, um den Datensatz sprechender zu machen.[3] An dieser Stelle ist zu bedenken, ob die beabsichtigten Transformationen auch für möglicherweise vorhandene nicht belegte Datenfelder (NaN-Werte) sinnvoll durchgeführt werden können.

```
autobi_conv = autobi.copy()

# Konvertiere die ATTORNEY-Variable in einen booleschen Typ
# Vorsicht: Wäre ATTORNEY vom Typ float (und nicht int) dann müsste man ggf.
# berücksichtigen, wie mit NaN-Werten umzugehen ist. In diesem Fall
# (allgemein bei int-Typen) gibt es aber keine NaN-Werte, wovon man sich auch
# mit `autobi.ATTORNEY.unique()` überzeugen kann
autobi_conv.ATTORNEY = np.logical_not((autobi.ATTORNEY.values - 1)\
                        .astype(np.bool))

autobi_conv.CLMSEX = autobi.CLMSEX.map({1.0: "m", 2: "f"}).astype('category')

autobi_conv.MARITAL = autobi.MARITAL\
                            .map({1.0: "married",
                                  2.0: "single",
                                  3.0: "widowed",
                                  4.0: "divorced/separated"})\
                            .astype('category')
```

Das Feld SEATBELT enthält (entgegen der Spezifikation) den Wert 3 nicht, die Ausgabe von `autobi.SEATBELT.unique()` ist

```
array([ 1.,  2., nan])
```

Es scheint intuitiver, den Wert 1 für *mit Gurt* und 0 für *ohne Gurt* zu verwenden.

```
autobi_conv.SEATBELT = (-(autobi.SEATBELT-2)).abs().astype('category')
```

Man beachte, dass bei der letzten Transformation wiederum NaNs im Datensatz erhalten bleiben und dass das Vorhandensein der NaN-Werte eine Transformation in den booleschen Typ ausschließt.

---

3 Für viele ML-Algorithmen ist die bisherige Form als Input besser geeignet, aus Datenmanagement-Gesichtspunkten sind die Transformationen aber sinnvoll.

Wir betrachten jetzt die Spalte CLMINSUR. Die Definition war (s.o.) *Whether or not the driver of the claimants vehicle was uninsured (=1 if yes, =2 if no, and =3 if not applicable), a numeric vector*. Es scheint, als würde zwischen Fahrer (*driver*) und Anspruchsteller (*claimant*) unterschieden. Die Angabe ist dennoch etwas irritierend, da der Spaltenname CLMINSUR vermutlich für *claimant's vehicle insured* o.Ä. steht und dann würde die Angabe *=1 if yes* nahelegen, dass 1 für ein versichertes Fahrzeug steht. Die textuelle Erklärung legt eher den gegenteiligen Schluss nahe. Im Folgenden halten wir uns der Einfachheit halber an die erstgenannte Interpretation, in der Praxis ist an dieser Stelle jedoch eine Klärung erforderlich.

Wir stellen weiter fest, dass der Wert 3 nicht vergeben wurde, so dass man nun auch hier in einen booleschen Typ transformieren könnte, zur Illustration wählen wir jedoch diesmal einen String-Typ. Dies kann auch in einem Szenario sinnvoll sein, in dem die gleichen Transformationen in der Folge auch auf neue Daten angewendet werden, wobei mit Datenausprägungen zu rechnen ist, die im ursprünglichen Datensatz nicht vorkommen. Konkret bilden wir die Werte auf `str` ab, führen eine neue Spalte ein und löschen die ursprüngliche Spalte:

```
# Interpretation korrekt?
autobi_conv["DRIVER_INSURED"] = autobi.CLMINSUR.map({1.0: "yes", 2.0: "no"})
del autobi_conv["CLMINSUR"]
```

Tabelle 6.1 zeigt einen Auszug aus dem erhaltenen Datensatz.

**Tab. 6.1:** Zeilen 1-5 des Datensatzes nach den oben vorgenommenen Transformationen.

| | CASENUM | ATTORNEY | CLMSEX | MARITAL | SEATBELT | CLMAGE | LOSS | DRIVER_INSURED |
|---|---|---|---|---|---|---|---|---|
| 1 | 5 | True | m | NaN | 1,0 | 50,0 | 34,940 | no |
| 2 | 13 | False | f | single | 1,0 | 28,0 | 10,892 | yes |
| 3 | 66 | False | m | single | 1,0 | 5,0 | 0,330 | no |
| 4 | 71 | True | m | married | 0,0 | 32,0 | 11,037 | no |
| 5 | 96 | False | m | divorced/separated | 1,0 | 30,0 | 0,138 | no |

#### Datenaufbereitung für Machine Learning

Für viele ML-Algorithmen müssen die Eingabedaten in Form einer numerischen Matrix mit den einzelnen Beobachtungen als Zeilen angeordnet vorliegen. Wir führen das Beispiel von oben fort und transformieren es nun in eine geeignete Form.[4] Neben der teilweisen Umkehrung der Typtransformationen demonstrieren wir verschiedene

4 Anmerkung: Eine typische denkbare Anwendung wäre es in diesem Fall, die Spalte LOSS (also den Versicherungsschaden) anhand der übrigen Variablen vorhersagen zu wollen.

Möglichkeiten der Behandlung fehlender Werte sowie der Abbildung kategorieller Variablen.

Zunächst verschaffen wir uns einen Überblick über die Wertebereiche der einzelnen Variablen:

```
for col in autobi_conv.columns:
    print(col , autobi_conv[col].unique())
```

Man erhält dann folgende (hier gekürzt dargestellte) Ausgabe:

```
CASENUM         [ 5    13    66 ... 34223 34245 34253]
ATTORNEY        [ True False]
CLMSEX          [ m, f, NaN]
MARITAL         [ NaN, single, married, divorced/separated, widowed]
SEATBELT        [ 1.0, 0.0, NaN]
CLMAGE          [ 50. 28.  5. 32. 30. 35. 19. 34. 61. nan 37. ... 80.]
LOSS            [ 34.94  10.892  0.33  ...  0.099  3.277  0.688]
DRIVER_INSURED ['no' 'yes' nan]
```

Eine erste Möglichkeit mit fehlenden Werten umzugehen, die sich insbesondere bei kategoriellen Variablen anbietet, ist es, eine eigene Kategorie für das Fehlen einzuführen. Fachlich begründet ist dieses Vorgehen, wenn ein Zusammenhang zwischen dem Fehlen an sich und den fehlenden Werten erwartet werden darf, darauf wird im Abschnitt 6.1.2 noch weiter eingegangen. Wir wenden diese Strategie nun für die Spalten *CLMSEX, MARITAL, SEATBELT, DRIVER_INSURED* an:

```
# erneutes Kopieren des gesamten Datensatzes
autobi_conv_clean0 = autobi_conv.copy()

for col in ['CLMSEX', 'MARITAL', 'SEATBELT',  'DRIVER_INSURED']:
    # eine Kopie der Spalte erstellen
    temp = autobi_conv_clean0[col].copy().astype('object')

    # wir ersetzen zunächst die NaN Einträge durch den String "UNKNOWN"
    temp[temp.isna()] = "UNKNOWN"

    # ursprüngliche Spalte durch die modifizierte Kopie ersetzen
    autobi_conv_clean0[col] = temp.astype('category')
```

Als nächstes entfernen wir die Spalte *CASENUM*, der wir (im Zusammenhang mit der Vorhersage des Schadens) keine Bedeutung geben wollen.

```
del autobi_conv_clean0["CASENUM"]
```

Es gibt 189 Datensätze, in denen kein Wert in der Spalte *CLMAGE* vorhanden ist. In diesem Fall verwerfen wir die entsprechenden Zeilen vollständig: wir gehen von einem hohen Einfluss des Alters aus und die Zahl ist im Vergleich zur Größe des gesamten Datensatzes relativ klein.

```
keep_rows = autobi_conv_clean0["CLMAGE"].notna()
autobi_conv_clean_ml = autobi_conv_clean0[keep_rows].copy()
```

Es gibt jetzt keine fehlenden Werte mehr und der Datensatz besteht noch aus 1151 Zeilen, wobei es noch eine boolesche und zwei kategorielle Variablen gibt. Das boolesche Attribut wandeln wir direkt in einen numerischen Typ um:

```
att_col = autobi_conv_clean_ml["ATTORNEY"]
autobi_conv_clean_ml["ATTORNEY"] = att_col.map({True: 1.0, False: 0.0})
```

Nun wenden wir uns den kategoriellen Variablen zu. Eine Möglichkeit ist die sog. *One-Hot-Kodierung*. Wir demonstrieren dies an einem Beispiel, wobei angemerkt sei, dass Libraries wie scikit-learn hierfür fertige Methoden zur Verfügung stellen. Das explizite Vorgehen mittels der folgenden Funktion dient in diesem Fall nur der Illustration:

```
def one_hot(df, col, del_unknown=False):
    """ Funktion kodiert die Spalte `col` one-hot und hängt sie an den
        Datensatz an, löscht Originalspalte und ggf. auch die neu erzeugte
        Kategorien-Spalte für UNKNOWN."""
    df2 = df.join(pd.get_dummies(df[col], prefix=col, dtype=float))

    if del_unknown:
        del df2[col + "_UNKNOWN"]

    # lösche die Originalspalte
    del df2[col]
    return df2.copy()

# Für CLMSEX lohnt es sich kaum, die eigene Kategorie für UNKNOWN beizubehalten,
# die Information sollte ausreichend abgebildet sein
autobi_conv_clean_ml = one_hot(autobi_conv_clean_ml, "CLMSEX", True)

# Für das Feld SEATBELT kodieren wir ebenfalls one-hot, lassen die der Klasse
# "UNKNOWN" enstprechende Spalte jedoch im Datensatz, so dass ein Modell
# dies berücksichtigen kann
autobi_conv_clean_ml = one_hot(autobi_conv_clean_ml, "SEATBELT", False)
```

Eine andere Variante zu Bereinigung eines NaN/UNKNOWN ist es, in diesen Fällen den fehlenden Wert durch den häufigsten Wert zu ersetzen (oder durch den Median, falls die Merkmale ordinal sind):

```
# Suche den häufigsten Wert für MARITAL
autobi_conv_clean_ml.MARITAL.value_counts()
```

```
single                566
married               536
divorced/separated     29
widowed                13
UNKNOWN                 7
Name: MARITAL, dtype: int64
```

Das Ersetzen kann dann wie folgt durchgeführt werden:

```
autobi_conv_clean_ml.MARITAL.loc[autobi_conv_clean_ml.MARITAL=="UNKNOWN"]\
    = "single"
```

Ferner ist es eine Überlegung wert, die teilweise kleinen Kategorien *widowed* und *divorced/separated* mit in die Kategorie *single* zu übernehmen, wodurch weniger Parameter im Modell zu trainieren sind und evt. eine höhere Stabilität errreicht werden kann.

Als letztes Beispiel für die Behandlung fehlender Werte setzen wir für das Feld DRIVER_INSURED einen ordinalen Mittelwert ein. Ermitteln der Häufigkeiten mit

```
counts = autobi_conv_clean_ml.DRIVER_INSURED.value_counts().to_dict()
```

liefert

```
{'no': 1014, 'yes': 108, 'UNKNOWN': 29}.
```

Nun können wir die Werte mit der *map*-Methode wie folgt ersetzen:

```
insured_map = {
    'no': 0,
    'yes': 1,
    'UNKNOWN':  counts['yes']/(counts['yes'] + counts['no'])
}
autobi_conv_clean_ml["DRIVER_INSURED"] = autobi_conv_clean_ml.DRIVER_INSURED\
                                                        .map(insured_map)
```

Den somit erhaltenen, rein numerischen Dataframe könnten wir nun als Input für einen ML-Algorithmus verwenden. Zu überlegen wäre beispielsweise noch, ob schon im Vorfeld eine Normierung oder Skalierung der einzelnen Spalten durchgeführt werden sollte oder ob – angesichts der durch das gewählte Vorgehen bei der Kodierung der kategoriellen Spalten erzeugten Abhängigkeiten zwischen den Spalten – eine Dimensionsreduktion (siehe Abschnitt 6.5) vorgenommen werden sollte.[5] Ob diese Schritte sinnvoll sind, hängt jeweils von den vorgesehenen Verfahren des statistischen Lernens ab.

5 Insbesondere für numerische Merkmale ist es gängige Praxis, sie für ML-Anwendungen gleich zu duplizieren und dann linear auf den Mittelwert 0 und die empirische Varianz 1 zu transformieren (man spricht dann auch vom *Studentisieren*).

### 6.1.2 Fehlende Daten

Einfache Möglichkeiten, mit fehlenden Daten umzugehen, kamen im Abschnitt 6.1.1 bereits zur Anwendung, etwa

- ganze Zeilen oder Spalten ignorieren, wenn es fehlende Daten gibt,
- Ersetzung von fehlenden Einträgen durch den Mittelwert, den Median oder den häufigsten Wert,
- die Einführung einer eigenen Kategorie *fehlend* (bei kategoriellen Merkmalen).

In diesem Abschnitt geht es um Möglichkeiten, die auf statistischen Verfahren beruhen, wobei wir die jeweiligen theoretischen Hintergründe natürlich an dieser Stelle nicht in der Tiefe behandeln können, eine gründliche Einführung bietet [16].

#### 6.1.2.1 Kategorien fehlender Daten

Ob die Anwendung von statistischen Verfahren zu sinnvollen Ergebnissen führen kann, hängt stark vom jeweiligen Kontext ab. Es ist demnach notwendig, etwaige Abhängigkeiten zwischen dem Fehlen von Daten und den sonstigen Daten soweit möglich zu verstehen.
Folgende Situationen werden im Allgemeinen unterschieden (vgl. [16]):

1. *Missing Completely at Random (MCAR)*: Es liegt keinerlei systematischer Zusammenhang zwischen dem *Fehlen* und den sonstigen Daten vor. Dies kann beispielsweise der Fall sein, wenn externer, unabhängiger Zufall bei der Erfassung der Daten eine Rolle spielt, etwa technische Fehlfunktionen.
2. *Missing at Random (MAR)*: Dieser Fall liegt vor, wenn die Wahrscheinlichkeit des Fehlens in bestimmten Gruppen von Observationen jeweils konstant ist. D.h. das Fehlen ist unabhängig vom fehlenden Wert, kann aber abhängig sein von beobachteten Werten. Ein Beispiel hierfür wäre etwa, wenn Sympathisanten einer bestimmten politischen Partei eine Sachfrage eher nicht beantworten als Sympathisanten einer anderen Partei und die Parteipräferenz ebenfalls abgefragt wird und zusätzlich davon ausgegangen werden kann, dass die Wahrscheinlichkeit der Beantwortung der Frage innerhalb der Sympathisanten einer jeden Partei einem MCAR-Zusammenhang entspricht.
3. *Missing Not at Random (MNAR)*: Dieser Fall liegt vor, wenn keiner der beiden anderen zutrifft. Das Fehlen kann beispielsweise vom *fehlenden Wert* abhängen, z.B. wenn Umfrageteilnehmer mit hohem Einkommen die Frage nach dem Einkommen häufiger nicht beantworten und andere erhobene Merkmale keinen Rückschluss auf das Einkommen zulassen.

#### 6.1.2.2 Visualisierungen fehlender Daten

In der Praxis ist es bei größeren Datensätzen zweckmäßig, das Fehlen von Daten zunächst zu analysieren. Grafische Darstellungen helfen hier, schnell einen Überblick zu erhalten. Abbildung 6.1 zeigt ein erstes Beispiel.

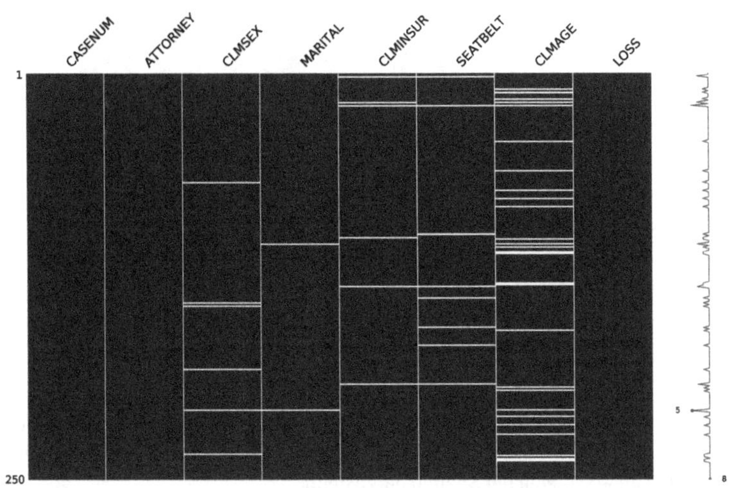


**Abb. 6.1:** Missing-Density Plot für einen Sample aus dem AutoBi-Datensatzes aus dem R-Paket *InsuranceData*, erstellt mit dem Python-Paket *msno*. Fehlende Werte sind durch hellere Bereiche dargestellt.

In R bietet das Paket *VIM* eine übersichtliche Darstellung der fehlenden Werte, hier wieder für das AutoBi-Dataset aus dem Paket Insurance-Data gezeigt (die Farbe *rot* weist auf fehlende Daten hin), vgl. Abbildung 6.2. Die untere Zeile in Abbildung 6.2 rechts, in der alle Felder blau dargestellt sind, repräsentiert alle vollständigen Zeilen, die zweite Zeile von unten repräsentiert alle Zeilen, in denen nur das Attribut `CLMAGE` fehlt usw. Das am rechten Rand vertikal abgetragene Balkendiagramm veranschaulicht die Häufigkeit der in der jeweiligen Zeile dargestellten Konstellation. Man sieht hier z.B. dass im Beipsiel die vollständige Beobachtung die häufigste Konstellation ist, die zweithäufigste liegt vor, wenn nur der Wert für CLMAGE fehlt.

Als weitere Möglichkeit für die Visualisierung bietet sich die sogenannte *Korrelations-Heatmap* an, die Korrelationen zwischen fehlenden Werten in denselben Beobachtungen aufzeigt. Ein ebenfalls mit dem Python-Paket *msno* erstelltes Beispiel zeigt Abbildung 6.3. Man erkennt eine positive Korrelation für das Fehlen der Merkmale `CLMINSUR` und `SEATBELT`.

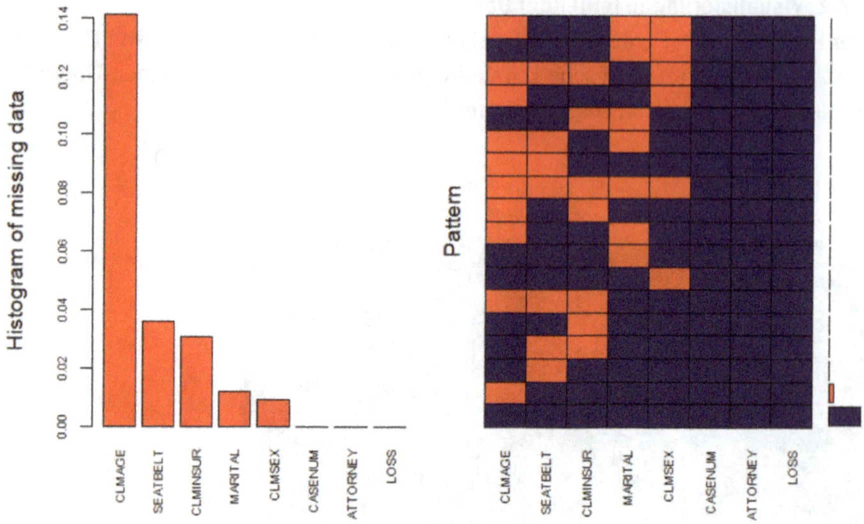


**Abb. 6.2:** Visualisierung fehlender Daten mit dem R-Paket VIM. Die Darstellung links veranschaulicht die Häufigkeit des Fehlens von einzelnen Attributen, rechts werden die möglichen Konstellationen für das gleichzeitige Fehlen unterschiedlicher Spalten dargestellt.

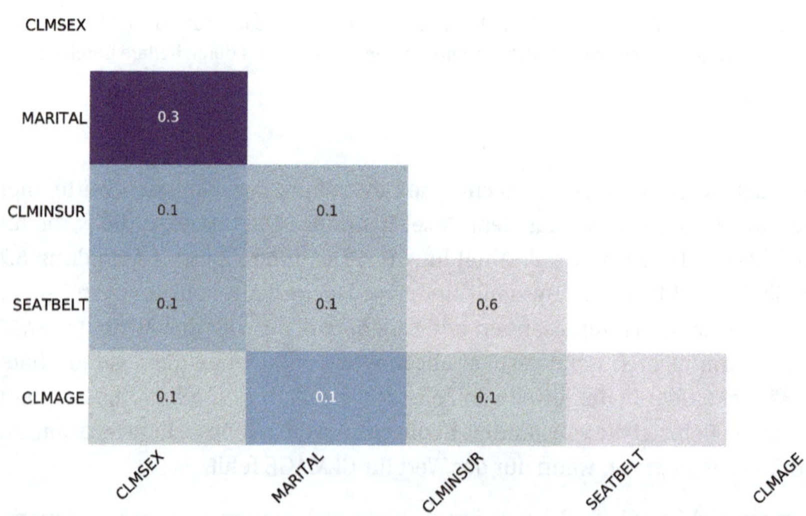


**Abb. 6.3:** Korrelations-Heatmap der fehlenden Daten, dargestellt sind die Korrelationen der Indikatorvariablen für *vorhanden/nichtvorhanden* zwischen den einzelnen Variablen.

#### 6.1.2.3 Verfahren zur Vervollständigung von Datensätzen

Beim praktischen Umgang mit *echten* Daten sind fehlende Werte allgegenwärtig, es ist umgekehrt eher Skepsis angebracht, wenn man auf vollständige Datensätze trifft. Man muss sich dann fragen, ob diese nicht zuvor stillschweigend – z.B. durch Entfernung der betroffenen Datensätze – bereinigt wurden und ob dies einen Einfluss auf evt. anstehende Untersuchungen haben kann.

Das Ziel der in diesem Abschnitt exemplarisch vorgestellten statistischen Verfahren ist die Vervollständigung unter Berücksichtigung der Charakteristika der Daten selbst aber auch der mit dem jeweiligen Verfahren verbundenen Unsicherheiten.

**k-Nearest-Neighbors (kNN)**

Die Idee des Ersetzens der fehlenden durch benachbarte Werte führt zum *k-Nearest-Neighbors*-Algorithmus, den wir im Abschnitt 6.3.6 zu den Regressionverfahren noch ausführlicher vorstellen werden, ein Illustration des Verfahrens findet sich in Abbildung 6.4. Hierfür muss man wie üblich die Anzahl der betrachteten Nachbarpunkte und das zu verwendende Abstandsmaß festlegen. Außerdem ist zu überlegen, ob die unterschiedlichen Dimensionen des Datensatzes vorher normalisiert, d.h. auf eine gemeinsame Skala gebracht werden sollen.

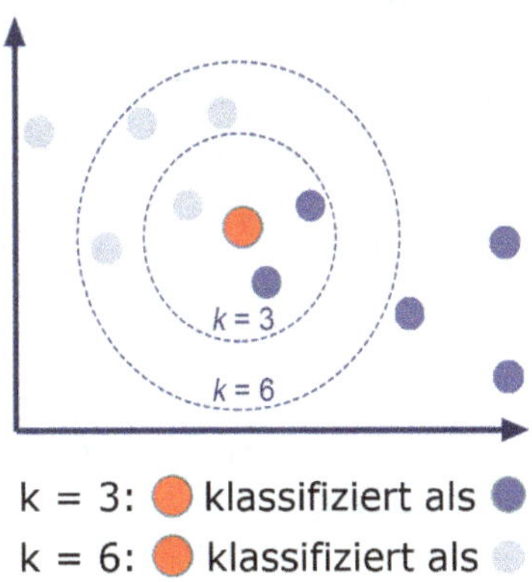


**Abb. 6.4:** kNN: Das Ersetzen von fehlenden Werten erfolgt durch die entsprechenden Werte der Nachbarn in einer Umgebung.

Wichtig ist auch festzulegen, wie man Abstände berechnet, wenn Werte fehlen. Eine mögliche Strategie (umgesetzt in https://github.com/iskandr/fancyimpute) ist es, beim Messen des Abstandes zweier Zeilen nur die gemeinsam vorhandenen Spalten zu betrachten. Weiteres hierzu findet sich in der Dokumentation des R-Pakets *imputation*.

**Verteilungsbasierte Modelle**

Die in diesem Abschnitt angesprochenen Verfahren setzen voraus, dass die betrachteten Daten durch eine mehrdimensionale Normalverteilung hinreichend gut beschrieben werden. Es bezeichne $D$ den vollständigen Datensatz (von dem wir annehmen, dass es ihn gibt), $D_{\text{obs}}$ und $D_{\text{mis}}$ seien die beobachteten bzw. fehlenden Teile. Grundsätzlich interessiert die Wahrscheinlichkeit $p(D_{\text{mis}}|D_{\text{obs}})$. Wir nehmen nun also an, dass die Samples $D_i$ (Zeilen von $D$) gemeinsam normalverteilt mit Parametern $(m, S)$ sind. Dann ist die Likelihood $L(m, S|D_{\text{obs}})$ prinzipiell bekannt, aber der Ausdruck ist komplex, da die Zeilen unterschiedliche Lücken aufweisen. Man greift daher oft auf Sampling-Methoden zurück, um die Verteilung von $(m, S)$ bzw. die Maxima der Likelihood-Funktion zu erhalten.

**Sampling-Algorithmen**

Hier wären verschiedene Ansätz zu nennen:

- Imputation Posterior (IP)-Algorithmus,
- Expectancy-Maximization (EM)-Algorithmen,

wobei jeweils verschiedene Varianten existieren. Wir werfen einen Blick auf den IP-Algorithmus, der auf einer Iteration der beiden folgenden Schritte basiert:

1. Anstelle von $P(D_{\text{mis}}|D_{\text{obs}})$ betrachtet man zunächst $p(D_{\text{mis}}|D_{\text{obs}}, m, S)$, wobei am Anfang $(m, S)$ geeignet zu initialisieren sind (gesampelt aus der prior-Verteilung). Man sampelt hieraus $\tilde{D}_{\text{mis}}$.
2. Nun sampelt man $(m, S) \sim P((m, S)|(D_{\text{obs}}, D_{\text{mis}}))$ wobei hierbei ein komplettierter Datensatz gegeben ist.

Nach dem *Burn-In* (Iterationen vom Anfang, die verworfen werden) erhält man Samples von der posterior-Verteilung von $D_{\text{mis}}$. Ist beispielsweise $D \sim N(m, S)$, so können die benötigten bedingten Verteilungen direkt berechnet werden.

**Multiple Imputation**

Die Aussagekraft von statistischen Imputierungsverfahren kann man u.U. dadurch erhöhen, dass in einem Zuge mehrere komplettierte Datensätze erzeugt werden. Man spricht dann von *Multiple Imputations*. Die im Ausgangsdatensatz vorhandenen Daten $D_{\text{obs}}$ sind dabei in allen Komplettierungen identisch. Die folgenden Analysen sollten dann für jeden dieser komplettierten Datensätze separat durchgeführt werden, vgl. Abbildung 6.5.

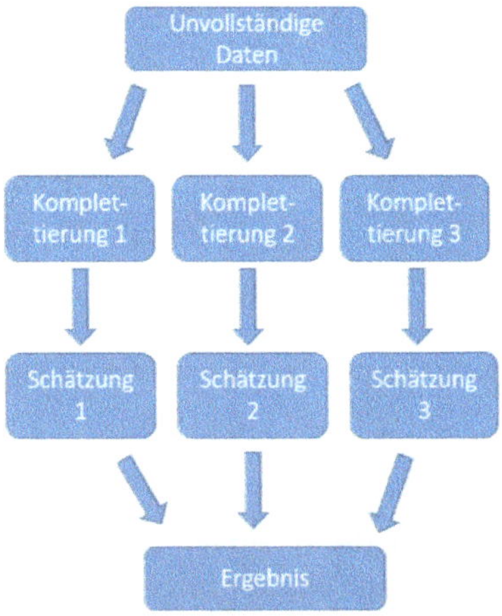


**Abb. 6.5:** Analyseablauf bei Verwendung von Multiple Imputation-Verfahren.

**Beispiel: R-Package Amelia**

Hier wird $D \sim N(m, S)$ angenommen und MAR (siehe 6.1.2.1) wird vorausgesetzt. Das Package ermöglicht *Multiple Imputations*, die (standardmäßig) mit einer Variante des EM-Algorithmus berechnet werden. Der Python-Aufruf ist beispielsweise

```
a.out <- Amelia::amelia(AutoBi, m=5)
```

Die Anzahl der zu erzeugenden Varianten wird über den Parameter $m$ gesteuert. Nach dem Aufruf findet man in *a.out.imputations* die vervollständigten Ergebnisse, auch dargestellt in Abbildung 6.6 und 6.7. Man erkennt, dass die vom Verfahren generierte Vervollständigung in der ersten Zeile durch eine Fließkommazahl erfolgt ist, obwohl der Datensatz in der entsprechenden Spalte ganzzahlige Werte aufweist. Ein mögliches Vorgehen zur Umgehung dieses Problems werden wir später bei der Besprechung des *predictive mean matching* noch sehen.

| | CASENUM | ATTORNEY | CLMSEX | MARITAL | CLMINSUR | SEATBELT | CLMAGE | LOSS |
|---|---|---|---|---|---|---|---|---|
| 1 | 5 | 1 | 1 | NA | 2 | 1 | 50 | 34.940 |
| 2 | 13 | 2 | 2 | 2 | 1 | 1 | 28 | 10.892 |
| 3 | 66 | 2 | 1 | 2 | 2 | 1 | 5 | 0.330 |
| 4 | 71 | 1 | 1 | 1 | 2 | 2 | 32 | 11.037 |
| 5 | 96 | 2 | 1 | 4 | 2 | 1 | 30 | 0.138 |

**Abb. 6.6:** AutoBi-Datensatz: Erste fünf Zeilen vor der Vervollständigung.

| | CASENUM | ATTORNEY | CLMSEX | MARITAL | CLMINSUR | SEATBELT | CLMAGE | LOSS |
|---|---|---|---|---|---|---|---|---|
| 1 | 5 | 1 | 1 | 1.383315 | 2 | 1 | 50 | 34.940 |
| 2 | 13 | 2 | 2 | 2.000000 | 1 | 1 | 28 | 10.892 |
| 3 | 66 | 2 | 1 | 2.000000 | 2 | 1 | 5 | 0.330 |
| 4 | 71 | 1 | 1 | 1.000000 | 2 | 2 | 32 | 11.037 |
| 5 | 96 | 2 | 1 | 4.000000 | 2 | 1 | 30 | 0.138 |

**Abb. 6.7:** AutoBi-Datensatz: Erste fünf Zeilen der ersten vervollständigten Variante nach der Vervollständigung.

Bei Aussagen basierend auf Multiple Imputations müssen die Versionen geeignet gemittelt werden. Hierbei ist zu bedenken, dass die einzelnen Schätzer nicht unabhängig sind, die Varianz des gemittelten Schätzer setzt sich additiv zusammen aus den Sample-Varianzen und der Cross-Sample-Varianz, vgl. [80].

### Chained Equations

Dieses alternative Iterationsverfahren für die Ermittlung von fehlenden Werten ist so ausgelegt, dass im Ablauf in jedem Einzelschritt immer nur eine Spalte fehlende Werte aufweist, die dann mithilfe eines Imputierungsschrittes vervollständigt wird. Zunächst wird hierzu eine initiale Vervollständigung benötigt, die anschließende Iteration ($t = 0, 1, \dots$), erfolgt dann nach folgendem Schema:

- Bestimme $X_1(t+1)$ mittels $X_2(t), X_3(t), \dots, X_p(t)$;
- Bestimme $X_2(t+1)$ mittels $X_1(t+1), X_3(t), \dots, X_p(t)$;
- $\dots$;
- Bestimme $X_p(t+1)$ mittels $X_1(t+1), \dots, X_{p-1}(t+1)$.

In den einzelnen Vervollständigungsschritten in der Iteration wird zunächst eine Verteilung für die zu bestimmenden fehlenden Werte abgeleitet und dann daraus gesampelt. Bevor wir eine mögliche Technik hierfür genauer vorstellen, gehen wir kurz auf das R-Package *mice* ein, welches zahlreiche Varianten dieses Fitting-Algorithmus' bereitstellt. Ein Paper zu diesem R-Paket findet man hier[6]. Vervollständigt wird mittels

```
AutoBiTemp <- mice(AutoBi, m=5, maxit=10, method='pmm', seed=123)
```

wobei $m = 5$ die Anzahl der verschiedenen zu erzeugenden Komplettierungen angibt, *pmm* steht für *predictive mean matching* (also die Schätzung des Mittelwertes). Der Aufruf

6 https://www.jstatsoft.org/index.php/jss/article/view/v045i03/v45i03.pdf

```
completedData <- complete(AutoBiTemp, 1)
```

liefert dann den ersten (siehe zweites Argument) vervollständigten Datensatz zurück. Das *mice*-Paket unterstützt das parallele Arbeiten mit den verschiedenen Datensätzen.

Zur Validierung kann man sich wiederum graphisch behelfen, indem man etwa die Dichten der Randverteilung (blau) mit den erzeugten (rot) vergleicht, vgl. Abbildung 6.8.

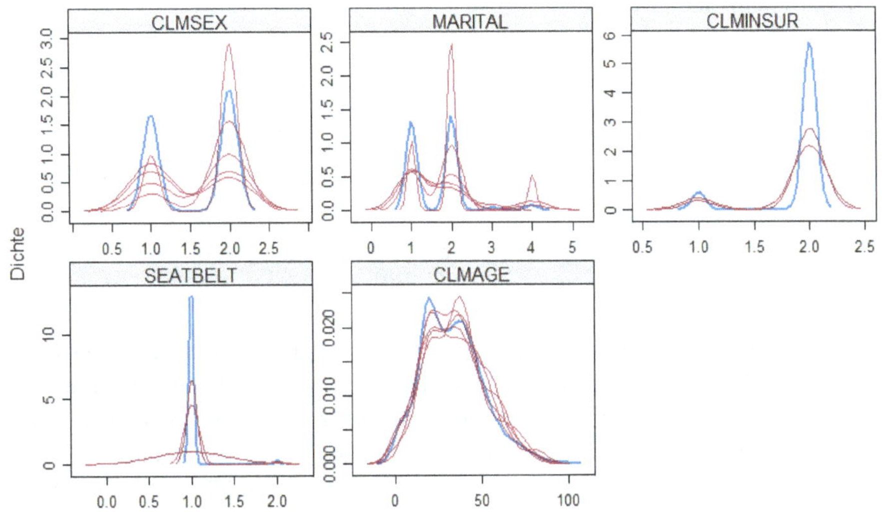


**Abb. 6.8:** Mice-Density-Plot: Dargestellt sind die Dichten der Randverteilungen der originalen und der vervollständigten Datensätze.

Wir wollen nun noch etwas näher auf den soeben im Beispiel verwendeten Algorithmus zum *predictive mean matching* eingehen, wobei wir teilweise auf Abschnitt 6.3 vorgreifen, woher wir auch Teile der Notation übernehmen. Das Ziel ist hierbei sowohl die Parameterunsicherheit zu berücksichtigen als auch *gültige* Werte für die Auffüllung zu generieren.

Bei der Iteration mit Hilfe der Chained Equations wird in jedem Schritt von einer einzigen zu vervollständigenden Spalte $y$ und einem ansonsten vollständigen Datensatz $X \in \mathbb{R}^{n \times p}$ ausgegangen. Der Vektor $y$ wird hierbei in einen vollständigen Teil $y^v$ und einen unvollständigen Teil $y^u$ geteilt, eine Aufteilung entsprechend der gleichen Zeilen wird auch für $X$ vorgenommen, wodurch man die Matrizen $X^v$ und $X^u$ erhält, die beide voll besetzt sind.

Der Ablauf zur Auffüllung des Teils $y^u$ soll nun schematisch dargestellt werden, es gibt zwei Phasen. *Phase 1* läuft folgendermaßen ab:

- Berechne lineare Regressionskoeffizienten $\hat{\beta}$ für das Normalmodell $y^v = X^v\beta + \epsilon$ auf den vollständigen Zeilen.
- Ziehe eine Zufallszahl $g \sim \chi^2_{n-p}$ und setze (vgl. Gleichung (6.4))

$$\dot{\sigma}^2 = \frac{1}{g}\sum_{i=1}^{n}\left(y_i^v - \left(\mathbf{X^v}\hat{\beta}\right)_i\right)^2 .$$

- Ziehe einen Zufallsvektor

$$\dot{\beta} \sim \mathcal{N}\left(\hat{\beta}, \dot{\sigma}^2\left(\mathbf{X^v}^T\mathbf{X^v}\right)^{-1}\right),$$

  um die Parameterunsicherheit für $\beta$ zu berücksichtigen, vgl. Gleichung (6.3).
- Setze

$$y_0^u = X^u\dot{\beta} + \mathcal{N}(0, \dot{\sigma}^2\mathbf{I}),$$

  der zweite Summand wird benötigt, um die durch $\epsilon$ ausgedrückte Restunsicherheit zu berücksichtigen.

Nach der Phase 1 steht ein vervollständigter Vektor $y_0^u$ zur Verfügung, dessen Werte jedoch durch das Regressionsmodell und nicht durch das Modell hinter den Daten erzeugt wurden. In *Phase 2* wird dies adressiert, indem die zuvor erhaltenen Werte durch echte Beobachtungen ersetzt werden. Dazu identifiziert man für jede Komponente von $y_0^u$ die drei[7] nächstliegenden Werte aus $y^v$ und wählt jeweils zufällig einen derselben, wodurch die Werte für $y^u$ schließlich gegeben sind.

**Andere Modelle**

Hier wurden in der Praxis häufig verwendete Modelle vorgestellt, wobei es natürlich noch weitere Ansätze je nach spezifischer Problemstellung gibt. Man beachte, dass nicht alle ML-Algorithmen (z.B. Neuronale Netze oder XGBoost) einen expliziten Imputation-Schritt benötigen, manche Algorithmen finden die beste Repräsentation der Daten von allein.

## 6.2 Datenverständnis und -visualisierung

Dieser Abschnitt demonstriert und erläutert verschiedene Verfahren zur Visualisierung von Daten. Grundsätzlich gibt es dabei verschiedene Zielsetzungen, begonnen

7 Allgemeiner ist eine Konstante $\mathcal{O}(1)$ zu nehmen.

mit der Exploration bis hin zur Ergebniskommunikation. Die Wahl der jeweiligen Darstellungsform hängt natürlich stark von den Anforderungen im jeweiligen Arbeitsschritt ab, sodass hier nur Möglichkeiten vorgestellt, aber keine Kochrezepte für das spezifische Vorgehen gegeben werden können.

Wir legen dabei einen Datensatz mit simulierter Schadenfrequenz in der Kfz-Versicherung zu Grunde, vgl. Abschnitt A.2.2 zur Konstruktion desselben. Auf diese Weise sind die mathematisch erzeugten Verteilungen bekannt, sodass grafisch skizzierte Effekte direkt interpretier- und überprüfbar sind. Tool-Grundlage ist auch in diesem Abschnitt der Python-Stack bestehend aus *numpy* und *pandas*. In Tabelle 6.2 sind zur Illustration die ersten fünf Zeilen des Datensatzes angegeben. Neben den dargestellten weist der Datensatz auch noch die Spalten `expected` und `observed` auf, die wir in diesem Abschnitt nicht betrachten werden, eine Ausnahme bildet lediglich der Moasaikplot.

**Tab. 6.2:** Simulierte Kovariablen im Kfz-Datensatz für die ersten fünf Zeilen.

| Exposure | Age | Gender | VehicleGroup | RegionalGroup | FirstInitialResidence | Mileage | Brake |
|---:|---:|---:|---:|---:|---|---:|---:|
| 0,563 | 66,9 | 1,0 | 11,0 | 7,0 | R | 20,0 | 14,784 |
| 0,790 | 73,0 | 0,0 | 6,0 | 6,0 | C | 12,0 | 16,760 |
| 0,250 | 20,3 | 1,0 | 18,0 | 11,0 | R | 6,0 | 12,077 |
| 0,477 | 88,7 | 1,0 | 8,0 | 6,0 | G | 20,0 | 16,408 |
| 0,360 | 24,6 | 0,0 | 7,0 | 10,0 | O | 20,0 | 12,814 |

**Datensatzbereinigung um fehlende Werte**

Die Datenexploration beginnt typischerweise damit, sich einen Überblick über Datenfehler zu verschaffen, die Überprüfung auf fehlende Werte ist in dieser Hinsicht ein zentraler Schritt.

Der Datensatz enthält drei ungültige Werte in der Spalte *age* und ist ansonsten voll besetzt. Mit

```
data = data.dropna()
```

eliminieren wir der Einfachheit halber jeweils die gesamten Zeilen. Diese Funktion wird man oft benutzen. Hintergrund ist, dass sich hier eine Vorgehen wie in Abschnitt 6.1.2 beschrieben aufwandsmäßig nicht lohnt. Es sollte daher stets mit Blick auf den Gesamtkontext eine Kosten-Nutzen-Abwägung zwischen der simplen Datensatzbereinigung und dem Löschen von Informationen vorgenommen werden. Stellt sich beispielsweise heraus, dass die Spalte *age* für die Modellierung nicht erforderlich ist, so wäre zu überlegen, ob es sinnvoller ist, die Spalte anstelle der Zeile mit weiteren Informationen zu anderen Kovariablen zu entfernen. Mit der Anweisung `data.describe()` kann man sich Informationen zur Statistik der einzelnen Spalten des Datensatzes wie Mittelwert, Standardabweichung und einige Quantile anzeigen lassen.

**Boxplots**

Mittels eines Boxplots lässt sich zügig ein Eindruck darüber vermitteln, in welchem Bereich die Daten liegen und wie sie sich über den Bereich verteilen. Der Plot liefert eine simultane Darstellung verschiedener Maße wie zentraler Tendenz, Streuung und Schiefe, auch Ausreißer lassen sich gut identifizieren.

Damit ist der Boxplot folglich die visuelle Variante von `data.describe()` mit Informationen zur Statistik der einzelnen Spalten im Datensatz. Sofern dieselbe Skala verwendet wird bzw. der Datensatz normiert ist, lassen sich leicht mehrere Datensätze nebeneinander darstellen und vergleichen.

Wir erstellen den Boxplot – lediglich unter Berücksichtigung der numerischen Attribute – wie folgt:

```
columns = data.describe().columns
fig, axes = plt.subplots(1, len(columns), figsize=(14, 7.5))
for i, ax in enumerate(axes):
    ax.boxplot(data[columns[i]], widths=0.8, whis=1.5)
    ax.set_frame_on(False)
    ax.set_yticks([])
    ax.set_xticks([])
    ax.set_xlabel(columns[i])
```

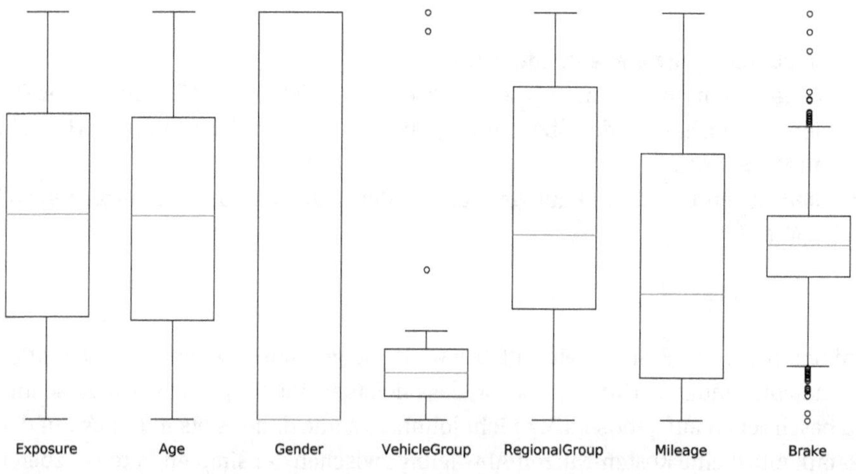


**Abb. 6.9:** Boxplots der numerischen Kovariablen des simulierten Kfz-Datensatzes. Dargestellt sind der Median als Maß der Schiefe (orangefarbene Linie), der Bereich zwischen 25%-75%-Quantil (Q1 bzw. Q3) als abgegrenztes Rechteck, dessen Länge den Interquartilsabstand (IQR) als Streuungsmaß von 50% der Beobachtungen misst, anschließend daran die sog. Whisker, die nach oben bzw. unten die Länge bis zum letzten Datenpunkt unterhalb von 1,5*IQR darstellen und Ausreißer als Datenpunkte außerhalb dieser Grenzen.

Die Boxplots in Abbildung 6.9 lassen uns die bei der Erzeugung des Datensatzes angenommenen Verteilungen wiedererkennen. Gewisse Parameter der Verteilungen können direkt aus der graphischen Darstellung abgelesen werden und Ausreißer lassen sich identifizieren und bewerten. Das (konstruierte) Beispiel weist zum einen modellierte „ungewünschte" Ausreißer in der Variablen *VehicleGroup*, zum anderen Ausreißer mit entscheidendem Informationsgehalt in der durch hohe Streuung charakterisierten Variablen *Brake* auf. Bei echten Datensätzen mit großer Varianz dieser Form ist sicherlich ein zusätzlicher Plausibilisierungsschritt angeraten, um zu überprüfen, ob die vorliegenden Daten nicht mit einem großen Fehler oder einer systematischen Abweichung versehen sind.

### Violinplots

Violinplots stellen eine Weiterentwicklung der Boxplots dar, sie enthalten zusätzliche Informationen über die Verteilung der jeweiligen Variable. Im betrachteten Beispiel können wir sie etwa mit dem folgenden Codeausschnitt erzeugen, das Ergebnis zeigt (wieder nur bezogen auf die numerischen Kovariablen) Abbildung 6.10.

```
columns = data.describe().columns
fig, axes = plt.subplots(1, len(columns), figsize=(14, 7.5))
for i, ax in enumerate(axes):
    ax.violinplot(data[columns[i]], widths=0.8, bw_method=0.05)
    ax.set_frame_on(False)
    ax.set_yticks([])
    ax.set_xticks([])
    ax.set_xlabel(columns[i])
```

Es lohnt sich, mit dem Paramter *bw* (für *bandwidth*) zu spielen, um verschiedene spektrale Dichten der Plots – also das implizite Binning der Beobachtungen in Gruppen – zu überprüfen. Dies ist insbesondere interessant, um versteckte Quantisierungen zu erkennen, die bei vermeintlich kontinuierlichen Merkmalen bisweilen auftreten können. Beispielsweise weisen Sensordaten in Telematik oder Gesundheitstelemetrie zwar oftmals *per definitionem* kontinuierliche Wertebereiche auf, sind aber (besonders im unteren Preissegment) dann nur schwach granuliert. Dies würde sich darin äußern, dass beispielsweise bei einer spezifizierten Messgenauigkeit von 0,01 nur Werte in der Granulierung von 0,1 auftreten. Violinplots können dabei helfen, derartige Strukturen zu erkennen. Große Vorsicht ist in einem solchen Fall bei Methoden geboten, die für derart verteilte Variablen ein implizit erfolgtes *One-Hot-Encoding* annehmen und sie dann kategoriell behandeln oder den kontinuierlichen Fit zumindest erheblich verschlechtern.

Zugleich ist bei der Betrachtung der univariaten Randverteilungen natürlich zu bedenken, dass hier keinerlei Korrelationen abgebildet werden und somit erste Hypothesen

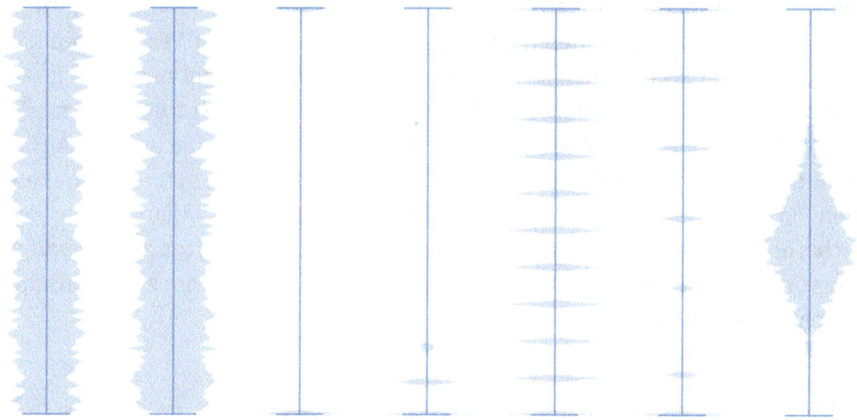


**Abb. 6.10:** Violinplots: Dargestellt sind die geglätteten empirischen Dichten der Randverteilungen. Man findet hier die Annahmen zur Erzeugung der jeweiligen Variablen wieder. Insbesondere sieht man dann auch die Ausreißer bei *VehicleGroup* und *Brake*.

über Zusammenhänge mit Vorsicht zu betrachten sind. Diesem Problem begegnet man beispielsweise mit der Betrachtung von u.a. *Scatterplots* im nächsten Abschnitt.

**Histogramme und Scatterplots**

Zwei weitere häufig benutzte Visualisierungen stellen Histogramme und Scatterplots dar. Während erstere als klassische Vertreter zur graphischen Darstellung der Häufigkeitsverteilung von Werten eine grob granulierte Form der Violinplots darstellen und sich somit in erster Linie für Daten eignen, die wenig Variabilität aufweisen (weil es erneut auf die Wahl der Bin-Anzahl ankommt), sind Scatterplots durch die paarweise gegeneinander aufgetragenen Merkmale nützlich, um Zusammenhänge zwischen verschiedenen Merkmalen zu identifizieren, insbesondere für die Datenexploration. Sie können in Python schnell erzeugt werden, wobei sich zuvor eine Normalisierung der Spalten empfiehlt:

```
spalten = ["Age", "Gender", "VehicleGroup", "RegionalGroup", "Mileage", "Brake"]
for spalte in spalten:
    data["%s_norm" % spalte] = sklearn.preprocessing\
                                      .scale(data[spalte].values,
                                             with_mean=False,
                                             with_std=True)
spalten_norm = [spalte + "_norm" for spalte in spalten]
```

Damit können nun mit den folgenden Befehlen Histogramme (Abbildung 6.11) sowie Scatterplots (Abbildung 6.12) erstellt werden.

```
from pandas.plotting import scatter_matrix
data[spalten_norm].hist(bins=20)
scatter_matrix(data[spalten_norm], alpha=0.2, figsize=(15, 15), diagonal='kde')
```

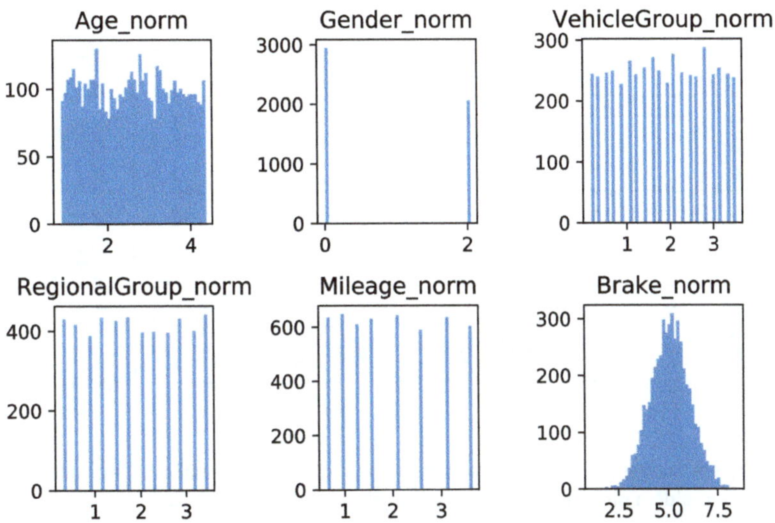


**Abb. 6.11:** Histogramm der numerischen Kovariablen im simulierten Kfz-Datensatz.

Im vorliegenden, synthetischen Datensatz können wir so überprüfen, dass die getroffenen Verteilungsvorgaben innerhalb der Variabilität der Zufallsdaten weitgehend zutreffen. Abbildung 6.11 stellt eine weitere Form der Visualisierung der Randverteilungen dar und ist inhaltlich weitgehend identisch mit Abbildung 6.10. Die Anzahl der Klassen ist insbesondere in Abhängigkeit von der Anzahl der Beobachtungen und ihrer Verteilung zu wählen. Die Klassen können dabei so gewählt werden, dass sie entweder einen identischen Anteil an Beobachtungen enthalten oder eine identische Klassenbreite erzielt wird. Eine geeignete Klassenwahl ist entscheidend, um die in den Daten enthaltenen Informationen möglichst vollständig zu visualisieren, d.h. systematische Effekte von zufälligen optimal zu trennen.

In Abbildung 6.12 ist eine Matrix von Scatterplots dargestellt. Auf der Diagonalen ist die Randverteilung der einzelnen Merkmale zu erkennen, während in den übrigen Feldern jeweils zwei verschiedene Merkmale gegeneinander aufgetragen sind. Hier fällt insbesondere auf, dass beispielsweise *VehicleGroup* keine stetige Verteilung aufweist, sondern einige (wenige) Ausreißer, die möglicherweise zu untersuchen sind. Die hohe Variabilität von *Brake* kann in dieser Darstellung nur mit Mühe bestätigt

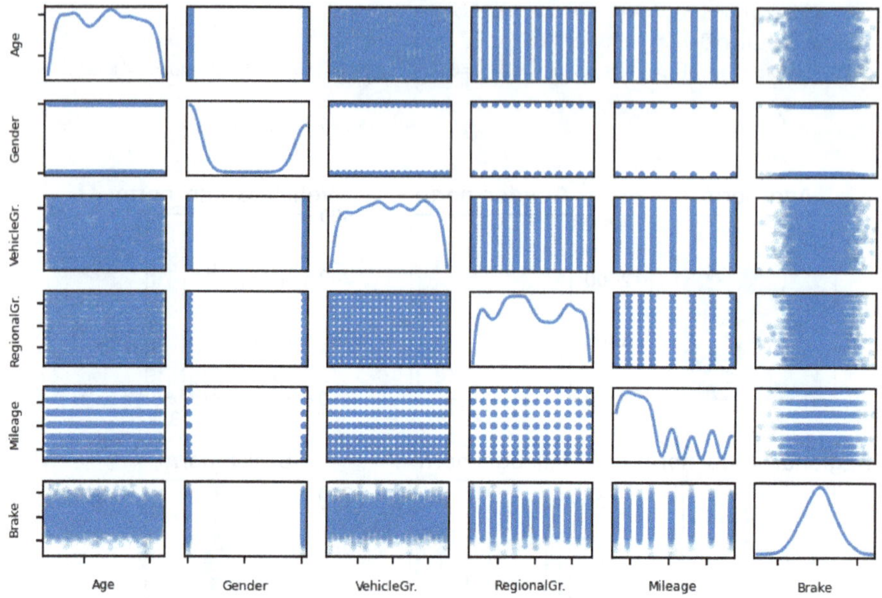


**Abb. 6.12:** Scatterplots: Dargestellt sind die geglätteten empirischen Dichten auf der Diagonale sowie in den anderen Feldern die zweidimensionalen Projektionen der Datenpunkte.

werden, was bei aller Ähnlichkeit der Abbildungen eine Erinnerung dafür darstellt, immer auch verschiedene Darstellungen des gleichen Sachverhalts in Erwägung zu ziehen, um sichere Erkenntnisse zu erhalten.

### Mosaikplots

Auszugsweise für den betrachteten Beispieldatensatz erzeugen wir mit dem folgenden Codeausschnitt einen Mosaikplot, der für Schäden (*observed* > 0) die Schadenklasse in Abhängigkeit vom Mileage (längs der Y-Achse) und des Geschlechts (horizontal durch die Deckkraft der jeweiligen Farbe dargestellt) sowie ergänzend für jede Schadenhäufigkeitsklasse den Anteil der Frauen am Gesamtbestand als weiße Linie zeigt.

Die im Folgenden verwendete Funktion `mosaic_plot` basiert auf einem im Internet verfügbare Code[8], der noch geringfügig erweitertet wurde.

```
schäden = data.query("observed > 0")
frauenanteil = 1 - data.Gender.sum() / len(data)
ct = pandas.crosstab([schäden.Mileage, schäden.Gender], schäden.observed)
ct = ct.rename(index={0.0: "Frau", 1.0: "Mann"})
f, a = mosaic_plot(ct,
                   {6.0: "r", 9.0: "b", 12.0: "g", 15.0: "y",
                    20.0: "k", 25.0: "m", 30.0: "c",
                    35.0: "grey"},
                   x_scale=3.5, mark=frauenanteil);
```

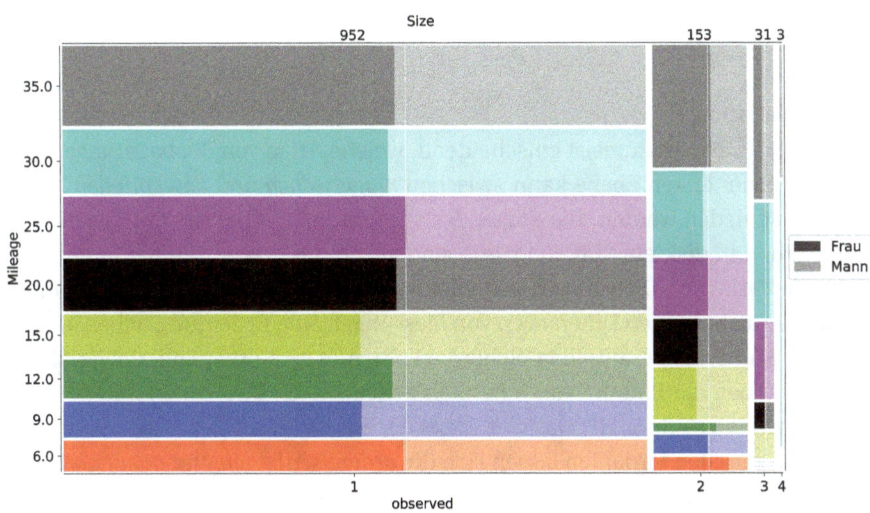


**Abb. 6.13:** Mosaikplot der Schadenanzahl zur Kovariablen Mileage differenziert nach Gender im simulierten Kfz-Datensatz: Am unteren Rand ist die Schadenanzahl *observed* aufgetragen. Es ist sofort zu erkennen, dass der Block „1 Schaden" am größten ist und die Blöcke mit zunehmender Schadenanzahl kleiner werden. Am linken Rand ist die zweite Variable *Mileage* aufgetragen, sodass die acht waagrechten Blöcke für die Jahresfahrleistungsklassen stehen. Die Höhe gibt die relative Häufigkeit einer Ausprägung an. Wir sehen, dass die Unfallwahrscheinlichkeit mit zunehmender Jahresfahrleistung steigt. Die dritte Variable *Gender* ist durch die Farbgebung hervorgehoben. Die dunkleren Rechtecke stellen die Frauen dar. Wir sehen, dass die Schadenhäufigkeit bei Männern höher ist.

8 https://stackoverflow.com/questions/45352585/how-to-make-a-mosaic-plot-in-matplotlib

## 6.3 Klassifikations- und Regressionsmethoden

In diesem Abschnitt besprechen wir besprechen wir neben Standardmethoden, die sich für unterschiedliche Problemstellungen insbesondere der Regression anwenden lassen, einige wichtige Verfahren des überwachten maschinellen Lernens. Es geht also um die Vorhersage des Wertes einer Zielgröße $y$ durch eine Reihe anderer Merkmale (auch Prädiktoren oder Kovariablen genannt). Das Lernen des Zusammenhangs erfolgt dabei anhand von getätigten Beobachtungen sowohl der Zielgröße als auch der Prädiktoren.

Von den Regressionsproblemen unterscheidet man die *Klassifikationsprobleme*, bei denen die Zielvariable $y$ nur endlich viele Werte annimmt, also ($y \in \{C_1, \ldots, C_n\}$). Typische Beispiele hierfür wären etwa die Indikatoren Storno / kein Storno oder Spam / kein Spam. Die unterschiedlichen Ausprägungen von $y$ werden dann auch als Klassen bezeichnet.

**Arten von Variablen**

Für die Algorithmen ist zumeist entscheidend, welche Arten von Beobachtungen vorliegen. Auf einer ersten Ebene kann zwischen *numerischen* und *kategoriellen* Variablen[9] unterschieden werden. Die Klasse der numerischen Variablen kann weiter unterteilt werden in diskrete (d.h. die Werte sind abzählbar bzw. abzählbar unendlich) und stetige Variablen. Die stetigen Variablen lassen sich nochmals unterteilen in intervallskalierte, bei denen Differenzen von Messungen eine Bedeutung haben (das ist z.B. bei der Körpertemperatur in ° Celcius der Fall), und verhältnisskalierte Variablen. Letztere erlauben die Bildung von inhaltlich bedeutsamen Quotienten und besitzen einen “sinnvollen Nullpunkt”. Das ist z.B. bei der Herzfrequenz der Fall.
Bei den kategoriellen Variablen lassen sich die *ordinalskalierten* und *nominalskalierten* Fälle unterscheiden. Bei nominalskalierten Variablen liegt keine lineare Ordnung vor. Sie können zwar numerisch kodiert sein, jedoch spielt der konkrete Wert keine Rolle. Ein Beispiel ist das Geschlecht einer Person, das sowohl mit den Werten `0` und `1`, genausogut aber mit `M` bzw. `F` kodiert werden kann. Es ist zu beachten, dass bei mehr als zwei Gruppen darauf geachtet werden muss, dass der verwendete Algorithmus bezüglich dieser Klassen nicht etwa eine Ordinalordnung impliziert und damit einen Zusammenhang auswertet, der nicht besteht. Bei ordinalskalierten Variablen hingegen können die Ausprägungen *der Größe nach* geordnet werden, ein Beispiel hierfür sind Schulnoten.

---

9 Sowohl die Zielvariable als auch die Prädiktoren werden als Variablen bezeichnet. Die Nomenklatur ist bezogen auf synonyme Bezeichnungen für die Prädiktoren insbesondere in der englischsprachigen Literatur aber sehr uneinheitlich.

### 6.3.1 Multiple Lineare Regression

Bei *Regressionsproblemen* betrachten wir $p$ erklärende Variablen $X_1, \ldots, X_p$ und eine stetige (Ziel-)Variable $Y$. Ein Zusammenhang zwischen $\mathbf{X} = (X_1, \ldots, X_p)$ und $Y$ in genereller Form wird durch eine (unbekannte) Funktion $f$ hergestellt:

$$Y = f(\mathbf{X}) + \varepsilon.$$

Hierbei repräsentiert der Term $\varepsilon$ sogenannte Störgrößen, über die i.d.R. weitere Annahmen getroffen werden, siehe unten. Meist werden additive Störgrößen vorausgesetzt, jedoch können Problemstellungen mit zunächst nicht-additiven Störgrößen durch Transformation von $Y$ häufig auf Modelle mit additiven Störgrößen zurückgeführt werden. Die Aufgabe besteht nun darin, eine möglichst gute Schätzung der unbekannten Funktion $f$ zu finden, d.h. eine möglichst genaue Trennung zwischen systematischer Komponente $f$ und Fehler $\varepsilon$ zu erreichen.

Die Beobachtungen der erklärenden Variablen werden mit $x_{ij}$ bezeichnet, wobei hiermit die $j$-te Variable der $i$-ten Beobachtung gemeint ist. Diese können zur sogenannten *Designmatrix* $\mathbf{X} \in \mathbb{R}^{n\times(p+1)}$ zusammengefasst werden:

$$\begin{pmatrix} 1 & x_{11} & \cdots & x_{1p} \\ \vdots & \vdots & \ddots & \vdots \\ 1 & x_{n1} & \cdots & x_{np} \end{pmatrix}$$

Die Zeilenvektoren von $\mathbf{X}$ werden ebenfalls mit $x_i$ bezeichnet, d.h.

$$x_i = \begin{pmatrix} x_{i1} \\ \vdots \\ x_{ip} \end{pmatrix}.$$

Die Spalten von $\mathbf{X}$ werden mit $\mathbf{x}_1, \ldots, \mathbf{x}_{p+1}$ bezeichnet. Zufallsvariablen werden mit Großbuchstaben notiert, z.B. $X$ oder $Y$. Der Erwartungswert einer Zufallsvariable wird mit E, die Varianz mit Var sowie die Kovarianz mit Cov bezeichnet. Schätzer werden mit einem Dach versehen, z.B. $\hat{f}$ für einen Schätzer für $f$. Die Transponierte eines Vektors wird mit einem hochgestellten $T$ versehen, z.B. $\mathbf{x}_i^T$.

Generalisierte Lineare Modelle (GLM) sind insbesondere in der Risikobewertung im Finanzbereich weit verbreitet. Sie können auf Probleme des überwachten Lernens angewendet werden. Typische Vertreter der GLMs sind die lineare, die logistische oder auch die Poisson-Regression. Dieser Abschnitt widmet sich dem erstgenannten Vertreter, den wir wie folgt definieren: Das Modell

$$Y = \mathbf{X}\beta + \varepsilon$$

heißt (klassisches) lineares Regressionsproblem, wenn:

1. Die Störungen im Mittel 0 sind, d.h. $E(\varepsilon) = 0$.
2. Die Varianz der Störgrößen im Mittel konstant bleibt, d.h. $\text{Var}(\varepsilon_i) = \sigma^2$ (homoskedastische Fehler).
3. Zusätzlich wird angenommen, dass die Störgrößen unkorreliert sind, d.h. $\text{Cov}(\varepsilon_i, \varepsilon_j) = 0$ für $i \neq j$.

Beide Annahmen ergeben eine Kovarianzmatrix der Form $\text{Cov}(\varepsilon) = \text{E}(\varepsilon\varepsilon^T) = \sigma^2\mathbf{I}$. Eine zusätzliche Bedingung für die klassische Normalregression ist, dass die Fehler normalverteilt sind, d.h. $\varepsilon \sim \mathcal{N}(0, \sigma^2\mathbf{I})$.

Aus diesen Annahmen ergeben sich unmittelbar die folgenden Eigenschaften:

- $E(Y_i) = \beta_0 + \beta_1 x_{i1} + \ldots + \beta_p x_{ip}$,
- $Var(Y_i) = \sigma^2$,
- $Cov(Y_i, Y_j) = 0 \ (i \neq j)$.

In Matrixnotation ergibt sich damit $E(\mathbf{Y}) = \mathbf{X}\beta$ und $Cov(Y) = \sigma^2\mathbf{I}$, woraus für normalverteiltes $\epsilon$

$$\mathbf{Y} \sim \mathcal{N}(\mathbf{X}\beta, \sigma^2\mathbf{I})$$

folgt. Damit ist der Erwartungswert von den Kovariablen abhängig, die Varianz jedoch nicht. Für die Designmatrix $X$ nehmen wir im weitern Verlauf vollen Spaltenrang an, d.h. die Spalten sind linear unabhängig.
Als Schätzer für die Modellkoeffizienten ergibt sich dann (vgl. [36])

$$\hat{\beta} = \left(\mathbf{X}^T\mathbf{X}\right)^{-1}\mathbf{X}^T\mathbf{Y}, \tag{6.1}$$

der Varianzparameter kann durch

$$\hat{\sigma}^2 = \frac{1}{n-(p+1)}\sum_{i=1}^{n}\left(y_i - \left(\mathbf{X}\hat{\beta}\right)_i\right)^2 \tag{6.2}$$

geschätzt werden.

**Beispiel zur einfachen linearen Regression**
Über den verwendeten Datensatz, der Informationen über den Treibstoffverbrauch (*mpg: miles per gallon*) verschiedener Automobile enthält, ist Folgendes bekannt:

| | | |
|---|---|---|
| 1 | mpg | stetig |
| 2 | cylinders | diskret |
| 3 | displacement | stetig (Hubraum) |
| 4 | horsepower | stetig |
| 5 | weight | stetig |
| 6 | acceleration | stetig |
| 7 | model year | diskret |
| 8 | origin | diskret |
| 9 | car name | diskret (string) |

Wir lesen den Datensatz zunächst ein:

```
auto_mpg <- read.table(".\\autompg-korr_rk.txt", header=TRUE)
```

Als erstes soll der Zusammenhang zwischen den Variablen horsepower und mpg untersucht werden. Wir erstellen dazu eine grafische Darstellung der beiden Variablen mithilfe des Packages *ggplot*, siehe auch [104].

```
# install.packages("tidyverse", repos="http://cran.rstudio.com/")
library(tidyverse)
options(repr.plot.width=5, repr.plot.height=5)
qplot(horsepower, mpg, data=auto_mpg, col=I("blue"))
```

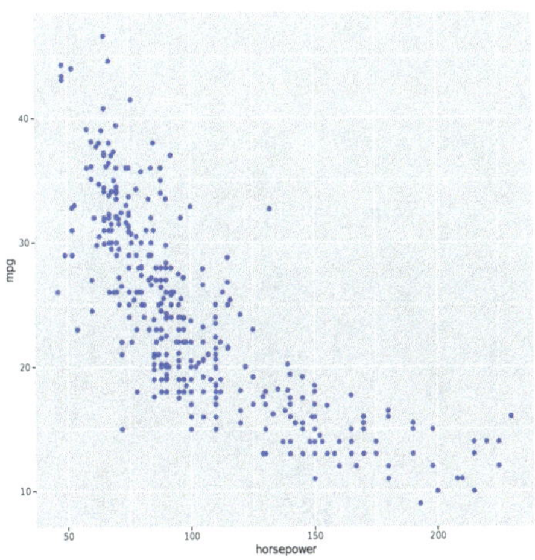


**Abb. 6.14:** Scatterplot der Variablen horsepower und mpg.

Das Ergebnis findet sich in Abbildung 6.14, es ist ein monoton fallender Trend zwischen den Variablen horsepower und mpg zu erkennen. Das soll in einem linearen Modell der Art mpg $= \beta_0 + \beta_1 \cdot$ horsepower $+ \varepsilon$ aufgegriffen werden. In R erfolgt die Modellerstellung wie folgt:

```
lm.auto = lm(mpg ~ horsepower, data=auto_mpg)
```

Der hierbei berechnete absolute Term und der Wert für den Regressionkoeffizienten der Variablen horsepower sind

```
(Intercept)  horsepower
    39.9359     -0.1578
```

Mit dem R-Befehlt `summary` kann man weitere Ausgaben wie Statistiken zu den Residuen anzeigen lassen.

Im nächsten Schritt sollen die Datenpunkte zusammen mit der gefitteten Regressionsgeraden visualisiert werden. Die Ergebnisse zeigt Abbildung 6.15, die zugleich auch einen polynomialen Modell darstellt, welches weiter unten erstellt wird.

```
ggplot(data=lm.auto_poly) +
  geom_point(mapping = aes(x=horsepower, y=mpg), color="blue") +
  geom_line(mapping = aes(x=horsepower, y=fitted(lm.auto)), color="black") +
  geom_line(mapping = aes(x=horsepower, y=fitted(lm.auto_poly)), color="black")
```

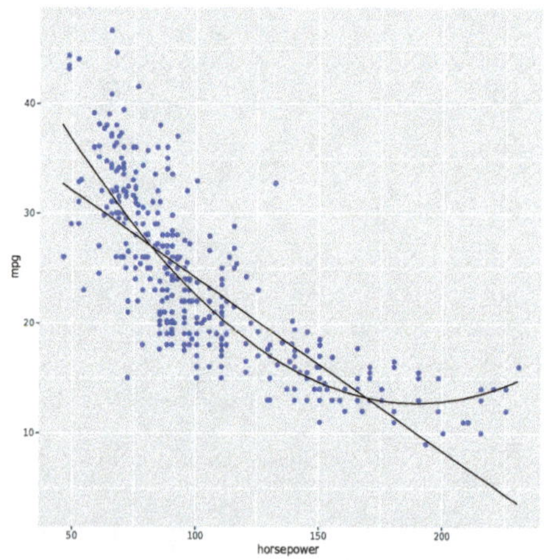


**Abb. 6.15:** Ergebnis der (einfachen) linearen Regression sowie der polynomialen Regression.

Beim Betrachten der Regressionsgeraden und der Datenpunkte in Abbildung 6.15 ist zu erkennen, dass das lineare Modell nicht unbedingt passend ist, da die Daten eine sichtbare Krümmung enthalten. Die erklärende Variable des Modells (`horsepower`) ist aber signifikant, sodass dieses Modell als Ausgangsbasis für komplexere Modelle dienen kann.

### Standardfehler und Parametersignifikanz im linearen Modell

Wir wollen nun die Standardfehler berechnen. Aus Gleichung 6.1 und 6.2 ergibt sich nach [36], dass

$$\hat{\beta} \sim \mathcal{N}\left(\beta, \sigma^2 \left(\mathbf{X}^T\mathbf{X}\right)^{-1}\right) \tag{6.3}$$

und

$$(n-(p+1))\,\hat{\sigma}^2 \sim \sigma^2\chi^2_{n-(p+1)}.$$

Damit gilt nun insbesondere

- $E(\hat{\beta}) = \beta$ (d.h. $\hat{\beta}$ ist ein erwartungstreuer Schätzer für $\beta$);
- $Cov(\hat{\beta}) = \sigma^2(\mathbf{X}^T\mathbf{X})^{-1}$.

Dabei gilt

$$Cov(\hat{\beta}) = \begin{pmatrix} Var(\hat{\beta}_0) & Cov(\hat{\beta}_0, \hat{\beta}_1) & \cdots & Cov(\hat{\beta}_0, \hat{\beta}_p) \\ \vdots & \vdots & \ddots & \vdots \\ Cov(\hat{\beta}_p, \hat{\beta}_0) & Cov(\hat{\beta}_p, \hat{\beta}_1) & \cdots & Var(\hat{\beta}_p) \end{pmatrix}.$$

Die Kovarianzmatrix, die in Anwendungen meistens nicht berechenbar ist, lässt sich damit schätzen durch

$$\widehat{Cov(\ \hat{\beta}\ )} = \hat{\sigma}^2(\mathbf{X}^T\mathbf{X})^{-1}.$$

Diese wird insbesondere für statistische Tests über die Regressionskoeffizienten benötigt. Außerdem halten wir noch einmal den Zusammenhang

$$\frac{1}{\sigma^2}\sum_{i=1}^{n}\left(y_i - \left(\mathbf{X}\hat{\beta}\right)_i\right)^2 \sim \chi^2_{n-(p+1)}. \tag{6.4}$$

fest, der schon in Abschnitt 6.1.2 aufgegriffen wurde.

Für die Berechnung von Konfidenzintervallen wird der *Standardfehler* (standard error) von $\beta_j$ benötigt, der wie folgt berechnet wird:

$$se(\hat{\beta}_j) = \widehat{Var(\ \hat{\beta}_j}\ )^{1/2} = \hat{\sigma} \cdot \sqrt{(j+1)\text{-ter Diagonaleintrag der Matrix } (\mathbf{X}^T\mathbf{X})^{-1}}$$

und damit der standardisierte Koeffizient $z_j$ als

$$z_j = \frac{\hat{\beta}_j}{se(\hat{\beta}_j)}$$

mit

$$z_j \sim t(n-(p+1)).$$

Mit diesen Informationen können Tests für die einzelnen Regressionskoeffizienten durchgeführt werden. Insbesondere ist die Frage relevant, ob eine Variable für ein Modell wichtig (d.h. signifikant) ist. Das entspricht einem statistischen Test mit der Nullhypothese

$$H_0 : \beta_j = 0$$

sowie der Alternativhypothese

$$H_a : \beta_j \neq 0.$$

Ebenso können Konfidenzintervalle für die Regressionskoeffizienten berechnet werden. Diese haben (bei einem vorgegebenen Konfidenzniveau $\alpha$) die Endpunkte

$$\hat{\beta}_j \pm t_{n-p-1,1-\alpha/2} se(\hat{\beta}_j).$$

Um die Hypothese zu testen, ob ein funktionaler Zusammenhang zwischen den erklärenden Variablen und der Zielvariablen existiert, ist das Ergebnis des Tests

$$H_0 : \beta_1 = \beta_2 = \ldots = \beta_p = 0$$

gegen die Alternative

$$H_a : \text{ mindestens ein } \beta_j \text{ ist von Null verschieden}$$

zu prüfen. Unter der Nullhypothese besitzen die Kovariablen keinen Einfluss. Unter $H_0$ besteht die Schätzung nur aus dem Schätzwert für $\beta_0$, mit $\hat{\beta}_0 = \bar{y}$. Der Test fußt auf der Teststatistik

$$F = \frac{(TSS - RSS)/p}{RSS/(n-p-1)}$$

mit

$$RSS = \sum_{i=1}^{n} (y_i - \hat{y}_i)^2 \tag{6.5}$$

sowie

$$TSS = \sum_{i=1}^{n} (y_i - \bar{y})^2. \tag{6.6}$$

Unter den Annahmen des linearen Modells und unter $H_0$ gilt $F \sim F_{n,n-p}$.

**Standardisierte Residuen**

Während die bislang betrachteten Störgrößen $\varepsilon$ unbeobachtete Zufallsvariablen sind, sind Residuen berechnete Größen, die den vertikalen Abstand zwischen Beobachtungspunkt und der geschätzten Regressionsgeraden messen. Somit stellen sie eine Schätzung bzgl. der Störgröße dar. Residuen dienen in der Praxis dazu, Modellannahmen zu überprüfen, weil eine nicht-uniforme Verteilung darauf hindeutet, dass der funktionale Zusammenhang nicht optimal modelliert worden ist. Die (gewöhnlichen) Residuen werden zum Vektor $\hat{\varepsilon}$ zusammengefasst:

$$\hat{\varepsilon} = y - \hat{y} = y - X\hat{\beta}.$$

In dem hier betrachteten Regressionsmodell wurde von homoskedastischen Fehlern ausgegangen, deren Erwartungswert Null ist, d.h. $E(\varepsilon) = 0$. Die gewöhnlichen Residuen sind allerdings in der Regel weder homoskedastisch noch unkorreliert. Die Überprüfung der Annahme homoskedastischer Störgrößen ist daher problematisch. Es gilt zwar ebenfalls $E(\hat{\varepsilon}) = 0$, jedoch sind diese nicht unkorreliert und sie besitzen heteroskedastische Varianzen (da $Var(\hat{\varepsilon}_i) = \sigma^2(1 - h_{ii})$, wobei $h_{ii}$ das i-te Diagonalelement der Hat-Matrix $H = \mathbf{X}(\mathbf{X}^T\mathbf{X})^{-1}\mathbf{X}^T$ bezeichnet). Um das Problem der Homoskedastizität zu adressieren, werden anstelle der einfachen Residuen üblicherweise die standardisierten Residuen verwendet:

$$r_i = \frac{\hat{\varepsilon}_i}{\hat{\sigma}\sqrt{1 - h_{ii}}}$$

Unter der Voraussetzung korrekter Modellannahmen sind die standardisierten Residuen homoskedastisch. Folgendes Beispiel zeigt die Residuen für das vorherige Beispiel mit den Variablen `horsepower` und `mpg`.

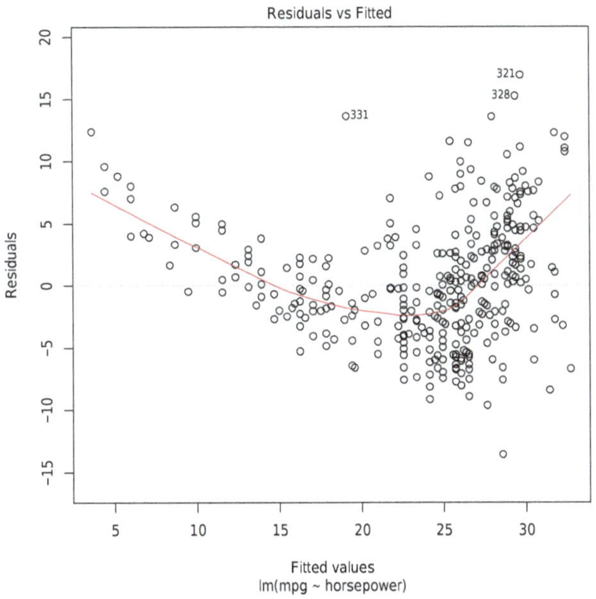


**Abb. 6.16:** Plot der Residuen.

R liefert beim Plot des Objektes `lm.auto` einige diagnostische Darstellungen, von denen in Abbildung 6.16 der Plot der gefitteten Werte gegen die Residuen gezeigt wird. Das Beispiel benutzt nur eine erklärende Variable `horsepower`, die statistisch signifikant ist. Der Output (siehe Abbildung 6.16) zeigt klare Strukturen in den Residuen: Die Trendlinie ist nicht identisch der Null-Linie und die Streuung wird mit ansteigenden Werten größer. Dies deutet darauf hin, dass noch nicht alle Effekte im Modell (mit einer erklärenden Variablen) abgebildet werden.

Mit Blick auf das verwendete Modell könnte es hier sinnvoll sein, einen polynomialen Ansatz zu wählen. Das Modell bleibt dabei jedoch linear in den zu bestimmenden Koeffizienten ($\beta_1, \beta_2$):

$$mpg = \beta_0 + \beta_1 \cdot horsepower + \beta_2 \cdot horsepower^2 + \varepsilon$$

Die Implementierung einer linearen Regression mit polynomialem Ansatz kann wie folgt umgesetzt werden:

```
lm.auto_poly = lm(mpg ~ horsepower + I(horsepower^2), data=auto_mpg)
```

Eine Veranschaulichung dieser Modellanpassung war schon weiter oben in Abbildung 6.15 dargestellt. Die folgenden Abbildungen zeigen sowohl den Plot der resultierenden Residuen für die polynomiale Regression (siehe Abbildung 6.17a) sowie den entsprechenden Q-Q-Plot zur Prüfung der Normalverteilungsannahme (siehe Abbildung 6.17b).

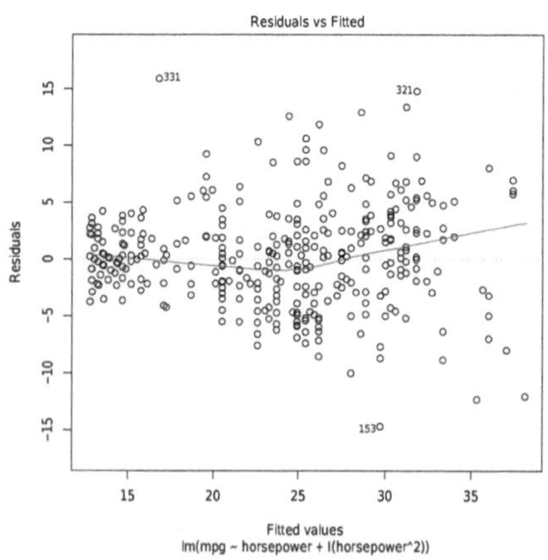


**(a)** Residuen für die polynomiale Regression.

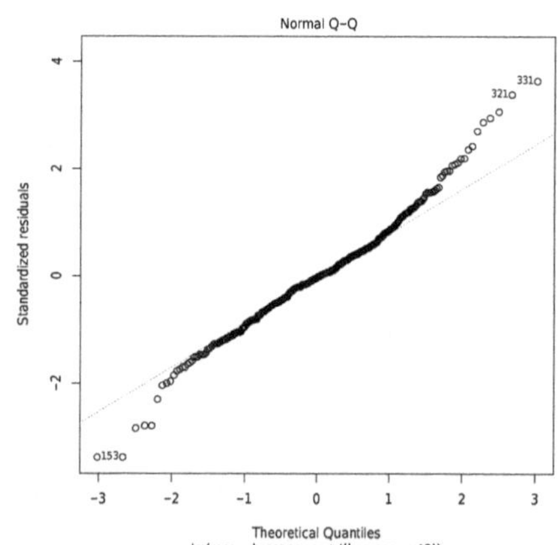


**(b)** Normal Q-Q für die polynomiale Regression.

**Abb. 6.17:** Veranschaulichung der Modellanpassung.

Durch den polynomialen Ansatz zeigt sich eine deutliche Reduktion des ursprünglichen Residuen-Trends sowie der Streuung mit ansteigenden Werten. Dieses Modell mit polynomialer Erweiterung des einfachen linearen Ansatzes ist daher zu bevorzugen. Der Q-Q-Plot zeigt, dass insbesondere an den Rändern weiteres Potential zur Optimierung (zusätzlicher Grad / Variable / Interaktion) vorhanden ist. Falls der Plot der Residuen auf ein (starkes) nichtlineares Verhalten hindeutet, kann versucht werden, dies durch geeignete Tranformationen zu kompensieren, wie z.B. $\ln(X)$ oder $\sqrt(X)$.

Weitere Variablen können analog in das Modell aufgenommen werden. Soll z.B. der Effekt von `horsepower` und `weight` gleichzeitig betrachtet werden, kann folgendes Modell angenommen werden:

$$mpg = \beta_0 + \beta_1 \cdot horsepower + \beta_2 \cdot weight + \varepsilon$$

Dabei ist $\beta_2$ als durchschnittlicher Effekt auf `mpg` zu betrachten, der sich bei Erhöhung von *weight* um eine Einheit ergibt, falls *horsepower* konstant gehalten wird. Der R-Aufruf lautet für diesen Fall:

```
lm.auto_mult = lm(mpg ~ horsepower + weight, data=auto_mpg)
```

**Spezialfall: Betrachtung von kategoriellen Variablen**

Neben quantitativen Variablen können auch kategorielle Variablen berücksichtigt werden. Eine kategorielle Variable (auch Faktor genannt) mit nur zwei Ausprägungen wird im Modell wird durch Hinzunahme einer dummy-Variablen berücksichtigt. Beispielhaft an der Variablen Geschlecht definiert man die dummy-Variable $x_i$ wie folgt:

$$x_i = \begin{cases} 1, & \text{wenn die } i\text{-te Person weiblich ist,} \\ 0, & \text{wenn die } i\text{-te Person männlich ist.} \end{cases}$$

Falls ausschließlich die Variable `Geschlecht` im Modell zu berücksichtigen ist, würde sich folgendes Modell ergeben:

$$y_i = \beta_0 + \beta_1 x_i + \varepsilon_i = \begin{cases} \beta_0 + \beta_1 + \varepsilon_i, & \text{wenn die } i\text{-te Person weiblich ist,} \\ \beta_0 + \varepsilon_i, & \text{wenn die } i\text{-te Person männlich ist.} \end{cases}$$

Gibt es mehr als zwei Ausprägungen, werden entsprechend mehrere *Dummy*-Variablen erzeugt.

**Beispiel: Lineare Regression mit einer kategoriellen Variablen**

R bietet in der Library ***insuranceData*** eine Reihe von Datensätzen mit Versicherungsbezug an. Hier wird der Datensatz *AutoClaims* (Automobile insurance claims) betrachtet. Dieser enthält Daten zu Entschädigungszahlungen einer US-amerikanischen Versicherung. Die Zielvariable `Paid` enthält die Schadenleistung, die, grob gesagt, die geleistete Zahlung (in US $) enthält (eine genaue Beschreibung der Datensätze in der Library `insuranceData` ist über die Homepage des R-Projektes[10] zu finden). Im folgenden, einfachen Beispiel wird die Höhe der Entschädigungszahlung in Abhängigkeit vom Geschlecht modelliert:

---

**10** https://cran.r-project.org/web/packages/insuranceData/index.html

```
library(insuranceData)    # Einbinden der Bibliothek
data(AutoClaims)          # Einlesen des Datensatzes

# Durchführung der linearen Regression:
lm.autoclaims_gender = lm(PAID ~ GENDER, data=AutoClaims)
```

Das Ergebnis zeigt der Befehl `summary(lm.autoclaims_gender)`, als Ausgabe erhält man

```
Call:
lm(formula = PAID ~ GENDER, data = AutoClaims)

Residuals:
   Min     1Q Median     3Q    Max
 -1854  -1330   -850    284  58136

Coefficients:
            Estimate Std. Error t value Pr(>|t|)
(Intercept)  1863.50      52.09  35.772   <2e-16 ***
GENDERM       -16.92      66.23  -0.255    0.798
---
Signif. codes:  0 '***' 0.001 '**' 0.01 '*' 0.05 '.' 0.1 ' ' 1

Residual standard error: 2647 on 6771 degrees of freedom
Multiple R-squared:  9.64e-06,Adjusted R-squared:  -0.000138
F-statistic: 0.06527 on 1 and 6771 DF,  p-value: 0.7984
```

In dem linearen Modell wurde von R als Referenzklasse beim *Geschlecht* weiblich bestimmt.

Für männliche Personen ist der Zusatz der Indikatorvariablen zu beachten. Unter Beachtung der Indikatorvariablen `gender`, die den Wert 1 für männliche und 0 für weibliche Personen annimmt, ergibt sich damit das einfache Modell:

$$PAID = 1863.50 - 16.92 \cdot gender$$

Empirisch gesehen wurde an männliche Personen weniger ausgezahlt als an weibliche Personen. Dieser Unterschied ist allerdings, wie am p-Wert des Koeffizienten zu sehen ist, nicht signifikant.

### 6.3.2 Solvenzkapital für Biometrische Risiken

Im Anschluss an die Beschreibung der grundlegenden Vorgehensweise der linearen Regression werden wir uns nun beispielhaft einer Anwendung zuwenden.

Regressionsverfahren bei der approximativen Berechnung eines Solvenzkapitals für Versicherungsrisiken sind ein häufiger diskutiertes Thema[11]. In diesem Abschnitt betrachten wir als Anwendungsfall die Bestimmung eines Risikokapitals für biometrische Risiken in der Lebensversicherung, wie in dem Artikel [10] vorgeschlagen, wobei wir als Erweiterung des dort besprochenen Modells einen Ansatz beruhend auf einer *lokalen linearen Regression* vorstellen, der sich in diesem Kontext gut motivieren lässt und in bestimmten Konstellationen zu plausibleren Ergebnissen führen kann.

**Problemstellung**

Im Rahmen von *Solvency II*(SII) stellt die Änderung der Eigenmittel (oder *own funds*) die entscheidende Größe für die Solvabilität von Versicherungsunternehmen dar. Das *Solvency Capital Requirement* (SCR), also die an Versicherungsunternehmen gestellte Anforderung hinsichtlich der Kapitalausstattung zielt darauf ab, dass in der Marktwertbilanz die Eigenmittel auf einen Horizont von einem Jahr mit einer Wahrscheinlichkeit von 99,5% positiv bleiben.

Die Bestimmunng des SCR kann hierbei über die sog. *Standardformel* oder durch unternehmens-individuelle Ansätze erfolgen. Letztere haben vor ihrem Einsatz zur Solvenzkapitalbestimmung als sog. (partielle) *interne Modelle* einen Genehmigungsprozess der Aufsichtsbehörden zu durchlaufen. Der konzeptionell durch SII vorgegebenen Rahmen für die Bestimmung des SCR impliziert also für den zweiten Fall, dass Modelle zu entwickeln und Annahmen zu treffen sind, die es ermöglichen sollen, Aussagen über die Änderung der Eigenmittel auf einem Einjahreshorizont zu erhalten. Bezeichnet $\Delta OF_t$ die Änderung der Eigenmittel des Versicherungsunternehmens vom Zeitpunkt 0 zum Zeitpunkt $t$, so ist das SCR als

$$\mathrm{SCR} = \mathrm{VaR}_{0.995}(-\Delta OF_1)$$

anzusetzen, wobei der *Value at Risk* (VaR) als Risikomaß und der Schwellenwert von 99,5% durch SII vorgegeben sind.

In diesem Abschnitt soll es um die isolierte Betrachtung von biometrischen Risiken gehen, insbesondere wird angenommen, dass die Kapitalanlagen durch biometrische Risiken nicht beeinflusst werden. Die Änderung der Eigenmittel in der Markwertbilanz ist in diesem Fall durch die Änderung des passivseitigen Cash Flows gegeben, d.h.

$$\mathrm{SCR} = \mathrm{VaR}_{0.995}\left(-\sum_{j\geq 1}\delta_j \Delta \mathrm{NCF}_j\right), \tag{6.7}$$

wobei $\delta_j$ die Diskontierungsfaktoren darstellen, $\Delta\mathrm{NCF}_j = NCF_j - \mathbb{E}(NCF_j)$ die Abweichung im Net Cash Flow des Jahres $j$ vom Erwartungswert bezeichnet und – vereinfa-

11 Für verwandte Fragestellungen hierzu vgl. etwa [63, 102].

chend – der Net Cash Flow im Jahr $j$ als

$$\mathrm{NCF}_j = \mathrm{Nettopraemie}_j - \mathrm{Nettoschaden}_j \pm \text{andere Komponenten}$$

angesetzt wird.

### Stochastische Modellierung

Der vorstehende Ansatz für das SCR soll nun durch ein Simulationsmodell konkretisiert werden. Entscheidend ist bei der folgenden Betrachtung, wie der angestrebte Einjahreshorizont für Risiken berücksichtigt wird. Formal wäre hier die Gleichung (6.7) auszuwerten unter Berücksichtigung des Erkenntnisgewinns nach einem Jahr, im mathematischen Sinn wäre also eine bedingte Wahrscheinlichkeit zu bestimmen, was auf eine verschachtelte Simulation in der Simulation hinauslaufen würde. Letzteres soll nun aber wegen des hohen Rechenaufwands vermieden werden.

Wir betrachten jetzt die Situation in $t = 1$. Die Änderung des Barwerts der Verpflichtungen zu diesem Zeitpunkt kann auf zwei unterschiedliche Ursachen zurückgeführt werden: eine Änderungskomponente, die sogenannten *Experience Variances*, korrespondiert mit Änderungen des Barwerts aufgrund von in $t = 1$ bereits eingetretenen Abweichungen, dazu kommt ein weiterer Anteil (die sog. *Assumption Changes*) mit Änderungen des Barwerts aufgrund von geänderten Bewertungsannahmen. Diese zweite Komponente reflektiert in einem gewissen Sinn die (zukünftige) Meinung des Aktuars, die sich aufgrund der in $t = 1$ neu vorliegenden Erkenntnisse über eingetretene Abweichungen geändert haben kann.

Der Ansatz in [10] zielt darauf ab, beide Komponenten mit Hilfe von Simulationen zu quantifizieren. Dabei werden in einem stochastischen Modell bestimmte multiplikative Risikofaktoren angesetzt, die je Risikotreiber (im Artikel [10] werden hauptsächlich die Risikotreiber Sterblichkeit und Storno betrachtet) die Effekte des Zufalls-, Änderungs- und Irrtumsrisiko modellieren, vgl. [25]. Tabelle 6.3 gibt ein einfaches Beispiel. Die dort verwendeten Komponenten *Basis*, *Process* und *Trend* entsprechen gerade dem Irrtums-, Zufalls- und Änderungsrisiko und sind jeweils durch eigene stochastische Prozesse zu modellieren und zu kalibrieren.

**Tab. 6.3:** Mögliche Werte der stochastischen multiplikativen Risikofaktoren in einem Pfad für die ersten vier Jahre der Simulation.

| | Sterblichkeit | | | Storno | | |
|---|---|---|---|---|---|---|
| **Jahr** | **Basis** | **Process** | **Trend** | **Basis** | **Process** | **Trend** |
| 1 | 1,05 | 1,02 | 1,01 | 1,00 | 1,08 | 1,12 |
| 2 | 1,05 | 1,05 | 1,02 | 1,00 | 0,96 | 1,21 |
| 3 | 1,05 | 1,06 | 1,02 | 1,10 | 0,89 | 1,29 |
| 4 | 1,05 | 0,97 | 1,03 | 1,10 | 1,08 | 1,32 |

Idealisiert gehen wir davon aus, dass in $t = 1$ zwar die kumulierte multiplikative Auslenkung je Risikotreiber bekannt ist, die einzelnen Komponenten jedoch nicht beobachtet werden können. Der Anteil der *Experience Variances* an der Änderung des Barwerts in einem Pfad ist durch

$$-\delta_1(\mathrm{NCF}_1 - \mathrm{NCF}_1^{\mathrm{b.e.}}) - \sum_{j\geq 2} \delta_j(\hat{\mathrm{NCF}}_j - \mathrm{NCF}_j^{\mathrm{b.e.}})$$

gegeben, wobei die Summanden die beobachtete Änderung des Net Cash Flow im Jahr eins (erster Summand) und die sich unmittelbar daraus ergebende Auswirkung auf die zukünftige Projektion festhalten (zweiter Summand). Die Größe $\hat{\mathrm{NCF}}_j$ ist demnach der Net Cash Flow eines um Volumeneffekte angepassten und ansonsten dem originalen Best Estimate entsprechenden Pfads, der allerdings auch Effekte wie geänderte Verlustvorträge o.Ä. wo nötig berücksichtigt.

Dem Vorschlag in [10] zufolge kann nun ein lineares Regressionsmodell genutzt werden, um die noch fehlende *Assumption Changes*-Komponente zu bestimmen. Wir gehen vom Vorliegen eines Satzes von simulierten Pfaden aus, wobei in jedem Pfad die Risikofaktoren analog zu Tabelle 6.3 und außerdem je Pfad $k$ zusätzlich Folgendes bestimmt wurde:

- der simulierte Net Cash Flow $\mathrm{NCF}_j^k$ für $j = 1, \ldots;$
- der Experience-Variance Net Cash Flow $\hat{\mathrm{NCF}}_j^k$ für $j = 1, \ldots;$
- die (simulierten) akkumulierten Realisierungen $R_k^{\mathrm{Sterblichkeit}}$ bzw. $R_k^{\mathrm{Storno}}$ der Risikotreiber Sterblichkeit und Storno.

In jedem Pfad wird nun der Barwert

$$\mathrm{AC}_k = \sum_{j\geq 2} \delta_j \left(\mathrm{NCF}_j^k - \hat{\mathrm{NCF}}_j^k\right)$$

bestimmt und der Ansatz für die *Assumption Changes*-Komponente ist nun

$$AC = (R-1)\beta$$

mit den zu bestimmenden Regressionskoeffizienten $\beta^T = (\beta^{\mathrm{Sterblichkeit}}, \beta^{\mathrm{Storno}})$.

Die folgende Abbildung 6.18 zeigt einen denkbaren Zusammenhang für ein Portfolio von Todesfallrisiken, wobei wir uns auf den Risikotreiber Tod beschränken.
Die Abbildung zeigt auf der Abszisse die Auslenkungen des multiplikativen Risikotreibers Sterblichkeit, wobei die Werte um eins reduziert wurden und damit bei Null zentriert sind. Die Ordinate entspricht dem oben definierten pfadweisen *Assumption Change* (AC). Punkte in der rechten Bildhälfte korrespondieren mit einer erhöhten Sterblichkeit im Jahr eins und weisen tendenziell eine negative pfadweise AC-Komponente auf, Umgekehrtes gilt für Punkte in der linken Bildhälfte. Dieser Effekt

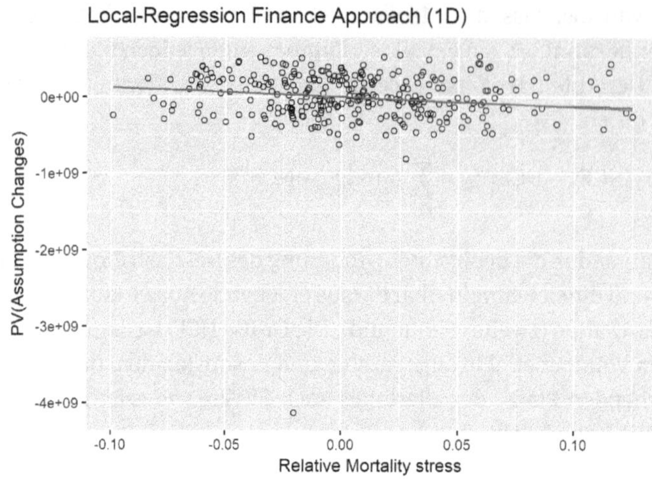


**Abb. 6.18:** Beispielhafte Assumption Changes durch die lineare Regression, jeder Punkt entspricht einem simulierten Pfad.

wird durch die Lineare Regression erfasst, denn die Steigung der Regressiongeraden ist erkennbar negativ. Der Zusammenhang ist plausibel für den Fall von Sterblichkeitsrisiken: Er besagt, dass bei einer Erhöhung der Sterblichkeit im ersten Simulationsjahr im Mittel auch von weiteren negativen Auswirkungen in späteren Jahren auszugehen ist. Dass das Modell dies im Beispiel so vorhersagt, ist natürlich eine Folge der Definition der Prozesse für die Risikotreiber, die eine entsprechende Abhängigkeit im Zeitverlauf berücksichtigen müssen.

Für die Risikokapitalbestimmung im Einjahreshorizont wird im Modell nun an Stelle der pfadweisen Assumption Change Komponente die lineare Vorhersage derselben in Form des Terms $(R-1)\beta$ angesetzt, dies kann interpretiert werden als diejenige Annahmenänderung, die ein Aktuar in einer Situation vornehmen würde unter gleichmäßiger Berücksichtigung der Auswirkungen aller denkbaren Situationen.

#### Verallgemeinerung

Strukturgrenzen linearer Modelle treten oft zu Tage, wenn man sie auf ausgeprägt nichtlineare Zusammenhänge anwendet, die Folge kann dann sein, dass Ergebnisse auftreten, die man so nicht erwartet hat. Das oben beschriebene Modell ist sehr robust und das Beispiel in diesem Abschnitt entstammt der Idee nach zwar dem betrachteten Kontext, ist aber in mehrfacher Hinsicht konstruiert, um die gezeigten Effekte klarer hervortreten zu lassen. Im Kern gehen wir von einer nichtlinearen Gewinnbeteiligungsfunktion in einem Rückversicherungsvertrag aus, die so konstruiert wurde, dass die Chance des Rückversicherers begrenzt ist, nicht aber das Risiko. Der in Abbildung 6.19 gezeigte Effekt hängt darüberhinaus sehr stark von den verwendeten Prozessen für die einzelnen Risikokomponenten und deren Kalibrierung ab und ist hier dadurch deutlich überzeichnet worden, dass z.B. das Prozessrisiko ganz deaktiviert wurde. Der Effekt ist dann um so ausgeprägter, je größer die in die Prozesse eingearbeitete zeitliche Korrelation ist.

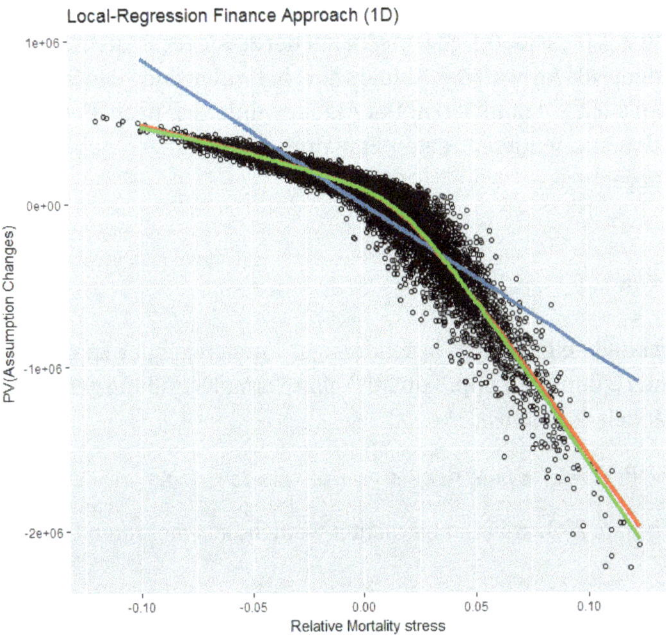


**Abb. 6.19:** Beispiel 2: Assumption Changes bei nichtlinearem Zusammenhang, weitere Erläuterungen im Text.

Zur Interpretation von Abbildung 6.19 rekapitulieren wir das über die Gewinnbeteiligung Gesagte: In der rechten Bildhälfte liegt im Jahr eins eine erhöhte Sterblichkeit vor. Für geringe Erhöhungen der Sterblichkeit wird das Ergebnis für den Rückversicherer negativer, es ist jedoch noch durch die Gewinnbeteiligung gepuffert. Bei stärkeren Erhöhungen wiederum steigt der Verlust des Rückversicherers deutlich, was durch die lineare Regression in den Randbereichen (blaue Gerade) nicht mehr gut erfasst wird.

Will man Situationen wie die soeben beschriebene im Modell noch berücksichtigen, so kann man den Ansatz beispielsweise dadurch verallgemeinern, dass man zu nichtlinearen Regressionsverfahren übergeht, ein Beispiel dafür, nämlich die Einbindung nichtlinearer Funktionen der Prädiktoren in die Regression, haben wir in Abschnitt 6.3 schon gesehen. Eine andere natürliche und in diesem Zusammenhang auch gut zu motivierende Verallgemeinerung ist die sog. *Lokale Regression*, bei der die Vorhersage für jeden Punkt durch ein lineares Regressionsmodell getroffen wird, das benutzte

Modell jedoch vom Punkt abhängt, weil die Vorhersage nicht aus allen vorliegenden Daten, sondern nur von benachbarten Punkten aus einer Umgebung des betrachteten Punktes gewonnen wird. Die Umgebung wird üblicherweise durch einen Parameter $0 \leq \alpha \leq 1$ definiert, der den Prozentsatz des einzubeziehenden Anteils vom Gesamtdatensatz vorgibt (für $\alpha = 1$ ist man also wieder beim bekannten linearen Regressionsmodell). Die grüne und die rote Kurve in Abbildung 6.19 wurden mit einem lokalen Regressionsmodell mit $\alpha = 0{,}3$ bzw. 0,5 gewonnen. Mit der zuvor gegebenen Interpretation der AC-Komponente als Antwort des Aktuars auf eine vorliegende Beobachtung lässt sich das Vorgehen auch gut motivieren: Der Aktuar würde sich nach diesem Ansatz stärker an Situationen orientieren, deren Erstjahresabweichungen nahe an der jeweils betrachteten liegen.

### 6.3.3 Binäre Regression

Lineare Regressionsmodelle eignen sich besonders gut für stetige oder kategorielle Zielvariablen, bei denen (zumindest approximativ) eine Normalverteilung gerechtfertigt ist. Ein lineares Modell der Form

$$P(Y_i = 1) = \beta_0 + \beta_1 x_{i1} + \ldots + \beta_p x_{ik} + \varepsilon_i$$

ist für den Fall, dass binäre Zielvariablen betrachtet werden, aus mehreren Gründen nicht zu empfehlen:

- Die rechte Seite der Gleichung ist nicht binär und der Wertebereich ist nicht beschränkt;
- Die Fehlervarianz $Var(\varepsilon_i)$ kann nicht homoskedastisch, d.h. gleich $\sigma^2$ sein. Der Grund dafür ist, dass $Y_i$ Bernoulliverteilt mit $\pi_i = \beta_0 + \beta_1 x_{i1} + \ldots + \beta_p x_{ip}$ ist. Daher gilt $Var(Y_i) = \pi_i(1 - \pi_i)$, und diese hängt neben den Parametern $\beta_i$ von den Kovariaten ab.

Außerdem lässt sich der (bedingte) Erwartungswert als Linearkombination der Prädiktoren darstellen. In vielen Anwendungen liegt das Ergebnis allerdings in binärer Form vor. Als Beispiel sei hier eine Betrugserkennung genannt, mit der versucht wird, abhängig von Prädiktoren $x_1, \ldots, x_p$ eine Aussage zu treffen, ob ein Betrugsversuch vorliegt ($y_i = 1$) oder nicht ($y_i = 0$). Bei der binären Regression wird damit die Schätzung des Effekts der Kovariablen auf die (bedingte) Wahrscheinlichkeit

$$\pi_i = P(Y_i = 1 | x_{i1}, \ldots, x_{ip}) = E(Y_i | x_{i1}, \ldots, x_{ip})$$

modelliert. Während bei der linearen Regression nur eine Linearkombination der Prädikatoren betrachtet wird, setzt die binäre Regression auf diesen auf. Aufbauend auf dem linearen Prädiktor $\eta_i = \beta_0 + \beta_1 x_{i1} + \ldots + \beta_p x_{ip} = x_i^T \beta$ wird die Verknüpfung mit den Wahrscheinlichkeiten $\pi_i$ in der Form $\pi_i = h(\eta_i)$ modelliert. Dabei ist $h$ auf der ganzen reellen Achse eine streng monoton wachsende Verteilungsfunktion mit der Eigenschaft, dass $h(\eta) \in [0, 1]$. Mit der Umkehrfunktion $g = h^{-1}$ kann die Beziehung auch in der Form $\eta_i = g(\pi_i)$ geschrieben werden. Dabei wird $h$ auch Responsefunktion und $g$ Linkfunktion genannt.

Ein bekanntes Modell ist das Logit-Modell (bzw. die logistische Regression). Dieses ergibt sich durch die Wahl der Responsefunktion in Form von

$$\pi = h(\eta) = \frac{\exp(\eta)}{1 + \exp(\eta)}.$$

Die entsprechende Linkfunktion ist damit

$$g(\pi) = \log\left(\frac{\pi}{1 - \pi}\right) = \eta = \beta_0 + \beta_1 x_1 + \ldots + \beta_p x_p.$$

Damit erhält man ein lineares Modell für die logarithmierten Chancen (log-odds), da sich durch Transformation mit der Exponentialfunktion Folgendes ergibt:

$$\frac{\pi}{1 - \pi} = \exp(\beta_0) \exp(\beta_1 x_1) \cdot \ldots \cdot \exp(\beta_p x_p).$$

Die Interpretation Kovariablen-Einfluss folgt damit dem logarithmischen Additionstheorem: Wird der Wert $x_i$ um 1 erhöht, so wird der Quotient $\frac{\pi}{1-\pi}$ mit dem Faktor $\exp(\beta_1)$ multipliziert.

**Parameterschätzung**

Der Parameter $\beta$ kann über eine Maximum-Likelihood-Schätzung erhalten werden, denn anders als bei der linearen Regression ist eine direkte Berechnung der optimalen Parameter nicht möglich. Ausgangspunkt dafür ist die Likelihood

$$L(\beta) = \prod_{i=1}^{n} f(y_i | \beta; \mathbf{x}_i).$$

Da $Y_i \sim \text{Bernoulli}(1, \pi_i)$ mit $\pi_i = P(Y_i = 1) = E(Y_i)$ gilt:

$$f(y_i | \pi_i) = \pi_i^{y_i} (1 - \pi_i)^{1 - y_i}.$$

Die Schätzwerte werden über eine Maximierung der Log-Likelihood Funktion

$$\log L(\beta) = l(\beta) = \sum_{i=1}^{n} (y_i \log(\pi_i) - y_i \log(1 - \pi_i) + \log(1 - \pi_i))$$

bestimmt.

**Anwendungsbeispiel: Kfz-Versicherung**

Der Datensatz *dataCar* aus der Bibliothek `insuranceData` enthält Daten über Kfz-Versicherungspolicen aus den Jahren 2004 - 2005. Neben dem Geschlecht (`gender`), dem Wohnsitz (`area`, kodiert von A - F), dem Wert des Fahrzeugs (`veh_value`, in $10 000), dem Alter (`veh_age`, 1 (neu) - 4) interessiert hier die Variable `clm`, die anzeigt, ob ein Schadenfall vorliegt (`clm` = 1) oder nicht (`clm` = 0).

Wir laden zunächst den Datensatz in R und erstellen Abbildung 6.20a, die den Fahrzeugwert gegen die angefallenen Schadenfälle aufträgt.

```
library(insuranceData)
library(tidyverse)
data(dataCar)

options(repr.plot.width=4, repr.plot.height=4)
ggplot(data = dataCar, aes(x = veh_value, y = clm)) +
  geom_point(color='blue') +
  xlab("vehicle value (in $10.000))")
```

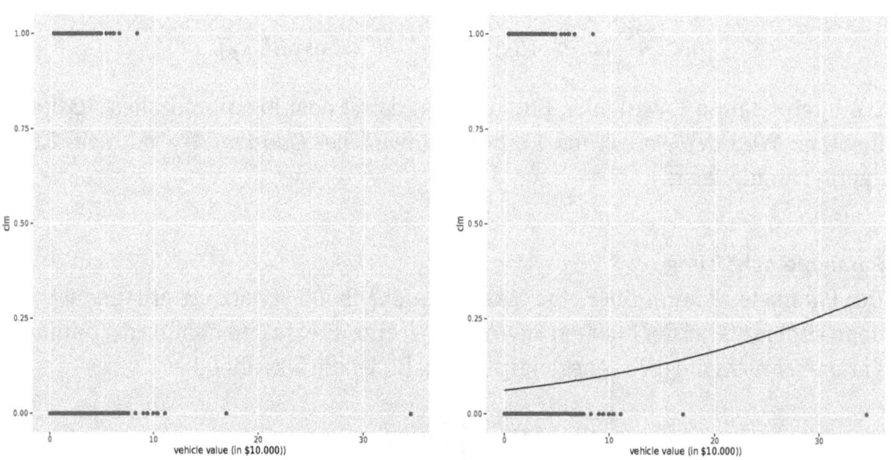


**(a)** Fahrzeugwert vs. Schadenfall (1=ja/0=nein).

**(b)** Ergebnis des Beispiels zur logistischen Regression.

**Abb. 6.20:** Anpassung des logistischen Regressionsmodells.

Die Anpassung des logistischen Regressionsmodells erfolgt in R in der Praxis genau wie bei den streng linearen Modellen auch über die Definition der Formel, wobei lediglich der Parameter `family` angepasst werden muss:

```
model_car <- glm( formula = clm ~ veh_value, family=binomial, data=dataCar)
```

Eine Darstellung des angepassten Modells ist in Abbildung 6.20b zu finden.

Man entnimmt der Ausgabe der `summary`, dass der Wert des Fahrzeuges im Modell signifikant ist. Für eine Steigerung des Fahrzeugwertes um 10 000 Dollar steigen die Odds für eine Schadensmeldung um $\exp(\beta_1) - 1 = \exp(0.05533) - 1 = 6\%$. Auch damit zeigt sich allerdings, dass das angesetzte Modell weiterhin einige Schwächen aufweist. Insbesondere im Bereich ab 20 000 Dollar ist das Modell nicht ausreichend präzise. Alternativ könnte also versucht werden, einen polynomialen Ansatz zu verwenden.

#### Anwendungsbeispiel: Produktempfehlungen

Wir gehen von folgendem hypothetischen Szenario aus: In einem Beratungsgespräch mit einem Kunden soll eine Software dem Vertriebsmitarbeiter möglichst für den Kunden passende Produktvorschläge generieren.

Dazu betrachten wir ein sehr einfaches Modell, welches auf einer vom Vertrieb selbst gepflegten Datenbank aufsetzt. Es sollen nur wenige Stammdaten berücksichtigt werden, hier die Information, ob der Kunde verheiratet ist und wieviele Kinder er/sie hat, sowie als Wohnortinformation die Crestazone, dies entspricht den ersten beiden Ziffern der Postleitzahl in Deutschland. Hinzu kommen im Beispiel lediglich noch die Informationen zu bereits gekauften Versicherungsprodukten (wir unterscheiden Produkt A, B und C) sowie die Information, ob eine konkrete Empfehlung für eines der Produkte dem Kunden bereits unterbreitet worden ist. Die Daten könnten also etwa aussehen wie in Abbildung 6.21 illustriert.

| | kunde | alter | ist_verheiratet | cresta | anzahl_kinder | produkt_a | produkt_b | produkt_c | empfohlen_a | empfohlen_b | empfohlen_c |
|---|---|---|---|---|---|---|---|---|---|---|---|
| 0 | Dipl.-Ing. Hasan Scholl B.Sc. | 39 | 0 | 21 | 2 | 0 | 1 | 1 | 1 | 1 | 1 |
| 1 | Rita Grein Groth B.Eng. | 23 | 1 | 12 | 0 | 0 | 1 | 1 | 1 | 1 | 0 |
| 2 | Marion Drubin | 61 | 1 | 1 | 2 | 0 | 1 | 0 | 1 | 0 | 1 |
| 3 | Gerlind Karz | 80 | 1 | 33 | 1 | 1 | 1 | 1 | 1 | 1 | 0 |
| 4 | Slobodan Lehmann | 68 | 1 | 91 | 0 | 0 | 1 | 1 | 1 | 0 | 0 |
| 5 | Lene Reichmann | 58 | 1 | 9 | 1 | 1 | 0 | 1 | 1 | 0 | 0 |

**Abb. 6.21:** Produktempfehlungsdatensatz: In den binären Feldern *ist_verheitatet, produkt_a/b/c* und *empfohlen_a/b/c* steht eine *1* jeweils für *verheiratet* (als ja) bzw. ein bereits gekauftes Produkt oder eine bereits ausgesprochene Empfehlung an den Kunden. Die Namen wurden mit dem Python-Paket *Faker* erzeugt und werden im Folgenden nicht verwendet, vgl. Abschnitt A.2.4.

Das Ziel soll es nun sein, dem Berater eine oder mehrere Empfehlungen zu unterbreiten, die möglichst zum Erfolg führen. Wir illustrieren hier eine erste Idee, die uns ein Anwendungsbeispiel für die logistische Regression liefert. Das Thema der *recommendation engines* ist jedoch für sich ein sehr weit verzweigtes, in dem sehr viele verschiedene Ansätze vorgeschlagen und angewendet werden.

In diesem Beispiel soll zunächst ein separates logistische Regressionsmodell für jedes der drei Produkte gefittet werden, das die jeweilige Variable *produkt_a/b/c* als Zielvariable verwendet. Wir betrachten dann also im Folgenden einen Kauf bzw. Vertragsabschluss bei einem Kunden als einen Indikator dafür, dass eine entsprechenden Produktempfehlung erfolgversprechend für andere Kunden sein könnte. Wir eliminieren hierzu zunächst das Kundenfeld.

```
df2 = df[[col for col in df.columns if col != "kunde"]].copy()
```

Im nächsten Schritt werden drei Modelle trainiert, wobei jeweils die Zielvariable extrahiert und aus dem Datensatz entfernt wird:

```
products = ["produkt_a", "produkt_b", "produkt_c"]
models = dict()

for current_product in products:

    # Ziel-Variable separieren und aus ursprünglichem Datensatz herausnehmen
    y = df2[current_product]
    X = df2[[c for c in df2.columns if c != current_product]].values

    # Logistische Regression fitten
    logreg = LogisticRegression(solver="lbfgs")
    logreg.fit(X, y)
    models[current_product] = logreg
```

Die drei Modelle sind nach dem Durchlauf in der Variablen `models` abgelegt, das Fitting selbst haben wir an die Klasse *LogisticRegression* aus dem Package *sklearn.linear_model* delegiert. Eine einfache erste Anwendung kann wie folgt aussehen: Liegt ein konkreter Kundendatensatz `df_test` im gleichen Format wie oben in `df` vor, so liefern die drei Modelle Wahrscheinlichkeitsindikationen für eine Sinnhaftigkeit der Empfehlung:

```
predicted = {}
df_test2 = df_test[[col for col in df_test.columns if col != "kunde"]].copy()

for current_product in products:
    # Datensatz für jeweiliges Modell anpassen
    X = df_test2[[c for c in df_test2.columns if c != current_product]].values

    # mit Modell für das jeweilige Produkt die Wahrscheinlichkeit vorhersagen
    logreg = models[current_product]
    predicted["vorhersage_" + current_product] = logreg.predict_proba(X)[:, 1]
```

Eine Beispielausgabe wird in Tabelle 6.4 gezeigt.

Die hieraus abzuleitende Empfehlung an den Vertriebsmitarbeiter muss natürlich auch berücksichtigen, ob der Kunde das entsprechende Produkt schon hat bzw. ob eine Empfehlung schon früher gemacht wurde. Außerdem sollten auch sofort Vor-

**Tab. 6.4:** Mögliches Vorhersageergebnis.

| vorhersage_produkt_a | vorhersage_produkt_b | vorhersage_produkt_c |
|---:|---:|---:|
| 0,515 | 0,464 | 0,448 |

hersagen auf Datensätzen betrachtet werden, bei denen die Felder *empfohlen_a/b/c* auf "1" gesetzt sind, um die Erfolgsaussicht "mit Empfehlung" beurteilen zu können, denn das sind im geschilderten Zusammenhang die eigentlich interessierenden Größen.

### 6.3.4 Generalisierte Additive Modelle (GAM)

Den bisher dargestellten Regressionsmethoden liegt (im Kern) ein lineares Modell der Art

$$y_i = \beta_0 + \beta_1 x_{i1} + \ldots + \beta_p x_{ip} + \varepsilon_i$$

zugrunde. Das ist allerdings in vielen Situationen für sich genommen nicht immer zielführend, da die Realität oftmals nichtlineare Effekte enthält. Mit Methoden wie weiter verallgemeinerten linearen Modellen kann in einigen Fällen Abhilfe geschaffen werden. Jedoch auch Methoden wie Lasso (vgl. Abschnitt 6.6.10) oder PCA (Abschnitt 6.5.2) verwenden im Kern ein derartiges Modell. Die Linearitätsannahme ist allerdings oft eine (unzureichende) Approximation. Ziel dieses Abschnitts ist es, sich von dieser Annahme zu lösen und damit die Klasse der verfügbaren Modelle derart zu erweitern, dass nichtlineare Zusammenhänge flexibel modelliert werden können. Die Erweiterung wird derart vorgenommen, dass der lineare Term $\beta_j x_{ij}$ durch eine "glatte" Funktion $f_j(x_{ij})$ ersetzt wird. Dadurch erhält man folgendes Modell:

$$y_i = \beta_0 + \sum_{j=1}^{p} f_j(x_{ij}) + \varepsilon_i = \beta_0 + f_1(x_{i1}) + \ldots + f_p(x_{ip}) + \varepsilon_i .$$

Modelle dieser Form nennt man Generalisierte Additive Modelle (GAM). Für jedes $X_j$ wird eine separate Funktion $f_j$ verwendet. Die Annahme der Additivität bleibt dabei bestehen, d.h. die Wirkung von $X_j$ auf $Y$ (unter Fixierung der restlichen Variablen) kann weiterhin individuell untersucht werden. Nichtlineare Effekte, die durch eine lineare Regression nicht erfasst wurden, können hiermit (potentiell) erfasst werden. Zudem können Interaktionen wie im linearen Fall hinzugenommen werden (z.B. durch $f_{jk}(X_j, X_k)$).

In Folgenden wird zunächst genau eine metrische Kovariable $z_i$ betrachtet, d.h. das Modell vereinfacht sich zu $y_i = f(z_i) + \varepsilon_i$. Die Fehler werden als unabhängig und identisch verteilt angenommen, mit $E(\varepsilon_i) = 0$ und $Var(\varepsilon_i) = \sigma^2$. Daraus folgt: $E(y_i) = f(z_i)$ und $Var(y_i) = \sigma^2$.

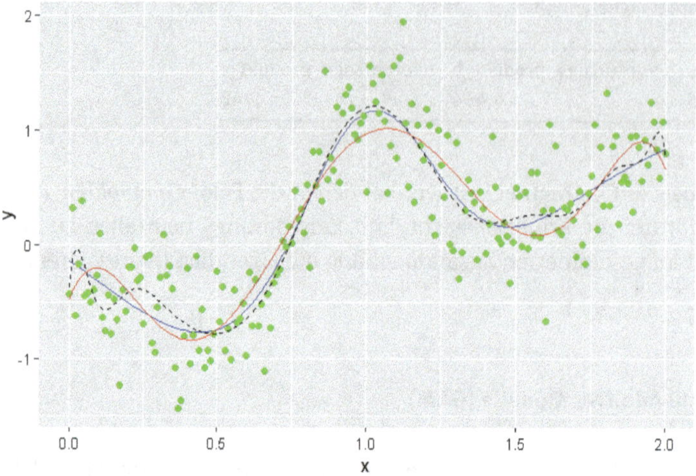


**Abb. 6.22:** Anwendungsbeispiel: Polynomiale Approximation. Die blaue Kurve bildet die Modellkurve $f(x)$ ab, die grünen Punkte stellen dabei die verrauschten Beobachtungen dar. Die rote Kurve approximiert den funktionalen Zusammenhang mit einem Polynom vom Grad 7, die schwarze Kurve mit einem Polynom vom Grad 20.

#### 6.3.4.1 Polynom-Splines (Regressions-Splines)

Die polynomiale Regression wurde bereits vorgestellt. Mit dieser können, neben einem linearen Term $\gamma_1 z$ auch Terme höheren Grades berücksichtigt werden. Ein Polynom vom Grad $l$ kann dabei in folgender Form geschrieben werden:

$$f(z) = \gamma_0 + \gamma_1 z + \ldots + \gamma_l z^l.$$

Die Schätzung der Parameter im Fall der polynomialen Regression kann dabei mit üblichen KQ-Schätzern durchgeführt werden. In vielen Fällen ist solch ein Ansatz aber nicht ausreichend. Das folgende Beispiel illustriert dies anhand eines simulierten Datensatzes.

**Beispiel: Polynomiale Modellierung**

Als Ausgangspunkt nehmen wir die Funktion

$$f(x) = \sin(2x - 3) + 2e^{-10(x-1)^2}.$$

Die Funktionswerte werden durch Addition eines Störterms "verschmiert", wobei die Störterme normalverteilt mit $\mathcal{N}(0, 0.35^2)$ sind, siehe Abbildung 6.22.

Die Abbildung illustriert, warum eine polynomiale Schätzung häufig nicht ausreichend ist. Das Polynom (vom Grad 7) erfasst das lokale Maximum (bei ca. $x = 1$) schlecht. Bei einer Erhöhung des Polynomgrades wird das Maximum annähernd erreicht, allerdings ist die Modellierung in anderen Bereich dann sehr "rau".

### Konstruktion von Polynom-Splines

Eine bessere polynomiale Modellierung kann dadurch erreicht werden, dass der Wertebereich der Kovariablen in mehrere Intervalle aufgeteilt wird. In jedem Intervall erfolgt dann eine separate Schätzung. Die aus Polynomen zusammengesetzte Funktion sollte möglichst "glatt" sein. Das führt zur Klasse der Polynom-Splines.

Eine Funktion $f : [a, b] \to \mathbb{R}$ heißt **Polynom-Spline** vom Grad $l \geq 0$ zu den Knoten $a = \kappa_1 < \ldots < \kappa_m = b$, falls sie die folgenden Bedingungen erfüllt:

1. $f(z)$ ist $(l - 1)$-mal stetig differenzierbar. Für $l = 1$ entspricht dies der Forderung, dass $f(z)$ stetig ist, für $l = 0$ werden keine Glattheitsanforderungen an $f(z)$ gestellt.
2. $f(z)$ ist auf den durch die Knoten gebildeten Interallen $[\kappa_j, \kappa_{j+1}]$ ein Polynom vom Grad $l$.

Diese Definition enthält noch keine Konstruktionsvorschrift, eine Möglichkeit wird im folgenden Abschnitt vorgestellt.

### Polynom-Splines mit trunkierten Potenzen

Es gibt verschiedene Möglichkeiten zur Darstellung von Polynom-Splines, also Polynomen vom Grad $l$ mit den genannten zusätzlichen Regularitätsanforderungen. Die bekanntesten Vertreter sind die sogenannten *Trunkierten Potenzen* und *Basic Splines* (B-Splines). Wir führen aufgrund der besseren Veranschaulichung exemplarisch jedoch nur die trunkierten Potenzen ein, die folgende Darstellung haben:

$$y_i = \gamma_1 + \gamma_2 z_i + \ldots + \gamma_{l+1} z_i^l + \gamma_{l+2}(z_i - \kappa_2)_+^l + \ldots + \gamma_{l+m-1}^l (z_i - \kappa_{m-1})_+^l .$$

Der vorstehende Ausdruck beschreibt ein Polynom vom Grad $l$ für die Knoten $\kappa_2, \ldots, \kappa_{m-1}$. Hierbei bezeichnet

$$(z - \kappa_j)_+^l = \begin{cases} (z - \kappa_j)^l & z \geq \kappa_j, \\ 0 & sonst. \end{cases}$$

Damit können nun auf den jeweiligen Intervallen individuelle Polynome verwendet werden und die Glattheitsbedingungen werden erfüllt.
Jedes Polynom-Spline vom Grad $l$ und mit den Knoten $\kappa_1 < \ldots < \kappa_m$ kann nun eindeutig als Linearkombination der $d = m + l - 1$ Funktionen

$$B_1(z) = 1, B_2(z) = z, \ldots, B_{l+1}(z) = z^l,$$
$$B_{l+2}(z) = (z - \kappa_2)_+^l, \ldots, B_d(z) = (z - \kappa_{m-1})_+^l$$

dargestellt werden. Diese werden auch als TP-Basis bezeichnet. Dadurch erhalten wir das folgende Modell:

$$y_i = f(z_i) + \varepsilon_i = \sum_{j=1}^{d} \gamma_j B_j(z_i) + \varepsilon_i .$$

**Parameterschätzung bei Polynom-Splines mit trunkierten Potenzen**

Die Bestimmung der Parameter $\gamma_j$ kann über eine KQ-Schätzung erfolgen. Analog der linearen Regression wird die Designmatrix bestimmt:

$$
\begin{aligned}
\mathbf{Z} &= \begin{pmatrix} B_1(z_1) & \dots & B_d(z_1) \\ \vdots & \ddots & \vdots \\ B_1(z_n) & \dots & B_d(z_n) \end{pmatrix} \\
&= \begin{pmatrix} 1 & z_1 & \dots & z_1^l & (z_1 - \kappa_2)_+^l & \dots & (z_1 - \kappa_{m-1})_+^l \\ \vdots & & & & & & \vdots \\ 1 & z_n & \dots & z_n^l & (z_n - \kappa_2)_+^l & \dots & (z_n - \kappa_{m-1})_+^l \end{pmatrix}
\end{aligned}
$$

*Anmerkung:* Neben der TP-Basis gibt es wie erwähnt auch die Möglichkeit, B-Splines zu verwenden. Diese werden aus Geschwindigkeitsgründen oft bevorzugt, denn die Designmatrix besteht hier zum großen Teil aus Nullen, und damit ist eine numerisch effiziente Lösung möglich. Zudem kann damit bei großen Skalenunterschieden auf dem Wertebereich ein Gleitkommaüberlauf bei betragsmäßig großen Werten vermieden werden, was mit der TP-Basis gelegentlich vorkommt.

Aus der Designmatrix **Z** ergibt sich die Modellgleichung

$$y = \mathbf{Z}\gamma + \varepsilon$$

und hieraus der KQ-Schätzer

$$\hat{\gamma} = (\mathbf{Z}^T\mathbf{Z})^{-1}\mathbf{Z}^T\mathbf{y}.$$

Hierbei gilt es zu beachten, dass eine Interpretation der einzelnen Schätzwerte $\hat{\gamma}_j$ im Gegensatz etwa zur linearen oder logistischen Regression kaum sinnvoll ist. Darüber hinaus kann die Güte der Modellanpassung beispielsweise in einem Streudiagramm der Daten in Kombination mit der geschätzten Kurve beurteilt werden.

**Anzahl und Auswahl der Knoten**

Eine wichtige Rolle spielt die Auswahl und die Anzahl der verwendeten Knoten, eine generelle Faustregel hinsichtlich der optimalen Anzahl bzw. Intervalllänge gibt es dabei nicht. Eine größere Knotenanzahl führt zu einer flexibleren Schätzung, eine kleinere Anzahl umgekehrt jedoch zu einer glatteren Schätzung.

Folgende Ansätze zur Festlegung der Knoten sind üblich:

- Äquidistante Knoten im Intervall $[a, b]$ mit $h = \frac{b-a}{m-1}$ und $\kappa_j = a + (j-1) \cdot h$, $j = 1, \ldots, m$.
- Quantilbasierte Knoten, d.h. Verwendung der $\frac{j-1}{m-1}$-Quantile, $j = 1, \ldots, m$, mit den beobachteten Kovariablenausprägungen $z_1, \ldots, z_n$ als Knoten.
- Visuelle Knotenwahl anhand des Streudiagramms, sodass eine Anpassung der Knotendichte an die Variabilität der Daten unter Berücksichtigung von inhaltlichen Überlegungen erfolgt.

**Anwendungsbeispiel: B-Spline (Medical Cost Personal Datasets)**
Der Beispieldatensatz (Quelle: Kaggle (Public)[12]; Medical Cost Personal Datasets) enhält folgende Informationen:

| Nr. | Spalte | Typ |
|---|---|---|
| 1 | age (Alter VN) | stetig |
| 2 | sex (Geschlecht VN) | diskret |
| 3 | bmi (Body mass index, $(kg/m^2)$, idealer Wertebereich: 18.5 to 24.9 | stetig |
| 4 | children (Anzahl der zugeordneten Kinder) | diskret |
| 5 | smoker (Raucher) | diskret |
| 6 | region (Bereich in den USA) | diskret |
| 7 | charges (Medizinische Kosten) | stetig |

Für die Arbeit mit Regressionssplines steht in R die library `splines` zur Verfügung. Eine Designmatrix kann über die Funktion `bs` unter Verwendung von B-Splines automatisch erzeugt werden. Im folgenden Code-Fragment werden die Knoten manuell gesetzt. Im Anschluss wird das Splinemodell basierend auf den Daten und den Knoten berechnet und visualisiert:

```
library(tidyverse)
library(splines)
mc <- read.csv(".\\insurance.csv", header=TRUE)
knots <- c(15,20,25,30,35,40,45,50)
fit <- lm(charges ~ bs(bmi, knots=knots), data=mc)

range_bmi = range(mc$bmi)
grid_bmi = seq(from=range_bmi[1], to=range_bmi[2], by=0.01)
grid_pred = predict(fit, newdata=list(bmi=grid_bmi), se=T)
mc_grid_pred = data.frame(bmi=grid_bmi, fit=grid_pred$fit)
options(repr.plot.width=5, repr.plot.height=5)

ggplot() +
  geom_point(data=mc, mapping=aes(x=bmi, y=charges, color=smoker)) +
```

12 Siehe https://www.kaggle.com/mirichoi0218/insurance

```
geom_line(data=mc_grid_pred, mapping = aes(x=bmi, y=fit), color="blue") +
labs(x="BMI", y="medizinische Kosten")
```

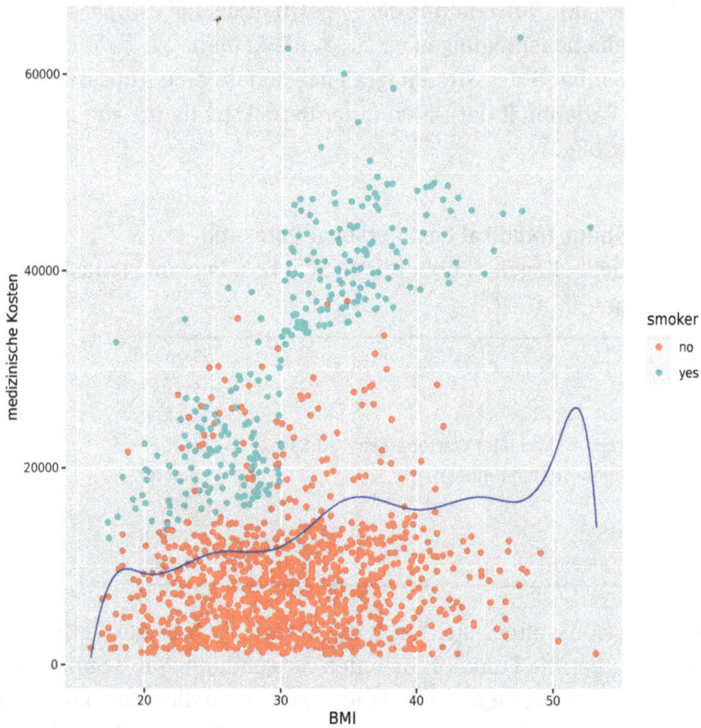


**Abb. 6.23:** Datensatz Medical Cost Personal mit berechnetem Polynom: Für steigenden *BMI* werden die medizinischen Kosten durchschnittlich tendenziell steigen.

In Abbildung 6.23 ist zu sehen, dass ab dem BMI 30 die Kosten bis ca. BMI 35 stark ansteigen und danach annähernd konstant bleiben. Der Verlauf der Funktion sieht noch etwas "wackelig" aus. Hier könnte versucht werden, durch weitere Stützpunkte zu stabilisieren.

#### 6.3.4.2 Penalisierte Splines (P-Splines)

Die Güte der Schätzung mit Polynom-Splines hängt stark von der Anzahl der verwendeten Knoten ab. Um diesem Problem zu begegnen, gibt es im wesentlichen zwei Ansätze, entweder eine adaptive Wahl der Knoten basierend auf Modellwahlstrategien oder die Regularisierung des Schätzproblems durch Penalisierungsansätze. Die grundlegende Idee von penalisierten Splines ist es, bei der Approximation der zu schätzenden Funktion $f$ durch eine große Anzahl von Knoten (ca. 20 - 40) zu gewährleisten, dass der Ansatz flexibel genug ist. Zusätzlich wird durch die Einführung eines zusätzlichen Terms in die Zielfunktion der Optimierung, der zu große Variabilität der Schätzung bestraft, einer Überanpassung entgegengewirkt. Dabei erfolgt also ein Übergang vom üblichen KQ-Kriterium zu einem erweiterten, penalisierten KQ-Kriterium, das sich wie folgt darstellt:

$$PKQ(\lambda) = \sum_{i=1}^{n} \left( y_i - \sum_{j=1}^{d} \gamma_j B_j(z_i) \right)^2 + \lambda \sum_{j=l+2}^{d} \gamma_j^2 .$$

Über den Glättungsparameter $\lambda$ wird eine zu starke Anpassung an die Daten verhindert. Für $\lambda \to 0$ erhält der Strafterm ein geringes Gewicht und die Schätzung liegt nahe am KQ-Schätzer, wohingegen für $\lambda \to \infty$ der Strafterm den Ausdruck dominiert und sich ein Polynom vom Grad $l$ als Schätzer für $f(z)$ ergibt. Darüber hinaus spielt die Position bzw. Zahl der Knoten in diesem Ansatz nur noch eine untergeordnete Rolle.

#### 6.3.4.3 Glättungssplines (Smoothing Splines)

Bei den bisherigen Betrachtungen wurde von einem von bekannten Basisfunktionen gebildeten Funktionenraum ausgegangen, den TP- bzw. B-Splines. Für eine zu schätzende Funktion $f$ kann allgemeiner, unter Verzicht auf Basisfunktionen, auch angenommen werden, dass diese lediglich zweimal stetig differenzierbar ist. Dann lässt sich das Gütemaß für die Anpassung an die Daten mit einem Penalisierungsterm kombinieren, wenn man verlangt, dass $f$ das folgende Funktional minimiert:

$$\sum_{i=1}^{n} (y_i - f(x_i))^2 + \lambda \int (f''(z))^2 \, dz .$$

Der Strafterm benutzt die zweite Ableitung als Maß für die Krümmung einer Funktion. Trotz des sehr allgemeinen Ansatzes ergibt sich eine sehr spezielle Funktionenklasse als Lösung des Optimierungsproblems. Diese wird gebildet durch die *natürlichen kubischen Splines.*

Für eine Knotenmenge $a < \kappa_1 < \ldots < \kappa_m < b$ ist $f(z)$ genau dann ein natürlicher kubischer Spline, wenn gilt:

1. $f(z)$ ist ein kubischer Polynom-Spline zu obigen Knoten;
2. $f(z)$ erfüllt die Randbedingungen $f''(a) = f''(b) = 0$.

**Anwendungsbeispiel: GAM**

In diesem Abschnitt legen wir den Datensatz *Wage* der Library *ISLR* zugrunde. Dieser enthält unter anderem Gehaltsdaten für eine Auswahl von 3 000 männlichen Arbeitern aus den USA. In der Bibliothek ISLR sind Datensätze des Buches “An Introduction to Statistical Learning” ([43]) enthalten. Diese bieten gute Grundlagen zum Anwenden von Regressions- und Clustermethoden. Ziel des Beispiels ist die Vorhersage des Einkommens anhand der erklärenden Variablen `year`, `age` und `education`. Das Attribut `year` bezeichnet dabei das Jahr, in dem die Information erfasst wurde, `age` das Alter des Arbeiters und `education` den Grad der Ausbildung. Für das Beispiel wird folgende Annahme gemacht:

$$wage = \beta_0 + f_1(year) + f_2(age) + f_3(education) + \varepsilon.$$

Ein GAM kann in R über die Funktion `gam` spezifiziert werden, wobei dann mit `s` ein Glättungsspline damit verwendet wird.

```
library(ISLR)
library(gam)
gam_wage = gam( wage~s(year,3)+s(age,3)+education,data=Wage)
par(mfrow=c(2,2))
options(repr.plot.width=7, repr.plot.height=7)
plot(gam_wage, se=TRUE, col="blue")
```

Werden die Variablen `age` und `education` fixiert, dann steigt das Gehalt mit den Jahren, siehe Abbildung 6.24. Ein möglicher Grund ist der Inflationsausgleich. Werden `year` und `education` fixiert, dann ist erkennbar, dass das Gehalt ungefähr beim Alter 45 seinen größten Wert annimmt. Für jüngere bzw. ältere Arbeiter fällt es. Für `year` und `age` fix steigt das Gehalt mit zunehmender Ausbildung.

### 6.3.5 Lineare Diskriminanzanalyse (LDA)

Die *Lineare Diskriminanzanalyse* (LDA) ist eine Methode zur Klassifikation von diskreten Zielvariablen. Das Ziel ist es, eine Grundgesamtheit anhand aussagefähiger Merkmale in (möglichst überschneidungsfreie) Gruppen einzuteilen.

Die LDA kann aus verschiedenen Blickwinkeln eingeführt werden. Der erste Ansatz geht auf Bayes Theorem (siehe z.B. [92]) zurück. Damit lässt sich die bedingte Zähldichte

$$p_k(x) = \frac{f_k(x)\pi_k}{\sum_{l=1}^{k} f_l(x)\pi_l} \tag{6.8}$$

berechnen. Wie schon zuvor wird eine diskrete Zielvariable $Y$ mit Werten $1, \dots, K$ in Abhängigkeit von $x \in \mathbb{R}^p$ Merkmalen betrachtet, wobei

$$\pi_k = P(Y = k),\ k = 1, \dots, K$$

und die bedingte Dichte

$$f_k(x) = f(x|Y = k)$$

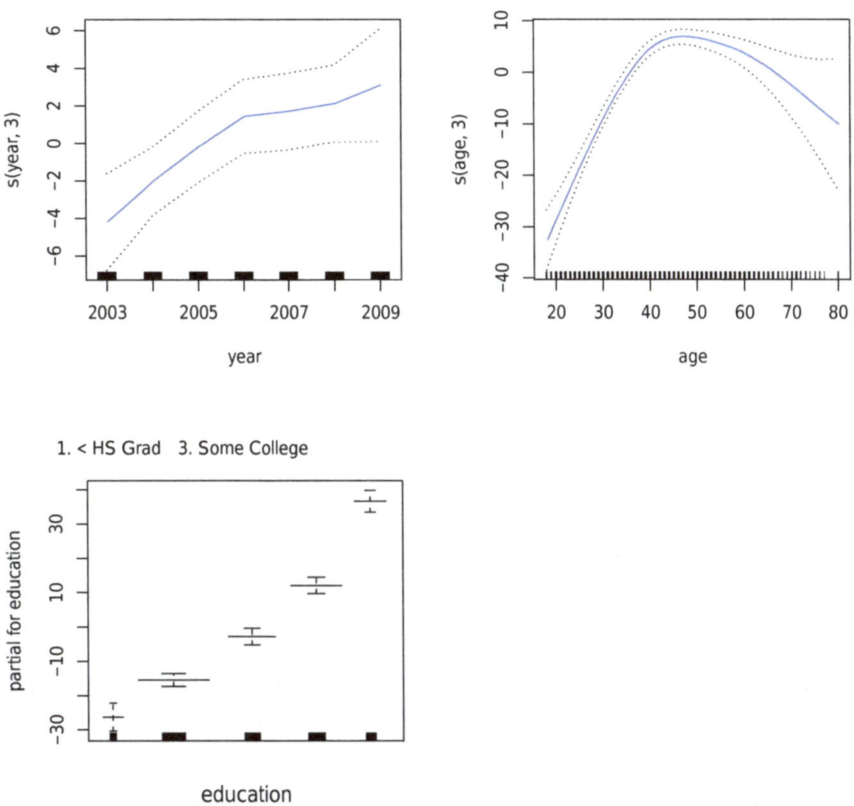


**Abb. 6.24:** Ergebnis der GAM Modellierung.

von $X$ unter $Y = k$ verwendet wird. Jeder Beobachtung $x$ wird dann diejenige Klasse $C_z$ $(z = 1, \ldots, K)$ zugeordnet, sodass $p_k(x)$ maximal wird.

Eine weitere Sichtweise besteht darin, Linearkombinationen von Schätzern $p_k(x)$ zu bilden, welche die Zentroiden der Datenverteilung maximal separieren, während zugleich die innere Varianz minimiert wird. Damit ist es möglich, die Dimension des Datensatzes auf die wesentlichen Freiheitsgrade zu projizieren, darauf wird später im Kapitel 6.5.1 zu Verfahren der Dimensionsreduktion eingegangen.

Um für die Kombination der Schätzer Linearität fordern zu können, verwenden wir die Annahme, dass die multivariate Beziehung von $X$ unter $Y = k$ in jeder Dimension normalverteilt ist. Dann folgt beispielsweise, dass die Kovarianzmatrix $\Sigma \in \mathbb{R}^p \times \mathbb{R}^p$ für alle $k$ identisch ist und darüber hinaus der Erwartungswert $\mu_k \in \mathbb{R}^p$ existiert. Nun kann Gleichung 6.8 umgeformt werden, sodass sich unter Einbezug der Dichte $f_k(x)$ das Optimierungsproblem

$$\delta_k(x) = x^T \cdot \Sigma^{-1}\mu_k - \frac{1}{2}\mu_k^T \cdot \Sigma^- 1\mu_k + \ln \pi_k \tag{6.9}$$

ergibt. An der invertierten Kovarianzmatrix sieht man insbesondere die verwendeten Annahmen, da der Ausdruck bei fehlender Normalverteilung i.d.R. nicht berechenbar ist. In der Praxis, mit bestenfalls annähernd normalverteilten Merkmalen, bedeutet dies natürlich, dass die Ergebnisse der LDA immer kritisch zu hinterfragen sind. Insbesondere dort, wo sich zeigt, dass mehrere Merkmale stark korreliert auf den gleichen Unterraum projiziert werden, lohnt es sich, die reduzierte Kovarianzmatrix darauf zu prüfen, ob die Annahmen gerechtfertigt sind und somit die Verwendung der dimensions-reduzierten Merkmale auch nützlich sein kann.

Der typische LDA-Algorithmus geht unter diesen Vorbedingungen wie folgt vor:

- Aus der Lernstichprobe $(x_1, y_1), \ldots, (x_n, y_n)$ werden die Schätzer $\hat{\pi}_k$, $\hat{\mu}_k$ und $\hat{\Sigma}$ bestimmt.
- Ein Sample $x \in \mathbb{R}^p$ wird also jener Klasse $C_k = k$ zugewiesen, für die der Ausdruck (6.9) maximal ist.

Die $\hat{\pi}_k$ entsprechen folglich der relativen Häufigkeit von $k$ in $y_1, \ldots, y_n$, wobei die Parameter der multivariaten Normalverteilung wie üblich geschätzt werden. Dadurch wird die Wahrscheinlichkeit einer Fehlklassifikation zugleich minimiert.

**Anwendungsbeispiel: Betrugserkennung Kfz-Versicherung**
Der an dieser und zur besseren Vergleichbarkeit auch an einigen anderen Stellen in diesem Buch verwendete Datensatz wird in Anhang A.2.5 erläutert.
In R führen wir die eigentliche Analyse auf den Trainingsdaten mit der Funktion *lda* aus der *MASS*-Bibliothek durch und erhalten anschließend die Vorhersage auf den Testdaten mit *predict*.

```
library(MASS)

LDA <- lda(formula = incident_type ~ months_as_customer + vehicle_claim +
           injury_claim + property_claim + bodily_injuries + witnesses +
           age, data = fraud_claims_train)

LDA_pred = predict(LDA,fraud_claims_test[,-19])$class
```

Wir verzichten auf die Codierung und den Einbezug der kategoriellen Merkmale, weil wir hier zunächst nur einen groben Einblick in die Wirkungsweise der Diskriminanzanalyse bekommen wollen – letztlich ist die Vorgehensweise nur für kontinuierliche Merkmale geeignet und insofern für die meisten typischen Datensätze zur Klassifikation nur bedingt geeignet, mehr dazu im Unterabschnitt 6.5.1 zur Dimensionsreduktion mittels LDA. Der folgende Code-Block zeigt einige Möglichkeiten, Details über den Fit zu erhalten, unter anderem im *scaling* die Gewichte der einzelnen Klassen sowie im Attribut *svd* die Transformationskoeffizienten für den Diskriminanzraum:

```
names(LDA)

LDA$prior
LDA$counts
LDA$means
LDA$scaling
LDA$svd

prop = LDA$svd^2/sum(LDA$svd^2) ## interessant bei mehreren Diskriminanzvektoren
prop

LDA_pred
```

Als weitere Attribute stehen zur Verfügung

- *prior probability*: die angenommenen Gruppenhäufigkeiten;
- *group means*: die klassenspezifischen Mittelwerte für jede Kovariate;
- *coefficients*: die Koeffizienten der Diskriminanzanalyse;
- *prop*: der Anteil der von jeder Diskriminanzfunktion aufgeklärten Varianz an der Gesamtvarianz zwischen den Gruppen.

Wir betrachten zum Schluss noch die jeweils anfallenden Varianzanteile auf die Projektionsvektoren und stellen fest, dass sich über 99% der Varianz auf eine Dimension komprimieren lässt. Das bedeutet zum einen, dass der Fit im Wesentlichen einen eindimensionalen Zusammenhang mit der Zielgröße zeigt, und zum anderen, dass die Vorhersagegüte des Modells nicht besonders gut sein dürfte.

Die Visualisierungen (siehe Abbildungen 6.25, 6.26 und 6.27) zeigen, wie die Beobachtungen gruppiert werden. Es ist zu sehen, dass es zwei verschiedene Gruppenausprägungen gibt, eine Differenzierung erfolgt zwischen Kollisionsschäden und Nicht-Kollisionsschäden (Diebstahl-/Parkschäden), aber im Wesentlichen nur zwischen der ersten und der zweiten/dritten Dimension. Die Beobachtung der zweiten gegen die dritte Projektionsdimension enthüllt nur mehr statistisches Rauschen – beide Merkmale enthalten praktisch keine Information mehr bezüglich der Zielgröße.

Die Konfusionsmatrix[13] zeigt, dass die Unterscheidung zwischen Kollision und Nicht-Kollision (abgesehen von einer Missklassifikation) leicht ist, wohingegen innerhalb der beiden Ausprägungen nicht weiter differenziert werden kann und es hier

**13** Siehe Abschnitt 6.6.6.

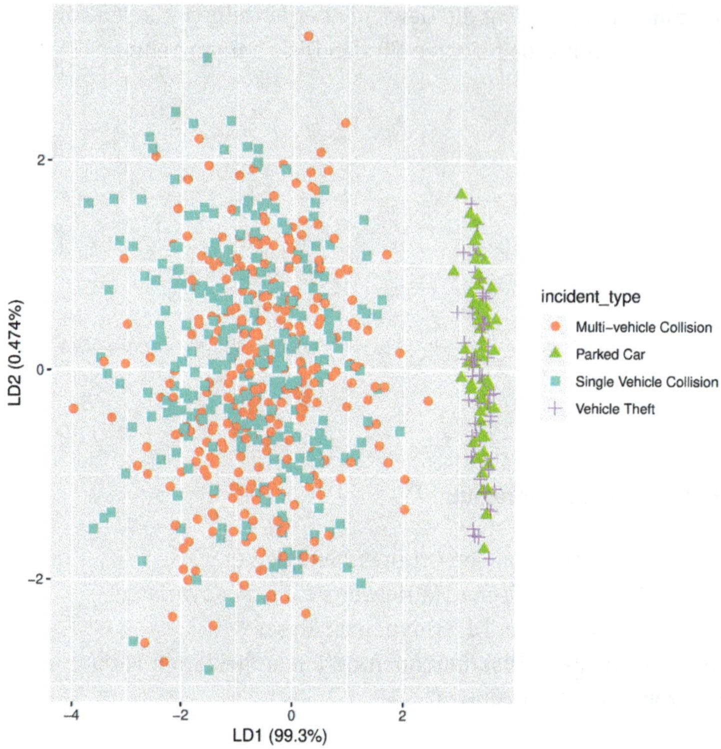


**Abb. 6.25:** Betrugserkennung Kfz-Versicherung: Plot der ersten gegen die zweite projizierte Schätzerdimension.

rund 50% Missklassifikationen kommt. Zur Unterscheidung der gefundenen Untergruppen müssten zusätzliche Informationen herangezogen werden.

```
table(fraud_claims_test[,19],LDA_pred)
```

```
                          LDA_pred
                           Multi-vehicle Collision Parked Car
  Multi-vehicle Collision                       79          0
  Parked Car                                     0         12
  Single Vehicle Collision                      74          0
  Vehicle Theft                                  0         13
                          LDA_pred
                           Single Vehicle Collision Vehicle Theft
  Multi-vehicle Collision                        47             1
  Parked Car                                      0            11
  Single Vehicle Collision                       45             0
  Vehicle Theft                                   0            18
```

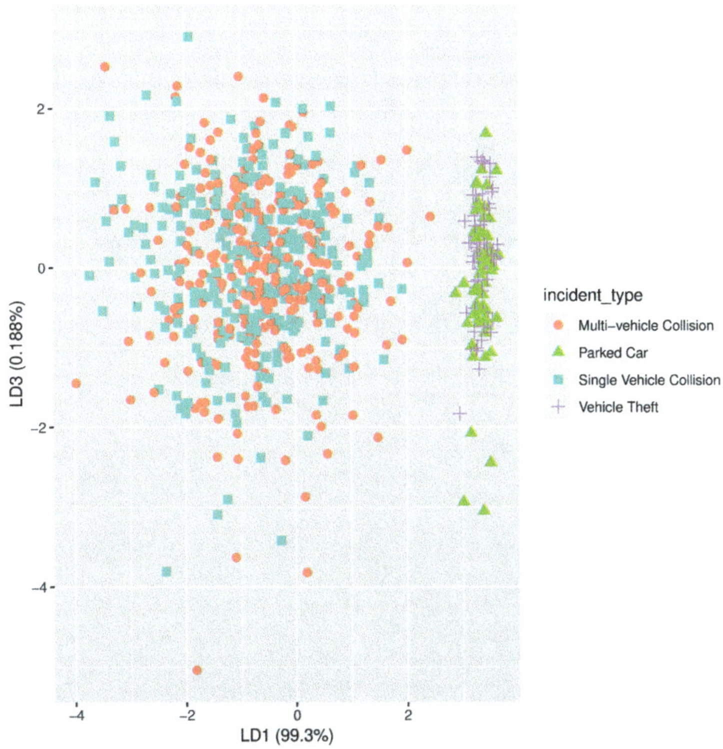


**Abb. 6.26:** Betrugserkennung Kfz-Versicherung: Plot der ersten gegen die dritte projizierte Schätzerdimension.

### Anmerkung 1

Für den Einsatz in der Klassifikation bewirkt das Argument *CV=TRUE* der R-Funktion `lda` eine Kreuzvalidierung[14]. Die ausgegebene Liste enthält die Klassifikation und die dazugehörigen a-posteriori Wahrscheinlichkeiten. Die Berechnung der Koeffizienten der Diskriminanzanalyse unterbleibt dabei.

### Anmerkung 2

Über das Argument *prior* lassen sich die für die Klassifikation a-priori zu verwendenden Wahrscheinlichkeiten vorgeben. In der Voreinstellung verwendet lda die Klassenanteile aus dem Trainings-Datenset, die Auftrittswahrscheinlichkeiten lassen sich aber auch in Form eines Vektors in der Reihenfolge der Kovariaten vorgeben. Dies ist insbesondere nützlich, wenn die zu schätzenden Klassen stark unbalancierte Häufigkeiten aufweisen.

---

**14** Siehe Abschnitt 6.6.2.

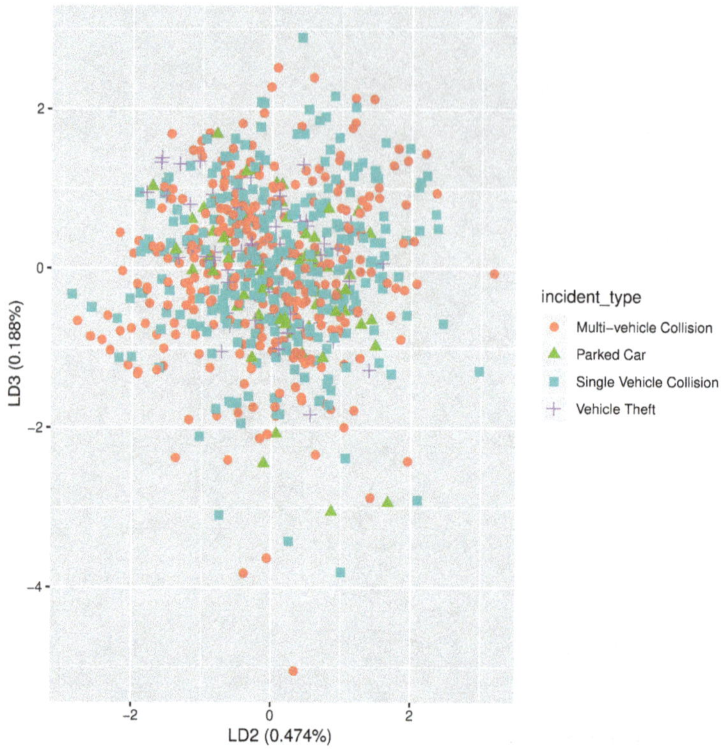


**Abb. 6.27:** Plot der zweiten gegen die dritte projizierte Schätzerdimension.

**Anmerkung 3**
Es gibt verschiedene Arten von Diskriminanzanalysen, je nachdem, welche Verteilungsannahme über $\pi(x|y = C_l)$ getroffen wird; bei der Verwendung von Software-Paketen ist auf die jeweilige Definition zu achten, wenngleich typischerweise die Annahme einer Normalverteilung mit den Daten am verträglichsten ist – ob sie auch praktisch und formalsemantisch sinnvoll ist, muss natürlich im Einzelfall geprüft werden.

### 6.3.6 k-Nearest-Neighbors (kNN)

Das Konzept der *k-Nächsten-Nachbarn* (kNN) in der Klassifikation ist in seiner Simplizität zugleich unübertroffen und dennoch oftmals überraschend erfolgreich ([108]). Es handelt sich hierbei um einen Klassifikationsalgorithmus, bei dem eine Klassenzuordnung unter Berücksichtigung der im Trainings-Datensatz gefundenen $k$ Nachbarn, die bezogen auf das Distanzmaß $d$ am nächsten zum Testobjekt liegen, vorgenommen wird. Wenn im Mehrheitsentscheid Gleichstand herrscht, so wird eine der in Frage kommenden Klassen zufällig ausgewählt.

Es gibt zur Einführung der Vorgehensweise drei relevante Elemente:

- Das Trainingsset der bereits klassifizierten Daten;
- das Distanzmaß und
- den Hyperparameter $k$ der zu betrachtenden nächsten Nachbarn.

Der kNN-Algorithmus geht damit wie folgt vor:

- Berechnung des Abstandes zwischen einem Testobjekt $X_l$ und allen übrigen Trainingsobjekten $X_i \in X$ des Trainings-Datensatzes mit Hilfe eines Distanzmaßes $d(X_l, X_i)$.
- Für jede Beobachtung $X_l$ erfolgt die Bestimmung der $k \leq n$ nächsten Nachbarn mit $d(X_l, X_1) \leq d(X_l, X_2) \leq \cdots \leq d(X_l, X_k) \leq \cdots \leq d(X_l, X_n)$.
- Klassifizierung des Testobjekts $X_l$ gemäß der Häufigkeit der Klassen der $k$ nächsten Nachbarn mittels

  $$\underset{z}{\operatorname{argmax}} \sum_{j=i_1}^{i_k} I(X_j \in C_z), z \in 1, \ldots, M$$

  mit der Indikatorfunktion $I(\cdot)$.

**Use Case: Betrugserkennung Kfz-Versicherung**

Wir setzen erneut auf den in Anhang A.2.5 erläuterten Betrugsdatensatz auf. Dazu wird die letzte Spalte des Datensatzes *fraud_reported*, welche die Response-Variable enthält, entfernt. Um einen Überblick über die allgemeine Verfahrensweise zu behalten, beschränken wir uns hier auf die fünf Merkmale *months_as_customer*, *age*, *policy_deductable*, *witnesses* und *vehicle_claim*.

Die eigentliche Analyse auf den Trainingsdaten wird mit dem Befehl *knn* aus der R-Bibliothek *class* durchgeführt. Im Folgenden betrachten wir die Vorhersage auf den Testdaten mit *predict* für $k = 1, \ldots, 150$ Nachbarn, um den besten Wert für den Hyperparameter zu bestimmen:

```
library(class)

fraud_claims_performance <- numeric() # Variable zur Speicherung der Performance
                                      # zu jedem k
fraud_claims_predict <- array(numeric(),
                              dim=c(length(fraud_claims_test$fraud_reported),
                                    150))

for(i in 1:150) {                     # k-NN anwenden für k = i
  predict <- knn(fraud_claims_train[c(1, 2, 7, 30, 35)],
```

```
                    fraud_claims_test[c(1, 2, 7, 30, 35)],
                    fraud_claims_train$fraud_reported, k=i)
  fraud_claims_predict[,i] <- predict
  fraud_claims_performance <- c(fraud_claims_performance,
                                mean(predict==fraud_claims_test$fraud_reported))
}

options(repr.plot.width=10, repr.plot.height=5)
plot(1 - fraud_claims_performance, type="l", ylab="Fehlerrate",
     xlab="k", main="Fehlerrate für Betrug mit varierendem k")
```

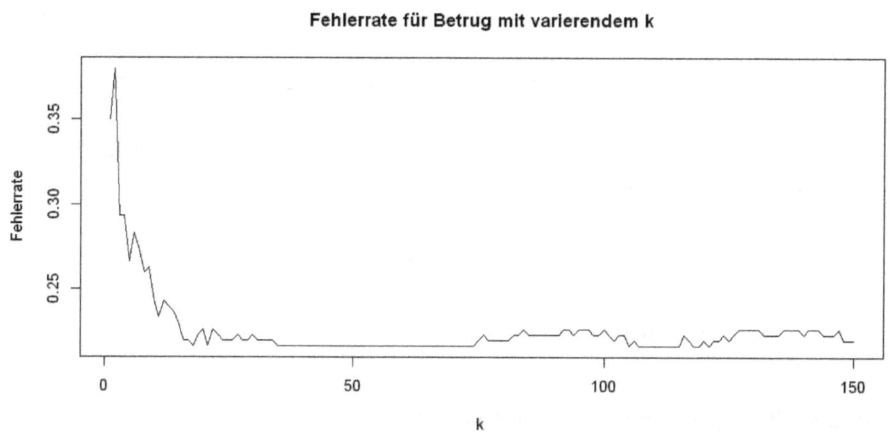


**Abb. 6.28:** Plot der Fehlerrate der Klassifikation mittels kNN für $k = 1, \ldots, 150$ einbezogene Nachbarbeobachtungen.

Es ist in Abbildung 6.28 deutlich zu erkennen, dass einerseits eine einstellige Anzahl Nachbarn keine guten Ergebnisse zeigt, andererseits aber jenseits von $k = 50$ Nachbarn keine wesentliche Änderung der Performance mehr stattfindet. In diesem speziellen Fall ist uns bekannt, dass die wesentlich vorhersagekräftigen Cluster deutlich kleiner sind als 50 Beobachtungen und somit die Variation hier nur noch statistisches Rauschen des Algorithmus darstellt. Auch bei anderen Problemen dürfte es extrem unwahrscheinlich sein, dass Werte von $k$ größer als 100 zu guten Ergebnissen und nicht etwa Overfitting führen.

Darüber hinaus ist die Betrachtung der Konfusionsmatrix (vgl. Abschnitt 6.6.6) interessant:

```
# Falsch-Klassifikation für z.B. k=10
print("k = 10:")
table(fraud_claims_test[,39], fraud_claims_predict[,10])

# Falsch-Klassifikation für z.B. k=40
print("k = 40:")
table(fraud_claims_test[,39], fraud_claims_predict[,40])
```

```
[1] "k = 10:"

      1   2
  N 204  19
  Y  54  23
[1] "k = 40:"

      1   2
  N 218   5
  Y  60  17
```

Man erkennt hier, dass offenbar sowohl für kleine ($k = 10$) als auch größere ($k = 40$) Umgebungen der Nachbarn die Quelle der Fehlklassifikationen in erster Linie daher stammt, dass *falsch-negative* Klassifizierungen vorgenommen werden; konkret also Fälle, die dem Label *Betrug* zugehören, als *kein Betrug* klassifiziert werden. Dies überrascht uns nicht, aus mindestens zwei Gründen: Zum einen werden wir bei anderen, fortgeschrittenen Klassifikationsmethoden (siehe dazu auch *Anmerkung 2*) bald herausfinden, dass die ausgewählten Merkmale nur bedingt zur Vorhersage des Betrugs taugen, zum anderen tritt eines der Hauptprobleme von k-NN hier offen zu Tage, nämlich der Umstand, dass gute Schätzer oftmals die Topologie der Unterscheidungsgrenzen zwischen Klassen als variabel auffassen müssen. Das ist bei k-NN in der vorgestellten Form aber nicht möglich – es werden immer genau $k$ Nachbarn betrachtet, selbst dort, wo es sinnvoller wäre, in bestimmten Bereichen des Zustandsraums entweder mehr oder weniger Nachbarn zu betrachten.

Dies ist, wie gesagt, nicht nur abhängig von der Dichte der Beobachtung, sondern auch von ihrer konkreten Struktur. Im betrachteten Fall wäre es natürlich wünschenswerter, die Betrugserkennung so zu kalibrieren, dass eher *falsch-positive* Fehlklassifikationen auftreten, denn der Workflow an dieser Stelle sieht ja vor, dass dem Sachbearbeiter mit der Vorverarbeitung eine Entscheidungshilfe gegeben wird, denn ausschließen, dass Betrug vorliegt, kann der Mensch dann auch selber. Im Gegensatz zur Dunkelverarbeitung im engeren Sinne scheint es hier nämlich durchaus sinnvoll, strukturelle Auffälligkeiten bezogen auf die Merkmale der Schäden zu detektieren, doch wie erwähnt eignen sich hier flexiblere Methoden besser als k-NN.

*Anmerkung 1:* Zur Verwendung einer generischen Abstandsfunktion ist es nötig, die Trainingsdaten, wie im Beispiel geschehen, zu standardisieren.

*Anmerkung 2:* Die optimale Wahl von $k$ ist heuristischer Natur; sie spielt eine erhebliche Rolle, ein möglichst nützliches Modell zu bestimmen. Während ein großer Wert Vorteile hinsichtlich Reduktion der Varianz von verrauschten Daten bietet, so wird doch ein Bias erzeugt, weil das Modell „kleinere Muster" zu ignorieren tendiert. Grundsätzlich ist der Algorithmus unvoreingenommen, weil *a-priori* keine Annahmen über die vorliegenden Daten getroffen werden. Es lässt sich jedoch festhalten, dass in der Praxis typischerweise komplexere Klassifikatoren, die die Veränderungen der topologischen Umgebungen der einzelnen Punkte (also konkret nicht-uniforme Varianzen in verschiedenen Freiheitsgraden) besser abbilden können[15], erfolgreicher sind. Nichtsdestotrotz eignet sich k-NN hervorragend zur Plausibilisierung und Datenexploration.

*Anmerkung 3:* Der Trainingsprozess ist auch auf verhältnismäßig großen Datenmengen schnell (für nicht allzu großes $k$). Die Vorhersagegeschwindigkeit indes leidet darunter, dass zur Einordnung jeweils wieder die Analyse des gesamten Datensatzes vorliegen muss.

### 6.3.7 Naive Bayes

In diesem Abschnitt widmen wir uns einer elementaren Methode zur Mehrfachklassifizierung, die erfolgreich im Bereich der *Dokumentklassifikation* eingesetzt wird, aber auch darüber hinaus Anwendung findet. Unter Dokumentklassifizierung ist hierbei die Zuordnung eines Textes zu einer von mehreren Themenklassen gemeint, also beispielsweise die Zuordnung eines Zeitungsartikels zu einem der Bereiche Politik, Sport, Wirtschaft, Freizeit usw. Die Codierung der Texte erfolgt dann beispielsweise mit dem Bag-of-Words-Schema, vgl. Abschnitt 5.1.5.

Gegeben seien hierzu ein Trainingsdatensatz $(x_1, \ldots, x_N)$ mit $x_k \in \mathbb{R}^d (k = 1, \ldots, N)$, sowie zugehörige Labels $y_k \in \{C_1, \ldots, C_M\}$. Die Werte $C_1, \ldots, C_M$ repräsentieren also die einzelnen Klassen.

Die allgemeine Zielsetzung kann in diesem Fall wie folgt beschrieben werden: Gegeben eine neue Beobachtung $x = (x^1, \ldots, x^d)^T \in \mathbb{R}^d$ ist $i$ so zu bestimmen, dass $p(C_i|x)$ maximiert wird. Nach dem Satz von Bayes ([92]) gilt

$$p(C_i|x) = p(x|C_i)\frac{p(C_i)}{p(x)},$$

sodass es ausreicht, den Term $p(x|C_i)p(C_i)$ bzgl. $i$ zu maximieren.

15 Eine Möglichkeit dem zu begegnen, ist die Variante *Dynamically Adjusted Nearest Neighbors (DANN)* von Hastie und Tibshirani, vgl. [35].

Die Wahrscheinlichkeiten $p(C_i)$ können als relative Häufigkeiten aus den vorliegenden Trainingsdaten $\{y_i\}$ ermittelt werden, einen Ansatz für $p(x|C_i)$ liefert die vereinfachende Annahme

$$p(x|C_i) = p((x^1, \ldots, x^d)^T|C_i) = \prod_{j=1}^{d} p(x^j|C_i),$$

die gerade besagt, dass sich die Gesamtverteilung als Produktverteilung der Randverteilungen darstellen lässt.[16] Die eindimensionalen Randverteilungen lassen sich nun aus den Trainingsdaten wie folgt schätzen: Ist $x^j$ diskret mit $l_j$ Merkmalen $M_1, \ldots, M_{l_j}$, so kann $p(x^j = M_k|C_i)$ über die relativen Häufigkeiten in der auf das Label $C_i$ eingeschränkten Trainingsmenge $\{x_i^j|y_i = C_i\}$ geschätzt werden. Ist $x^j$ kontinuierlich, wird eine eindimensionale Verteilung (Normalverteilung, Gleichverteilung oder ein allgemeinerer Kernel-Dichte-Schätzer, vgl. [36]) verwendet und anhand der eingeschränkten Trainingsdatenmenge angepasst.

Wie eingangs bereits angedeutet, kann diese einfache Methode in vielen Zusammenhängen durchaus gute und zugleich nachvollziehbare Ergebnisse liefern. Die Stärke hierbei liegt insbesondere darin, dass die Analyse schnell durchführbar ist und die Ergebnisse verhältnismäßig einfach intuitiv zu erfassen sind.

### 6.3.8 Entscheidungsbäume

Eine große Klasse von Methoden im Bereich des überwachten Lernens basiert auf Entscheidungsbäumen. Bei den zugrunde liegenden Problemen sind $N$ Beobachtungen $((x_1, y_1), \ldots, (x_N, y_N))$ gegeben, die wir wie üblich in Features $x_i$ und Labels $y_i$ separieren. Der Featureraum $\mathbb{F}$ wird als $M$-dimensional angenommen. Das Ziel ist es, eine Funktion $f$ mit $y_i \approx f(x_i)$ zu finden, sodass für eine Beobachtung des Features $x$ das zugehörige Label $y$ durch $\hat{y} = f(x)$ geschätzt werden kann.

Im Kontext von Regressionsproblemen, also im Fall, dass reelle Labels $y \in \mathbb{R}$ vorliegen, spricht man von *Regressionsbäumen*, während man im Falle von kategoriellen Labels $y \in \{C_1, \ldots, C_N\}$ die Entscheidungsbäume als *Klassifikationsbäume* bezeichnet. Das prinzipielle Vorgehen ist in beiden Fällen sehr ähnlich.

Vorhersagemodelle, die auf einzelnen Entscheidungsbäumen beruhen, haben in der Regel eine schwache Vorhersagegenauigkeit. Die Ursache hierfür ist die hohe Varianz des Verfahrens: Änderungen in den Trainingsdaten führen vergleichsweise schnell zu

16 Dies entspricht einer Unabhängigkeitsannahme, die in der Praxis in den allermeisten Fällen nicht erfüllt werden kann. Dennoch eignet sich das Verfahren für häufigkeitsbasierte Untersuchungen wie *Bag-of-words* oder zur Spam-Erkennung recht gut, weil die Korrelationen in der Regel klein genug sind, um die Unabhängigkeitsbedingung wenigstens annähernd zu erfüllen.

deutlich anderen Vorhersagen $\hat{y}$ durch die jeweils gelernten Bäume $\hat{f}$ ([36]), weshalb sie in der Praxis häufig nicht mehr für die letztendliche Vorhersage verwendet werden, sondern eher, um die aussagekräftigsten Features zu identifizieren. Darüber hinaus sind sie ein wesentlicher Bestandteil von Weiterentwicklungen wie z.B. *Random Forests* und *Gradient Boosting* (vgl. die Abschnitte 6.3.9 bzw. 6.3.10), die auf Ensembles von Entscheidungsbäumen beruhen.

Bevor wir die Methode an sich genauer besprechen, wollen wir noch kurz den Zusammenhang zwischen Vorhersagegenauigkeit und Varianz eines Regressionsmodells $\hat{f}(x)$ besprechen. Angenommen $\hat{f}$ sei anhand eines Trainingsdatensatzes gefittet worden und $(x, y)$ sei eine weitere Beobachtung. Dann lässt sich der mittlere quadratische Fehler von $\hat{f}(x)$ zerlegen als ([43]):

$$E[(y - \hat{f}(x))^2] = \text{Var}[\hat{f}(x)] + \text{Bias}[\hat{f}(x)] + \text{Irreduzibler Fehler}.$$

Der Erwartungswert wird dabei sowohl hinsichtlich der Verteilung der Trainingsdaten als auch der Verteilung von $y$ gebildet. Eine hohe Varianz von $\hat{f}$ führt daher zu einer hohen Ungenauigkeit in der Vorhersage.

Der wohl populärste Algorithmus für die Erzeugung von Entscheidungsbäumen ist der von Leo Breiman et. al. (1983) entwickelte *CART*-Algorithmus, siehe [15]. Die Beispiele im Folgenden basieren auf CART. Eine Alternative dazu ist der *C5.0*-Algorithmus, der auf den Vorgängermodellen *C4.5* und *ID3* aufbaut ([72]). Die Vorhersagegenauigkeit von *CART* und *C5.0* ist im Allgemeinen sehr ähnlich, in der Theorie gibt es jedoch Unterschiede, auf die wir an den entsprechenden Stellen hinweisen werden.

#### Konstruktion von Entscheidungsbäumen

Im Falle von Entscheidungsbäumen wird die Funktion $y = f(x)$ als stückweise konstant auf den Elementen einer Zerlegung des Zustandsraumes in achsenparallele Quader (im Folgenden auch „Regionen" genannt) angenommen[17]. Ausgehend vom einem Ausgangsquader $R_0$, der alle Features enthält, werden sequentiell feinere Partitionen nach einem bestimmten Vorgehen erzeugt. Hierzu wird jeweils eine bereits erzeugter Quader $R_j$ durch einen Schnitt mit einer achsenparallelen Hyperebene in zwei Teile zerlegt. Man beachte, dass auf die beschriebene Weise jedoch nicht alle Zerlegungen von $R_0$ in achsenparallele Quader erzeugt werden können, vgl. Abbildung 6.29.
Um eine hohe Vorhersagequalität zu erreichen, wird der Featureraum $\mathbb{F}$ dabei möglichst so in Quader $R_1, R_2, \ldots, R_J$ unterteilt, dass die Labels $y_i$ relativ homogen verteilt sind.[18]

---

17 Ansätze mit nicht-orthogonalen Zerlegungen existieren (siehe [60, 14]), haben sich aber aufgrund einer Neigung zu verstärktem Overfitting nicht durchgesetzt.

18 Dies gilt im Fall der Klassifikation, für Regressionsprobleme sollen die Werte in jeder Region möglichst nah beieinander sein.

**Abb. 6.29:** Links: Zerlegung des Featureraumes in Regionen, wie sie durch sukzessive achsenparallele Schnitte erzeugt werden können. Rechts: Zerlegung in Regionen, die nicht durch sukzessive achsenparallele Schnitte erhalten werden können.

Die Vorhersagefunktion ist nun also innerhalb jeder Region in der erzeugten Zerlegung konstant: $f(x) = c_j$ für $x \in R_j$. Die Konstanten $c_j \equiv c_{R_j}$ sind dabei so zu wählen, dass die Verlustfunktion auf den Trainingsdaten minimiert wird. Der *Verlust* ist hier ein Maß für die Abweichung der Vorhersagen $\hat{y}_i = f(x_i)$ von den beobachteten Labels $y_i$. Die genaue Definition der Verlustfunktion hängt von der Problemstellung ab:

- Klassifikationsbäume: $L = \frac{1}{N} \sum_i I(y_i \neq \hat{y}_i)$ (Misclassification Rate),
- Regressionsbäume: $L = \frac{1}{N} \sum_i (y_i - \hat{y}_i)^2$ (Mean Squared Error).

Der Verlust $L$ wird für folgende Wahl von $c_j$ minimiert:

- **Klassifikationsbäume:** $c_j = \text{argmax}_k \, p_k(R_j)$ (Mehrheitswahl in $R_j$),
- **Regressionsbäume:** $c_j = E(y_i | x_i \in R_j)$ (Durchschnitt in $R_j$),

wobei $p_k(R_j)$ hier den relativen Anteil von Klasse $C_k$ in Region $R_j$ bezeichnet.

**Bemerkung**

Es handelt sich bei der beschriebenen Konstruktionsmethode um einen sogenannten *Greedy-Algorithmus*, der lokal optimale Entscheidungen trifft und bisherige Entscheidungen nicht revidiert. Der beschriebeneAnsatz wird in den *CART*- und *C5.0*-Algorithmen verwendet und ist notwendig, weil das allgemeine Problem des Auffindens einer optimalen Regionszerlegung zu komplex ist, um es direkt anzugehen [15]. Beim *C5.0*-Algorithmus kommt es im Falle von kategoriellen Variablen zu mehrfachen (also nicht-binären) Splits ([72]). *CART* ist auf binäre Splits limitiert.

**Anwendungsbeispiel: Betrugserkennung Kfz-Versicherung**

Wir erklären nun die Anwendung anhand der Betrugserkennung in der Kfz-Versicherung. Details zum verwendeten Datensatz finden sich im Anhang A.2.5. Um die Diskussion zu vereinfachen, beschränken wir uns zunächst auf zwei Features: die Dauer der Kundenbeziehung `months_as_customer` und die Kfz-Schadenhöhe `vehicle_claim`. Ein

Scatter-Plot hilft, den Zusammenhang mit dem Label $y$, also dem Betrugseintritt, besser zu verstehen (vgl. Abbildung 6.30). Es fällt auf, dass Verträge mit hohem Kfz-Schaden (oberhalb 10 Tsd. €) oder kurzer Kundenbeziehung (weniger als 300 Monate) tendenziell betrugslastiger sind.

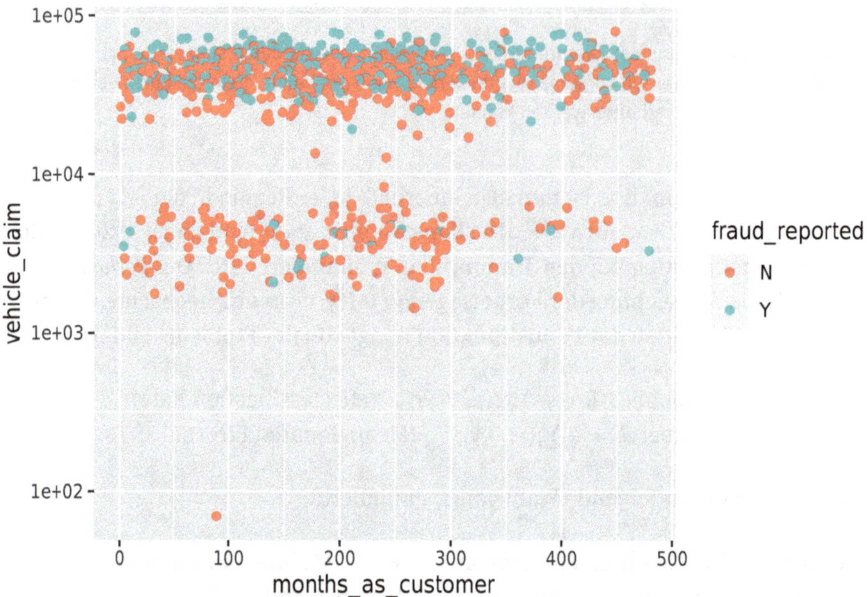


**Abb. 6.30:** Betrugserkennung in der Kfz-Versicherung: Betrugseintritt in Abhängigkeit von der Versicherungsdauer und Schadenhöhe. Verträge mit hohem Kfz-Schaden (oberhalb 10 Tsd. EUR) oder mit kurzer Kundenbeziehung (kleiner als 300 Monate) sind betrugslastiger.

**Split-Kriterien**

Wie oben erwähnt, werden in jedem Iterationsschritt die Regionen binär gesplittet. Dabei werden jeweils eine Achse $s$ und ein Wert $t$ gewählt, sodass die Aufspaltung $R \to R'(s,t)$, $R''(s,t)$ zu einer maximalen Reduktion von $L$ führt. Grundsätzlich stoppt die Iteration, wenn ein bestimmtes Kriterium erfüllt ist, z.B. wenn die Anzahl der Beobachtungen in jeder Region einen gewissen Grenzwert unterschreitet.

Im Falle von Regressionsbäumen wird der Verlust mit dem Mean Squared Error gemessen, daher werden $s$ und $t$ so gewählt, dass die Fehlerquadratsumme minimiert wird:

$$\sum_{i:\, x_i \in R'(s,t)} (y_i - c_{R'})^2 + \sum_{i:\, x_i \in R''(s,t)} (y_i - c_{R''})^2 .$$

Bei Klassifizierungsproblemen zielt man auf die Minimierung der Misclassification Rate, daher wäre es naheliegend, diese auch als Split-Kriterium zu nutzen, d.h. $s$ und $t$ so zu wählen, dass die Anzahl der Fehlklassifikationen minimiert werden:

$$\sum_{i:\, x_i \in R'(s,t)} I(y_i \neq c_{R'}) + \sum_{i:\, x_i \in R''(s,t)} I(y_i \neq c_{R''}).$$

In der Praxis werden jedoch zwei andere Split-Kriterien verwendet, weil die Misclassification Rate nicht empfindlich genug auf die Wahl von $s$ und $t$ reagiert.

Wie schon gesagt, ist die Idee, die Zerlegungen so zu wählen, dass eine möglichst homogene Verteilung der Klassen innerhalb der Regionen erreicht wird. Eine Möglichkeit diese zu erreichen, ist die Reduktion der sogenannten Entropie (vgl. z.B. [72]). Dazu wird in jedem Schritt der Ausdruck

$$-\sum_k p_k(R') \log p_k(R') - \sum_k p_k(R'') \log p_k(R'')$$

minimiert, wobei $p_k(R)$ weiterhin den relativen Anteil von Klasse $C_k$ in der Region $R$ bezeichnet.

Die nach Shannon definierte Entropie ([86])

$$H = -\sum_k p_k \log p_k$$

ist ein Maß für die Unsicherheit einer Zufallsvariablen und die Streuung der entsprechenden Wahrscheinlichkeitsverteilung. In der Informationstheorie wird sie auch als Maß für den Informationsgrad einer Nachricht genutzt. Dabei misst $-\log p_k$ den Informationsgehalt eines einzelnen Events $k$. Tritt $k$ selten auf ($p_k << 1$), wird viel Information übermittelt, während ein sicheres Ereignis ($p_k = 1$) keine Information trägt.

Eine praktische Alternative zur Entropie erhält man, indem statt des logarithmischen Ausdrucks nur dessen linearen Term berücksichtigt wird, was dann zum sogenannten *Gini-Index* führt. Auch dieser Ausdruck ist zu minimieren:

$$\sum_k p_k(R')(1 - p_k(R')) + \sum_k p_k(R'')(1 - p_k(R'')).$$

Zur Veranschaulichung des Splitvorgangs betrachten wir weiterhin das Betrugsbeispiel. Abbildung 6.31 zeigt die möglichen ersten Splits in einer Baumdarstellung. Der obere Knoten repräsentiert den gesamten Trainingsdatensatz mit insgesamt 700 Datensätzen von denen 212 als Betrugsfälle erkannt worden sind. In diesem Beispiel beziehen sich alle Splits auf das Attribut `vehicle_claims`. Der Graph ist von oben nach unten zu lesen. Im ersten Split wird bei einer Schadenhöhe von 58 760 geteilt. In der Region mit geringerer Schadenhöhe bleiben 636 Datensätze, unter denen noch 156 Betrugsfälle sind. Von den insgesamt 64 höheren Schadenfällen sind nur acht keine Betrugsverdachtsfälle. In der dritten Ebene sehen wir dann das Ergebnis je eines

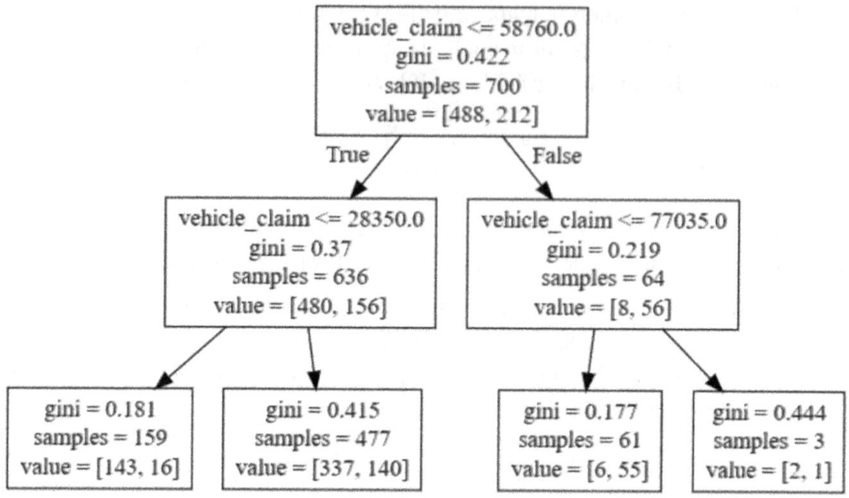


**Abb. 6.31:** Baumdarstellung eines gefitteten Entscheidungsbaumes auf dem Kfz-Versicherungsbetrugsdatensatz, Erläuterungen im Text.

weiteren Splits. Die Vorhersagefunktion $f$, die in jedem Endknoten eine Mehrheitsentscheidung vornimmt, ist also in diesem Fall wie folgt bestimmt worden (man beachte, dass der zweite Split links hier keinen Einfluss hat):

$$f(x) = \begin{cases} N & \text{falls } x \leq 58760, \\ Y & \text{falls } 58760 < x \leq 77035, \\ N & \text{falls } 77035 < x, \end{cases}$$

wobei $x$ für den Wert des Attributs `vehicle_claims` steht.

## Pruning

Weitverzweigte Entscheidungsbäume führen zu einer hohen Varianz in der Vorhersage. Es ist daher üblich, eine Regularisierung vorzunehmen, indem die Tiefe der Bäume reduziert wird. Diese Prozedur wird als *Pruning* bezeichnet, was direkt übersetzt *zurückschneiden* bedeutet.

Eine gängige Variante davon ist das *Cost Complexity Pruning* ([43], [36]), das beim *CART*-Algorithmus zum Einsatz kommt. Hierbei wird die Verlustfunktion um einen weiteren Term ergänzt, der proportional zur Baumgröße ist:

$$L + \alpha \cdot \text{Anzahl an Knoten}$$

Dadurch wird ein Kompromiss zwischen Trainingsgenauigkeit und Modellkomplexität erreicht. Der Regularisierungsparameter $\alpha$ wird vorgegeben und kann beispielsweise durch Kreuzvalidierung bestimmt werden, vgl. Abschnitt 6.6.4.

Der *C5.0*-Algorithmus nutzt ein alternatives Pruning-Verfahren, das *Binomiales Konfidenzlimit*, das in [72] näher beschrieben ist.

Als Beispiel für diesen Abschnitt greifen wir auf den Datensatz aus Anhang A.2.5 zurück, den wir in Python einlesen und für die weitere Verarbeitung vorbereiten.

```
# einige Spalten entfernen
cols_to_drop = ['fraud_reported', "policy_number", "policy_bind_date",
                "incident_date", "incident_location"]
df_all = df_in.drop(cols_to_drop, axis=1)
# Jahr aus 'policy_bind_date' extrahieren
df_all["policy_bind_year"] = pd.to_datetime(df_in["policy_bind_date"]).dt.year
# One-Hot-Kodierung der kategoriellen Variablen
df_all = pd.get_dummies(df_all)
```

Nun können wir Modelle anpassen. Für Klassifizierung mittels Bäumen steht in der Python-Bibliothek *scikit-learn*[19] die Klasse `DecisionTreeClassifier` zur Verfügung, die den *CART*-Algorithmus implementiert. Um eine erste Benchmark zur Verfügung zu haben, werfen wir zuvor noch einen Blick auf die Verteilung der Klassen im Datensatz. Es zeigt sich, dass im Testdatensatz 29% der Datensätze als Betrugsfälle gelten, daher würde eine trivialer Klassifizierer, der immer *Nein* vorhersagt, bereits eine Korrektklassifikationsrate von 71% erreichen.

Für die Modellanpassung gehen wir wie folgt vor:

```
from sklearn.tree import DecisionTreeClassifier
import numpy as np

res = np.zeros((20, 2))
for max_depth in range(1, 21, 1):
    tree_classifier = DecisionTreeClassifier(max_depth=max_depth)
    tree_classifier.fit(X_train, y_train)
    res[max_depth-1, 0] = 100.0 * tree_classifier.score(X_train, y_train)
    res[max_depth-1, 1] = 100.0 * tree_classifier.score(X_test, y_test)
```

Wir passen hier 20 Bäume mit wachsender Tiefe an und merken uns jeweils die Korrektklassifikationsraten auf dem Trainings- und dem Testdatensatz, Abbildung 6.32 stellt die Ergebnisse dar. Auf dem Trainingsdatensatz passt sich das Modell so gut an, dass ab einer gewissen Baumtiefe alle Fälle getroffen werden. Auf dem maßgeblicheren Testdatensatz steigt die Korrektklassifikationsrate zunächst an, um dann wieder zu fallen. Dies verdeutlicht, dass die angepassten Modelle Besonderheiten des Trainingsdatensatzes gelernt haben, die sich nicht auf den Testdatensatz verallgemeinern lassen.

19 https://scikit-learn.org/stable/index.html

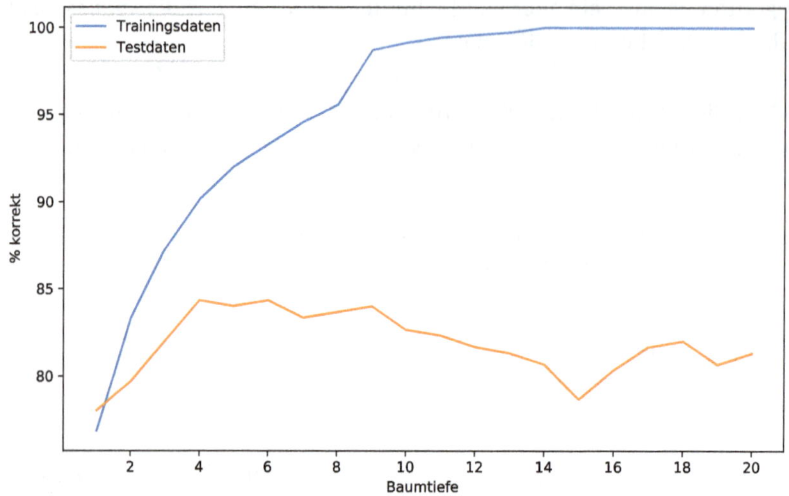


**Abb. 6.32:** Korrektklassifikationsraten für Entscheidungsbäume unterschiedlicher Tiefe. Der beste Baum erreicht auf dem Testdatensatz etwa 85% und ist damit signifikant besser als die triviale Vorhersage.

**!** Die hier und in anderen Abschnitten gezeigten Codeausschnitte sind jeweils nur als einfache Orientierungsbeispiele gedacht, für bessere Ergebnisse sind weitere Experimente und eine eingehende Beschäftigung mit der API[20] notwendig.

### 6.3.9 Random Forests

Ein *Random Forest* ([43, 36]) ist eine Methode im Bereich *Supervised Learning*. Wir fixieren den Trainingsdatensatz aus $n$ Beobachtungen $(x_1, y_1), \ldots, (x_n, y_n)$, mit Features $x_i$ und Labels $y_i$. Der Feature-Raum $\mathbb{F}$ sei $p$-dimensional. Die Labels können numerisch $y \in \mathbb{R}$ oder kategoriell $y \in \{C_1, \ldots, C_k\}$ sein.

Ein Random Forest ist eine sogenannte Ensemblemethode, die auf Entscheidungsbäumen basiert (vgl. 6.3.8). Einzelne Entscheidungsbäume haben in der Regel eine schwache Vorhersagegenauigkeit, weil die Varianz der Vorhersagefunktion hoch ist. Es kann also zu größeren Veränderungen in den Vorhersagen $\hat{y}$ kommen, falls das Modell mit anderen Trainingsdaten neu trainiert wird. Durch die Berücksichtigung nicht nur eines einzelnen Baumes sondern eines ganzen Ensembles von Bäumen kann es nun gelingen, die Varianz zu senken. Genau dieses versucht der Random-Forest-Algorithmus zu erreichen. Dabei kommen zwei Methoden zum Einsatz, die

20 Siehe https://scikit-learn.org/stable/index.html

wir in diesem Kapitel genauer behandeln werden: *Bagging* in Abschnitt 6.3.9.1 und *Random Subset Selection* in Abschnitt 6.3.9.2.

#### 6.3.9.1 Bagging

Wie aus der Statistik hinreichend bekannt, kann die Varianz $\sigma^2$ einer Zufallsvariable $Y$ auf $\sigma^2/B$ gesenkt werden, indem stattdessen der Durchschnitt, $\text{Avg}(Y) = \sum_{i=1}^{B} Y_i/B$, von $B$ unabhängig und identisch verteilten Versionen von $Y$ betrachtet wird. Bei der Erzeugung von $B$ Bäumen und der anschließenden Mittelung über die entsprechenden Vorhersagen, kann dieser Zusammenhang erfolgreich angewendet werden, um die Varianz der Schätzfunktionen zu senken. Eine Möglichkeit, diese Bäume zu generieren, ist durch *Bootstrap Aggregation* bzw. *Bagging* gegeben.

Der algorithmische Ablauf ist folgendermaßen:

1. *Bootstrapping*: Man zieht $n$ Beobachtungen mit Zurücklegen aus dem originalen Trainingsdatensatz, um einen weiteren Trainingssatz $(x_1^{*b}, y_1^{*b}), \ldots, (x_n^{*b}, y_n^{*b})$ zu erzeugen. Dieser Prozess wird $B$ mal wiederholt, z.B. $B = 1000$.
2. Mit jedem neuen Trainingssatz wird ein Entscheidungsbaum gefittet und die entsprechende Vorhersage $\hat{f}^{*b}(x)$ bestimmt (wobei $x$ hier die erklärende Variable ist, für die wir eine Vorhersage bestimmen wollen). Es entstehen also $B$ Bäume und $B$ Vorhersagen.
3. Aus den $B$ Vorhersagen wird die finale Vorhersage ermittelt. Im Falle einer Regression wird der Durchschnitt $\hat{f}_{\text{bag}}(x) = \sum_{b=1}^{B} \hat{f}^{*b}(x) / B$ gebildet. Im Falle einer Klassifikation kommt es zu einer Mehrheitswahl, d.h. $\hat{f}_{\text{bag}}(x)$ ist diejenige Klasse, die am häufigsten durch $\hat{f}^{*b}(x)$ vorhergesagt wird. Alternativ können auch die Wahrscheinlichkeiten der Klassen ermittelt werden, indem die relativen Anteile der Klassen in den $B$ Vorhersagen $\hat{f}^{*b}(x)$ bestimmt werden.

#### 6.3.9.2 Random Subset Selection

Die durch Bootstrapping erhaltenen Vorhersagen $\hat{f}^{*b}(x)$ sind in der Regel nicht unabhängig voneinander, weil die gebootstrapten Entscheidungsbäume im Allgemeinen konstruktionsbedingt große Ähnlichkeiten untereinander aufweisen werden. Der Grund ist, dass bestimmte Features sehr oft die anderen dominieren und somit jeweils gehäuft in den ersten Splits der gebootstrapten Entscheidungsbäume des Ensembles auftreten. Als Konsequenz fällt die Senkung der Varianz der Vorhersage nicht so stark aus und die Vorhersagegenauigkeit wird nicht bedeutend erhöht.

Ein verwandtes Problem tritt im Versicherungsumfeld auf, wenn die eingegangenen Risiken voneinander abhängen. Wie zum Beispiel durch das Beispiel in Abschnitt 4.2.2.2 verdeutlicht wird, können schon kleine Abhängigkeiten der Risiken zu einer starken Schwächung von Diversifikationseffekten führen.

Um eine weitere Senkung der Varianz zu erreichen, ist es also nötig, die Ähnlichkeit zwischen den Bäumen im Ensemble zu reduzieren. Beim Random-Forest-Verfahren geschieht dies durch die sog. *Random Subset Selection*. Beim Erzeugen der Entscheidungsbäume wird bei jedem Split eine zufällige Teilmenge von $m$ Features ausgewählt, wobei insgesamt $p$ Features zur Verfügung stehen. Die Auswahl der jeweils zu berücksichtigenden Features wird bei jedem Split neu mit Hilfe des (Pseudo-)Zufalls getroffen. Eine typische Wahl für den Hyperparameter $m$ ist $m = \sqrt{p}$. Der Wert von $m$ ist damit deutlich kleiner als $p$, sodass auch die weniger dominanten Features zum Zuge kommen, was dann im Allgemeinen zu einem Ensemble von sich in ihrer Struktur deutlich voneinander unterscheidenden Bäumen führt.

Wir kommen auf das abschließende Beispiel des Abschnitts 6.3.8 zurück und passen nun ein Random-Forest-Modell dafür an:

```
from sklearn.ensemble import RandomForestClassifier

rf_classifier = RandomForestClassifier(n_estimators=40, max_depth=5,
                                       random_state=1)
rf_classifier.fit(X_train, y_train)
```

Auf dem Trainingsdatensatz erhalten wir hierfür eine Korrektklassfikationsrate von fast 84%, auf den Testdaten sind es etwa 80% und damit etwas weniger als bei dem einzelnen Baum in Abschnitt 6.3.8. Der Grund hierfür liegt an zwei zusammenspielenden Aspekten. Auf der einen Seite weist der Datensatz einen relativ geringen Umfang auf (1 000 Beobachtungen), somit ist es wahrscheinlich, dass eine typische Anzahl an Bäumen (hier 40) bereits ein Overfitting zeigen könnte. Wir erinnern uns an den Einschub zum Thema Bias-Varianz-Zerlegung in Abschnitt 6.3.8 und machen uns klar, dass die Varianzen der einzelnen Learner des jeweiligen Ensembles sich addieren, während die Verbesserung der Vorhersage selbst nur multiplikativ steigt. Das führt im Ergebnis dazu, dass sich Ensemble-Learner auf kleinen Datensätzen i.d.R. nicht lohnen. Hinzu kommt hier, dass weitere Hyperparameter wie `max_depth` nicht optimiert wurden. Insgesamt kann man also festhalten, dass die Ergebnisse in diesem Beispiel sehr stark von den Parametern einschließlich den Zufallszahlen abhängen, sodass die Generalisierung hier nicht unbedingt mit gleicher Vorhersagekraft zu erwarten ist.

### 6.3.10 Boosting

Der Begriff *Boosting* bezeichnet eine ganze Familie von sogenannten Ensemblemethoden, deren Ziel es jeweils ist, mehrere geeignet gewählte schwache Prädiktoren zu kombinieren und dadurch ein verbessertes Vorhersageergebnis zu erhalten. Der Typ des zu Grunde liegenden Lernalgorithmus' (im Folgenden *Basismodell*) ist hierbei zunächst beliebig.

Konkret wird versucht, eine Folge von Vorhersagemodellen, sog. *base learners*, so zu konstruieren, dass der jeweils nächste auf diejenigen Samples fokussiert, bei denen die schon konstruierten noch keine ausreichend guten Vorhersagen erreichen. Dies kann einmal – wenn die base learner dies zulassen – mithilfe adaptiver Gewichte auf den Samples realisiert werden, die auf genau den noch nicht gut getroffenen Samples hoch und den schon gut getroffenen Samples niedrig gewählt werden. Lässt der Basisklassifizierer keine expliziten Gewichtsparameter zu, kann man sie auch durch ein Bootstrapping (also gewichtetes Ziehen mit Zurücklegen) auf den Trainings-Samples realisieren, was zum *AdaBoost*-Algorithmus führt. Sind die *base learners* gefunden, ist noch eine Vorschrift festzulegen, wie ihre Vorhersagen kombiniert werden.

Es gibt noch weitere Spielarten des Boosting. Bevor wir diese konkret diskutieren, gehen wir auf die Grundzüge des allen gemeinsamen Konstruktionsprinzips, nämlich die iterative Minimierung eines Fehlermaßes, näher ein, die – obwohl erst später gefunden – eine gemeinsame Motivierung der unterschiedlichen Verfahren zulässt.

Wir gehen hierbei von einem Trainingsdatensatz $(x_n, y_n)_{n=1,\dots,N}$ aus und einer Familie von Lernalgorithmen $\mathcal{B}$, aus der die *base learners* entnommen werden. Das Ziel ist die Konstruktion einer Folge

$$f^m = \sum_{k=1}^{m} \alpha_k^m g_k^m \text{ mit } \alpha_k^m \in \mathbb{R}, g_k^m \in \mathcal{B}. \tag{6.10}$$

Die Güte der Approximation durch ein Vorhersagemodell $f$ wird durch eine vorgegebene Verlustfunktion $L\colon \mathbb{R} \times \mathbb{R} \to \mathbb{R}$ nach der Vorschrift

$$\mathcal{L}(f) = \sum_{n=1}^{N} L(y_n, f(x_n))$$

gemessen. Zwei mögliche Verlustfunktionen sind:

$$\begin{aligned} L_1(x, y) &= (x - y)^2 && \text{quadratischer Fehler,} \\ L_2(x, y) &= \exp(-yx) && \text{exponential loss.} \end{aligned}$$

Um zu einem einfacher handhabbaren Problem zu gelangen, wird die Struktur der Folge aus Gleichung (6.10) weiter eingeschränkt, und zwar so, dass sich eine einfachere Iteration der der Form

$$f^m = f^{m-1} + \alpha_m g_m \text{ mit } \alpha_m \in \mathbb{R}, g_m \in \mathcal{B} \tag{6.11}$$

ergibt. Wird angenommen, dass sich die Familie der Basismodelle $\mathcal{B}$ durch einen Parametervektor $\gamma \in \Gamma \subset \mathbb{R}^r$ beschreiben lässt, d.h. $\mathcal{B} = \{b_\gamma | \gamma \in \Gamma\}$, so läuft die Fortschreibung (6.11) auf die Minimierung des Ausdrucks

$$(\alpha, \gamma) \mapsto \sum_{n=1}^{N} L(y_n, f^{m-1}(x_n) + \alpha b_\gamma(x_n)) \tag{6.12}$$

bzgl. $(\alpha, \gamma)$ hinaus. Ist die Verlustfunktion gerade der quadratische Fehler $L_1$, so erhält man

$$(\alpha, \gamma) \mapsto \sum_{n=1}^{N} (\underbrace{y_n - f^{m-1}(x_n)}_{R_n^m} - \alpha b_\gamma(x_n))^2 ,$$

d.h. die Bestimmung von $(\alpha, \gamma)$ läuft auf den gewöhnlichen Lernprozess für das Basismodell hinaus mit den Residuen $(R_n^m)_{n=1,\dots,N}$ als Zielwerten.

Ist hingegen $L = L_2$ (exponential loss) und gilt $y_k \in \{-1, 1\}$, so kann man zeigen (vgl. [36, 13]), dass die Minimierung (6.12) zusammen mit (6.11) gerade auf die *AdaBoost*-Iteration hinausläuft.

Im Allgemeinen kann für viele spezielle Verlustfunktionen $L$ nicht direkt mit dem Ausdruck aus (6.12) weitergearbeitet werden. Man kann aber stattdessen eine Linearisierung desselben betrachten[21]. Der hier näher diskutierte Ansatz ist auch als *Gradient Boosting* bekannt. Die Iteration verläuft dann in zwei Schritten. Zunächst wird der Ausdruck

$$(\alpha, z_1^m, \dots, z_N^m) \mapsto \sum_{n=1}^{N} L(y_n, f^{m-1}(x_n) + \alpha z_n^m) \tag{6.13}$$

betrachtet. Eine Richtung für die Minimierung findet man durch einen Gradientenabstieg:

$$\begin{pmatrix} z_1^m \\ \dots \\ z_N^m \end{pmatrix} = - \begin{pmatrix} \partial_2 L(y, f_m(x_1)) \\ \dots \\ \partial_2 L(y, f_m(x_N)) \end{pmatrix},$$

wobei $\partial_2$ die partielle Ableitung nach dem zweiten Argument bezeichnet. Im Allgemeinen werden sich die gefundenen Werte $(z_1^m, \dots, z_N^m)$ nicht exakt durch ein Basismodell erzeugen lassen. Man sucht daher in einem zweiten Schritt die Lösung von

$$b_m = \operatorname*{argmin}_{b \in \mathcal{B}} \sum_{i=1}^{N} (z_i - b(x_i))^2 ,$$

führt also eine Standardlernprozedur für das Basismodell bei Minimierung des quadratischen Fehlers durch. Im letzten Schritt wird schließlich das Skalar $\alpha^m$ durch eindimensionale Suche so gewählt, dass

$$\alpha_m \mapsto \sum_{n=1}^{N} L(y_n, f^{m-1}(x_n) + \alpha_m b_m(x_n))$$

minimiert wird. Die Iteration (6.11) kann dabei durch die Einführung des Parameters $\eta \in ]0, 1]$ (*learning rate*) künstlich verlangsamt werden:

$$f^m = f^{m-1} + \eta \alpha_m b_m .$$

---

21 Auch die Hinzunahme quadratischer Terme ist möglich, dies wird u.a. in dem sehr erfolgreichen Algorithmus *XGBoost* angewendet.

Der Wert von $\eta$ kann im Verlauf der Iteration auch dynamisch angepasst werden.

Wie schon eingangs gesagt, ist der Typ des Basismodells für das Boosting frei wählbar, sehr gebräuchlich ist jedoch die Verwendung von Bäumen mit nur einer oder zwei Verzweigungsebenen (die ersteren werden auf Englisch *decision tree stumps* genannt). Dies hat Gründe zunächst in der Performanz: Flache Bäume lassen sich mit weniger Aufwand konstruieren als tiefere. Ein weiteres Argument wird in [36], gegeben: Tiefere Bäume korrespondieren mit Interaktionstermen in den Variablen und in der Praxis sind diese normalerweise nicht zu hoch. Die Tiefe der Bäume stellt einen *Hyperparameter* eines auf Entscheidungsbäumen beruhenden Boostingmodells dar, der über die in Abschnitt 6.6.3 besprochenen Methoden gewählt und validiert werden sollte.

**Anwendungsbeispiel: AdaBoost und Gradient Boosting**

Aus dem Vorhergehenden ist klar geworden, dass AdaBoost als ein iteratives Lösungsverfahren für ein Minimierungsproblem verstanden werden kann. Die Details zu diesem Algorthitmus finden sich in vielen Texten ([1], [13], [36]), wir beschränken uns daher auf ein Anwendungsbeispiel. Wie oben angedeutet, liegt der Anwendungsbereich bei Klassifikationsaufgaben mit $y_k \in \{-1, 1\}$, die verwendete Python-Implementierung stellt dies jedoch selbst sicher.

Wir greifen abermals das Beispiel aus dem Abschnitt 6.3.8 (vgl. auch A.2.5) auf und setzen nach der dortigen Vorbereitung an. In diesem Fall passen wir Modelle mit einer unterschiedlichen Zahl an Basismodellen an. Die Ergebnisse der Anpassung sind in Abbildung 6.33 dargestellt.

```
from sklearn.ensemble import AdaBoostClassifier

max_trees = 40
res = np.zeros((max_trees, 2))
for nt in range(1, 1 + max_trees, 1):
    ada_boost = AdaBoostClassifier(DecisionTreeClassifier(max_depth=3),
                                   n_estimators=nt, random_state=1,
                                   learning_rate=0.1)
    ada_boost.fit(X_train, y_train)
    res[nt - 1, 0] = 100.0 * ada_boost.score(X_train, y_train)
    res[nt - 1, 1] = 100.0 * ada_boost.score(X_test, y_test)
```

Um ein Beispiel für Gradient Boosting zu erhalten, muss dass AdaBoost-Beispiel nur marginal geändert werden, indem der `GradientBoostingClassifier` anstelle des `AdaBoostClassifier` instantiiert wird.

Ein Beispiel für die Anwendung des bereits erwähnten *XGBoost*-Algorithmus ist in Abschnitt 5.9.3 zu finden.

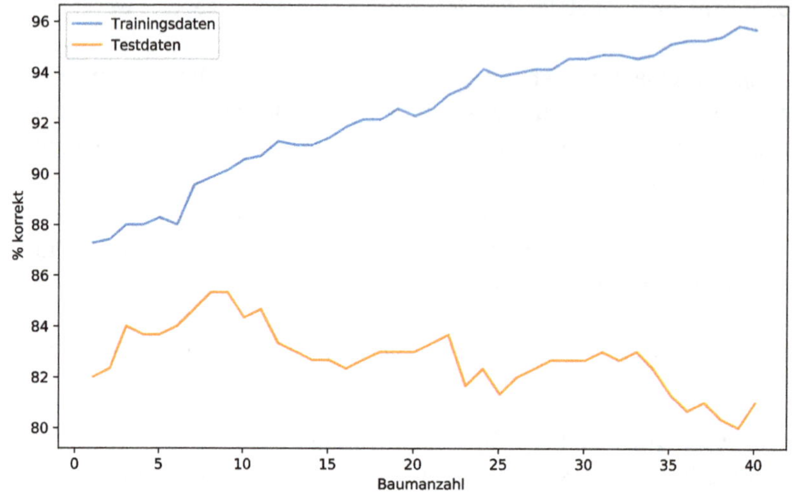


**Abb. 6.33:** Korrektklassifikationsraten für AdaBoost bei unterschiedlich großen Ensembles. Das beste Ensemble ist nur unwesentlich besser als der beste Baum aus dem Abschnitt 6.3.8.

### 6.3.11 Support Vector Machines

Support Vector Machines (SVM) sind eine Methode des statistischen Lernens, die in ihrer ursprünglichen Form auf binäre Klassifizierungsprobleme anwendbar ist. Darüberhinaus existieren Varianten, die auch für allgemeine Klassifizierungsprobleme mit $n$ Klassen bzw. für Regressionsaufgaben eingesetzt werden können. Schließlich gibt es auch Anwendungsmöglichkeiten jenseits des überwachten Lernens, bei denen SVMs zum Beispiel zur Dimensionsreduktion oder auch zum Clustering genutzt werden.[22]

Die Methode beruht im Kern auf der Idee, die Daten mittels einer optimalen Hyperebene zu separieren. Sie ermöglicht es dabei, nichtlineare Transformationen der Datensätze mithilfe sogenannter *Kernelfunktionen* in einer effizienten Weise zu berücksichtigen, sodass SVMs auch anwendbar sind, wenn die Daten nicht linear separiert werden können.

Wir betrachten zunächst ein einfaches Beispiel. Gegeben sei ein synthetisch erzeugter Datensatz mit 50 Punkten, wie in Abbildung 6.34 dargestellt.
Mittels Support Vector Machines soll nun eine Hyperebene gefunden werden (in diesem Fall eine Gerade), welche die beiden Punktwolken möglichst gut trennt. Um anschließend herauszufinden, zu welcher Klasse ein Datenpunkt gehört, muss dann

22 Siehe [1] für die angesprochenen Varianten.

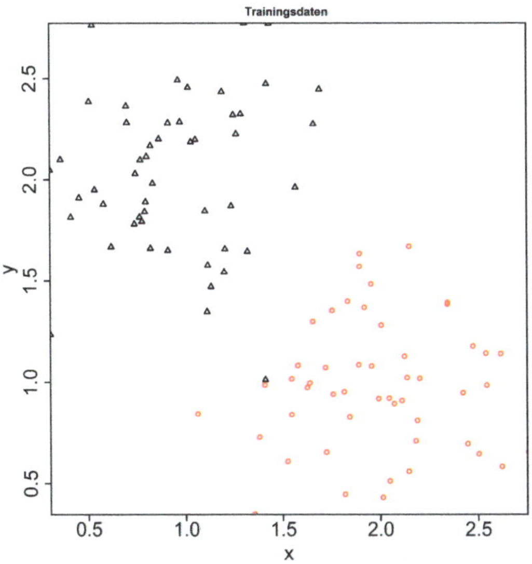


**Abb. 6.34:** Die beiden Klassen von Punkten wurden aus normalverteilten Zufallszahlen mit gleicher Varianz und unterschiedlichen Zentren in beiden Klassen erzeugt.

überprüft werden, auf welcher „Seite“ der Geraden er liegt. Die gefundene Aufteilung des zweidimensionalen Raumes durch eine SVM ist aus Abbildung 6.35 ersichtlich.

Bevor wir uns an einem etwas komplexeren Beispiel die benötigten Befehle ansehen (in diesem Kapitel in R), gehen wir kurz auf die Theorie der Support Vector Machines ein, siehe auch [1, 43, 36, 93, 91].

Gegeben sei ein Datensatz der Form

$$\{(x_i, y_i) | i = 1, \ldots, m; y_i \in \{-1, 1\}\}.$$

Die Beobachtungen sind also in zwei Klassen $C^+$ und $C^-$eingeteilt, je nachdem ob $y_i = +1$ oder $-1$ ist. Die beiden Klassen heißen *linear separierbar*, wenn ihre konvexen Hüllen sich nicht schneiden. Es ist in diesem Spezialfall immer möglich, eine Hyperebene zu bestimmen, die maximalen Euklidischen Abstand zu beiden Klassen hat, sodass die Klassen $C^+$ und $C^-$ sich auf unterschiedlichen Seiten der Hyperebene befinden. Die Gleichung der Hyperebene ist durch $\langle \mathbf{w}, \mathbf{x} \rangle + b = 0$ mit Parametern $\mathbf{w}$, dem Normalenvektor zur Hyperebene und $b$, den *Bias* genannten Abstand vom Ursprung, gegeben. Diese sind nun also so zu wählen, dass der Abstand der Hyperebene zu den Punktwolken (auch *margin* genannt) maximiert wird. Intuitiv geht man hier also davon aus, dass eine größere Nähe der Trennungshyperebene zu einer Klasse vermehrt Fehlklassifikationen zu Folge hat.

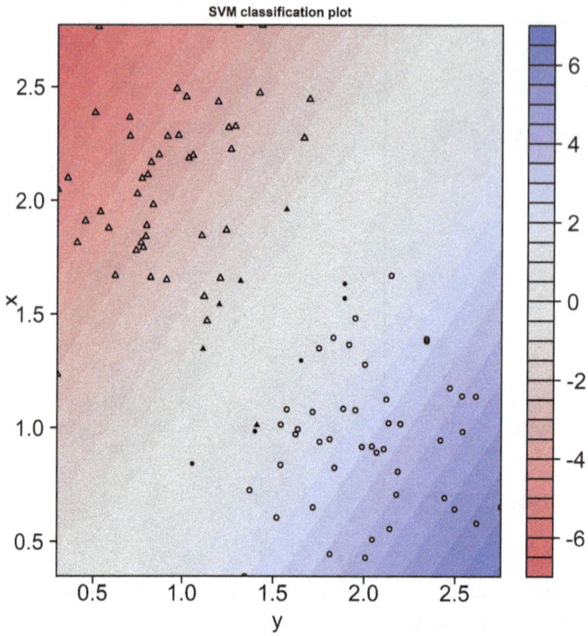


**Abb. 6.35:** Das Ergebnis der Klassifikation. Die Entfernung zur Trennlinie ist durch die Schattierung der Hintergrundfarben dargestellt. Durch die hohe Varianz in den Daten werden einige Punkte falsch klassifiziert.

Die Lösung findet man in diesem Fall (vgl. [93]) durch die Minimierung von $\frac{1}{2}\|\mathbf{w}\|^2$ unter Beachtung von $y_i(\langle \mathbf{w}, \mathbf{x}_i \rangle + b) \geq 1$ für alle $1 \leq i \leq m$, also durch Lösung des quadratischen Minimierungsproblems mit linearen Nebenbedingungen.

Das Vorliegen eines linear separierbaren Datensatzes ist natürlich ein Sonderfall. Der allgemeine Fall kann durch eine Verallgemeinerung der Problemstellung betrachtet werden, bei der wiederum eine Hyperebene gesucht wird, wobei aber Unterschreitungen der Abstandssumme und auch Fehlklassifizierungen in begrenztem Umfang zulässig sind. Dieses Vorgehen kann man dadurch formalisieren, dass ein Ausdruck der Form

$$f(w) = \frac{\|w\|^2}{2} + C\left(\sum_i \xi_i\right)^k$$

minimiert wird, bei dem $\xi_i \geq 0$ die *Unterschreitung der Abstandssumme* $(0 < \xi_i \leq 1)$ bzw. die Fehlklassifikation $(\xi_i > 1)$ für den Punkt $x_i$ quantifiziert. Je kleiner $\|w\|$ gewählt wird, desto größer wird die Abstandssumme und desto mehr Unterschreitungen wird es geben. Die Mimimierung führt einen Ausgleich zwischen den beiden konkurrierenden Effekten herbei. Die Parameter $C$ und $k$ sind hierbei als Hyperparameter aufzufassen, die geeignet festzulegen sind.

Numerisch wird das zugrundeliegende Optimierungsproblem meist über die duale Form gelöst. Die Herleitung des dualen Problems sprengt allerdings den Rahmen dieses Buches und benötigt auch etwas Vorwissen aus der Theorie der Optimierung. Wir verweisen den interessierten Leser auf [91]. Eine weitere Verallgemeinerung ergibt sich, wenn die Featuredatensätze zunächst nichtlinear transformiert werden, wodurch sich unter Umständen eine lineare Separierbarkeit herstellen lässt. Im Formalismus der Support Vector Machines erreicht man dies durch Verwendung der sogenannten *Kernelfunktionen*, für Details zur Theorie derselben sei nochmals auf die bereits genannte Literatur verwiesen.

**Anwendungsbeispiel: Betrugserkennung in der Kfz-Versicherung**

Um die Funktionsweise von Support Vector Machines an einem Beispiel aus der Versicherungsbranche zu veranschaulichen, wählen wir den auch an anderer Stelle im Buch verwendeten Datensatz `insurance_claim` aus, vgl. Anhang A.2.5. Auf Basis dieser Daten wollen wir nun eine Support Vector Machine trainieren, welche entscheiden soll, ob es sich bei einem vorliegenden Schadenereignis um Versicherungsbetrug handelt oder nicht. Wir gehen davon aus, dass die Daten wie in A.2.5 beschrieben bereits in einen Trainings- und einen Testdatensatz aufgeteilt wurden.

Nun suchen wir auf dem Trainingsdatensatz diejenige Hyperebene, welche die Trainingsfälle bestmöglich in *Betrug* und *Kein-Betrug* auftrennt. Dies geschieht über das R Paket `e1071`[23], welches eine Implementierung von Support Vector Machines mit verschiedenen Kernels (linear, polynomial, radial und sigmoid) enthält. Das Trainieren eines Modells ist dabei durch den einfachen Befehl `svm()` möglich:

```
df_svm <- svm(fraud_reported ~ ., data=df_train, kernel="linear")
```

Wir geben hier nun noch die Art des Kernels, nämlich *linear* vor, weil dieser in diesem Fall die besten Ergebnisse liefert. Als Antwort erhalten wir eine Meldung über das Ergebnis des Trainings:

```
Call:
svm(formula = fraud_reported ~ ., data = df_train, kernel = "linear")
Parameters:
SVM-Type: C-classification
SVM-Kernel: linear
Number of Support Vectors: 422
( 258 164 )
Number of Classes: 2
Levels:
N Y
```

**23** siehe https://cran.r-project.org/web/packages/e1071/e1071.pdf

Der Algorithmus hat also erkannt, dass die Variable `fraud_reported` zwei verschiedene Ausprägungen besitzt und hat eine Hyperebene mittels 422 Support Vektoren aufgebaut, welche den Datensatz in diese zwei Klassen trennt. Eine erste Einschätzung der Güte des Trainings lässt sich mit Hilfe der Konfusionsmatrix (siehe 6.6.6) erkennen:

| | Reference | |
|---|---|---|
| Predictions | N | Y |
| N | 198 | 32 |
| Y | 31 | 39 |

Hier sehen wir, dass auf dem Testdatensatz immerhin lediglich 63 Datensätze falsch klassifiziert wurden. Eine Berechnung der Genauigkeit über das Paket *caret*[24], welches weitere Statistiken neben der Konfusionsmatrix ausgibt, liefert eine *accuracy* von 79%. Durch Einführen von *Dummy-Variablen*, beispielsweise für die Merkmale der Bundesstaaten oder der Hobbies, sowie durch weiteres Experimentieren mit den Hyperparametern der Support Vector Machines können hier deutlich bessere Ergebnisse erzielt werden.

### 6.3.12 Künstliche Neuronale Netze und Deep Learning

Die Idee der *künstlichen neuronalen Netze* (KNN) wurde aus einem einfachen Modell biologischer Systeme abgeleitet. In diesen Systemen interagiert eine Menge von Nervenzellen (Neuronen) über ein Netzwerk aus Verbindungen (Synapsen) miteinander. Das Netzwerk ermöglicht den Austausch elektrischer oder chemischer Signale zwischen verbundenen Neuronen. Jedes Neuron hat dabei ein- und ausgehende Verknüpfungen mit anderen Neuronen und sendet seinerseits ein Ausgangssignal, wenn die Eingangssignale einen jeweils spezifischen Grenzwert überschreiten. Durch diese einzelnen Interaktionen agiert das System als Ganzes. Angelehnt an das biologische Vorbild wurden die künstlichen neuronalen Netze entwickelt, welche wir in diesem Abschnitt besprechen.

#### Aufbau und Funktionsweise

Ein KNN kann von einem gerichteten Graphen repräsentiert werden, dessen Knoten die (künstlichen) Neuronen und dessen Kanten die Verbindungen zwischen darstellen. Jedes Neuron in einem KNN steht dabei mathematisch für eine Funktion der Form

$$y = f_w(x_1, \dots, x_n) = s\left(w_0 + \sum_{j=1}^{n} w_j x_j\right), \qquad (6.14)$$

24 siehe https://cran.r-project.org/web/packages/caret/index.html

wobei $s\colon \mathbb{R} \to \mathbb{R}$ die *Aktivierungsfunktion* genannt wird und $w = (w_0, \ldots, w_n) \in \mathbb{R}^{n+1}$ die Parameter des Neurons darstellen. Das Neuron empfängt dabei den Vektor der Eingangssignale $(x_1, \ldots x_n)$ und generiert die Ausgabe $y$.

Neben dem Gewichtsvektor $w$ bestimmt die Aktivierungsfunktion des Neurons maßgeblich sein Verhalten, Tabelle 6.5 listet einige typische Vertreter auf, historisch wurde zunächst mit der Funktion

$$s(x) = \begin{cases} 1 & \text{falls } x \geq 0 \\ 0 & \text{sonst} \end{cases}$$

gearbeitet, heute nutzt man in der Regel glatte Funktionen, die aber dennoch in Bezug auf die Rechenzeit leicht zu bestimmen sind.

Das einfachste KNN, das unter dem Namen *Perzeptron* bekannt ist, besteht aus genau einem Neuron. Eine grafische Darstellung findet sich in Abbildung 6.36. Das Perzeptron wurde bereits Ende der 50er Jahre des letzten Jahrhunderts als Modell entwickelt und zur binären Klassifizierung eingesetzt ([78]).

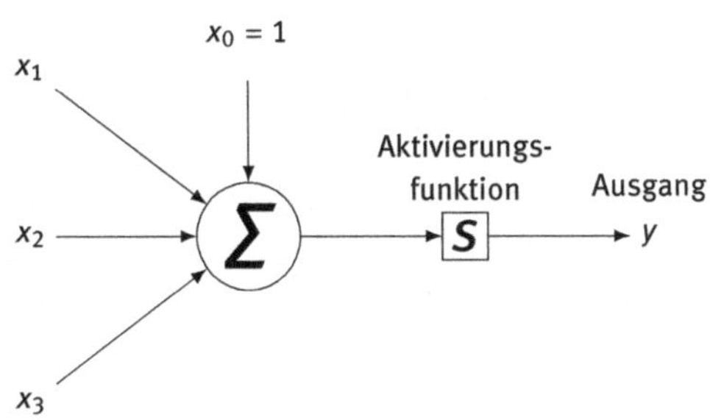


**Abb. 6.36:** Perzeptron mit drei Eingängen.

Größere neuronale Netze werden aus einzelnen Perzeptronen konstruiert, die in verschiedenen Schichten (auf englisch als *layer* bezeichnet) gruppiert und nacheinander durchlaufen werden, um bei vorgegebenem Eingangssignal $x$ den oder die Ergebniswerte $y$ des Netzes zu bestimmen. Abbildung 6.37 veranschaulicht ein Beispiel. Ist jedes der $n_k$ Neuronen der $k$-ten Schicht mit sämtlichen $n_{k-1}$ Neuronen der $(k-1)$-ten Schicht verknüpft, spricht man von einer vollständigen Schicht (*dense layer*). In diesem Fall entfallen auf die Schicht gerade $(n_{k-1} + 1)n_k$ Gewichtsparameter, die durch einen Lernvorgang bestimmt werden müssen.

KNNs können für verschiedene Aufgaben des maschinellen Lernens eingesetzt werden, die nächstliegende Anwendungsmöglichkeit ergibt sich für die Probleme des überwachten Lernens. Bei Regressions- und binären Klassifikationsaufgaben wählt

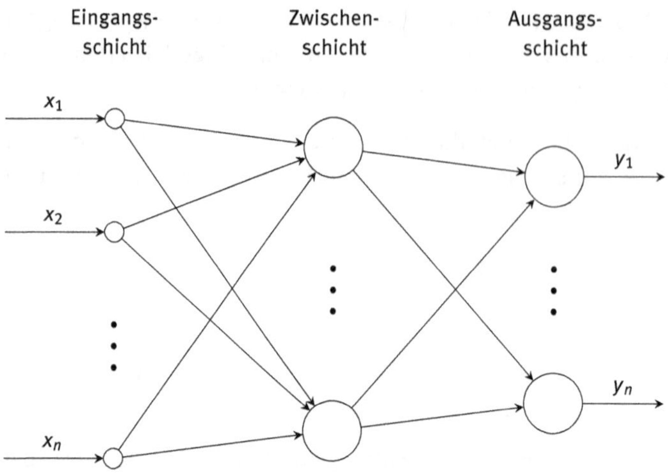


**Abb. 6.37:** Ein vollständig verbundenes neuronales Netz mit zwei, jeweils vertikal angeordneten Schichten. Die Knoten an der Eingangsschicht sind keine Neuronen im obigen Sinn, sie stellen lediglich Vervielfältigungen der Eingangssignale dar.

man typsicherweise Netze mit genau einem terminalen Neuron. Als Aktivierungsfunktion des terminalen Neurons wird dann meist die *sigmoid*-Funktion (siehe Tabelle 6.5) oder für Regressionsprobleme auch einfach die Identität verwendet. Bei Klassifikationsaufgaben mit $k$ möglichen Klassen kann man sich aber auch mit einer terminalen Schicht bestehend aus $k$ Neuronen jeweils mit der Identität als Aktivierungsfunktion behelfen, wobei deren Ausgangswerte anschließend noch gemeinsam über die Funktion *softmax* (siehe Tabelle 6.5) standardisiert werden.

**Tab. 6.5:** Gebräuchliche Aktivierungsfunktionen: die ersten drei liefern skalare Werte, die letzte Funktion liefert einen Vektor.

| **Name in Keras** | **Formel** |
|---|---|
| relu | $x \mapsto \max(x, 0)$ |
| sigmoid | $x \mapsto (1 + \exp(-x))^{-1}$ |
| softsign | $x \mapsto x(\lvert x\rvert + 1)^{-1}$ |
| softmax | $(x_1, \ldots, x_n) \mapsto \left(\sum_{j=1}^{n} \exp(x_j)\right)^{-1} (\exp(x_1), \ldots, \exp(x_n))$ |

Der Begriff *Deep Learning* steht allgemein für die Verwendung von Netzen mit vielen Schichten (und auch vielen Neuronen in diesen Schichten), was eine sehr große Zahl an freien Parametern bedingt. Als Lernverfahren nutzt man eine Gradientenabstiegsmethode unter Verwendung des schon etwas länger bekannten *Backpropagation Algorithmus*, siehe Abschnitt 6.3.12.1. Für lange Zeit war es dennoch nicht möglich, wirklich gute Lösungen für die entsprechenden Optimierungsprobleme zu finden. Erst ab dem

Jahre 2010 konnten weitere Durchbrüche bei den Solvern erzielt werden (vgl. [17]), sodass sich zusammen mit den allgemeinen Voraussetzungen für einen Aufschwung der Künstlichen Intelligenz (siehe Abschnitt 9.1) der Durchbruch für die Deep-Learning-Methodologie ergab.

Neben den bekannten großen Erfolgen von KNNs/Deep Learning (wie z.B. in der Bilderkennung) wird auch im aktuariellen Kontext mit ihnen experimentiert und es werden verschiedene Anwendungsmöglichkeiten diskutiert:

- Im Pricing bzw. Reserving spezieller Schadenversicherungen auf Einzelrisikobasis können neuronale Netzwerke eingesetzt werden, um auch auf aggregierter Ebene unverzerrte Ergebnisse zu erhalten. Hier bedarf es jedoch weiterer Überlegungen (vgl. [107]).
- Für den Bereich der Kapitalanlagesteuerung wird in [20] unter Einsatz mehrschichtiger neuronaler Netze untersucht, wie sich komplexe Einflüsse (wie Marktgegebenheiten und strategische Assetallokation) auf die Eigenmittelposition unter Solvency II auswirken können.

Grundsätzlich eignen sich Neuronale Netze natürlich auch für die Kernthemen der aktuariellen Praxis wie klassische Prognosemodelle, die Herausforderung an dieser Stelle besteht allerdings darin, die Ergebnisse hinreichend transparent machen zu können, um beispielsweise den Regulierer von der Stabilität des gewählten Ansatzes überzeugen zu können[25].

Zum Abschluss dieses Abschnitts werfen wir einen kurzen Blick auf die Konstruktion von neuronalen Netzen mit *Keras*[26]. Diese Bibliothek stellt hierbei Abstraktionen für den Umgang mit KNNs bereit. Für die tatsächliche Realisierung greift Keras im Hintergrund auf Bibliotheken wie *Tensorflow*[27] oder *CNTK*[28] zurück.

Ein einfaches Netz mit fünf Eingängen, einem inneren Layer aus zehn Neuronen und einem Ausgangneuron, wie es etwa für binäre Klassifikationen genutzt werden könnte, erstellt man mit Keras wie folgt:

```
from tensorflow import keras

# Eingangsgdaten beschreiben: der Eingangsvektor hat 5 Komponenten
input_tensor = keras.layers.Input(shape=(5,))
# innere Schicht mit 10 Neuronen
dense_layer = keras.layers.Dense(units=10, activation='relu')(input_tensor)
```

25 Ansätze zu diesem Thema existieren, siehe [65, 47, 50], aber die wirkliche Verallgemeinerung zu Konfidenzintervallen, die in Stresstests verwendet werden könnten, sind noch immer nicht vorhanden.

26 https://keras.io/

27 https://www.tensorflow.org/

28 https://docs.microsoft.com/en-us/cognitive-toolkit/

```
# Ausgangschicht mit einem Neuron
output_tensor = keras.layers.Dense(units=1, activation='sigmoid')(dense_layer)

# Konstruktion des Modells
model = keras.models.Model(inputs=input_tensor, outputs=output_tensor)
```

Jedes Neuron der inneren Schicht hat sechs Parameter, das Ausgangsneuron hat elf Parameter, insgesamt gibt es demnach 71 Parameter, die im Moment noch zufällig initialisiert sind und durch ein Training sinnvoll eingestellt werden müssen, worauf im folgenden Abschnitt eingegangen wird. Will man dennoch schon jetzt eine Vorhersage machen, so ist dies einfach möglich:

```
import numpy as np

# erzeuge zehn zufällige Datensätze
data = np.random.rand(10, 5)
predicitions = model.predict(data)
```

Das Numpy-Array `predicitions` der Form `(10,1)` enthält nun die Vorhersagen.

#### 6.3.12.1 Training von Neuronalen Netzen

Das Lernen erfolgt bei einem KNN durch die Einstellung der Gewichte jedes einzelnen Neurons. Eine besondere Schwierigkeit stellen hierbei die inneren Schichten eines tiefen Netzes dar, für die keine expliziten Trainingsdaten vorliegen. Es muss daher das Netz als Ganzes trainiert werden, was üblicherweise mit einem Gradientenabstiegsverfahren im Raum aller Koeffizienten erfolgt.

Wir wollen im Folgenden die Grundstruktur der Aktualisierungsgleichungen der Koeffizienten herleiten. Dafür gehen wir von einem Netz mit einem einzelnen terminalen Neuron aus, dessen Ausgang die Antwort des gesamten Netzes darstellt. Das Netz bestehe aus $n$ Schichten, die Neuronen der $m$-ten Schicht seien mit $(N_1^{(m)}, \ldots, N_{L_m}^{(m)})$ bezeichnet. Weiter sei eine Menge $B = (x_i, y_i)_{i=1,\ldots,K}$ von Trainingsdaten gegeben. Das Training erfolgt in der Praxis meist in sogenannten *Batches*, die jeweils einen Teil der Trainingsdaten beinhalten, $B$ sei solch ein Batch. Hintergrund dabei ist, dass es in der Praxis ziemlich ineffizient wäre, die Optimierung der Gewichte nach jedem einzelnen Traininginput durchzuführen.

Zur Fixierung der Notation betrachten wir nun ein Neuron $N_k^{(m)}$ der $m$-ten Schicht mit dem Output $x_k^{(m),i}$ auf dem $i$-ten Trainingssample. In naheliegender Verallgemeinerung dieser Notation lässt sich die Operation des Neurons $N_k^{(m)}$ folgendermaßen beschreiben:

$$
\begin{aligned}
z_k^{(m),i} &= w_{k,0}^{(m)} + \sum_{j=1}^{Q_k} w_{k,j}^{(m)} x_j^{(m-1),i}, \\
x_k^{(m),i} &= \sigma(z_k^{(m),i}).
\end{aligned}
$$

Hierbei sind $(x_j^{(m-1),i})_{j=1,\dots,Q_k}$ die Eingänge des Neurons $N_k^{(m)}$ auf dem $i$-ten Trainingssample und die $(w_{k,j}^{(m)})_{j=0,\dots,Q_k}$ die anzupassenden Parameter. Die Aktivierungsfunktion $\sigma$ kann im Prinzip auch vom jeweiligen Neuron abhängen, was die Notation im Folgenden jedoch nicht explizit widerspiegelt.

Vor dem Training müssen alle Koeffizienten des Netzes vorbelegt werden, was z.B. durch Pseudozufallszahlen in der Umgebung von 0 geschehen kann. In einem ersten Schritt werden dann die Vorhersagen des terminalen Neurons $(x_1^{(n),i})_{i=1,\dots,K}$ generiert, das neuronale Netz wird hierbei für jeden Trainingspunkt $x_i$ einmal komplett von Anfang bis Ende durchlaufen. Für den Batch ergibt sich der Fehler zu

$$
E(w) = \frac{1}{2} \sum_{i=1}^{K} \left(y_i - x_1^{(n),i}\right)^2,
$$

wobei wir der Einfachheit halber im Folgenden nur den mittleren quadratischen Fehler betrachten, die strukturelle Form der folgenden Aussagen gilt jedoch ebenso für viele andere Fehlerfunktionen. Tabelle 6.6 listet einige gebräuchliche Verlustfunktionen auf. Der Parametervektor $w$ steht hier für sämtliche Koeffizienten aller Neuronen des Netzes.

**Tab. 6.6:** Gebräuchliche Fehler- oder Verlustfunktionen, intern benutzen Keras bzw. Tensorflow leicht abgewandelte, numerisch stabilere Varianten der angegebenen Formeln. In den ersten beiden Fällen sind die Parameter als Wahrscheinlichkeiten zu interpretieren.

| **Name in Keras** | **Formel** |
|---|---|
| binary_crossentropy | $-\sum_i \left(y_i^{\text{pred}} \log\left(y_i^{\text{true}}\right) + (1 - y_i^{\text{pred}}) \log\left(1 - y_i^{\text{true}}\right)\right)$ |
| categorical_crossentropy | $-\sum_i \sum_c y_i^{\text{true},(c)} \log\left(y_i^{\text{pred},(c)}\right)$, mit den Klassen $c \in C$ |
| mean_squared_error, mse | $\sum_i \left(y_i^{\text{pred}} - y_i^{\text{true}}\right)^2$ |

Wir setzen noch

$$
E_i(w) = \frac{1}{2} \left(y_i - x_1^{(n),i}\right)^2,
$$

sodass sich $E = \sum_{i=1}^{K} E_i$ ergibt. Um ein (lokales) Minimum des Fehlers $E$ im Raum der Koeffizienten zu finden, wird eine Gradientenabstiegsmethode, die sog. *Backpropagation* verwendet. Dazu müssen die partiellen Ableitungen von $E$ bzgl. aller Koeffizienten bestimmt werden, d.h. es muss

$$\frac{\partial E_i}{\partial w_{k,j}^{(m)}}$$

je Sample $x_i$ nach allen Koeffizienten (Index $j$) aller Neuronen (Index $k$) in allen Schichten (Index $m$) gebildet werden. Die gesuchten Werte lassen sich iterativ effizient bestimmen, der Schlüssel hierzu sind die *verallgemeinerte Fehler* genannten Größen

$$\delta_k^{(m),i} := \frac{\partial E_i}{\partial z_k^{(m),i}}.$$

Aus diesen erhält man die gesuchten Ableitungen mit der Kettenregel wie folgt:

$$\frac{\partial E_i}{\partial w_{k,j}^{(m)}} = \frac{\partial E_i}{\partial z_k^{(m),i}} \frac{\partial z_k^{(m),i}}{\partial w_{k,j}^{(m)}} = \delta_k^{(m),i} x_j^{(m-1),i}, \tag{6.15}$$

wobei $x_0^{(m-1),i} = 1$ gesetzt wurde.

Wir betrachten nun die verallgemeinerten Fehler $\delta_k^{(m),i}$. Zunächst kann der Wert in der terminalen Schicht bestimmt werden:

$$\delta_1^{(n),i} := \frac{\partial E_i}{\partial z_1^{(n),i}} = \frac{\partial E_i}{\partial x_1^{(n),i}} \frac{\partial x_1^{(n),i}}{\partial z_1^{(n),i}} = \left(y_i - x_1^{(n),i}\right) \sigma'\left(z_1^{(n),i}\right). \tag{6.16}$$

Um den Transport des Fehlers rückwärts durch das Netz zu beschreiben, fixieren wir diejenigen Neuronen $(N_{k_1}^{(m+1)}, \ldots, N_{k_l}^{(m+1)})$ der Folgeschicht $m + 1$, die mit $N_k^{(m)}$ verbunden sind. Es gilt dann nach der Definition des verallgemeinerten Fehlers mit der Kettenregel:

$$\delta_k^{(m),i} = \frac{\partial E_i}{\partial z_k^{(m),i}} = \sum_{r=1}^{l} \frac{\partial E_i}{\partial z_{k_r}^{(m+1),i}} \frac{\partial z_{k_r}^{(m+1),i}}{\partial z_k^{(m),i}} = \sum_{r=1}^{l} \delta_{k_r}^{(m+1),i} \frac{\partial z_{k_r}^{(m+1),i}}{\partial x_k^{(m),i}} \frac{\partial x_k^{(m),i}}{\partial z_k^{(m),i}}.$$

Hieraus folgt:

$$\delta_k^{(m),i} = \sum_{r=1}^{l} \delta_{k_r}^{(m+1),i} w_{k_r,k}^{(m+1)} \sigma'\left(z_k^{(m),i}\right). \tag{6.17}$$

Hierbei ist die Notation so zu verstehen, dass $w_{k_r,k}^{(m+1)}$ gerade der Koeffizient des Neurons $N_{k_r}^{(m+1)}$ ist, der mit dem Eingang $x_k^{(m),i}$ zusammentrifft.

Aus Gleichung (6.17) in Verbindung mit dem Startwert (6.16) lassen sich nun alle $\delta$ berechnen und daraus können mit dem Zusammenhang (6.15) die Komponenten des Gradienten $\nabla E(w)$ gewonnen werden.

Die iterative Aktualisierung der Koeffizienten erfolgt dann mit der Abstiegsregel

$$w_j \to w_j - \lambda \frac{\partial E(w)}{\partial w_j}, \tag{6.18}$$

wobei $0 < \lambda \leq 1$ ein Parameter ist (*learning rate*), der ggf. die Konvergenzgeschwindigkeit verlangsamt. Die *learning rate* bzw. ihre adaptive Anpassung und weitere Differenzierung während des Trainings spielt eine wichtige Rolle für die Konvergenz von modernen Optimierungsmethoden wie z.B. *Adam*[29].

Die beschriebene Trainingsmethode heißt deshalb *Backpropagation*, weil die Fehler durch die Gleichung (6.17) rückwärts durch das Netz wandern. Für weitere Details zur Berechnung der Ableitungen sei auf [13], Abschnitt 5.3, verwiesen.

Da bei einem Gradientenabstieg typischerweise lokale Minima gefunden werden, müssen weitere Maßnahmen ergriffen werden, um zumindest ein *möglichst gutes* lokales Minimum zu finden. Dazu gehören:

- Verschiedene Initialisierungen: Wie oben gesagt wurde, müssen zu Beginn des Trainings alle Koeffizienten vorbelegt werden. Es ist sinnvoll, verschiedene Vorbelegeungen heranzuziehen.
- Anwendung von *Momentum*: Hiermit ist gemeint, dass das Update der Koeffizienten nicht nur wie in (6.18) beschrieben in Richtung des aktuell ermittelten Gradienten vorgenommen, sondern dass auch eine Komponente in die im Vorschritt gefundene Richtung beibehalten wird.
- Verwendung von Störanteilen in den Trainingsdaten: Dies verhindert Überanpassung und hilft zugleich, die Trainingsbasis zu vergrößern. Die Methode ist insbesondere dann sehr wichtig, wenn durch Störungen oder Transformationen gültige Daten erzeugt werden können (etwa durch Rotationen von Bildern).

**Bemerkung zum Training für komplexe Aufgaben:**
Große, etwa für Bilderkennung erfolgreich eingesetzte Netze erfordern Unmengen an Trainingsdaten und Rechenzeit, ähnliches gilt auch für die Spracherkennung. Ein oft erfolgreicher Ansatz, das sogenannte *transfer learning*, besteht darin, bei speziellen Problemen auf für allgemeine Aufgaben *vortrainierte* Netzwerke zurückzugreifen und nur den oder die letzten Layer des Netzes in der vorgegebenen Domäne neu zu trainieren. Ein erhebliches Problem bei dieser Vorgehensweise besteht allerdings darin, dass die Anwendbarkeit der vortrainierten Netze für die jeweilige neue Aufgabe erst *nach* dem Training zu sehen ist und man somit z.T. einen großen Aufwand betreiben muss, um einen geeigneten Transfer zu erreichen.

In Bezug auf die Transparenz der Methode mit Blick auf die typischen Fragestellungen wie Regulatorik und Kundenakzeptanz bedeutet dies natürlich unter Umständen einen erheblichen Zusatzaufwand.

**29** https://arxiv.org/abs/1412.6980

**Anwendung: Autoencoder**

In vielen Architekturen nimmt die Anzahl von Neuronen in aufeinander folgenden Layern ab, bis schließlich ein Outputneuron übrig bleibt, welches die Antwort des Netzes liefert. Eine Anwendung, bei der das nicht der Fall ist und die eine Zeit lang einen wichtigen Ansatz für das Training tiefer Netze darstellte, soll hier besprochen werden. Der sogenannte *Autoencoder* stellt eine Methode der Dimensionsreduktion mit neuronalen Netzen dar, gehört somit zum unüberwachten Lernen. Das Training erfolgt jedoch strukturbedingt analog zu einem überwachten Problem.

Gegeben sei ein Datensatz $(x_k)$ mit $x_k \in \mathbb{R}^d$ für $k = 1, \ldots, K$. Das Ziel ist es, eine angenäherte Kodierung[30] der Daten in einem $\mathbb{R}^l$ mit $l < d$ zu finden.

Beim Autoencoder wird hierfür ein Neuronales Netz mit $M$ Layern konstruiert, wobei der finale Layer $d$ Ausgangsneuronen und üblicherweise die Identität als Aktivierungsfunktion aufweist. Der vorletzte Layer besteht aus $l$ Neuronen. Das Netz wird trainiert, wobei der Vektor $x_k$ gleichzeitig als Eingabe und Zielwert verwendet wird. Durch die Reduktion der Dimension in der vorletzen Schicht auf $l$, führt das Training des Netzes dazu, dass eine $l$-dimensionale Repräsentation der Daten als Ausgang der vorletzten Schicht gefunden wird.

Die Konstruktion eines Autoencoders mit zwei encodierenden Layern kann mit Keras beispielsweise wie folgt durchgeführt werden.

```
from tensorflow import keras
from tensorflow.keras.models import Model

input_tensor = keras.layers.Input(shape=(30,))
dense_layer1 = keras.layers.Dense(units=30, activation='relu')(input_tensor)
dense_layer2 = keras.layers.Dense(units=10, activation='relu')(dense_layer1)
output_tensor = keras.layers.Dense(units=30, activation=None)(dense_layer2)

model = keras.models.Model(inputs=input_tensor, outputs=output_tensor)
```

Wir gehen also von einer Eingabegröße von 30 aus und diese soll auf zehn Dimensionen (vorletzter Layer) reduziert werden. Liegt ein entsprechender Trainingsdatensatz als numpy-Array `data` mit $n$ Zeilen und 30 Spalten vor, so kann das Modell wie folgt trainiert werden, wobei wie üblich ein Optimieralgorithmus und eine Verlustfunktion festzulegen sind und die Anzahl der Trainingsdurchläufe über den ganzen Datensatz (epochs) gewählt werden muss.

```
model.compile(optimizer='rmsprop', loss='mse', metrics=['accuracy'])
model.fit(data, data, epochs=5)
```

---

**30** In Analogie zur Elektrotechnik spricht man bei Autoencodern auch oft davon, dass sie sich wie ein analoger Bandpass verhalten, wobei die Anzahl der zentralen Neuronen die Bandbreite der Kodierung, bzw. Dämpfung vorgibt.

Um die encodierten Daten für einen Testdatensatz `test_data` zu erhalten, erstellt man ein neues Modell ohne dabei die vorherige Ausgabeschicht einzubeziehen:

```
encoder_model = Model(inputs=model.input, outputs=model.layers[2].output)
```

Danach liefert der Aufruf

```
encoder_model.predict(test_dat)
```

einen auf zehn Dimensionen verdichteten Datensatz zurück.

#### 6.3.12.2 Netztopologien

Für manche Aufgaben haben sich spezielle Typen von Architekturen als besonders geeignet erwiesen, dazu gehören die sog. *Recurrent Neural Networks*, die beispielsweise im Bereich der Zeitreihenanalyse ein wichtige Rolle spielen, und die *Convolutional Neural Networks*, auf die wir im nächsten Paragraphen näher eingehen.

**Convolutional Neural Networks**

Die Klasse der Convolutional Neural Networks (CNN) hat sich vor allem im Bereich der Bilderkennung durchgesetzt. Grundsätzlich könnten diese Aufgaben mit den vollständig verknüpften Netzen genauso gut durchgeführt werden, aber wegen der hohen Zahl von festzulegenden Parametern sind hierzu sehr große Trainingsdatensätze und ein entsprechend hoher Rechenaufwand notwendig. Eine Möglichkeit, die Zahl der Parameter zu reduzieren, ist das sogenannte *weight sharing*, bei dem ein Gruppe von Neuronen identische Gewichte benutzt.

Die Idee hinter den CNNs versteht man am besten anhand des Beispiels der Klassifikation zweidimensionaler Bilddaten. Das Ziel beim Einsatz eines *convolutional layer* ist es, lokale Eigenschaften in den Bilddaten zu finden. Dazu werden Teile der Bilder (üblicherweise rechteckige Bildausschnitte – sogenannte *Patches*) separat durch eine Reihe von sogenannten *Filtern* abgebidet.

Hat das (monochrome) Ausgangsbild beispielsweise die Dimension $30 \times 30$ (in Bildpunkten, Pixeln) und hat ein Patch die Dimension $3 \times 3$, so besteht ein einzelner Filter aus $28 * 28 = 784$ mittels *weight sharing* realisierten Kopien eines Neurons mit neun Eingängen und einem Biasparameter. Jede der Kopien ist hierbei mit einem $3 \times 3$-Auschnitt des Ausgangsbildes verknüpft.[31] Das Ergebnis des Filters kann man sich also als ein *Bild* der Dimension $28 \times 28$ vorstellen. Das Verschieben des Filters über das Bild und die Mittelung durch seine Anwendung jeweils über die Patches entspricht der mathematischen Faltungsoperation (engl. *convolution*).

---

**31** Hierbei wird also der $3 \times 3$-Filter entlang beider Achsen in jede mögliche Position verschoben. Es ist auch möglich mit größeren *Schrittweiten* zu arbeiten

Wie aus dem Beschriebenen hervorgeht, sind im Beispiel zehn freie Parameter zu trainieren. Ein *convolutional layer* besteht nun im Allgemeinen jedoch nicht aus einem sondern aus mehreren, parallel angeordneten solchen Filtern (auch *Kanäle* genannt). Im Falle eines Layers mit 32 Kanälen besteht der Ausgang des Layers in unserem Beispiel daher aus einem mehrdimensionalen Array der Dimension $28 \times 28 \times 32$ (für so ein mehrdimensionales Array ist in diesem Zusammenhang auch der Begriff *Tensor* gebräuchlich).

Das Training eines *convolutional layer* kann mit einer Variante des Backpropagation Algorithmus erfolgen, z.B. so, dass das gemeinsame Update in Richtung des über die Kopien gemittelten Gradienten erfolgt.

Der zweite wichtige Baustein bei den CNNs ist der üblicherweise auf den *convolutional layer* folgende ***subsampling layer***. Ziel dieses Layers ist einerseits die Reduktion der Dimensionen und andererseits das Erzeugen von lokaler Translationsinvarianz des Ergebnisses (vgl. [13]), die für die Bilderkennung durchaus gewünscht ist. Eine typische Variante für Subsampling ist das sogenannte *Max-Pooling*. Hierbei wird eine Ausgabe der Dimension $n \times m \times k$ (mit $k$ Kanälen) entlang der ersten beiden Achsen in disjunkte, aneinander anschließende Segmente $S_{ij}$ der Dimension $r \times r$ zerlegt ($r$ ist eine kleine natürliche Zahl, typisch ist $r = 2$). In jedem Segment wird dann pro Kanal das Maximum über den entsprechenden $r \times r$-Bereich gebildet. Ist etwa $r = 2$ wird also die Dimension der Ausgabe entlang der ersten beiden Dimensionen jeweils etwa halbiert.

Ein CNN besteht nun aus einer Reihe von Paaren von je einem *convolutional layer* gefolgt von einem *subsampling layer*. Den Abschluss bildet dann üblicherweise eine dicht verknüpfte Ausgangsschicht. Für eine weitere Diskussion der Komponenten und konkrete Anwendungsbeispiele aus dem Bereich der Bildklassifikation sei auf [17] verwiesen.

#### 6.3.12.3 Zusammenfassung

In den vorangegangenen Absätzen haben wir versucht, einen möglichst detaillierten und gleichzeitig nicht zu tiefen Einblick in die möglichen Architekturen von KNNs und deren Training zu geben. Hier wollen wir das Wichtigste noch einmal zusammenfassen:

- Ein KNN besteht im Allgemeinen aus mehreren, in Schichten angeordneten Neuronen.
- Die Trainingsdaten liegen als Eingänge an der ersten Schicht an, der Ausgangsvektor der terminalen Schicht liefert die Antwort des Netzes und muss entsprechend dimensioniert sein.
- Die Art und Weise der Verknüpfung von Neuronen einer Schicht $k-1$ mit denen der Schicht $k$ legt den Typ der Schicht $k$ fest. Meistens haben wir die vollständige Verknüpfung besprochen (korrespondierend zum *dense layer*), es gibt aber auch

andere typische Verknüpfungsmuster, etwa die sogenannten *convolutional layer* oder die *subsampling layer*.
- Neben der Netztopologie ist für jedes Neuron eine Aktivierungsfunktion festzulegen.
- Um ein Netz zu trainieren ist die Auswahl eines Fehlermaßes notwendig.
- Zum Training des Netzes sind weitere Parameter festzulegen, dazu gehören der zu verwendende Optimierungsalgorithmus, die Anzahl der Durchläufe über den Trainingsdatensatz (*epochs*) und ggf. die Größe der Trainingsbatches.

Die Verwendung von KNNs hat in den letzten Jahren zu spektakulären Erfolgen geführt, beispielsweise dem Sieg des Algorithmus AlphaGo gegen den weltbesten Go-Spieler Lee Sedol. Gleichzeitig ist hoffentlich klar geworden, dass das Aufstellen eines KNNs wohlbedacht durchgeführt werden muss und das Training typischerweise eine sehr hohe Rechenlast mit sich bringt. Bevor man also zur Lösung eines Data Science Problems ein KNN aufstellt, sollte man sich überlegen, ob nicht auch eine der anderen in diesem Kapitel aufgezählten Methoden einfacher den gewünschten Erfolg bringen könnte.

## 6.4 Clustermethoden

In diesem und dem folgenden Abschnitt 6.5 beschäftigen wir uns mit der Reduzierung von Daten. Hier soll es dabei zunächst um Partitionierungsverfahren gehen, die eine Menge von Objekten (Datenpunkten) in eine Menge von Gruppen (*Cluster*) jeweils ähnlicher Objekte zerlegen. Die Identifizierung der Gruppen ähnlicher Objekte kann einerseits als Erkenntnis über die innere Struktur der Daten verstanden werden, die sich dann – man denke als Beispiel an die Segmentierung von Kunden in verschiedene Zielgruppen für das Marketing – im jeweiligen Kontext ausnutzen lässt, ganz ähnlich wie wir dies in Abschnitt 6.4.1 zur Bestandsverdichtung auch tun werden. Andererseits ergeben sich auch in verschiedenen Zusammenhängen des maschinellen Lernens Vorteile, wenn mit der deutlich kleineren Menge der Cluster anstelle des Ausgangsdatensatzes weitergearbeitet werden kann oder wenn Modelle auf jeweils homogeneren Datensätzen gefittet werden können. Wesentliche Einflussgrößen für die Bildung der Cluster sind bei den im Folgenden genauer betrachteten Methoden die gewählte Metrik im Featurraum und deren Verallgemeinerung auf Mengen von Objekten.

Zunächst besprechen wir – eingebettet in eine breitere Diskussion der Bestandverdichtung im Allgemeinen – den sogenannten *k-Means*-Algorithmus im Abschnitt 6.4.1. Im Gegensatz zu *k*-Means, wo die Anzahl der Cluster im Vorfeld festzulegen ist, gibt es auch Ansätze, die eine ganze Hierarchie von ineinander geschachtelten Partitionierungen wachsender Größe erzeugen. Wir widmen uns diesem Themenkreis im Abschnitt 6.4.2. Es gibt noch weitere wichtige Familien von Methoden (wie etwa die *dichtebasierten* mit dem bekannten Vertreter DBSCAN) auf die wir nicht näher eingehen, vgl. hierzu beispielsweise [93].

Es wird bei den besprochenen Verfahren keine Vorgabe über die Zugehörigkeit von bestimmten Datenpunkten zu bestimmten Clustern vorausgesetzt. Die Cluster werden vielmehr allein aus den metrischen Eigenschaften der Daten extrahiert, die beschriebenen Verfahren gehören also dem unüberwachten Lernen an.

### 6.4.1 Clusterbasierte Bestandsverdichtung (k-Means)

Kommen wir an dieser Stelle auf den Use Case Bestandsverdichtung von Versichertenportfolios in der Lebensversicherung aus Kapitel 1 zurück und wiederholen kurz die Aufgabe. Im Risikomanagement werden häufig Projektionsrechungen auf Basis eines Unternehmensmodells durchgeführt. Wir unterscheiden dabei zwischen deterministischen und stochastischen Projektionen. Bei einer deterministischen Projektion wird das gesamte Unternehmensmodell einmal über den Projektionszeitraum hochgerechnet.

Bei einer stochastischen Projektionsrechnung verwendet man mehrere, oft 10 000 oder 20 000 Kapitalmarktpfade und rechnet das Unternehmensmodell für jeden einzelnen Kapitalmarktpfad hoch (Monte Carlo-Simulation). Stochastische Projektionsrechnungen benötigen in der Praxis bei einer einzelvertraglichen Hochrechnung häufig Laufzeiten von vielen Stunden, was oft zu Problemen führt. Mit einer leistungsstärkeren Hardware oder einer Parallelverarbeitung kann man schon viel erreichen. Aber der Goldstandard der Lösungen des Laufzeitproblems ist die Bestandsverdichtung. Bei der Bestandsverdichtung sucht man geeignete Verträge, die jeweils als Repräsentanten für eine Menge von Verträgen fungieren. Jeder Repräsentant erhält dabei ein Gewicht, das in der Regel (jedoch nicht immer[32]) der Anzahl der von ihm repräsentierten Verträge entspricht. Der „Trick“ der Verdichtung ist also die Erzeugung eines Teilbestandes (des Versichertenbestandes), der dieselben (oder ähnliche[33]) Eigenschaften aufweist, wie der Ausgangsbestand. Zur Unterscheidung sprechen wir im Weiteren vom Ausgangsbestand und vom verdichteten Bestand.

#### Validierung der Verdichtung

Im Allgemeinen liefert die Projektionsrechnung mit den Repräsentanten Abweichungen in den Ergebnissen gegenüber der Hochrechnung mit allen Einzelverträgen, aber diese Abweichungen sind vielleicht tolerierbar. Projektionsrechungen basieren auf Unternehmensmodellen, in welche Modellannahmen und Modellvereinfachungen

---

32 Es gibt auch andere Methoden zur Bestimmung der Gewichte, auf die wir später kurz eingehen werden.

33 Wie "ähnlich" genau zu definieren ist, werden wir später klären (müssen).

eingeflossen sind. Die Modelle können die (künftige) Realität daher nur näherungsweise widerspiegeln. Die Beschränkung der Projektionsrechungen auf eine Menge von Repräsentanten ist in gewisser Weise eine weitere Modellvereinfachung. Wichtig ist jedoch, die tolerierbaren Abweichungen vorab festzulegen. Deshalb beginnt jede Bestandsverdichtung mit der Festlegung eines Katalogs von Validierungsregeln.

Eine Validierungsregel besteht aus einem Validierungskriterium und einer tolerierbaren Abweichung. Validierungskriterien sind Kennzahlen (Ergebnisse einer Projektionsrechnung), die für den Zweck der Berechnung wichtig sind. Beispiele sind insbesondere die Deckungsrückstellung, Leistungen, Überschüsse, und Kosten. Zu jedem Validierungskriterium ist eine tolerierbare Abweichung (absolut oder relativ) festzulegen.

Die Wahl der Validierungsregeln hängt vom Projektionszweck ab und ist eine fachliche Fragestellung. Beispiele für Validierungsregeln könnten etwa folgende sein:

- Die Deckungsrückstellungen in den Jahren 0; 1; 2; 5 und 10 nach Projektionsbeginn sind mit einer tolerierbaren Abweichung von 10 000 € oder 1% zu treffen.
- Die Summe der Ablaufleistungen in allen Projektionsjahren ist mit einer tolerierbarer Abweichung von 0,5% zu bestimmen.

In der Praxis wird man hinreichend viele solcher Validierungsregeln definieren müssen. Für die spätere Überprüfung wird man zudem mindestens eine Projektionsrechnung mit allen Einzelverträgen durchführen müssen. Das Erfülltsein der Validierungsregeln liefert nun auch eine Definition von „ähnlichen" Beständen.

#### Methoden – allgemeine Ansätze

Für die Bestandsverdichtung, also für die Auswahl der Repräsentanten gibt es verschiedene Methoden. So waren bis vor einigen Jahren noch Stichprobenverfahren verbreitet, bei denen die Repräsentanten zufällig aus dem Bestand ausgewählt wurden. Das wirkt auf den ersten Blick vielleicht nicht sonderlich vielversprechend. Es ist jedoch sehr leicht zu bewerkstelligen und so ist es möglich, sehr viele Bestandsverdichtung auf diese Weise durchzuführen, die Güte[34] der jeweiligen Verdichtung festzustellen und dann mit der besten die Projektionsrechnung durchzuführen. Häufig konnte man auch so oft verdichten, bis man mit der Güte zufrieden war.

Im Weiteren wenden wir uns der (heute verbreiteten) sogenannten *clusterbasierten* Bestandsverdichtung zu. Die Idee hinter dieser Methode der Verdichtung ist die Gruppierung ähnlicher Daten in Cluster („Klumpen"). Die Datenmenge wird partitioniert, mit dem Ziel, eine möglichst hohe Homogenität innerhalb eines Clusters, sowie eine möglichst hohe Heterogenität zwischen den Clustern zu erreichen. Dafür müssen wir jedoch erst einmal definieren, wann Daten ähnlich sind und was es bedeuten soll

34 Die Bestimmung der Güte einer Verdichtung erläutern wir später.

und wie wir Homogenität von Heterogenität unterscheiden. Zudem müssen wir die Daten für eine algorithmische Bearbeitung geeignet aufbereiten.

Zunächst einmal müssen wir den Datenbestand bereinigen und hinreichende Qualität sicherstellen. Danach können wir die Versicherungsverträge durch Merkmalsvektoren kodieren. In der Praxis liegen unsere Bestandsdaten in einer relationalen Datenbank vor. Damit sind die Verträge bereits durch Merkmale beschrieben. Hier besteht nun die Aufgabe, aus den vorhandenen Merkmalen (also den Spaltenüberschriften in den Datenbanktabellen) die für die Bestandsverdichtung relevanten auszuwählen. Meist genügt es, weniger Merkmale zu verwenden, als in der Datenbank vorliegen. Beispiele für geeignete Merkmale sind:

- Versicherungssumme, Bruttobeitrag, Geschlecht der versicherten Person, ...
- Deckungsrückstellung, Stand der verzinslichen Ansammlung,...
- Verlaufswerte, z.B. künftige Cashflows, künftige Deckungsrückstellungen,...

Nach der Festlegung der verwendeten Merkmale wird jeder Versicherungsvertrag durch den Vektor der Merkmalsausprägungen repräsentiert. Zusätzlich können bei Bedarf einzelne Merkmal gewichtet werden. Das kann beispielsweise dann sinnvoll sein, wenn bei einem Merkmale künftige Verläufe berücksichtigt werden, bei anderen Merkmal jedoch nicht. Beispielsweise könnte die Deckungsrückstellung der künftigen zwei Jahre ein bzw. drei Merkmale sein, die Versicherungssumme kommt jedoch nur einmal vor. Mit dem Ziel einer gleichen Gewichtung könnte man dem Merkmal Versicherungssumme das Gewicht drei geben. Man würde es dann dreimal „zählen".

Nominalskalierte Merkmale muss man zudem in numerische Werte umschlüsseln. Und da die Wertebereiche der Merkmale sehr unterschiedlich sein können, werden die Merkmalsausprägungen jeweils noch standardisiert.

Wir erhalten somit einen numerischen Vektorraum als Featureraum, wobei die Anzahl der Merkmale (unter Berücksichtigung der Gewichte) der Dimension entspricht, auf dem nun noch eine geeignete Metrik festzulegen ist.[35] Nach diesen Vorbereitungen können wir auch definieren, wann Verträge zueinander ähnlich sind, nämlich genau dann, wenn der durch die Metrik gegebene Abstand klein ist.

Nun suchen wir eine Partition des Ausgangsbestands in Klassen ähnlicher Verträge. In der Praxis und im Weiteren sprechen wir von Clustern. Innerhalb eines Clusters können wir den Clustermittelpunkt (als *Centroid* bezeichnet) berechnen und als Repräsentanten eines Clusters jenen Vertrag wählen, der den kleinsten Abstand zum Clustermittelpunkt hat. Den Repräsentanten nennen wir *Centroidvertrag*.[36] Mit Blick auf mögliche Ausreißer im Bestand minimieren wir üblicherweise die quadratischen Abstände.

35 Welches eine geeignete Metrik ist, hängt von der Struktur des Raumes und damit von der Beschaffenheit der Daten ab. In der Praxis wird häufig, die durch die l2 Norm induzierte Metrik verwendet.

36 Daneben gibt es noch andere Verfahren zu Bestimmung des Centroidvertrages.

Somit formulieren wir die Verdichtungsaufgabe wie folgt: *Finde eine Partionierung des Bestands in verschiedene Cluster, sodass die Summe der quadratischen Abstände jedes Vektors zum Centroid minimal wird.*

Aus mathematischer Sicht stellt sich zunächst die Frage nach der Existenz und der Eindeutigkeit einer Lösung. Die Existenz ist schnell bewiesen, denn wir haben endlich viele Verträge, endliche Dimension und damit endlich viele mögliche Partionierungen des Ausgangsbestands. Unter diesen endlich vielen Partionierungen existiert eine beste in dem Sinne, dass die Summe aller quadratischen Abstände aller Verträge zum jeweiligen Centroiden minimal ist. Unser Partionierungsproblem hat demnach eine Lösung, diese ist jedoch nicht notwendig eindeutig. Tatsächlich kann man leicht Beispiele konstruieren, in denen verschiedene Partionierungen zu minimalen quadratischen Abstandssummen führen.

Nun müssen wir also nur noch die beste Partionierung finden. Das klingt jedoch leichter, als es ist. Man könnte natürlich alle möglichen Partionierungen systematisch durchgehen und prüfen. Aus kombinatorischen Gründen existieren jedoch sehr viele Partionierungen[37], sodass dies nicht praktikabel ist. Und auch andere bekannte Methoden erweisen sich im Allgemeinen als nicht effizient umsetzbar. Tatsächlich ist unser Partionierungsproblem im Allgemeinen wohl gar nicht effizient lösbar, es handelt sich nämlich um ein sogenanntes NP-schweres (englisch NP-hard) Problem.[38]

Tatsächlich existieren Verfahren des unüberwachten maschinellen Lernens, die uns eine geeignete Partionierung liefern, und das in der Praxis sogar überraschend effizient, wobei wir allerdings meist nicht wissen, wie nah bzw. weit weg wir von der besten Lösung sind. Aber solange der verdichtete Bestand die Validierungskriterien erfüllt, muss uns das nicht weiter kümmern.

### Verfahren des maschinellen Lernens – der k-Means-Algorithmus

Bevor wir uns eines dieser Verfahren genauer ansehen, müssen wir vorab noch klären, wie viele Cluster wir erhalten möchten. Anders formuliert: Wie stark möchten wir verdichten? Darauf gibt es keine allgemeingültige Antwort, allerdings verlangen die meisten verbreiteten Verfahren für unser Partionierungsproblem die Anzahl der Cluster als Eingabegröße. Diesen Hyperparameter müssen wir also vorab festlegen und dem Verfahren mitgeben. Je kleiner der verdichtete Bestand, desto höher der *Verdichtungsgrad*. Letztlich wird der Zielkonflikt zwischen möglichst geringer Bestandsgröße und möglichst guter Approximation über diesen Parameter gesteuert. Im Folgenden

**37** Für einen sehr kleinen Bestand mit 50 000 Versicherungsverträgen beträgt die Anzahl an Partionierungen in 50 Cluster ungefähr $10^{235}$.

**38** Das P-NP-Problem ist eines der sogenannten Millennium-Probleme für deren Lösung das Clay Mathematics Institute (CMI) im Jahr 2000 jeweils eine Million US-Dollar ausgelobt hat. Für unsere Anwendung besagt die Vermutung, dass kein effizienter Algorithmus für die Partionierungsaufgabe existiert, wenn $P \neq NP$ wäre.

gehen wir davon aus, dass wir die Anzahl $k$ der Cluster bereits irgendwie ermittelt oder geraten haben.

Nun können wir eines der bekannten Verfahren des unüberwachten maschinellen Lernens auf unser Partionierungsproblem anwenden. Wir wählen dafür den sogenannten $k$-Means-Algorithmus, den es wiederum in verschiedenen Varianten gibt.[39] Wir wollen das Vorgehen kurz beschreiben und definieren dafür:

- $k$ = Anzahl Cluster,
- $N$ = Anzahl Merkmalsvektoren,
- $c_i$ = Centroid des $i$-ten Clusters,
- $x_j$ = der $j$-te Vertrag,
- $m = m(i, j)$ = eine Membership Zuordnung.

Ziel ist nun die Minimierung der Doppelsumme SSE (sum of squared errors)

$$\underset{m(i,j)}{\operatorname{argmin}} \sum_{i=1}^{k} \sum_{j=1}^{N} m(i, j) \|x_j - c_i\|^2$$

mit

$$m(i, j) : \{1, \ldots, k\} \times \{1, \ldots, N\} \to \{0, 1\}$$
$$m(i, j) \mapsto \begin{cases} 1 & x_j \in c_i \\ 0 & \text{sonst} \end{cases}$$

und wobei gilt

$$\sum_{i=1}^{k} m(i, j) = 1.$$

Die (lokale) Minimierung der SSE erreichen wir iterativ in folgenden Schritten:

(1) Initialisierung: Wahl von $k$ Start-Cluster-Centroiden: $c_1, c_2, \ldots, c_k$;
(2) Für jeden Datenpunkt (Vektor, Vertrag) $x_i$ finde den nächsten (nearest neighbour) Cluster-Centroiden;
(3) Aktualisiere die Centroiden für jeden Cluster (d.h. bilde den Mittelwert über alle Cluster-Elemente);
(4) Gehe zu (2) bis sich die Cluster nicht mehr ändern (z.B. SSE konstant) oder die Änderung nur noch minimal ist (vorgegebenes $\varepsilon$).

Die erste Frage, die sich für jeden Algorithmus stellt, ist: Terminiert dieser? Tatsächlich ist das hier der Fall. Mit jeder Iteration wird die SEE kleiner, bis sie ein Minimum erreicht hat und dann stoppt der Algorithmus. In der Praxis kann das jedoch auch lange

39 Verbreitet ist hier zum Beispiel noch der Algorithmus von S. P. Lloyd ([52]). Wir betrachten hier den Algorithmus von J. B. MacQueen ([55]), der im Jahr 1967 veröffentlicht wurde.

dauern. Daher ist es ratsam, als zweite Abbruchbedingung in Schritt 4 eine maximale Anzahl an Iterationen vorzugeben.

Die Wahl der Start-Cluster-Centroiden erfolgt meist zufällig, indem man eine Stichprobe mit *k* Verträgen aus dem Ausgangsbestand zieht. In den nachfolgenden Iterationen werden die Centroiden neu berechnet und sie müssen dann nicht mehr unbedingt Verträge des Ausgangsbestands sein. Deshalb müssen nach Beendigung des Algorithmus noch die Centroidverträge berechnet werden. Häufig (jedoch nicht immer) ist das jeweils der Vertrag, der dem Centroiden am nächsten liegt. Schließlich muss für jeden Centroidvertrag noch sein Gewicht bestimmt werden. Naheliegend ist es, für jeden Cluster die Anzahl der Verträge zu ermitteln und den Wert dem Centroidvertrag als Gewicht zuzuordnen.[40] Die Gesamtheit der *k* Centroidverträge[41] bildet nun den verdichteten Bestand.

Dieser verdichte Bestand ist nun noch zu validieren. Es ist also zu prüfen, ob alle Validierungskriterien erfüllt sind. Ist dies der Fall, können die Projektionsrechnungen mit dem verdichteten Bestand anstatt mit dem Gesamtbestand durchgeführt werden, was deutlich schneller gehen wird.

In der Regel kommt es jedoch häufig vor, dass nicht alle Validierungsregeln erfüllt sind, die Validierung also scheitert. Man kann also nicht erwarten, im ersten Versuch ein hinreichend gutes Ergebnis zu erhalten. Daher wird man das Verfahren häufiger durchführen, und zwar solange, bis die Validierung gelingt. Für die weiteren Versuche kann man an folgenden Stellschrauben drehen:

- Als erstes wird man die **Start-Centroide anders wählen**. Da diese meist zufällig gewählt sind, kann man das obige Verfahren einfach noch einmal starten und mit neuen Start-Centroiden eine neue Verdichtung erhalten.
- Eine andere Möglichkeit ist es, ***k* zu erhöhen**, also einen größeren verdichteten Bestand zu ermitteln. Das führt häufig zu ganz anderen, und manchmal besseren Ergebnissen.
- Wenn auch das nicht hilft, sollte man die **Wahl der Merkmale** überdenken. Möglicherweise sind diese nicht geeignet. Manchmal genügt es schon, weitere Merkmale hinzuzufügen.
- Wenn das alles nicht hilft, sollte man die **Validierungsregeln prüfen**. Sind sie vielleicht sehr eng gefasst und eine ggf. größere tolerierbare Abweichung wäre auch noch akzeptabel?

Meist wird es jedoch genügen, die Hyperparameter Start-Centroide, *k* und zusätzlich die Merkmale zu variieren. Mit dem vorgestellten Verfahren des unüberwachten ma-

**40** Auch hierfür sind andere Vorgehensweisen möglich, auf die wir nicht weiter eingehen.

**41** Übrigens kann es vorkommen, dass einzelne Cluster am Ende leer sind. Dann hat der verdichtete Bestand weniger als *k* Centroidverträge. In der Praxis ist das aber nicht störend.

schinellen Lernens sind in der Praxis Verdichtungsgrade von 500, 1 000 oder auch 2 000 möglich. Damit können Laufzeiten für Projektionsrechnungen von vielen Stunden auf weniger als eine Minute reduziert werden. Für erste Testverdichtungen gibt es in R und Python entsprechende Bibliotheken.

### 6.4.2 Hierarchische Clustermethoden

Wie im vorherigen Kapitel angedeutet, besteht ein wesentlicher Nachteil bei Verfahren wie *k-Means* darin, dass die optimale Anzahl der Cluster nicht nur unbekannt ist, sondern algorithmisch auch nur schwer zu bestimmen ist. Sie stellt so gesehen einen Hyperparameter dar, der, von sperrigen und im Einzelfall schlecht verallgemeinerbaren Lösungen wie etwa der Elbow-Methode oder der Gap Statistic abgesehen (Abschnitt 6.4.3), zusätzlich zur Genauigkeit der Cluster optimiert werden muss. Hierarchische Clusterverfahren vermeiden dieses Dilemma (auf Kosten von, wie wir sehen werden, oftmals höherer Rechenzeit) dadurch, dass eine Hierarchie von „zusammengehörenden" Beobachtungen erstellt wird, die prinzipiell beliebig unterteilt werden kann und deren Effektivität allein von der „richtigen" Wahl des Abstandsmaßes abhängt.

Grundsätzlich sind bei hierarchischen Methoden zwei Ansätze zu unterscheiden: *Agglomerative* Verfahren betrachten zunächst jede Beobachtung als einzelnen Cluster und verschmelzen diese dann zu größeren Strukturen, wohingehen *divisive* Verfahren umgekehrt alle Beobachtungen als einen großen, alles umfassenden Cluster betrachten und diesen entsprechend dann in kleinere Unter-Cluster aufteilen. Das konzeptionelle Vorgehen hat zur Folge, dass Cluster an sich unveränderlich sind und nur vergrößert oder verkleinert werden können – die dabei entstehende, baumartige Hierarchie ist strikt im Sinne einer strengen Halbordnung und lässt nicht mehr erkennen, wie sie berechnet wurde. Darüber hinaus folgt, dass es sich beim erzeugten Baum um eine partiell geordnete Menge handelt, die bezüglich der gewählten Metrik unveränderlich ist; es ist immer klar, dass Cluster nur basierend auf dem Abstandsmaß getrennt oder zusammengefügt werden können.

Um Ähnlichkeiten zwischen Clustern im Allgemeinen zu bestimmen, können folgende Strategien gewählt werden:

- Complete: Berechnet paarweise Abweichungen zwischen den Datenpunkten, wählt den größten Abstand.
- Single: Berechnet paarweise Abweichungen zwischen den Datenpunkten, wählt den kleinsten Abstand.
- Average: Berechnet paarweise Abweichungen zwischen den Datenpunkten, wählt den Durchschnitt.
- Centroid: Berechnet die Abweichung zwischen den Zentroiden der beiden Cluster.
- Medioid: Berechnet die Abweichung zwischen den zentralsten Beobachtungen der beiden Cluster.

Beim agglomerativen Vorgehen bildet zunächst jede Beobachtung ein eigenes Cluster. Diese werden dann schrittweise abstandsbasiert *zusammengefasst*. Agglomerative Verfahren sind vorzuziehen, wenn davon auszugehen ist, dass es viele Ausreißer mit unklarer Zuordnung geben könnte – der Vorteil hierbei ist nämlich, dass man diese nach Auswahl der Clusteranzahl entweder entfernen oder renormieren kann. (Das geht natürlich nur, wenn es sich nicht um eine Anwendung handelt, bei der prospektiv neue Daten hinzugefügt werden könnten.)

Divisive Clusterverfahren auf der anderen Seite gehen so vor, dass alle Datenpunkte ein einziges großes Cluster bilden, welches dann schrittweise *zerlegt* wird. Divisives Vorgehen hat den klaren Vorteil, dass es immer eine Lösung gibt, wohingegen im agglomerativen Fall die Behandlung von Ausreißern, also Clustern mit singulären Beobachtungen nicht immer ganz einfach ist. (Im Umkehrschluss bedeutet dies, dass divisives Clustering mit dem Risiko behaftet ist, dass die naheliegende Lösung trivial sein kann.) Wenn es also nur darum geht zu prüfen, ob die Gruppierung von Beobachtungen, also die Strukturfindung, die Modellierung auf eine Zielgröße erleichtert, ist dies ein guter Weg.

**Allgmeiner agglomerativer Algorithmus**

- Vorgabe von $n$ Beobachtungen und einem Ähnlichkeitsmaß.
- Bildung von $n$ Clustern bestehend jeweils aus genau einer Beobachtung
- Für $i = n, n-1, \ldots, 2$:
  - Berechne die Ähnlichkeiten der $i$ Cluster und identifiziere die beiden ähnlichsten und fasse diese zusammen.

*Für das divisive Vorgehen beginnt man analog mit einem einzelnen Cluster und teilt diesen auf, bis man einen kompletten Baum von Einzelclustern und ihrer Relation erhält.*

**Anwendungsbeispiel: Clustering von Bewegungsmerkmalen für Kfz-Versicherungstelematik**
Zur Verdeutlichung der Vor- und Nachteile der hierarchischen Vorgehensweise kommen wir zu einem Teilaspekt der Kfz-Versicherungstelematik zurück. Im Versuch, naturgetreue Fahrprofile zu synthetisieren, bevor große Datenmengen an echten kinematischen Aufzeichnungen verfügbar waren, wurden in [103] verschiedene Methoden des Samplings (Random-Waypoint-Modelle) von sog. Fahrprofilen verwendet, um Bewegungsdaten zu erhalten, die wir auch hier verwenden können. Im Anhang A.2.6 finden sich genauere Angaben zum Datensatz, die folgende Tabelle zeigt einen kleinen Ausschnitt.

| Q50.Accel. | SQA.Accel. | Q50.Decel. | SQA.Decel. | Q50.Speed. | SQA.Speed. |
|---:|---:|---:|---:|---:|---:|
| 1,399 | 0,125 | −1,920 | 0,247 | 19,265 | 22,185 |
| 2,246 | 0,400 | −3,506 | 0,801 | 40,423 | 40,398 |
| 3,408 | 0,665 | −7,265 | 0,289 | 71,689 | 29,836 |
| 2,313 | 0,366 | −2,630 | 0,414 | 58,625 | 22,395 |
| 2,417 | 0,532 | −4,105 | 1,004 | 19,060 | 20,338 |

Anstatt hier also auf die direkt erzeugten Werte wie Standort, Richtung, Geschwindigkeit und Beschleunigung zu schauen, werden statistische Aggregate herangezogen, weil diese besser geeignet sind, kondensierte Informationen über Fahrprofile zu beschreiben. Das Vorgehen der graduellen Aggregation von Zeitreihendaten ist nicht nur in der Kfz-Telematik wichtig, aber dort sehr präsent, weil die Struktur der Daten (Zeitreihen) sich nicht direkt eignet, um in normale Risikomodelle überführt zu werden. Die hier untersuchten Größen, *50%-Quantile* und *Semiquartilsabstände* der Messgrößen sind nur einige Beispiele von Aggregationen, die sich als sinnvoll herausstellen können; andere Autoren (siehe etwa [70])) empfehlen etwa das Zählen von Schwellenwertüberschreitungen („Harte Manöver") oder mittlere Ausprägungen von kinematischen Merkmalen („durchschnittliches Beschleunigungsverhalten").

Eine Diskussion der Eignung führt an dieser Stelle zu weit, das Ziel des Use Case ist vielmehr folgendes: Die Autoren des Datensatzes wollten zeigen, dass eine sinnvolle Unterscheidung nach „Fahrprofilen" sich ebenso sinnvoll in bestehende Tarifierungsmodelle intergrieren lässt. Zu diesem Zweck agiert das Clustering als Zwischenschritt dazu, Fahrprofile wie Ausprägungen ähnlich einer Regional- oder Schadenfreiheitsklasse in eine GLM-Struktur integrieren zu können. Anstatt also Zeitreihen direkt in das Risikomodell einzuführen, werden nur die Klassenausprägungen übernommen.

Um einen besseren Überblick zu erhalten, betrachten wir noch den Boxplot (vgl. 6.2) der Merkmale in Abbildung 6.38. Zu beachten ist, dass nur die Geschwindigkeitsinformation der sechs identifizierten Cluster abgebildet ist. Ebenso wurden wie oben erwähnt auch die Beschleunigungs- und Bremsdaten herangezogen, doch hier geht es nur darum, eine beispielhafte Darstellung zu zeigen, denn bereits so wird deutlich, dass ein Merkmal allein nicht zur Gruppenbildung ausreichend wäre.

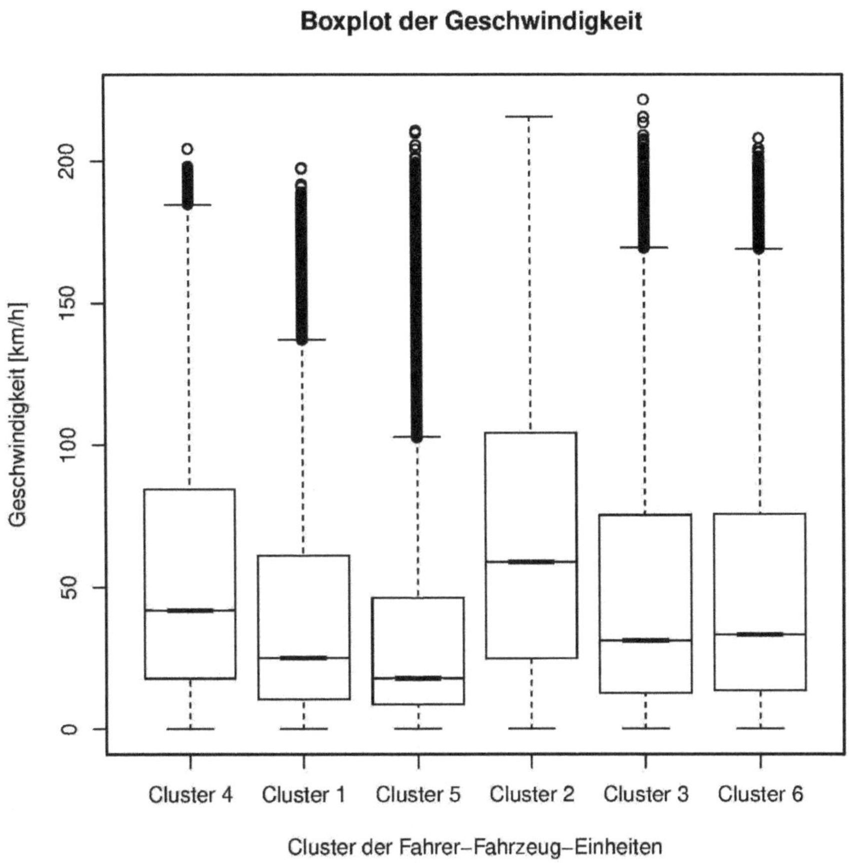


**Abb. 6.38:** Boxplot der resultierenden Merkmale des Telematik-Datensatzes hinsichtlich der Geschwindigkeit differenzierten Cluster.

Man erkennt, dass die standardisierten statistischen Merkmale hauptsächlich Ausreißer nach oben aufweisen und ansonsten unauffällig sind. Bevor wir nun mit dem eigentlichen Clustering beginnen, wollen wir noch prüfen, ob es sinnvoll ist, wirklich alle Merkmale zur Identifikation von Fahrprofilen zu verwenden. Dazu nehmen wir eine Hauptkomponentenanalyse (siehe Abschnitt 6.5.2) vor, um den Anteil der erklärten Varianz anzuschauen:

```
library(factoextra)
res.pca <- prcomp(riskfactors, scale = TRUE)
fviz_eig(res.pca)

## Anzahl der Cluster, Zahl ablesen im Dendrogramm
k = 6

## Einzeichnen der Cluster
rect.hclust(DendrogrammRiskfactors,k,border="red")

## Gruppenzuordnung
ClusterRiskfactors.hierarch <- cutree(DendrogrammRiskfactors, k)

## Gruppenstärke, falls benötigt
#table(ClusterRiskfactors.hierarch)

# Hinzufügen der Cluster-Labels
riskfactors_labeled <- cbind(riskfactors,as.factor(ClusterRiskfactors.hierarch))

colnames(riskfactors_labeled) = c("Erstes_Merkmal", "Zweites_Merkmal",
"Drittes_Merkmal", "Viertes_Merkmal",
"Fuenftes_Merkmal","Sechstes_Merkmal","Cluster")

library(devtools)
library("car")

scatterplot(Erstes_Merkmal ~ Zweites_Merkmal | Cluster,
  smoother = FALSE, grid = FALSE, frame = FALSE,data = riskfactors_labeled)

scatterplot(Drittes_Merkmal ~ Viertes_Merkmal | Cluster,
  smoother = FALSE, grid = FALSE, frame = FALSE,data = riskfactors_labeled)
```

**Achtung**: Die Varianzanteile der Hauptkomponenten entsprechen *nicht* den Varianzanteilen der Ursprungsmerkmale – wir führen den Test nur durch, um zu schätzen, ob alle sechs Merkmale *insgesamt* für das Clustering verwendet werden sollten oder eine weitere Vorverarbeitung notwendig ist.
Tatsächlich zeigt der Datensatz ein sehr homogenes Verhalten (siehe Abbildung 6.39): Die drei kleinsten Anteile sind allesamt noch im Bereich von knapp 10%, sodass wir hier davon ausgehen können, dass es für die Clusteranalyse sinnvoll ist, den gesamten Datensatz für das Training zu verwenden. Im Folgenden nehmen wir eine Analyse mit dem *Ward*-Clustering[42] vor und plotten das Ergebnis im sog. *Dendrogramm* (siehe Abbildung 6.40. Diese Darstellungsform erlaubt es uns, die dichtemäßigen Zusammenhänge der einzelnen Unterstrukturen visuell zu analysieren. Die dargestellte

---

42 Die Ward-Methode ist eine Variante der Average-Methoden, dabei werden diejenigen Cluster fusioniert, die den geringsten Zuwachs an (gemeinsamer) Varianz aufweisen, siehe [101].

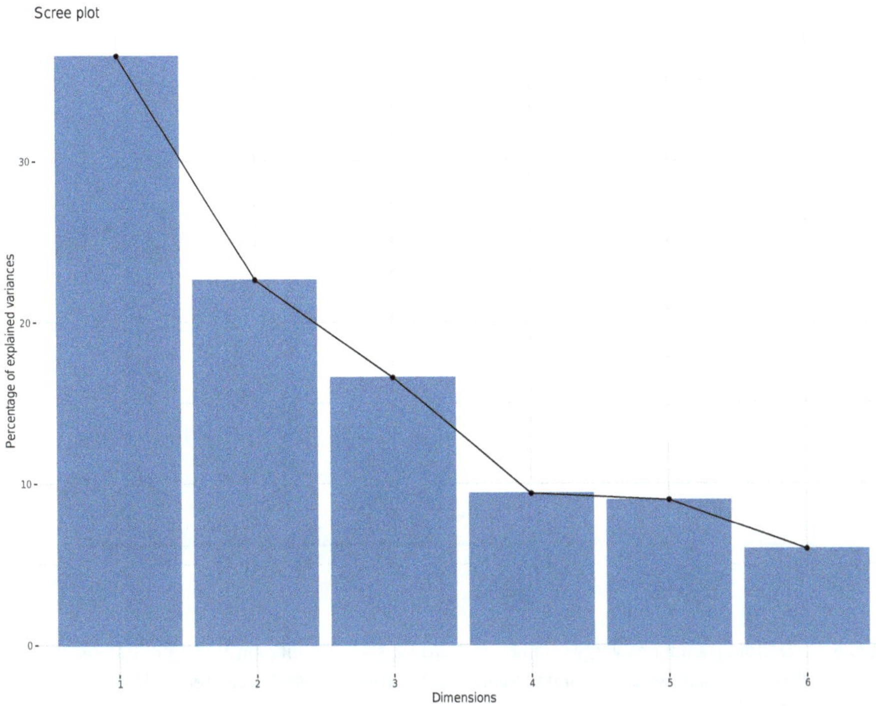


**Abb. 6.39:** Anteil der erklärten Varianz der Hauptkomponenten des Telematik-Datensatzes.

Höhe im Dendogramm entspricht dem Wert des Ähnlichkeitsmaßes. Dies ermöglicht immer auch eine Bewertung, wie groß die strukturelle Änderung bei einer Änderung der Anzahl der Cluster bezogen auf die Ähnlichkeit ausfallen wird. Wir erkennen, dass genau wie im Ursprungspapier eine Aufteilung in drei oder sechs Cluster sinnvoll erscheint.

Interessant an diesem Beispiel ist besonders, dass die Vorteile des agglomerativen Clusterings hier ausgespielt werden können – wenn wir beispielsweise die Scatterplots des ersten und zweiten (Abbildung 6.41) betrachten, so sieht man, dass sich in zweidimensionaler Sicht keine klaren Cluster ausmachen lassen und die Beiträge wirklich multivariat zu sehen sind. Anders gesagt wäre eine Klassifizierung mittels einfacher Trennebenen also eher schwierig durchzuführen.

#### Abschließende Bemerkungen

Zusammengefasst sind hierarchische Verfahren strukturell wirklich andersartig als die dichte- oder zentroidbasierten Algorithmen und eignen sich oftmals in ganz bestimmten Fällen deutlich besser.

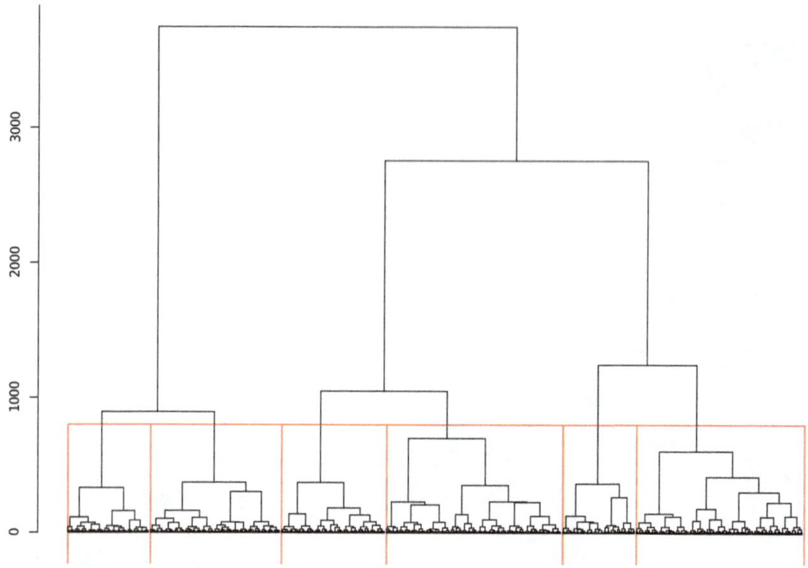


**Abb. 6.40:** Dendrogramm des vorgenommenen Ward-Clusterings auf dem Telematik-Datensatz. Es ist erkennbar, dass sich bezogen auf das Abstandsmaß drei oder sechs Cluster (siehe rote Markierung) als Ergebnis anbieten.

### Anmerkung 1

Die größte Stärke der Verfahren ist unbestritten die strikte Hierarchie, die es ermöglicht, gewissermaßen die Anzahl der Cluster je nach Verlauf explizit auszuwählen. Nachteilig ist daran aber, dass bei extrem hochdimensionalen oder schwer interpretierbaren Daten diese Auswahl selbst ein nicht-triviales Unterfangen darstellt. Während andere Verfahren diese Auswahl automatisch treffen (mit Ausnahme von $k$-Means, wo man die Anzahl der Cluster aber tatsächlich als Optimierungsmerkmale verwenden kann), hängt die Sichtweise einfach davon ab, ob eine Intuition besteht, wie viele Cluster es geben sollte (und wie diese strukturiert sind), oder eben nicht. In letzterem Fall kann ein Dendrogramm Abhilfe schaffen, oft sind aber auch dichtebasierte Verfahren dann nützlich - sofern man die Cluster sinnvoll visualisieren kann.

### Anmerkung 2

Bisweilen wird die Ansicht vertreten, dass das Distanzmaß in den Verfahren als Hyperparameter aufzufassen sei; wir wollen dieser Sichtweise nicht uneingeschränkt folgen: Obwohl die Wahl des Distanzmaßes oftmals erheblichen Einfluss auf die Qualität (und ggf. Effizienz) des Clusterings hat, so zeigt die praktische Erfahrung, dass mit Kenntnis einiger grundsätzlicher Eigenschaften der Merkmale, insbesondere ihrer

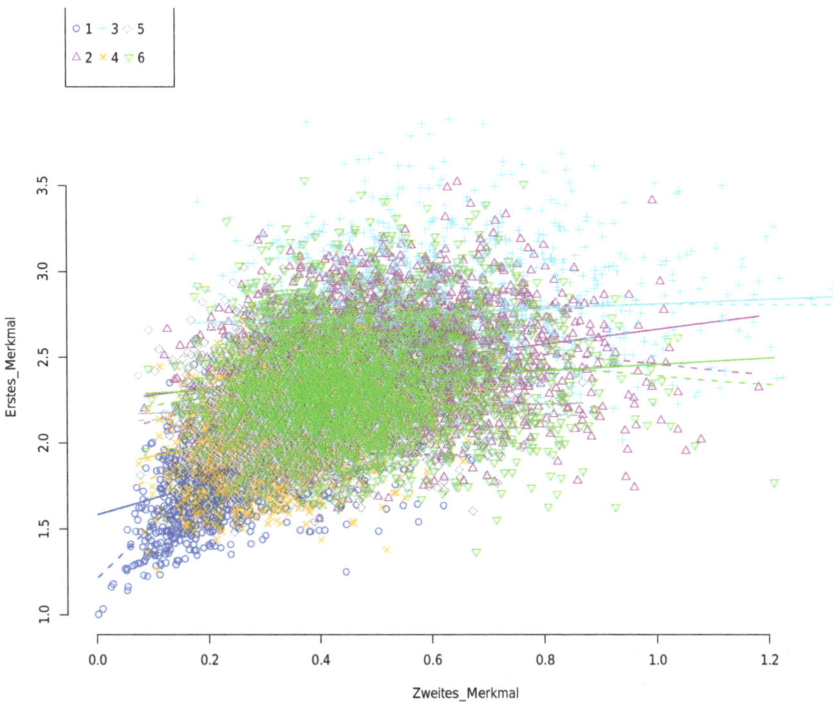


**Abb. 6.41:** Scatterplot des ersten und zweiten Merkmals mit eingefärbten Clusterausprägungen.

Verteilung und/oder Topologie, das Ergebnis nicht selten mehr oder minder von selbst in eine bestimmte Richtung tendiert. Auch ist bei großen Datensätzen das Ausprobieren verschiedener Abstandsmaße oftmals aus Zeit- und Performanzgründen nicht möglich.

### Anmerkung 3

Ein Effekt der strukturellen Vorgehensweise ist es, dass unter gewissen Umständen sogenannte zwingende *Single-Linkages* entstehen können, also „Ketteneffekte“, die darauf zurückzuführen sind, dass manche Beobachtungen bezüglich des Distanzmaßes zwangsläufig einander zugeordnet werden. Die kann dazu führen, dass einzelne Ausreißer wie Cluster wirken und eine manuelle Korrektur notwendig wird.

### Anmerkung 4

Die Laufzeit der Verfahren schließlich spricht strukturell bedingt häufig gegen eine Anwendung auf dem gesamten Datensatz. Obwohl in dieser Methodenklasse auch schnellere approximative Verfahren existieren, dürfte die Feststellung, dass agglomeratives Clustern eine Gesamtkomplexität von $O(n^3)$ und divisives Clustering gar von

$O(2^n)$ aufweist, ausreichend verdeutlichen, dass diese gegenüber dichte- oder zentroidbasierten Verfahren für große Datensätze klar das Nachsehen haben.

### 6.4.3 Bestimmung optimaler Anzahl von Clustern

Wir haben nun verschiedene Methoden zum Clustern großer und hochdimensionaler Datenmengen betrachtet und verschiedene Anwendungsfälle gesehen. Eine wesentliche Frage ist dabei aber nur am Rande behandelt worden, nämlich diejenige nach der „richtigen" bzw. „optimalen" Anzahl der Cluster. Während es in den vorliegenden Fällen verhältnismäßig eingängig war, heuristisch zu urteilen und insbesondere die hierarchischen Methoden es erleichtern, eine im weitesten Sinne natürliche Entscheidung zu treffen, ist dies umso schwieriger, je komplexer die zugrunde liegenden Daten sowohl in Verteilung und Varianz als auch Dimensionalität sind. Der typische Scatterplot zur Einordnung der (vermeintlich) perfekt trennenden Hyperebene versagt spätestens im zuletzt eingeführten Beispiel der kinematischen Telematik-Merkmale.

Die grundlegende Idee, die qualitative Korrektheit von Clustern zu testen, beruht immer auf der gleichen Konzeptualisierung: eingeordnete Objekte in ihrer Ähnlichkeit mit denjenigen des zugeordneten Clusters einerseits und allen anderen Clustern andererseits zu bewerten. Dieses Schema ist für alle Cluster-Gütemaße identisch, sie unterscheiden sich in erster Linie darin, wie „Ähnlichkeit" definiert wird.

Da es immer wieder Fälle gibt, bei denen schlechterdings keine heuristischen Anhaltspunkte vorliegen, um die Anzahl der Cluster sinnvoll abzuschätzen, fahren wir nun damit fort, drei der gängigsten Entscheidungskriterien zu betrachten. Wir führen dazu den Use Case aus dem Abschnitt zu hierarchischen Clustermethoden (siehe 6.4.2) fort.

#### 6.4.3.1 Silhouetten-Methode

Die sog. *Silhouetten-Heuristik* ([79]) ist eine der ältesten Möglichkeiten, die Qualität eines Clusterings zu bewerten. Für die $i$-te Beobachtung, die dem Cluster $C_k$ zugeordnet sei, wird dazu die Größe

$$a(i) = \frac{1}{|C_k - 1|} \sum_{j \in C_k, i \neq j} d(i,j)$$

berechnet, also der durchschnittliche Abstand zu allen anderen Punkten im gleichen Cluster. Der Wert $a(i)$ misst also, wie zentral die Beobachtung $i$ im Cluster $C_k$ liegt. Die Silhouetten-Methode verwendet nun als nächstes die sog. *mittlere Unterschiedlichkeit* (engl. mean dissimilarity)

$$b(i) = \min_{l \neq k} \frac{1}{|C_l|} \sum_{j \in C_l} d(i,j),$$

um die *kleinste mittlere Distanz zu den anderen Clustern* zu bestimmen. Der Silhouette-Wert selbst (ein Wert $\in [-1, 1]$) ergibt sich schließlich aus

$$s(i) = \frac{b(i) - a(i)}{\max\{a(i), b(i)\}}, \quad \text{wenn } |C_k| > 1$$

und der Vereinbarung, dass $|C_k| = 1 \Rightarrow s(i) = 0$. Der zweite Teil wird hinzugefügt, um sicherzustellen, dass Cluster mit nur einem Element nicht bewertet werden.
Das Entscheidungskriterium ergibt sich dann als

$$\mathrm{SC} = \max_k \hat{s}(k),$$

wobei $\hat{s}(k)$ den Mittelwert des Silhouettenwertes (über alle $N$ Beobachtungen) für eine bestimmte Anzahl Cluster $k$ beschreibt, $\hat{s} = \frac{1}{N} \sum_i s(i)$.
Wir wollen nun das Gütemaß an unserem vorangegangenen Use Case ausprobieren und die Anzahl vorgeschlagener Cluster für die Telematik-Merkmale bestimmen[43]. Dazu verwenden wir die R-Bibliotheken *factoextra* und *NbClust*, die diese Funktionalitäten recht elegant und zugänglich zur Verfügung stellen.

```
library(factoextra)
library(NbClust)

fviz_nbclust(riskfactors, hcut, method = "silhouette")+
  labs(subtitle = "Silhouetten-Methode, Hierarchisches Clustering")
```

Für die Silhouetten-Methode (siehe Abbildung 6.42) stellen wir fest, dass hier zwei Cluster vorgeschlagen werden. Das ist nicht wirklich nahe an unserer vorgeschlagenen Auswahl im Ward-Verfahren mit sechs Clustern, doch schauen wir zur endgültigen Bewertung erst noch die anderen Verfahren im Folgenden an.

#### 6.4.3.2 Elbow-Methode

Die *Elbow-Methode* beschreibt eine Heuristik ganz ähnlich zur Auswahl der Freiheitsgrade in der Hauptkomponentenanalyse; es wird die durch die jeweilige Anzahl der Cluster beschriebene, kumulierte Varianz der Beobachtungen bestimmt und die Anzahl $k$ gesucht, bei der die „Kurve“ abflacht, also wie ein Ellenbogen (engl. *elbow*) aussieht. Das verwendete Maß ist daher das Verhältnis von interner Varianz (innerhalb des Clusters) gegenüber der externen Varianz (gegenüber den anderen Clustern), formal geschrieben wie in der linearen Diskriminanzanalyse[44].
Angewendet auf den Use Case aus dem Abschnitt 6.4.2 mittels der Befehle

---

**43** In der Praxis ist es natürlich sinnvoll, nicht nur verschiedene Gütemaße, sondern auch verschiedene Clustermethoden zu Rate zu ziehen.

**44** Siehe 6.5.1, Gleichung 6.9.

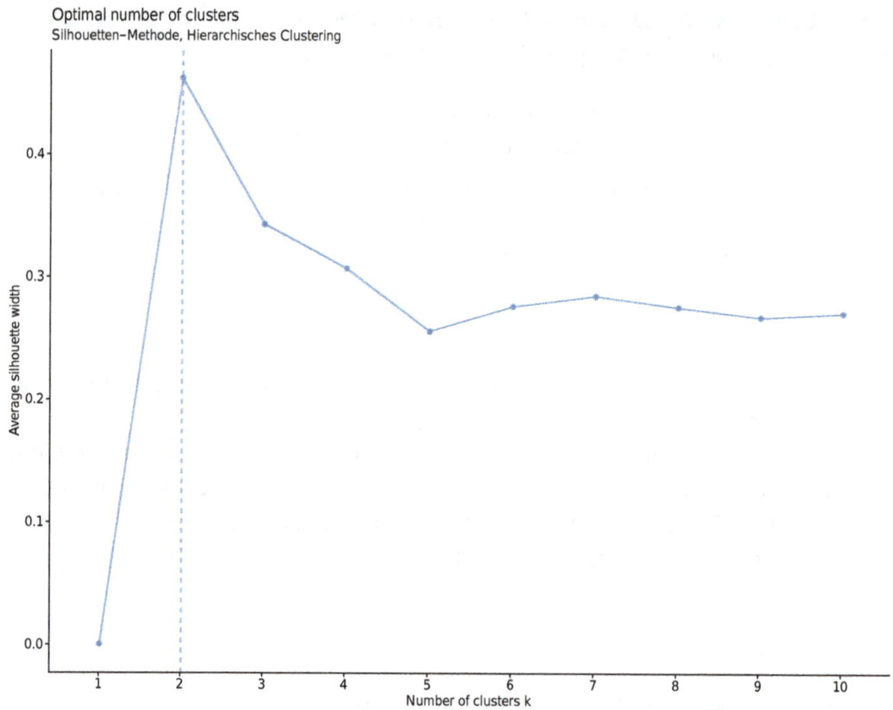


**Abb. 6.42:** Silhouetten-Methode für Hierarchisches Clustering des Telematik-Datensatzes.

```
fviz_nbclust(riskfactors, hcut, method = "wss") +
  geom_vline(xintercept = 4, linetype = 2)+
  labs(subtitle = "Elbow-Methode, Hierarchisches Clustering")
```

stellen wir in Abbildung 6.43 fest, dass die Elbow-Methode für das Clusterverfahren eine (suboptimale) Anzahl von vier Clustern schätzt, wobei allerdings in den Abbildungen zwischen etwa 3 – 5 Clustern nur geringe qualitative Unterschiede erkennbar sind. Diese Beobachtung unterstreicht erneut, dass die Bestimmung einer optimalen Clusteranzahl keine exakte Wissenschaft ist.

Die Elbow-Methode ist robust, sofern sie auf standardisierten Daten angewendet wird (was man aber beim Clustering ohnehin tun sollte) und reagiert nicht besonders sensitiv auf die Wahl des Distanzmaßes. Ein Nachteil indes ist, wie man auch im Beispiel sieht, dass insbesondere bei komplexen Problemen oft kein „klar erkennbarer Ellenbogen" zu finden ist und das Gütemaß dann bestenfalls nutzlos ist.

#### 6.4.3.3 Gap Statistic

Die von Tibshirani et al. entwickelte *Gap Statistic* ([94]) schließlich verfolgt den Ansatz, ein formaleres Fehlermaß aus der Elbow-Methode zu entwickeln. Dazu verwen-

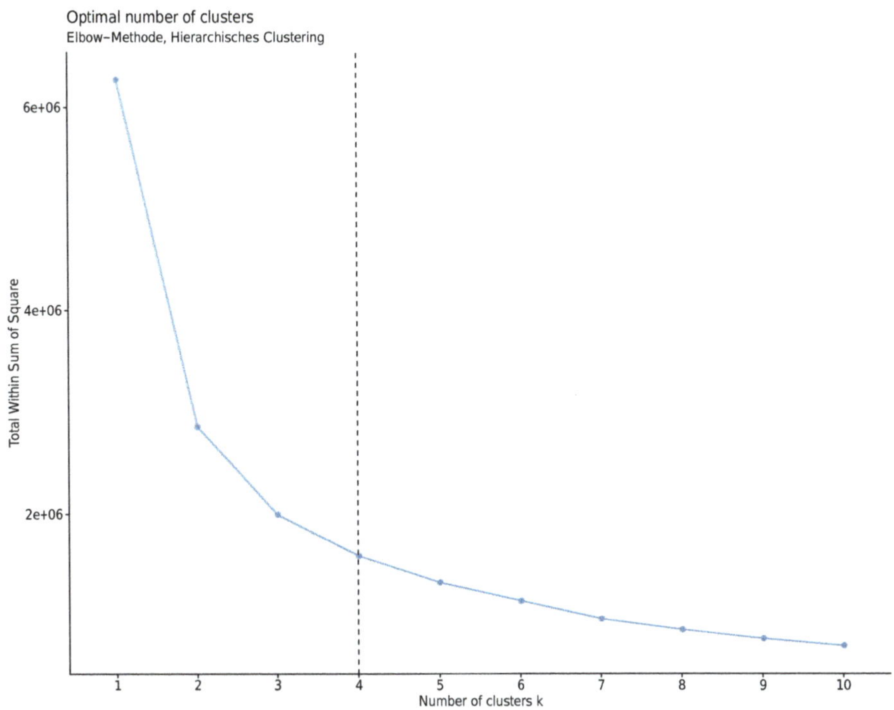


**Abb. 6.43:** Elbow-Methode für Hierarchisches Clustering des Telematik-Datensatzes.

det die Gap Statistic die Summen der paarweisen Distanzen $D_r = \sum_{i,j \in C_r} d_{ij}$ und die abgeleitete *In-Cluster-Distanz* $W_k = \sum_{r=1}^{k} \frac{1}{2n_r} D_r$ für die Definition

$$G(k) = E_n^*\{\log(W_k)\} - \log(W_k),$$

die einen Vergleich mit einer Referenz-Distribution herstellt, die die Annahme trifft, dass sich die $k$ Cluster bezogen auf die $n$ Beobachtungen in $p$ Dimensionen verhalten wie

$$E_n^*\{\log(W_k)\} \approx \log\left(\frac{p \cdot n}{12}\right) - \left(\frac{2}{p}\right) \cdot \log(k) + const.$$

Es wird in der Folge also die Abweichung von der Referenz verwendet und die Hypothese aufgestellt, dass bei der „optimalen Anzahl“ der Cluster ein besonders großer Sprung in $G$ als Funktion von $k$ auftritt. Diese Abschätzung kommt unter der Annahme zustande, dass es sich um eine gleichmäßige spatiale Verteilung der Cluster handelt und die Gap Statistic für genau diejenige Anzahl maximal wird, die den größten relativen Abstand aller Punktpaare aufweist. Das bedeutet einerseits eine gewisse Sensitivität in Bezug auf das Distanzmaß, liefert aber andererseits für verschiedene Methodiken vergleichbare Ergebnisse.

```
set.seed(123)
fviz_nbclust(riskfactors, hcut, nstart = 25,  method = "gap_stat", nboot = 10)+
  labs(subtitle = "Gap Statistic, Hierarchisches Clustering")
```

Die aus dem obigen Code gewonnenen Ergebnisse für den Use Case aus dem Abschnitt 6.4.2 zu den hierarchischen Clustermethoden zeigen hier in der Abbildung 6.44 auf, dass die Gap Statistic die Anzahl der Cluster auf drei4 schätzt. Das ist insofern „richtig", als in der Originalarbeit [103] jeweils zwei der letztlich gewählten sechs Cluster semantisch zur gleichen Oberklasse von Fahrten zugeordnet werden können. Es ist hierbei auffällig, dass auch die Gap Statistic eine Art „zweiten Ellenbogen" an der „semantisch korrekten" Stelle zeigt – bei mehr als sechs Clustern stagniert das Gütemaß auf niedrigem Niveau. Zugleich zeigt dieser Gedanke so gesehen aber auch, dass die Cluster-Schätzer nicht den fachlichen Blick auf die Ergebnisse ersetzen, sondern nur ergänzen können.

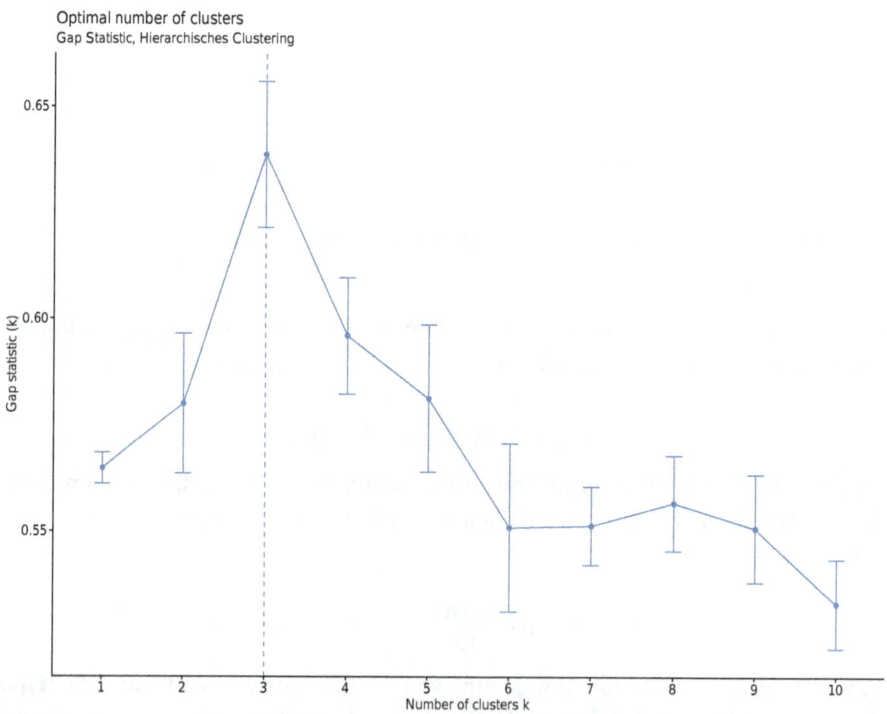


**Abb. 6.44:** Gap Statistic für Hierarchisches Clustering des Telematik-Datensatzes.

So gut die Gap Statistic als Maß auch ist, die offensichtliche Schwäche ist die Grundannahme der homogenen Clusterverteilung, die sich in der Praxis weder sicherstellen noch effektiv nachprüfen lässt. Daher ist auch die Gap Statistic letztlich eine Heuristik unter vielen, die vor allem dann Vertrauen in das Ergebnis liefern, wenn sie nicht sehr stark voneinander abweichen.

**Abschließende Bemerkung**
Zusammenfassend bleibt noch einmal daran zu erinnern, dass es prinzipiell gar nicht immer notwendig sein muss, die optimale Anzahl der Cluster zu schätzen. Geht es etwa um strukturelle Eigenschaften eines Datensatzes, so ist es oftmals aussichtsreicher, die hier als Ausgangsmerkmale verwendeten statistischen Ausprägungen des Grunddatensatzes (beispielsweise also bestimmte Quantile oder kumulierte Positionen bezüglich des Medians) anstelle der Clusterausprägungen zu verwenden.

Die verschiedenen hier vorgestellten Gütemaße zu berechnen ist oftmals ineffizient verglichen mit dem Clustering selbst und kann ein Vielfaches der Zeit benötigen. Deshalb kann es sinnvoll sein, die Gütemaße nur auf einem Teil der Trainingsmenge zu berechnen, um eine Arbeitshypothese zu erhalten, die dann anhand weiterer Indizien erhärtet oder verworfen werden kann. Als Beispiel kann die Gap Statistic auch auf lediglich 10% der Daten bestimmt werden, um im Folgenden die Anzahl der geprüften Clusteranzahlen auf den Bereich um die Anzahl der Hypothese einzuschränken und dann auf dem gesamten Datensatz zu prüfen.

## 6.5 Dimensionsreduktion

Im Unterschied zu dem im Abschnitt 6.4 besprochenen Clustering der Daten, das eine Reduzierung im Zeilenraum der Beobachtungen mit sich bringt, zielen die in diesem Abschnitt besprochenen Techniken auf die Verkleinerung der Dimension des Featureraums ab, mithin also der Spaltenzahl des Datensatzes. Im Abschnitt 6.3.12 über neuronale Netze wurde mit dem Autoencoder bereits eine (nichtlineare) Dimensionsreduktionstechnik vorgestellt. In diesem Abschnitt widmen wir uns klassischen, zu einem Großteil auf linearer Algebra beruhenden Verfahren wie der Hauptkomponentenanalyse (Abschnitt 6.5.2) und einem weiteren, auf der aus dem Abschnitt 6.3.5 bekannten linearen Diskriminanzanalyses beruhenden Verfahren. Daneben stellen die im Abschnitt 6.6.10 besprochenen Variablenselektionsverfahren im weiteren Sinne Dimensionsreduktionen dar.

Die Reduktion der Spaltenzahl – bei weitgehender Erhaltung der in den Daten transportierten Information – ist oft ein zweckmäßiger Vorverarbeitungsschritt bei der Anwendung von Verfahren des überwachten Lernens, da hierduch einerseits andere Schritte, etwa zum Erkennen und Beseitigen abhängiger Merkmale, ersetzt werden können und andererseits die Menge der zu lernenden Parameter deutlich reduziert werden kann, was dann zu Modellen mit deutlich geringerer Varianz führen kann. Als weiterer Vorteil der Dimensionsreduktion soll erwähnt sein, dass neben einem evtl. besseren Funktionieren von Lernverfahren auf niedrigdimensionaleren

Datensätzen natürlich auch deren Erklärbarkeit deutlich vereinfacht werden kann. Dies gilt allerdings nur dann, wenn es eine eingängige Möglichkeit gibt, die Transformation zur Dimensionsreduktion zu erklären – hochdimensional korrelierte Datenstrukturen, die multiple Interaktionen zwischen Merkmalen zeigen, sollten in diesem Zusammenhang eher als „komprimierbar" bezeichnet werden, dies ist eine Perspektive, die auch oft im Zusammenhang mit Autoencodern (siehe Kapitel 6.3.12.1) eingenommen wird.

### 6.5.1 Lineare Diskriminanzanalyse (LDA)

Die lineare Diskriminanzanalyse wurde bereits in Kapitel 6.3.5 eingeführt und als Methode zur Klassifikation besprochen. Auf einer anderen Ebene eignet sich die Bestimmung der linearen Diskriminatoren aber auch zur vorherigen Reduktion der Dimension, indem Linearfaktoren, die nicht oder nur wenig der Varianz in der Zielfunktion erklären, aus dem Merkmalsraum ausgeschlossen werden. Zur Erinnerung: In der LDA wird die Kovarianzmatrix $\Sigma \in \mathbb{R}^p \times \mathbb{R}^p$ im inversen Problem verwendet, um die Varianzdichte

$$\delta_k(x) = x^T \cdot \Sigma^{-1}\mu_k - \frac{1}{2}\mu_k^T \cdot \Sigma^-1\mu_k + \ln \pi_k$$

zu maximieren. Dazu muss gefordert werden, dass die Beziehung von der Zielgröße $Y$ mit den Merkmalen $X = k$ multivariat normalverteilt ist. Die resultierende angenäherte Kovarianzmatrix $\hat{\Sigma}$ kann nun einerseits verwendet werden, um die Linearfaktoren des Merkmalsraums zu bestimmen. Zugleich kann man diese jedoch auch als Strukturinformation über die Merkmale selbst auffassen und nach Varianzanteilen sortieren, sodass die Schätzer $\hat{\pi}_k$, $\hat{\mu}_k$ gewissermaßen einen transformierten Merkmalsraum aufspannen, deren erste Vertreter die jeweils größten Anteile der (erklärenden) Varianz enthalten. Auf diese Weise ist es möglich, Dimensionen mit geringem Varianzanteil auszulassen und folglich die Dimension und Komplexität des Problems zu reduzieren.

Eine gute, auch heuristisch nützliche Ansicht zum Verständnis dieses Zugangs ist die Betrachtung der sog. *Fisher-Diskriminanten* (siehe [29]), die die historische Basis der LDA bildet. Wir nehmen dazu an, dass es zwei Klassen von Beobachtungen mit Mittelwerten $\vec{\mu}_1$, $\vec{\mu}_2$ und Varianzen $\Sigma_1$, $\Sigma_2$ gebe. (Man wird sehen, dass sich das Argument für beliebige Klassen verallgemeinern lässt.) Die Linearkombination von Merkmalen lässt sich als Normalenform $\vec{x} \cdot \vec{w}$ schreiben und weist folglich Mittelwerte $\vec{\mu}_i \cdot \vec{x}$ und Varianzen $\vec{w}^T\vec{w}$ auf. Laut Fisher kann man die Diskriminanz (oder besser: Separation) zwischen den Klassen dann bestimmen zu

$$S = \frac{\sigma_{\text{int}}^2}{\sigma_{\text{ext}}^2} = \frac{(\vec{w} \cdot \vec{\mu}_1 - \vec{w} \cdot \vec{\mu}_2)^2}{\vec{w}^T\Sigma_1\vec{w} + \vec{w}^T\Sigma_2\vec{w}} = \frac{(\vec{w} \cdot (\vec{\mu}_1 - \vec{\mu}_2))^2}{\vec{w}^T(\Sigma_1 + \Sigma_2)\vec{w}}.$$

Dieses Maß lässt sich als *Signal-zu-Rausch-Verhältnis* auffassen und entspricht der LDA, wenn deren Annahmen erfüllt sind, ist aber für sich genommen auf allgemeine Merkmalsräume anwendbar. Mit der Einschränkung, dass ohne die Normalverteilungsannahme keine *lineare* Separation bestimmt werden kann, ist zu erkennen, dass die Separation in diesen Fällen komplizierter zu bestimmen ist, was historisch gesehen eine Motivation für Methoden wie beispielsweise Support Vector Machines (siehe Kapitel 6.3.11) war.

### 6.5.2 Hauptkomponentenanalyse (PCA)

Eine weitere exzellente Möglichkeit der Dimensionsreduktion stellt die Hauptkomponentenanalyse (üblicherweise abgekürzt mit *PCA*, von *Principal Component Analysis*) mittels einer Singulärwertzerlegung der Beobachtungsmenge dar. Im Gegensatz zur linearen Diskriminanzanalyse (LDA) aus Abschnitt 6.5.1 ist die PCA unüberwacht, macht also nur eine Aussage zur Struktur der Beobachtungen ohne Beachtung der Zielfunktion(en). Im Vergleich zur linearen Diskriminanzanalyse ist die PCA wie bereits erwähnt strikt strukturbeschreibend und wird nicht im Hinblick auf eine eventuell vorhandene Zielfunktion optimiert. Das bedeutet einerseits, dass die PCA auch ohne Zielfunktion sinnvoll verwendet werden kann, andererseits aber weniger speziell auf ein Problem anpassbar ist als die Linearfaktoren der LDA, die konkret auf die Varianz der Daten *bezüglich* der Zielgröße bestimmt werden und (bei erfüllten Verteilungsannahmen) oftmals nützlicher für die folgene Modellierung sein können. Die PCA ist in diesem Sinne eher eine Methode zur Datenexploration und die LDA eher zur gezielten Dimensionsreduktion – doch wie bei allen vorgestellten Methoden kommt es auch hier natürlich auf den Einzelfall an.

Gegeben seien $n$ Beobachtungen $(x_1, \ldots, x_n)$ mit $p$ Merkmalen. Der Datensatz kann also durch eine $n \times p$-Matrix $X$ dargestellt werden. Die Hauptkomponentenanalyse liefert eine Orthonormalbasis $B = (b_1, \ldots, b_p)$ des $p$-dimensionalen Merkmalsraums, sodass die von den ersten $q$ Vektoren von $B$ aufgespannten Unterräume jeweils einen maximalen Anteil der Varianz enthalten. Die Elemente von $B$ werden die *Hauptkomponenten* des Datensatzes genannt. Sie sind die $p$ Eigenvektoren zu den Eigenwerten $\lambda_1 \geq \cdots \geq \lambda_p \geq 0$ der Kovarianzmatrix $S = \mathrm{Cov}(X, X)$ von $X$, wobei $\frac{\lambda_i}{\mathrm{Spur}(S)}$ dem Anteil der $i$-ten Hauptkomponente an der Varianz entspricht. Anstelle eines Abbruchkriteriums betrachtet man den kumulierten Anteil der Gesamtvarianz $\sum_i \frac{\lambda_i}{\mathrm{Spur}(S)}$ und bricht z.B. bei > 95% ab.

Die Idee dabei ist es, durch Verwendung nur der anteilig relevantesten Hauptkomponenten $b_1, \ldots, b_q$ die Komplexität (und damit Speicher- und Laufzeitverbrauch) zu senken. Insofern eignet sich das Vorgehen insbesondere für hochdimensionale Datensätze, die verhältnismäßig hohe Korrelationen zwischen einzelnen Merkmalen aufweisen.

Die Hauptkomponentenanalyse muss i.d.R. auf standardisierten Daten angewandt werden, da die Eigenwertzerlegung linear mit der Größe der Varianz skaliert. Die Skalierung und Normierung erfolgt – falls gewünscht – auch direkt in den auszuführenden R-Funktionen, dies kann über Parameter beim Aufruf entsprechend gesteuert werden[45].

**Beispiele für Anwendungen:**

- Bildung von Typklassen von Fahrzeugen: hierzu ist eine umfangreiche Analyse von technischen Daten erforderlich.
- Bildung von Regionalklassen: hierzu ist eine umfangreiche Analyse soziodemografischer und mikrogeografischer Daten erforderlich.

**Use Case: Betrugserkennung Kfz-Versicherung**

Die praktische Betrachtung beginnt mit einem Vergleich zur linearen Diskriminanzanalyse. Indem wir den Datensatz zur Betrugserkennung in der Kfz-Versicherung (siehe A.2.5) erneut verwenden, wird es möglich, die unterschiedlichen Vor- und Nachteile zu identifizieren.

Die eigentliche Analyse wird mit dem R-Befehl *prcomp* durchgeführt. Dazu wird zuvor die letzte Spalte des Datensatzes `fraud_reported`, welche die Response-Variable enthält, entfernt. Um einen Überblick über die allgemeine Verfahrensweise zu behalten, beschränken wir uns auf die Merkmale `months_as_customer`, `age`, `policy_deductable`, `witnesses` und `vehicle_claim`.

```
# Response entfernen und entsprechende Variablen auswählen
fraud_claims_pca <- fraud_claims[c(1,2,7,30,35)]

# PCA inkl. Standardisierung (Parameter center/scale=TRUE)
pca <- prcomp(fraud_claims_pca, center = TRUE, scale = TRUE)
```

Die Varianzanteile entscheiden, ob die Dimensionsreduktion erfolgreich war und geben Aufschluss darüber, wie viele Hauptkomponenten ausgewählt werden sollten. Die Hauptkomponenten liegen sortiert nach *Wichtigkeit* (Varianzanteilen) vor.

45 Die Methode erfordert einen struktuierten Datensatz; daher ergeben sich insbesondere Schwierigkeiten im Umgang mit fehlenden Werten, denn die Hauptkomponentenanalyse erwartet numerische Eingaben. Sollen kategoriell vorliegende Daten analysiert werden, ist eine manuell-heuristische Annahme über die zugrundeliegende Topologie erforderlich, die beispielsweise zwischen Elementen $a_i$ der Klasse $A$ und Elementen $b_j$ der Klasse $B$ eine Ordnungsrelation der Form $\{a\} > \{b\} \forall a \in A, b \in B$ liefert, sodass eine Norm definiert werden kann.

```
summary(pca)
screeplot(pca)

Importance of components:
                          PC1    PC2    PC3    PC4     PC5
Standard deviation     1.3924 1.0317 0.9971 0.9617 0.27906
Proportion of Variance 0.3877 0.2129 0.1988 0.1850 0.01558
Cumulative Proportion  0.3877 0.6006 0.7995 0.9844 1.00000
```

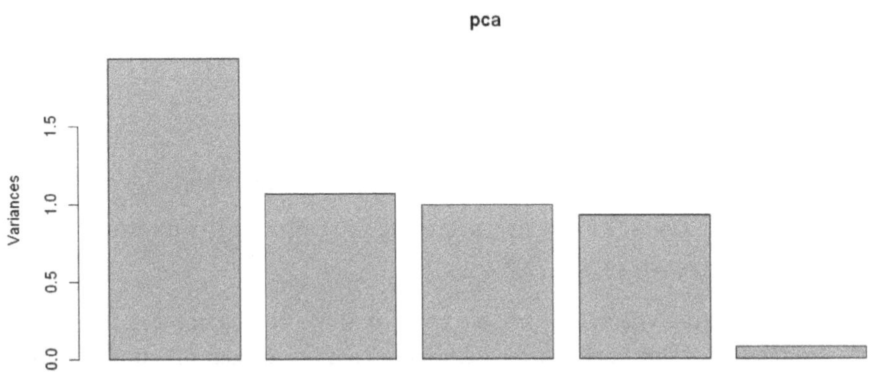


**Abb. 6.45:** Varianzanteile der orthogonal transformierten Hauptkomponenten des Kfz-Datensatzes zur Betrugserkennung.

Es entfallen 38,77% der Varianz der Daten allein auf die erste Hauptkomponente und 98,44% auf die ersten vier Hauptkomponenten. Das bedeutet, dass die Darstellung von *PC1* bis *PC4* bereits 98,44% der Informationen enthält und es somit möglich sein sollte, die Daten ohne die fünfte Komponente abzubilden.
Für die R-Funktion `prcomp` gibt das Attribut `rotation` die Loadings der Komponenten und das Attribut `x` die Faktor-/Komponentenwerte der entsprechend rotierten Beobachtungen aus, siehe Abbildung 6.45:

```
# Zusammenfassung der Transformation
pca$rotation
```

Mittels `pca$x` erhält man das transformierte Merkmalsset in den neuen Koordinaten. Auf eine Beispielausgabe hiervon wird aus Gründen der Lesbarkeit verzichtet. Der Faktor *PC1* setzt sich also zusammen aus:

| | PC1 | PC2 | PC3 | PC4 | PC5 |
|---|---|---|---|---|---|
| **months_as_customer** | -0.70093232 | 0.04479547 | -0.07117546 | 0.03912136 | 0.707170994 |
| **age** | -0.70079896 | 0.04791206 | -0.06820074 | 0.04531194 | -0.707022450 |
| **policy_deductable** | -0.04827775 | -0.65714765 | 0.42458503 | 0.62092601 | 0.002158416 |
| **witnesses** | -0.08393983 | -0.69712381 | -0.04977888 | -0.71026186 | -0.004758082 |
| **vehicle_claim** | -0.09054315 | 0.27905761 | 0.89862802 | -0.32618296 | 0.001068833 |

**Abb. 6.46:** Zusammenfassung der beispielhaften Resultate von *prcomp* mittels des Attributs *rotation* des Betrugsdatensatzes der Kfz-Versicherung.

$$\begin{aligned} PC1 = &- 0.70093232 \cdot \mathit{months\_as\_customer} - 0.70079896 \cdot \mathit{age} \\ &- 0.04827775 \cdot \mathit{policy\_deductible} - 0.08393983 \cdot \mathit{witnesses} \\ &- 0.09054315 \cdot \mathit{vehicle\_claim}. \end{aligned}$$

Vor allem der Beitrag von `months_as_customer` und `age` zum ersten Faktor ist groß. Beim zweiten Faktor sind vor allem die Beiträge der `policy_deductable` und `witnesses` groß. Beim dritten Faktor dominiert der Beitrag von *vehicle_claim*. Die innere Struktur der anderen beiden Faktoren lässt sich allein durch die Hauptkomponentenanalyse nicht eindeutig erklären. Dies deutet darauf hin, dass nichtlineare Zusammenhänge vorliegen. Der letzte Faktor *PC5* scheint hauptsächlich der Unterscheidung von `months_as_customer` und `age` zu dienen, allerdings legen die Varianzanteile nahe, dass dieser Faktor im Wesentlichen unbedeutend ist und es steht zu vermuten, dass die beiden Merkmale stark korreliert sein könnten. Dies kann man erkennen, indem man die Loadings zusammen mit `summary(prcomp())` betrachtet.

Das Ergebnis lässt sich in einem 2D-Scatterplot visualisieren, siehe Abbildungen 6.47 und 6.48. Der Befehl *autoplot* stellt Objekte (`fraud_reported`) und Variablen simultan dar. Geplottet werden im ersten Fall die ersten beiden Koeffizienten jeder Beobachtung, sodass gut 60% der Varianz der Beobachtungen repräsentiert werden. Zusätzlich sehen wir den Plot der ersten und dritten Komponente.

```
#install.packages("ggfortify", repos="http://cran.rstudio.com/")
library(ggfortify)

options(repr.plot.width=10, repr.plot.height=5)


autoplot(pca, data = fraud_claims[c(1,2,7,30,35,39)], scale = 0,
        x=1, y=2, colour = 'fraud_reported', loadings = TRUE,
        loadings.label = TRUE, loadings.label.size = 3)
```

```
autoplot(pca, data = fraud_claims[c(1,2,7,30,35,39)], scale = 0,
        x=1, y=3, colour = 'fraud_reported', loadings = TRUE,
        loadings.label = TRUE, loadings.label.size = 3)
```

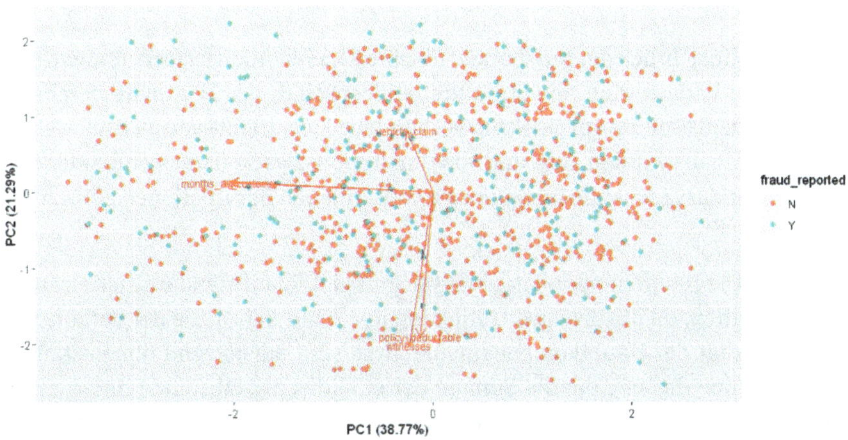


**Abb. 6.47:** Darstellung von *PC1* gegenüber *PC2* mit hilfsweiser Darstellung der Betrugsfälle `fraud_reported`.

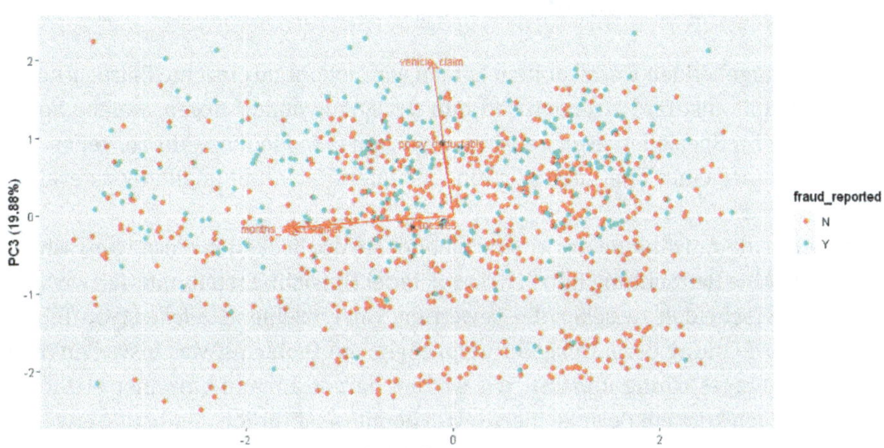


**Abb. 6.48:** Darstellung von *PC1* gegenüber *PC3* mit hilfsweiser Darstellung der Betrugsfälle `fraud_reported`.

Es werden also die Projektionen der fünf ausgewählten Merkmale des Betrugsdatensatzes auf jeweils zwei Hauptkomponenten gebildet. Zudem sind die Achsen der ursprünglichen Merkmale eingezeichnet. Bei der unteren Gegenüberstellung in Abbildung 6.48 ist zu erkennen, dass Betrugsfälle mit ansteigender Komponente *PC3* häufiger werden.

*Anmerkung 1*: Hinsichtlich der Nutzbarkeit für eine Klassifikation ist festzuhalten, dass die betrachtete Varianz eine rein strukturelle Eigenschaft der Merkmale beschreibt und nicht mit dem Einfluss auf eine evtl. vorhandene Zielvariable verwechselt werden darf. Darüber hinaus wurden aufgrund von Illustrationszwecken nur wenige Merkmale betrachtet, sodass nicht alle im Datensatz vorhandenen Informationen einbezogen wurden.

*Anmerkung 2*: Die Hauptkomponentenanalyse muss i.d.R. auf standardisierten Daten angewandt werden, da die Eigenwertzerlegung linear mit der Größe der Varianz skaliert. Das Resultat der Hauptkomponentenanalyse sind aufsteigend dimensionierte Untervektorräume des $\mathbb{R}^p$, die die Summe der euklidischen Abstände der $x_i$ zu ihren Projektionen minimieren. Wenn eine komplette Hauptkomponentenzerlegung aus Laufzeitgründen nicht praktikabel ist, so ist die Bestimmung eines Abbruchkriteriums ein vollkommen heuristisches Verfahren. Üblicherweise wird dafür der kumulierte Anteil der Gesamtvarianz $p(k) = \frac{\sum_{i=1}^{k} \lambda_i}{\mathrm{Spur}(S)}$ betrachtet.

## 6.6 Bewertung von Modellen

In den vorhergehenden Unterkapiteln kamen wir nicht ohne einzelne Betrachtungen zur Effektivität aus. Im Folgenden soll nun der Fokus darauf liegen, welche Vorgehensweisen im Speziellen geeignet sind, eine „gute“ Modellauswahl zu treffen und die Performance eines oder mehrerer Modelle quantitativ und qualitativ zu evaluieren.

Bevor wir in die Aufzählung der unterschiedlichen Möglichkeiten einsteigen, scheint eine allgemeine Betrachtung nützlich, in zweierlei Hinsicht. Erstens müssen wir kategorisch unterscheiden zwischen der Bewertung von einzelnen *Modellen* (von Teilzielen) und der Eignung der *Lösung* des ursprünglichen Problems, was bisweilen nicht die gleiche Fragestellung umfasst. Wir werden darauf anhand einzelner Methoden eingehen, doch kurz ein Beispiel hierzu: Wie bereits ausführlich und häufig erwähnt, liegt der Eingangsdatensatz nur selten in einer Form vor, die sich unmittelbar als Input für ein ML-Modell eignet. Stattdessen werden verschiedene Schritte der Vorverarbeitung ausgeführt wie Imputation, Fehlerkorrektur, Standardisierungs- und Aggregierungstransformationen. Während bei einfachen Problemen die Annahme verfängt, dass (kleine) Änderungen der Vorverarbeitung keinen großen Einfluss auf die Ergebnisse der eigentlichen Inferenzschritte haben sollten, ist dies bei komplexen Data Science-Pipelines nicht offensichtlich der Fall, insbesondere dann, wenn die in Abbildung 6.49 dargestellten Transformationen aus Dimensionsreduktion, Clusterings und anderen Aggregierungen bestehen. Tatsächlich ist sogar oftmals das Gegenteil der Fall: Kommen in der Vorverarbeitung Pseudozufallszahlen zum Einsatz, und sei es nur zur Bestimmung von Anfangsbedingungen eines *k*-Means-Runs, so ist prinzipiell denkbar, dass sich die Änderung im Transformationsschritt auf die Evaluation der Zielfunktion auswirken wird. Überdies stellt sich hier die Frage nach der Reproduzierbarkeit, wenn Modelle mit neuen Daten aktualisiert werden sollen und die Evaluation nur den letzten Schritt umfasst, die Aggregation durch das Update aber die größte Änderung erfährt. Insbesondere bei der Verwendung von unüberwachten Methoden des strukturgebenden Data Minings in der Mitte der Vorverarbeitungskette (engl. *Pipeline*) ist eine einzelne Betrachtung der Effektivität nicht sinnvoll möglich, oft auch aufgrund der wenig anschaulichen Hochdimensionalität der Daten. Insofern scheint es sinnvoll, grundsätzlich (je nach Komplexitätsgrad) zu versuchen, die Evaluation vom Input bis zum Output durchzuführen und alle möglichen Änderungen am Setup (also beispielsweise sogar die Wahl der Anteile von Trainings- und Testsamples) als Hyperparameter aufzufassen. Natürlich hat das zum einen zur Folge, dass man einige Parameter unnötigerweise als volatil betrachtet, zum anderen ist gerade bei komplexen Pipelines oftmals nicht inuitiv klar, welche Änderungen sich wie auswirken. Wir gehen später auf einige Möglichkeiten der Betrachtung ein.

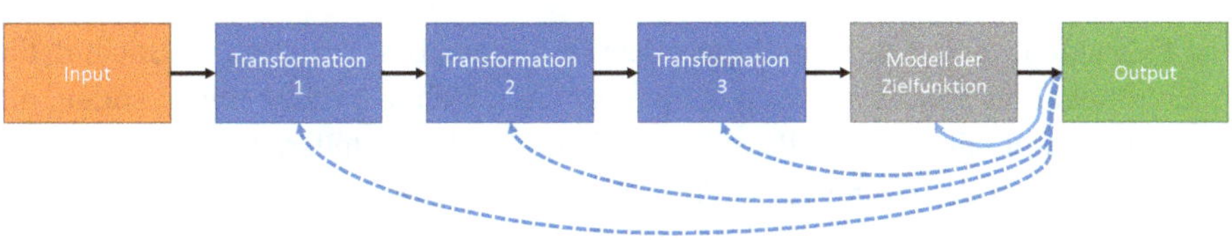


**Abb. 6.49:** Verschiedene Ebenen der Vorverarbeitung und Transformation bedingen oftmals eine umfassende Evaluation über die gesamte Verarbeitungskette.

Ein weiterer Aspekt, der bereits angedeutet wurde, ist der Umgang mit Zufallszahlen. Obwohl in *R* der Umgang mit Zufallszahlen im Wesentlichen Bestandteil des Sprachumfangs ist, kann die Handhabung doch kaum mehr als rudimentär beschrieben werden. Für jeden Prozessschritt muss prinzipiell ein eigens kontrollierter *Seed* gesetzt werden: `set.seed(zahlenwert)`. In Python gibt es im Sprachumfang zwar auch eine *random*-Implementierung, doch ist es üblicherweise vorzuziehen, die *numpy*-Fassung zu verwenden. Dort gibt es seit einiger Zeit die Möglichkeit, statt des Seedings das Container-Object `numpy.random.RandomState` zu verwenden. Das hat den Vorteil, dass die meisten Methoden des maschinellen Lernens (aus beispielsweise *scikit-learn*, *PyTorch* und *Tensorflow*) es als *compatibility guarantee* verwenden können, die sicherstellt, dass Aufrufe in gleicher Reihenfolge auch die gleichen Zufallszahlen erhalten. Es ist *threading-sicher* konstruiert, kann also für Multiprocessing verwendet werden und bietet den unschätzbaren Vorteil, dass selbst komplexe Pipelines bei konsequentem Durchschleifen des RandomState-Objekts genau *einmal* geseeded werden müssen, um reproduzierbar zu bleiben.

Was wie eine technische Kleinigkeit anmutet, ist insbesondere dann von großer Bedeutung, wenn ein Modell auf zusätzlichen Daten trainiert werden soll: Kennt man den RandomState des Modells am Ende des Trainings (und den internen Zustand des Modells selbst), so ist es unter bestimmten Umständen möglich, nahtlos fortzufahren, ohne bereits präsentierte Samples noch einmal trainieren zu müssen. Insbesondere bei sehr großen Datenbeständen kommt es daher darauf an, nicht nur die Modellierung zu betrachten, sondern auch die strukturelle Architektur des Trainings.
Zusammengefasst sollte der Fokus bei der Betrachtung der folgenden Entscheidungshilfen (ob nun Kennzahlen oder Kriterien) immer darauf liegen, ob die vorliegenden Ergebnisse das Problem im Sinne der Problemstellung lösen. Neben Fragen der quantitativen Performance sollten dabei natürlich auch weitere Anforderungen beachtet werden: Erklärbarkeit, Reproduzierbarkeit und ein solides Verständnis der Grenzen der Generalisierbarkeit der Lösung sind extrem hilfreich bei der Bewertung.

### 6.6.1 Trainings-Sampling

Im Folgenden werden zunächst eine ganze Reihe von „Best Practices" betrachtet, die nicht direkt dem Modellvergleich dienen, sondern vielmehr dafür sorgen sollen, die Güte und Stabilität des Modells selbst strukturell sicherzustellen. Die wichtigste Methode hierzu ist das Aufteilen der Trainingsdaten in zwei oder mehr (siehe Kapitel 6.6.3) Untermengen, die zu verschiedenen Zwecken verwendet werden. Dies klingt für Aktuare zunächst ungewöhnlich, denn für statistische Modelle, deren Ansatz „durch Hinsehen", also die (oft heuristisch gewonnene) Kenntnis des funktionalen Zusammenhangs, gefittet werden kann, stellt sich das im Umgang mit maschinellen Lernen auftretende folgende Problem nicht.

Zur Illustration stellen wir uns vor, dass unser Lerner $\hat{f}$ eine unbekannte Funktion $f$ zu approximieren sucht. Durch rein statistische Inferenz gewonnene Modelle (wie z.B. die *GLM-Familie*) setzen darauf, dass Konvergenz im Wesentlichen mit der Forderung identisch ist, dass für Unterpopulationen (also Marginale) gelten soll, dass $\sum_i^N \hat{f} \approx E(\sum_i^N f(x))$ ist, was sich aus dem Satz von Gliwenko-Cantelli ergibt. Der Hauptvorteil dabei ist, dass sich über die Betrachtung von etwa dem mittleren quadratischen Fehler einerseits und den Residuen andererseits eine brauchbare Güteabschätzung treffen lässt, die zudem für beliebige Unterpopulationen gewonnen werden kann. Doch auch wenn die Abschätzung des Konfidenzintervalls freilich mit geringerer Anzahl an Samples ungenauer wird, so kann doch zumindest eine statistische Schranke für die Genauigkeit der Prognose bestimmt werden. Für die meisten

ML-Algorithmen lassen sich diese Forderungen aber nicht erfüllen, da weder eine geschlossene Form des Schätzers vorliegt, noch die Eigenschaft der unabhängig identisch verteilten Zufallsvariablen bestätigt werden kann. Um diesem Dilemma zu begegnen wurde das Konzept der multiplen Sampling-Populationen eingeführt, deren Idee grob damit umschrieben werden kann, dass für (Hypothesen-)*Tests* stets Beobachtungen herangezogen werden sollen, die nicht zum Training verwendet worden sind, um den impliziten Confirmation-Bias von sog. gierigen Optimierungen zu vermeiden. Eine andere Sichtweise ist die in Abbildung 6.50 abgebildete Intuition: Ist das trainierte Modell zu generisch bzw. simplistisch (sog. *Underfitting*), so wird keine gute Performanz zu erwarten sein, ist das Modell aber zu komplex, bzw. überoptimiert (sog. *Overfitting*), tritt dieser Fall aber ebenso ein. Problematisch daran ist aber, dass die synthetische Performance auf den Trainings-Daten im Falle des Overfittings irreführend hoch ist. Der entscheidende Punkt dabei ist, dass diese Einschätzung gerade nur aus einem Test-Sample gewonnen werden kann, das nicht zum Training herangezogen wurde. Die Abbildung ist hierbei nicht zu überinterpretieren: Natürlich verhalten sich nicht alle Gütemaße derartig simplistisch und auch ist nicht immer klar, ob und unter welchen Umständen es ein globales Maximum der Performance zu finden gibt – insbesondere dann, wenn verschiedene Gütemaße zugleich betrachtet und optimiert werden sollen.

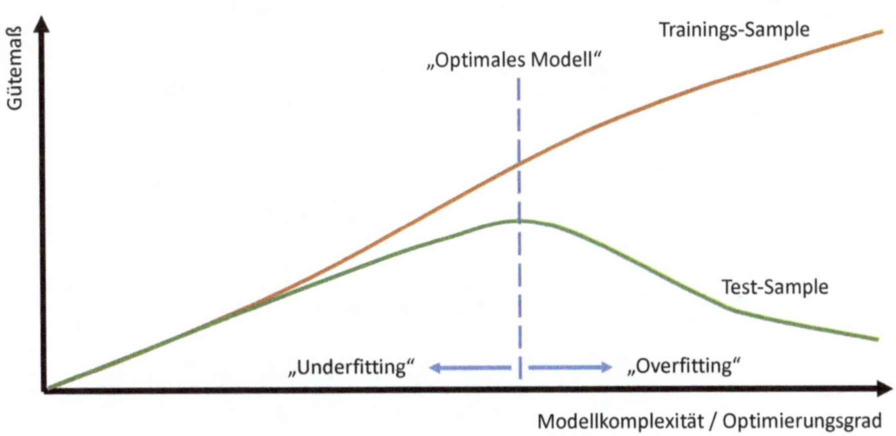


**Abb. 6.50:** Typischer Verlauf von Gütemaßen im Vergleich von Trainings- zu Test-Samples.

Das etablierte Vorgehen sieht vor, dass die Beobachtungensanzahlen für Training und Test etwa im Verhältnis 70/30 bis 80/20 stehen sollen. Das beispielhafte Verhältnis stellt indes nur einen ersten Anhaltspunkt dar. Abhängig von der absoluten Anzahl der Beobachtungen ist es nicht unüblich, davon abzuweichen, und zwar den Test-

Anteil zu vergrößern, je größer die Anzahl der Beobachtungen ist. Eine informationstechnisch inspirierte Heuristik besagt, dass das Verhältnis der Datensätze sich auch an die Komplexität des Modells anpassen sollte und zwar in dem Sinne, dass der Split für sehr große Datensätze (im Bereich ab mehreren Millionen Beobachtungen) eher in Richtung 50/50 gehen sollte. Im folgenden Abschnitt zur Cross-Validierung, wo das Konzept des Samplings noch verallgemeinert wird, greifen wir das Thema noch einmal auf.

### 6.6.2 Kreuzvalidierung

Während das Trainings-Sampling mittlerweile ein absolutes Standardvorgehen darstellt, ist Kreuzvalidierung (engl. *cross-validation*) als vermeintliche Verallgemeinerung doch ein wenig in den Hintergrund getreten, höchstwahrscheinlich wegen der bisweilen schwierigen konzeptuellen Interpretierbarkeit. Kurz gesagt ist die Idee der *Kreuzvalidierung*, dass ein Modell, statt mit Trainings- und Test-Samples zu arbeiten, durch einen (zirkulären) Tausch der Test-Samples in einer in Abbildung 6.51 erkennbaren Weise gebildet wird.

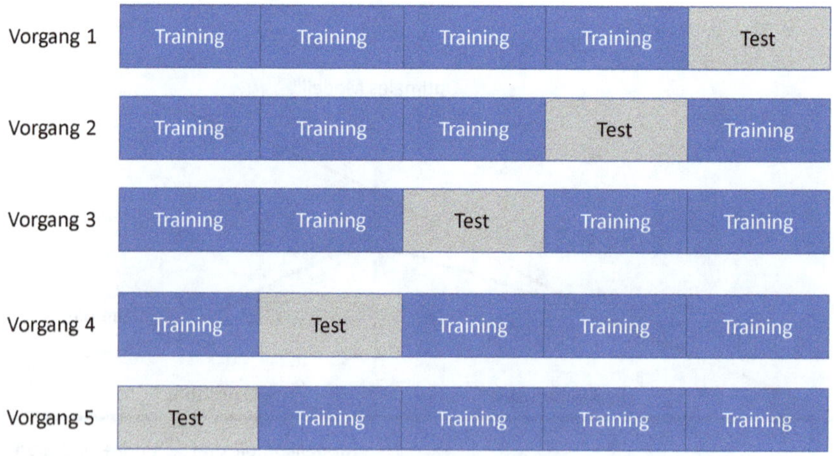


**Abb. 6.51:** Typisches Vorgehen bei der Kreuzvalidierung im Beispiel 20/20/20/20/20-Splits.

Die Beobachtungen werden dazu in $N$ Blöcke aufgeteilt und folglich werden auch $N$ Modelle trainiert, wobei jeweils einer der Blöcke als Test-Sample zurückgehalten wird. Die somit trainierten $N$ leicht verschiedenen Modelle weisen natürlich eine jeweils eigene Performance auf dem entsprechend zurückgehaltenen Test-Datensatz auf. Ein verbreiteter Denkfehler ist nun, dass das Modell mit der besten Performance nun auszuwählen sei, doch bei genauerer Überlegung wird klar, dass eine derartige Aufteilung und die zugehörigen Performanzen unter dem sogenannten Sampling-Bias leiden, also bei zutreffender Zufallsauswahl und Größe der Samplemengen allein auf die Aufteilung zurückzuführen sind und nicht indikativ für die Modellperformanz sind. Die einzige wirklich nützliche Aussage ist daher neben dem Test auf *Overfitting* diejenige über die Stabilität des Modells bezüglich unterschiedlicher Daten, also ihre (stabile) *Generalisierbarkeit*. Ist eine solche Einschätzung gefragt, ist die Kreuzvalidierung in der Tat sehr mächtig, sollte jedoch, wie gesagt, nicht zur Modellauswahl selbst verwendet werden.

### 6.6.3 Hyperparameter-Tuning

Zusätzlich zur Unterscheidung von Trainings- und Test-Samplings gibt es eine weitere sinnvolle Variation des Konzepts, die darin besteht, sogenanntes *Holdout-Sampling* zu betreiben, um die im Verlauf des Trainings verwendeten Hyperparameter (also zum Beispiel die Anzahl maximaler Splits oder maximale Tiefe eines Entscheidungsbaums) zu verifizieren. Idealerweise führt man die Tests so durch, dass für jede Ausprägung eines Hyperparameters ein „frischer" Teil des Datensatzes verwendet wird, also der Gesamtdatensatz so geteilt wird, dass niemals einzelne Beobachtungen des Test-Samplings für das Training verschiedener Hyperparameterausprägungen verwendet werden. Da in der Praxis aber kein Datensatz mit beliebig vielen Beobachtungen zur Verfügung steht, ist dieser Idealfall nur konzeptionell zu verstehen. In der Praxis gibt es zwei Vorgehensweisen:

- Split der Beobachtungen in $n \times m \times \cdots \times z$ gleich große Sets an Beobachtungen, um die $n$ Ausprägungen des ersten Hyperparameters, die $m$ Ausprägungen des zweiten Hyperparameters sowie (neben weiteren) die $z$ Ausprägungen des letzten Hyperparameters zu testen.
- Split der Beobachtungen im Verhältnis 60/20/20, wobei der erste Teil zum Training, der zweite Teil (wiederholt) zur Optimierung und der letzte Teil zum Testen verwendet wird.

Während ersteres Vorgehen darunter leidet, dass in typischen Fällen die Sets für die einzelnen Hyperparameter mithin nur einen kleinen Teil des Trainingsfeldes sehen und ihre Generalisierbarkeit daher in Frage gestellt werden kann, ist es im zweiten Fall umgekehrt und das Holdout-Sample ist so klein, dass Änderungen in der Performance zwischen den Hyperparameterausprägungen mitunter nur Rauschen abbilden und keine ursächlich signifikante Verbesserung des Modells.

Obschon auch hierbei ein Risiko des Overfittings existiert, ist es typischerweise dennoch eine gute Idee, im Anschluss an den Optimierungsschritt das Produktivmodell mit den fixierten Hyperparametern auf dem gesamten Trainigsset neu zu trainieren, wobei die Test-/Training-Aufteilung allerdings neu randomisiert werden sollte. Zusammengefasst lässt sich festhalten, dass das Thema der Performanceoptimierung mindestens ebenso viel Raum einnehmen sollte wie die eigentliche Modellierung, wenn nicht mehr. Besonderes Augenmerk sollte dabei stets darauf gelegt werden, Overfitting zu vermeiden und insbesondere (bedingt beispielsweise durch den sogenannten *Confirmation Bias*) schlechte oder fälschlich für optimal gehaltene Modelle auszuwählen. Die hier vorgestellten Verhältnisse können daher nur als Orientierung dienen, nicht aber eigenes Urteil und Einsicht in die Natur des vorliegenden Problems ersetzen.

**Anmerkung 1**
Bisweilen findet man verschiedene Bezeichnungen bzw. Verwendungen des Begriffs *Hold-Out-Sample*, d.h. einige Autoren verwenden den Begriff zur Bezeichnung des reinen Trainings-/Test-Splits. Dies ist nach unserer Auffassung zu ungenau und obfuskiert den Blick auf effektivere Sampling-Methoden zur (kategoriell außerhalb des eigentlichen Trainings liegenden) Modelloptimierung, deshalb lohnt es sich, stets genau darauf zu achten, welche Art von Split im konkreten Einzelfall gemeint ist.

**Anmerkung 2**
Das Konzept des Hyperparametertunings und dadurch bedingtes Sampling ist zu unterscheiden von Sampling-Methoden zur Rektifizierung von Disbalancen bestimmter Ausprägungen oder Labels in den Beobachtungen selbst. Der nächste Abschnitt beschäftigt sich explizit damit.

### 6.6.4 Umgang mit Sampling-Disbalancen

Insbesondere im Versicherungsumfeld kommt es häufig vor, dass Datensätze bezüglich bestimmter Ausprägungen, vor allem in Bezug auf die Zielgröße, in der Häufigkeit stark unterschiedlich balanciert sind. Klassische Beispiele sind hier die Kompositversicherungen, in denen (hoffentlich) Expositionsdatensätze ohne Schaden erheblich häufiger sind als solche mit Schaden. Unabhängig davon, ob es sich hier konzeptionell um Fragen der Klassifikation, Regression oder des Clusterings handelt, ist unmittelbar klar, wieso dies in der analytischen Behandlung ein Problem darstellt – nicht wenige Methoden gehen implizit a priori davon aus, dass verschiedene Gruppen (und Merkmalsausprägungen) grundsätzlich entweder gleich- oder zumindest normalverteilt sind.

Wir wollen für die Erläuterung des Umgangs mit derlei Fällen zunächst annehmen, wir hätten einen Datensatz mit zwei Ausprägungen „positiv“ und „negativ“, deren Verhältnis ca. 1:100 betrage. Um zu verdeutlichen, dass der skizzierte Fall über-

haupt ein nennenswertes Problem darstellt, hilft ein Vergleich mit der Nullhypothese, in diesem Fall in Form eines trivialen Modells: Für ein Klassenverhältnis von 1:100 ergibt sich, dass ein Schätzer, der *immer* auf die häufigere Klasse tippt und keinerlei algorithmische Sophistizierung aufweist, immerhin erwartungsgemäß zu 99% ± 1% richtig liegt. In der Praxis bedeutet dies, dass selbst für ein Klassenverhältnis von 1:10 ein trivialer Schätzer 90% Genauigkeit der Vorhersagen erreicht, was ebensowenig wünschenswert ist. Zwar muss nicht immer die vollständige Ausbalancierung erreicht werden, aber typischerweise ist es doch sinnvoll, zumindest darauf zu achten, dass wenigstens ein Verhältnis von etwa 1:4 erreicht wird.
Es gibt zwei wesentliche Möglichkeiten, mit dieser Situation umzugehen, wenn der gewählte Modellansatz keine Möglichkeit vorsieht, das Verhältnis beispielsweise als Prior zu setzen. Da die grundsätzliche Idee darin besteht, die Klassen- bzw. Merkmalshäufigkeit ungefähr auszugleichen, kann man entweder Beobachtungen der häufigeren Klasse entfernen (sog. *Subsampling*) oder Beobachtungen der selteneren Klasse synthetisieren (sog. *Supersampling*).

#### Subsampling

Die einfachste Idee der Disbalance beizukommen besteht darin, von der mächtigeren Klasse nur so viele Beobachtungen in das Training einfließen zu lassen, wie von der schmaleren Klasse vorliegen. Während das Vorgehen unmittelbar das Problem behebt, impliziert das eine (oft erhebliche) Reduktion der Trainingsmenge. Das Vorgehen erfordert daher eine robuste Abschätzung dazu, ob das Subsampling genug Daten für eine ausreichende Genauigkeit bietet. Es ist dabei oft schwer abzuschätzen, ob das Modell ausreichend generalisiert.

#### Cross-Subsampling

Ein mitunter gangbarer Ausweg aus diesem Dilemma besteht darin, ein Verfahren ähnlich der Kreuzvalidierung (siehe Abschnitt 6.6.2) durchzuführen: Anstatt die gesamte Trainingsmenge in verschiedene Slices (siehe Abbildung 6.51) aufzuteilen, wird nur der Anteil der mächtigeren Klasse aufgeteilt. Die Anmerkungen bezüglich der begrenzten Aussagekraft aus dem Teilkapitel zur Kreuzvalidierung bleiben dabei natürlich bestehen, doch ist es auf diese Weise manchmal möglich, das Argument der zu kleinen Trainingsmenge zu entkräften, wenn die Performance des Modells für verschiedene Slices ungefähr gleichauf liegt.

#### Geschichtetes Subsampling

Die Verwendung einer geschichteten Stichprobe, des sogenannten *Stratified Sampling*, ist aus der statistischen Analyse bekannt. Es beschreibt die Auswahl gewichtet nach jeweilig bekannten Populationseigenschaften, hier würde das Merkmalsausprägungen entsprechen. Die Idee dabei besteht darin, anstatt nach einer balancierten Verteilung der Ausprägungen der Zielgröße zu suchen, mit einer, mit dem relativen Anteil der Merkmalsausprägungen gewichteten, Stichprobe aus den Beobachtungen zu arbeiten. Die Annahme besteht also darin, dass eine homogene Merkmalsaufteilung auch eine gleichmäßige Generalisierung der Vorhersagegüte zur Folge hat. Genau wie in der deskriptiven Statistik ist aber natürlich auch hier zu bedenken, dass dies nur dann zufriedenstellend funktioniert, wenn der funktionale Zusammenhang keine sprunghaften Nicht-Linearitäten aufweist. Darüber hinaus setzt das Vorgehen die Kenntnis einer geeigneten Schichtung der Merkmale und ihrer Relationen (beispielsweise via Clustering) voraus. Insofern ist geschichtetes Sampling nur dann zu empfehlen, wenn genügend Zusatzinformationen über den funktionalen Zusammenhang zur Verfügung stehen, sodass mangelnde Generalisierung durch die Wahl des Ansatzes kompensiert werden kann.

#### Supersampling

Der umgekehrte Weg der Mitigation der beschriebenen Disbalance besteht darin, zu versuchen, den Anteil der anteilsmäßig kleineren Menge an Beobachtungen (synthetisch) zu vergrößern. Dazu ist es nötig, in ihren Eigenschaften (d.h. Merkmalen) möglichst ähnliche Beobachtungen zu erfinden, die geeignet sind, anstelle echter (tatsächlicher) Eigenschaften für das Training verwendet zu werden.

#### Duplication Sampling

Die vermeintlich einfachste (und deshalb, wie wir sehen werden, auch fehlerbehaftetste) Möglichkeit, Supersampling zu betreiben ist es, einfach die vorhandenen Beobachtungen zu duplizieren, beispielsweise indem ein anderer Index verwendet wird. Diese Möglichkeit steht nur für eine überschaubare Anzahl an Methoden (beispielsweise zentroidbasiertes Clustering) überhaupt zur Verfügung, weil entweder ML-Algorithmen Duplikate automatisch wieder entfernen oder sie, wie bei der Erstellung eines Entscheidungsbaumes lediglich Gewichte verändern, aber effektiv dem Algorithmus keine tiefere Differenzierung erlauben, sodass die Chance, auf diese Weise doch wieder einen trivialen Prädiktor zu trainieren, ausgesprochen groß ist. Auf der anderen Seite ist natürlich konzeptionell einzuwenden, dass bei der Duplikation keine neue Information hinzugefügt wird, sodass grundsätzlich zumindest die Generalisierung nicht reduziert sein dürfte. In der Praxis weiß man aber (beispielsweise von Neuronalen Netzen), dass das Trainieren mit (vielen) identischen Beobachtungen vielfältige Anomalien erzeugen kann, angefangen beim Overfitting in Bezug auf gerade diejenigen Merkmale, die noch vergleichsweise hohe Varianzen aufweisen, bis hin zur Ausbildung von „Generalisierungsumgebungen" um die Ausprägungen der vorhandenen, supergesampelten Merkmale. Demgegenüber werden unbekannte Werte umso schlechter eingeordnet, je größer die Entfernung von den bekannten Merkmalskombinationen sind, die Generalisierung kann also deutlich schlechter sein als im vermeintlich suboptimalen, unbalancierten Modell. Das letztgenannte Problem ist noch umso ausgeprägter, wenn der Bobachtungssatz kategorielle Variablen enthält. Dies ist darauf zurückzuführen, dass die Duplizierung die Granularität der kategoriellen Merkmale überbetont, ganz besonders stark dort, wo es nur ganz wenige, im Extremfall nur zwei Ausprägungen gibt. Hier generaliseren simplere Modelle oftmals besser als komplexe Ansätze, die vermeintlich eine bessere Performance erzielen. Letztlich kommt es aber auf den Einzelfall an, weshalb die Ausführungen in diesem Absatz auch nicht überinterpretiert werden sollten – nur ein allzu sorgloser Umgang ist eben auch nicht sinnvoll.

**Perturbation Sampling**

Eine konzeptionelle Weiterentwicklung im Supersampling ist das sog. *Perturbation Sampling*, zu Deutsch etwa Störungssampling. Die Idee besteht darin, ausgehend von der (kleinen) Menge an Beobachtungen, einen Datensatz zu erzeugen, indem die Merkmale der echten Beobachtungen innerhalb bestimmter Grenzen randomisiert werden. Die Annahme dabei ist offensichtlich, dass die Zielgröße sich bei kleinerer Änderung der Merkmale auch nur wenig bis gar nicht ändert, was auch dieses Verfahren anfällig für extrem nichtlineare Zusammenhänge macht. Dennoch ist es in der Praxis oftmals erstaunlich robust, selbst bei einem Supersampling um mehr als einer Größenordnung. Oftmals werden die echten Beobachtungen gar nicht ins Training gegeben, sondern vollständig für den Test-Datensatz zurückgehalten.
Die Möglichkeiten, Modelle zu vergleichen, sind so vielfältig wie die verschiedenen Methoden selbst. Die Herausforderung dabei besteht folglich auch darin, insbesondere zum Vergleich diejenigen Kenngrößen heranzuziehen, die geeignet sind, das Verhalten verschiedener Ansätze möglichst unvoreingenommen abzubilden. Dies ist insbesondere dort von großer Wichtigkeit, wo es darum geht, dass beispielsweise die zugrundeliegende Verteilungsannahme unbekannt oder sogar größtenteils unsichtbar[46] sein kann. Im Folgenden konzentrieren wir uns beispielhaft darauf, stets mindestens zwei strukturell unterschiedliche Modelle zu vergleichen.

### 6.6.5 Generische skalare Fehlermaße

Ein gängiges Performance-Maß bei Regressionen ist die *mittlere quadratische Abweichung* (MSE, Mean Squared Error):

$$MSE = \text{mean}\left[(\text{obs} - \text{pred})^2\right] \tag{6.19}$$

Dabei bezeichnet *obs* (für observation) die beobachteten Ergebnisse und *pred* (für prediction) die vorhergesagten Ereignisse. Der MSE ist ausreißerempfindlich und stetig

46 Wir verweisen hier beispielhaft auf Abschnitt 6.3.12 zu Künstlichen Neuronalen Netzen, deren Generalisierbarkeit unbestritten ist, was jedoch dafür sorgt, dass die zugrunde liegenden funktionalen Zusammenhänge nicht rekonstruiert, sondern nur evaluiert werden können.

differenzierbar, was für viele Optimierungsverfahren erforderlich ist. Vorteilhaft ist, dass er für jegliche numerische Schätzer eingesetzt werden kann.

Daneben treffen wir in der Praxis häufig auf die *mittlere absolute Abweichung* (MAE, Mean Absolute Error):

$$MAE = \text{mean}\,|\text{obs} - \text{pred}|$$

Der MAE ist weniger empfindlich für Ausreißer, dafür aber nicht stetig differenzierbar. Dieser Nachteil kommt insbesondere dort zum Ausdruck, wo ein Ergebnis anhand der Gütemaße optimiert werden soll – Gradientenverfahren verwenden aufgrund der Nicht-Differenzierbarkeit des MAE standardmäßig den MSE und sind demzufolge anfällig für Ausreißer, die das Ergebnis überproportional beeinflussen können.

### 6.6.6 Konfusionsmatrix

In der Klassifikation ist oftmals nicht klar, „wie groß" die Abweichung einer Schätzung ist, wenn es nur endlich viele Ausprägungen des Ergebnisses anstatt einer skalaren Vorhersage gibt. Dies führt dazu, dass infinitesimale Änderungen des Inputs generell massive Änderungen des Outputs zur Folge haben können, weshalb reines Zählen der richtigen Ergebnisse nicht ausreichend zur Einschätzung der Modellperformanz ist. Ein Ansatz zur Lösung dieses Dilemmas besteht darin, verschiedene statistische Eigenschaften der Vorhersage zu untersuchen, um beispielsweise bewerten zu können, wie groß die Bedeutung einer konkreten Fehlvorhersage im Einzelfall ist. Dies geschieht zum Beispiel mittels der Metriken *Accuracy, Sensitivity, Specifity, Precision, Recall* und *$F_1$-Score*.

Berechnet werden diese Metriken mit Hilfe der sogenannten *Konfusionsmatrix*. In dieser Matrix werden die Ergebnisse der Vorhersagen im Vergleich mit den Labels der Datensätze tabelliert. Beim überwachten Lernen wissen wir anhand des Labels, welche Vorhersage herauskommen soll. Bei einer (binären) Klassifikation unterscheiden wir die Labels *positiv* (ein Ereignis tritt ein) und *negativ* (das Ereignis tritt nicht ein). Zunächst zählen wir die positiven Labels, die richtig vorhergesagt wurden (*true positive*) und bezeichnen die Anzahl mit *TP*. Analog zählen wir die negativen Labels, die richtig vorhergesagt wurden (*true negative*) und bezeichnen die Anzahl mit *TN*. Dann betrachten wir die positiven Labels, die als negativ vorhergesagt wurden (*false negative, FN*), hier wurden quasi positive Labels *übersehen*. Schließlich haben wir noch die negativen Labels, die positiv vorhergesagt wurden (*false positive, FP*), hier handelt es sich quasi um einen falschen Alarm. Insgesamt interessieren uns noch die tatsächlichen Anzahlen der vorhergesagten Labels: *positive (P)* und *negative (N)*. Diese Größen werden üblicherweise zu einer sogenannten *Konfusionsmatrix* zusammengefasst (siehe Abbildung 6.52).

| | | True | |
|---|---|---|---|
| | | positive | negative |
| Predicted | positive | **TP** True positive | **FP** False positive |
| | negative | **FN** False negative | **TN** True negative |
| Summe der True-Werte | | **P** | **N** |

**Abb. 6.52:** Schematische Abbildung des Aufbaus einer Konfusionsmatrix.

Mit diesen sechs Größen werden nun folgende Metriken definiert:

- Accuracy bezeichnet die *Rate der insgesamt Richtigen*: ACC = (TP+TN)/(P+N)
- Sensitivity bezeichnet die *True Positive Rate*, die Rate der richtig Positiven TPR = TP/P
- Specificity bezeichnet die *True Negative Rate*, Rate der richtig Falschen TNR = TN/N
- Precision = TP/(TP+FP)
- Recall = TP/(TP+FN) = TP/P = TPR = Sensitivity
- $F_1$-Score = TP / (TP + 1/2 * [FP + FN])

Gemeinhin ist zur Erstprüfung der Performance vor allem die Accuracy interessant, um zu erfahren, wie viele richtige Zuordnungen insgesamt es gibt. Ausgehend davon ist es aber unbedingt erforderlich, dies in den Gesamtzusammenhang zu setzen, beispielsweise wenn der Prädiktor stark zu einer Seite „ausschlägt“ und es etwa viel mehr FP als FN Vorhersagen gibt.[47] Dies kann die Folge von nicht ausbalancierten Datensätzen sein, aber auch ein Hinweis darauf, dass die zugrunde liegende funktionale Beziehung nicht oder nicht ausreichend abgebildet wird. Aus diesem Grund (und weil im Folgenden noch weitere Kennzahlen diskutiert werden) ist es natürlich immer erforderlich, alle zur Verfügung stehenden Kennzahlen auszuwerten.

Weiterhin ist zu beachten, dass die Zuordnungen „richtig“ und „falsch“ nur dann Sinn ergeben, wenn ein Hypothesentest durchgeführt wird, wohingegen bei einer ty-

47 Natürlich gibt es auch Fälle, in denen die Optimierung einer der beiden Fehlerraten unbedingte Priorität hat. Ein klassisches Beispiel ist die Erkennung von (kritischen) Krankheiten, wobei der (Erst-)Test so ausgelegt sein sollte, dass es möglichst keine falsch-negativen Ergebnisse geben sollte, da später die Rate der falsch-positiven Vorhersagen noch korrigierbar ist, umgekehrt aber eine übersehene, tatsächliche Krankheit auf jeden Fall verhindert werden muss.

pischen Klassifikation die Labels der Klassen ja zumeist vollkommen austauschbar sind, insbesondere in Fällen, wo es mehr als nur zwei Klassen gibt.

Diesem letzten Problem kann man mit dem $F_1$-*Score* gut begegnen, da er über falsch-positive und falsch-negative Werte gemittelt ist. Als Score liegt er wie die anderen Kennzahlen zwischen 0 und 1, verhält sich aber durch die Konstruktion so, dass beide Fehlerarten gleich einbezogen werden. Er ist daher hervorragend zum Vergleich von Klassifizierern geeignet, solange (wie beispielsweise beim oben erwähnten Krankheitstest) nicht eine Fehlerart präferiert minimiert werden muss. Da der $F_1$-Score allerdings die wirklich-positiven Fehler nicht einbezieht, kann die absolute Performance nur durch die Verwendung anderer Kennzahlen geprüft werden.

### 6.6.7 ROC-Kurven

Hierbei handelt es sich um eine gebräuchliche Methode der Darstellung von Fehlerraten eines binären Klassifikationsverfahrens in Abhängigkeit von einem kontinuierlichen Parameter.

In der zugrunde gelegten Situation erzeugt das Verfahren $f$ auf einem Input $x$ zunächst einen kontinuierlichen Output (den *Score*, z.B. eine Wahrscheinlichkeit $p \in [0, 1]$), das Klassifikationsergebnis wird hieraus erst durch die Vorgabe eines Schwellenwertes $\theta$ und die Vorschrift

$$F_\theta(x) = \begin{cases} P & \text{falls } f(x) > \theta, \\ N & \text{sonst} \end{cases}$$

generiert. Die Wahl des Parameters $\theta$ hat nun auch Einfluss auf die in Abschnitt 6.6.6 vorgestellten Metriken. Wir betrachten dazu insbesondere die

- *Rate der falsch Positiven* FPR = FP/N und
- *Rate der richtig Positiven* TPR = TP/P.

Ist etwa $0 \leq f \leq 1$ und $\theta = 1$, so ist die Vorhersage immer $N$ und daher FPR = 0 und TPR = 0. Ist $\theta < 0$, so wird wir Vorhersage $P$ und es gilt FPR = 1 und TPR = 1.

Trägt man daher für fallendes $\theta$ TPR graphisch gegen FPR ab, erhält man eine Kurve, die vom Punkt (0, 0) zum Punkt (1, 1) verläuft, die sogenannte ROC-Kurve (ROC = *Receiver Operating Characteristic*).

Wir betrachten hierzu ein Beispiel von Labeln und möglichen Realisierung des Scores $f$:

| **y_true** | 0 | 1 | 1 | 0 | 1 | 1 | 1 | 0 | 1 | 0 |
|---|---|---|---|---|---|---|---|---|---|---|
| **y_pred** = $f(x)$ | 0,48 | 0,59 | 0,79 | 0,00 | 0,90 | 0,40 | 0,74 | 0,35 | 0,56 | 0,99 |

Um die ROC-Kurve zu bestimmen, kann man wie folgt vorgehen: Zunächst werden die Tabellenspalten absteigend nach den Scorewerten sortiert, der Startpunkt für `fpr`, `tpr` ist (0, 0). Anschließend wird über die Spalten iteriert und jeweils abhängig davon ob `y_true` den Wert 0 oder 1 hat entweder `fpr` um 1/4 oder `tpr` um 1/6 erhöht.

In Python erreicht man dies entweder über die Methode `roc_curve` aus dem Paket `sklearn.metrics` oder beispielsweise mit den folgenden Anweisungen, wobei die Variable `df` einen DataFrame mit den Daten der Tabelle oben darstellt.

```
df_sorted = df.T.sort_values(by="y_pred", ascending=False)\
            .reset_index(drop=True)
fpr = np.zeros(len(df_sorted) + 1)
tpr = np.zeros(len(df_sorted) + 1)
fpr[1:] = np.cumsum(df_sorted.y_true == 0) / np.sum(df_sorted.y_true==0)
tpr[1:] = np.cumsum(df_sorted.y_true == 1) / np.sum(df_sorted.y_true==1)
```

Das Ergebnis ist in der folgenden Tabelle angegeben:

| | | | | | | | | | | | |
|---|---|---|---|---|---|---|---|---|---|---|---|
| **fpr** | 0,00 | 0,25 | 0,25 | 0,25 | 0,25 | 0,25 | 0,25 | 0,50 | 0,50 | 0,75 | 1,00 |
| **tpr** | 0,00 | 0,00 | 0,17 | 0,33 | 0,50 | 0,67 | 0,83 | 0,83 | 1,00 | 1,00 | 1,00 |

Die grafische Darstellung ergibt sich daraus wie in Abbildung 6.53 veranschaulicht. Ideal wäre es für einen Klassifizierer, wenn es weder falsch Positive noch falsch Negative gäbe, in diesem Fall wäre dann FPR = 0 und TPR = 1. Eine konkrete Festlegung von $\theta$ determiniert also einen bestimmten Trade-Off zwischen den falsch positiven und den falsch negativen Klassifikationsergebnissen. Die Wahl sollte, wie bereits früher erläutert, immer im Kontext der fachlichen Problemstellung getroffen werden.

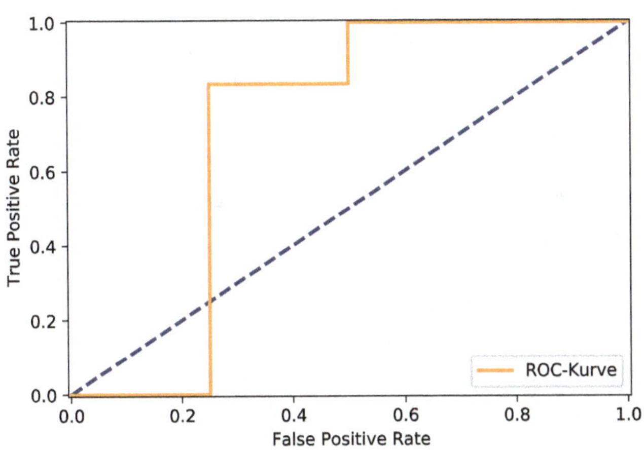


**Abb. 6.53:** ROC-Kurve für das Beispiel im Text.

Als weiteres Maß für die Gesamtperformanz eines Klassifizierers wird gelegentlich auch der Flächeninhalt unter der ROC-Kurve gemessen (*area under curve*, AUC). Je größer der Flächeninhalt, desto geringer sind die Fehler. Das Maß AUC kann auch zum Vergleich unterschiedlicher Klassifizierer herangezogen werden.

### 6.6.8 Marginalverteilungsanalyse

Die Güte der Anpassung eines Modells an vorliegende Daten kann relativ einfach und effektiv durch den direkten Vergleich der Beobachtungen und Schätzer beurteilt werden. Hierzu können beispielsweise Querschnitte, sog. Randverteilungen, über die (nicht-)aufgenommenen Merkmale erstellt werden.

Dabei stellt eine Visualisierung der Randverteilung kein „hartes" Gütekriterium dar. Die Interpretation und Bewertung liegt im Ermessensspielraum des Betrachters. In erster Linie liefert die Betrachtung einen tieferen Einblick bzgl. der Modellstärken und -schwächen in einzelnen Segmenten, indem die gebinnte Verteilung von Exposures gegen die Modellvorhersagen geplottet wird. Dies ist insbesondere deshalb interessant, weil auf diese Weise zwei oder mehr Modelle direkt gegeneinander gestellt werden können.

Zur Illustration dieser Möglichkeiten greifen wir auf den in Anhang A.2.2 vorgestellten Kfz-Datensatz zurück, auf dem wir zwei verschiedene Modelle trainieren; ein GLM und einen Random Forest. In diesem und den folgenden Abschnitten vergleichen wir die Performance der beiden Modelle. Es sei hier gleich vorangestellt, dass wir damit keine abschließende Beurteilung für oder gegen einen der Ansätze geben wollen, da einerseits die Daten simuliert sind und andererseits auch keine vollumfängliche Optimierung der Modelle stattgefunden hat. Wie Abbildung 6.54 zeigt, schneidet das GLM leicht besser ab, jedoch muss dies in der Praxis für den vorliegenden Fall jeweils neu entschieden werden.

Es gibt bei Entstehung dieses Buches keine funktional zufriedenstellende Möglichkeit, Marginalverteilungsplots automatisiert mit Hilfe einer Bibliothek zu erstellen[48] – wahrscheinlich, weil dies eine sehr branchenspezifische Aufgabe ist. Der von uns verwendete R-Code ist im Anhang A.3 abgedruckt.

In Abbildung 6.54 wurden für jede Ausprägung des Merkmals `Mileage` (Jahresfahrleistung) sowohl die durchschnittlichen Modellvorhersagen als auch die Beobachtung visualisiert. Modell-Überschätzungen und -Unterschätzungen einzelner Ausprägungen lassen sich hiermit gut identifizieren. In der Trainingsphase werden die Beobachtun-

48 Kommerzielle Versicherungstools verschiedener Anbieter enthalten diese Features. Auch wenn dort die Anpassbarkeit der Darstellung mitunter begrenzt ist, so sind die jeweiligen Tools immerhin auf den spezifischen Use Case ausgerichtet.

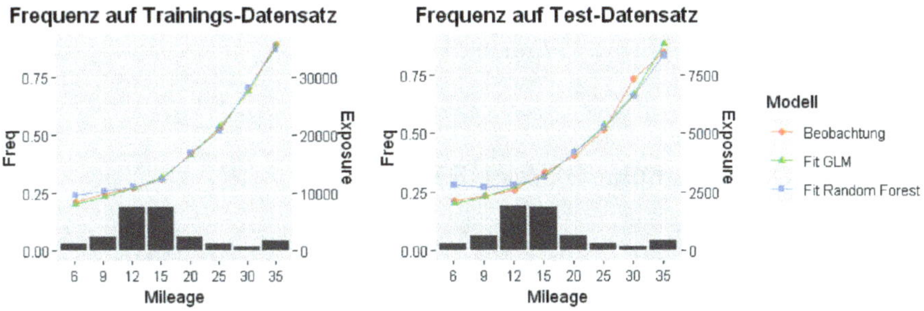


**Abb. 6.54:** Marginalverteilungsanalyse: Vergleich der Modellperformance auf dem Trainings-Datensatz (links) und dem Test-Datensatz (rechts), weitere Erläuterungen im Text.

gen von beiden Modellen gut getroffen; der gefittete Random Forest über- bzw. unterschätzt lediglich in den Randbereichen leicht. Dagegen leidet die Anpassungsgüte in der Testphase bei beiden Modellen, beim Random Forest vor allem auch im unteren Randbereich. Es ist hierbei abzuwägen, ob der mittlere quantitative Fit höher zu werten ist als das strukturelle Gesamtbild. Ausgehend von eindimensionalen Verteilungen kann nun weiter in die Datenstrukturen hineingangen werden. Beispielsweise könnte man den vorstehenden Vergleich zur Fahrleistung separat nach Altersgruppen bzw. seperat nach der Antriebsart betrachten.

Während Ursprung und Grundanwendung der Betrachtung von Randverteilungen im Prinzip der GLMs liegt, ist ein wesentlicher Vorteil, dass dieses Kriterium auch auf alle anderen Arten von Regressionen angewendet werden kann. Dies liegt vor allem darin begründet, dass hierbei die intrinsische Struktur der Daten visualisiert wird und nicht die Repräsentation im angepassten Modell. Mit dieser Methodik können sowohl ein- als auch höherdimensionale Randverteilungen analysiert werden, wobei hier natürlich Aufwand und Nutzen ins Verhältnis zu setzen sind.

### 6.6.9 Liftplot

Um die Verteilung von Beobachtungen und Schätzungen zu vergleichen, kann außerdem ein *Liftplot* herangezogen werden; man spricht von einem *Double Liftplot*, wenn zwei Modelle gegen die Beobachtung abgetragen werden.

Anstatt strikt nach Vorhersagen zu sortieren, wird beim Liftplot das Verhältnis der geschätzen Modell-Ergebnisse und der beobachteten Werte in Bins einsortiert und geplottet, beim Double Liftplot das Verhältnis der geschätzen Ergebnisse beider Modelle. Folglich zeigt der Liftplot an, wie gleichmäßig ein Modell die gegebenen Beobachtungen fittet, wohingegen der Double Liftplot einen direkten Vergleich zwischen zwei Modellen ermöglicht. Wir beschränken uns hier auf ein Beispiel eines Double Liftplots, da dieser in der Praxis weitaus häufiger zur Anwendung kommt, der benutzte R-Code zur Erstellung des Abbildung ist in Anhang A.4 zu finden.

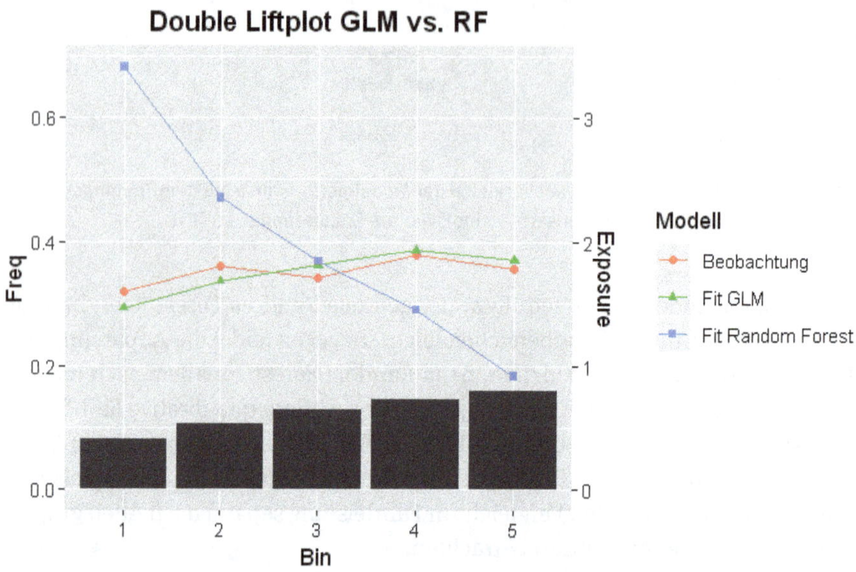


**Abb. 6.55:** Double Liftplot: Vergleich der Modellvorhersagen von GLM und Random Forest auf nach dem Verhältnis der Modellvorhersagen sortierten Bins.

Wie in Abbildung 6.55 zu erkennen ist, wird auf der vertikalen Achse der Lift abgetragen und auf der horizontalen Achse die aus dem sortierten Verhältnis resultierende Gruppe. Direkt ablesbar ist, wie gut der Fit in verschiedenen Quantilbereichen abschneidet. Es zeigt sich, dass das GLM die Beobachtungen deutlich besser beschreibt – sowohl im mittleren quantitativen Fit als auch im strukturellen Gesamtbild – als der Random Forest. Insbesondere der qualitative Verlauf beim GLM liefert ein eindeutiges Ergebnis, welches Modell die tatsächlichen Beobachtungen besser abbildet. Hier zeigt sich einmal mehr, dass es hilfreich ist, aber in der Regel nicht ausreicht, singuläre Kennzahlen wie MSE (Gleichung 6.19) u.ä. allein zu betrachten.

### 6.6.10 Lorenzkurve und Gini-Koeffizient

Die Lorenzkurve und das daraus abgeleitete statistische Maß, der Gini-Koeffizient, eignen sich zur Darstellung der Modellgüte und -trennung auf Basis des Ranges der Risiken. Es ist daher ebenso wie Liftplots (siehe Abschnitt 6.6.9) und Marginalverteilungsanalysen (siehe Abschnitt 6.6.8) in erster Linie für die Modellierung der Komposit-Versicherungen interessant.

Die Lorenzkurve wird erstellt, indem die Modellvorhersagen aufsteigend sortiert werden. Auf der x-Achse wird die kumulative Häufigkeit des Exposures (z.B. Anzahl Verträge, Anzahl Jahreseinheiten) und auf der y-Achse die dazugehörige kumulative Häufigkeit der modellierten Risiken (z.B. Frequenz, Schadenhöhe, Schadenbedarf) abgetragen. Das Ergebnis ist also so zu interpretieren, dass ein Wert von $p \times 100\%$ auf der x-Achse folglich einer Response von $L(p) \times 100\%$ auf der y-Achse entspricht.

Der Gini-Koeffizient wird aus der Lorenzkurve abgeleitet. Er ergibt sich aus der doppelten Fläche zwischen Lorenzkurve $L(x)$ und Winkelhalbierender:

$$G = 2\int_0^1 L(x)dx - 1 \tag{6.20}$$

Somit nimmt der Gini-Koeffizient einen Wert zwischen 0 (bei einer gleichmäßgen Verteilung, d.h. eine Verteilung mit einer Varianz von 0) und 1 (bei maximaler Ungleichverteilung) an. Im Gegensatz zum Q-Q-Plot und Double Liftplot ist diese Kennzahl skalar und kann als Score des „Gesamt-Lifts" aufgefasst werden. Sie eignet sich auch zur automatisierten Vorbewertung von Modellvariationen.

Im Beispiel wurde die Lorenzkurve sowie der Gini-Koeffizient für die angepassten Modelle ermittelt, wie üblich auf dem Trainings- und Test-Datensatz. Die Lorenzkurve der Erwartung liegt in der Praxis i.d.R. nicht vor und ist in Abbildung 6.56 nur zur Referenz eingezeichnet. Die $x$-Achse gibt die kumulative Anzahl der Verträge, die $y$-Achse das dazugehörige Risiko, d.h. die kumulative Frequenz wieder. In der Trainingsphase zeigt der Vergleich der Lorenzkurven mit der Beobachtung für den Random Forest eine deutlich bessere Anpassung als für das GLM, was sich in der Testphase nivelliert. Dies bringen auch die ermittelten Gini-Koeffizienten zum Ausdruck. Darüber hinaus, spiegelt die Differenz der beiden Werte den Umfang des Overfittings der jeweiligen Modelle auf dem Trainings-Datensatz wider.

```
library(ineq)
options(repr.plot.width=7, repr.plot.height=5.5)

# Plot Lorenzkurve auf Trainings-Datensatz
plot(Lc(as.numeric(unlist(glm.pred_train))), col="red",
     main="Lorenzkurve auf Trainings-Datensatz")
lines(Lc(as.numeric(unlist(forest.pred_train))), col="green")
lines(Lc(as.numeric(unlist(data_train$observed))), col="blue")
lines(Lc(as.numeric(unlist(data_train$expected))), col="darkblue")
legend(0,1, lty=c(1,1),
       legend=c("Fit GLM", "Fit Random Forest", "Observed", "Expected"),
       lwd=c(2.5,2.5), ncol=2, col=c("red","green","blue","darkblue"))
```

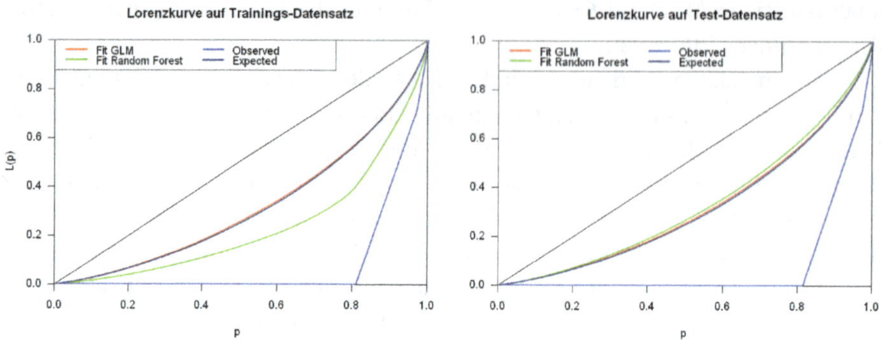


**Abb. 6.56:** Lorenz-Kurve: Abbildung der Lorenz-Kurven für die beiden beispielhaften Modelle GLM und Random Forest auf Trainingsdaten (links) und Testdaten (rechts).

Wie in Abbildung 6.56 zu erkennen ist, liegen die Lorenz-Kurven für die beiden aus den Abschnitten 6.6.8 und 6.6.9 bekannten Beispielmodelle sehr nahe beieinander. Wie in der Marginalbetrachtung ist auch hier zu sehen, dass der Random Forest die Trainingsdaten deutlich besser abbilden kann, auf den Test-Daten dann aber eher Probleme damit zeigt, seltene, aber bedeutsame Beobachtungen mit mehr als einem Schaden zufriedenstellend zu modellieren. Dies ist umso bemerkenswerter als die Modelle im Mittel gleichauf liegen.

Wir bestimmen nun noch den Gini-Index:

```
print("Gini-Koeffizient für GLM: a) Training b) Test")
ineq(as.numeric(unlist(glm.pred_train)), type="Gini")
ineq(as.numeric(unlist(glm.pred_test)), type="Gini")

print("Gini-Koeffizient für Random Forest: a) Training b) Test")
ineq(as.numeric(unlist(forest.pred_train)), type="Gini")
ineq(as.numeric(unlist(forest.pred_test)), type="Gini")

[1] "Gini-Koeffizient für GLM: a) Training b) Test"
0.36358028635572
0.362280450178145
[2] "Gini-Koeffizient für Random Forest: a) Training b) Test"
0.533408812559303
0.337787420296146
```

Diese Betrachtung lässt ebenfalls das Overfitting des Random Forests erkennen: Während er auf den Trainingsdaten deutlich besser abschneidet als das GLM, fällt er auf den Test-Daten schließlich leicht ab. Es ist kein schlechtes Modell, aber ein erkennbarer quantitativer Unterschied, der in diesem (konstruierten Fall) letztlich auch mit den Ausschlag geben sollte.

Neben der Betrachtung der Modellgüte bzw. -trennung eignet sich diese Herangehensweise in der Bestandsbewirtschaftung zur Ermittlung auch ökonomischer Kenngrößen. Zum Beispiel lässt sich der kumulierte Verlust der anteilig unprofitabelsten Risiken ermitteln. Der absolute Wert des Gini-Koeffizienten kann je nach Risikostruktur stark schwanken. In der Praxis stellt daher der mit dem idealen Modell (d.h. mit den Beobachtungen) normalisierte Gini-Koeffizient eine mögliche Form des Umgangs dar.

### 6.6.11 Regularisierung

Ausgangspunkt der in diesem Kapitel behandelten Methoden für die Modellselektion und Regularisierung ist das lineare Modell

$$Y = \beta_0 + \beta_1 X_1 + \ldots + \beta_p X_p.$$

Neben dem vollständigen Modell, welches alle Regressoren verwendet, können verschiedene andere Modelle konstruiert werden, die nur einen Teil der Regressoren berücksichtigen. Im Vordergrund steht in diesem Abschnitt zunächst die Frage, welche Teilmenge der Regressoren ein Modell liefert, das erwartungsgemäß eine gutes Generalisierungsverhalten zeigen wird. Wir fixieren zunächst verschiedenen Kennzahlen, die für eine optimale Modellauswahl hilfreich sein können. In den Gleichungen (6.5) bzw. (6.6) wurden die *Residual Sum of Squares* (*RSS*) und die *Total Sum of Squares* (*TSS*) definiert. Weiter sei

$$R^2 = \frac{\sum_{i=1}^n (\hat{y}_i - \bar{y})^2}{\sum_{i=1}^n (y_i - \bar{y})^2} = \frac{TSS - RSS}{TSS} = 1 - \frac{RSS}{TSS}.$$

Die Größe *TSS* ist ein Maß für die totale Varianz inden Beobachtungen, *RSS* misst den mit der durchgeführten Regression nicht erklärbaren Anteil der Abweichung. Die Statistik $R^2$ misst somit den relativen Anteil der mithilfe der Regression erklärbaren Varianz. Der Zusammenhang zum *Mean Squared Error (MSE)* is offenbar

$$MSE = \frac{1}{n}\sum_{i=1}^n (y_i - \hat{f}(x_i))^2 = \frac{RSS}{n}.$$

Zur Bestimmung der Parameter im Kontext der linearen Regression wird *RSS* minimiert (auf den **Trainingsdaten**). Damit sinkt der *RSS* auf dem Trainingsdatenbestand, wenn zusätzliche Variablen zum Modell hinzugefügt werden. Das trifft allerdings nicht unbedingt auf den Fehler zu, der auf Daten außerhalb des Trainingsbestands berechnet wird, vgl. Abschnitt 6.6.1. Damit ist der MSE auf dem Trainingsdaten generell geringer als der MSE auf den Testdaten und *RSS* bzw. $R^2$ sind nicht geeignet, um zwischen verschiedenen Modellen selektieren zu können. Die folgenden Kennzahlen basieren (teilweise) auf einer Modifikation der Kennzahl *RSS*, um den gemessenen Fehler auf den **Trainingsdaten** in geeigneter Weise modifizieren zu können. Auch wenn die Formulierung der Kennzahlen hier im Rahmen der linearen Regression beschrieben wird, finden sie im breiteren Kontext Anwendung.

**Mallows' $C_p$**

Im linearen Modell stehen die Regressoren $X_1, \ldots, X_p$ zur Verfügung. Im Folgenden werden nicht alle $p$ Variablen in der Modellierung verwendet, sondern nur eine Teilmenge $M \subset \{1, \ldots, p\}$. Mallows's $C_p$ (Complexity parameter) ist definiert als

$$C_p = \frac{\sum_{i=1}^{n}(y_i - \hat{y}_{iM})^2}{\hat{\sigma}^2} - n + 2|M|$$

Dabei bezeichnet $\hat{y}_{iM}$ den Wert der Schätzung, der nur durch Verwendung der $M$ Parameter entsteht, d.h. $\hat{\mathbf{y}}_M = \mathbf{X}_M\hat{\beta}_M$. Die Schätzung für $\hat{\sigma}^2$ beruht auf dem Modell mit allen Variablen (größtmögliches Modell). Die Anzahl der Parameter $M$ sollte so gewählt werden, dass $C_p$ möglichst klein wird.

**Akaike Information Criterion (AIC)**

Das AIC (Akaike information criterion) ist für eine große Klasse von Modellen erklärt, die über die Maximum-Likelihood-Methode geschätzt werden. Es ist definiert durch:

$$AIC = -2l(\hat{\theta}) + 2d$$

Hierbei bezeichnet $l$ die Log-Likelohoodfunktion, und $\theta$ die entsprechenden Parameter.

**Beispiel**

Im linearen Fall (mit normalverteilten Fehlern) hat die Likelihood-Funktion folgende Form:

$$L(\beta, \sigma^2) = \frac{1}{(2\pi\sigma^2)^{(n/2)}} \exp\left(-\frac{1}{2\sigma^2}(\mathbf{y} - \mathbf{X}\beta)^T(\mathbf{y} - \mathbf{X}\beta)\right)$$

Daraus ergibt sich die Log-Likelihood-Funktion zu

$$l(\beta, \sigma^2) = -\frac{n}{2}\ln(2\pi) - \frac{n}{2}\ln(\sigma^2) - \frac{1}{2\sigma^2}(\mathbf{y} - \mathbf{X}\beta)^T(\mathbf{y} - \mathbf{X}\beta)$$

Im linearen Fall stimmen die Ergebnisse des KQ-Schätzers mit der ML-Schätzung überein, d.h. es gilt $\hat{\beta} = (\mathbf{X}^T\mathbf{X})^{-1}\mathbf{X}^T\mathbf{y}$. Mit $(\mathbf{y} - \mathbf{X}\hat{\beta})^T(\mathbf{y} - \mathbf{X}\hat{\beta}) = n \cdot RSS/n = n \cdot \hat{\sigma}^2_{ML}$ ergibt sich daraus mit Einsetzen der entsprechenden ML-Schätzer:

$$-2l(\hat{\beta}, \hat{\sigma}^2) = n\ln(2\pi) + n\ln(\hat{\sigma}^2) + n$$

und daraus die Formel für AIC:

$$AIC = n + n \cdot \ln(2\pi) + n \cdot \ln\left(\frac{RSS}{n}\right) + 2d.$$

Diese Formel benutzt unter anderem R für lineare Modelle.

**Bayesian Information Criterion (BIC)**

Das BIC (Bayesian information criterion) kommt aus einer bayesianischen Herangehensweise an die Modellselektion. Es ist allgemein definiert durch

$$BIC = -2l(\hat{\theta}) + \ln(n)d.$$

Für den Anwendungsbereich der linearen Modelle sieht es dem $C_p$ und dem $AIC$ ähnlich:

$$BIC = n + n \cdot \ln(2\pi) + n \cdot \ln\left(\frac{RSS}{n}\right) + \ln(n)d.$$

Analog zu $C_p$ ist tendenziell das Modell mit geringstem $BIC$-Wert auszuwählen. Im Unterschied zu $C_p$ und $AIC$ wird der Term $2d$ ersetzt durch $\ln(n)d$. Da bereits $\ln(3) > 1$, werden nach dem BIC-Kriterium komplexe Modelle (d.h. Modelle mit vielen Variablen) stärker durch den Zusatzterm bestraft. Nach dem BIC werden daher tendenziell kleinere Modelle bevorzugt.

**Adjustiertes $R^2$**

Zum Vergleich verschiedener Modelle ist das Bestimmtheitsmaß $R^2$ nur bedingt geeignet. Der Term $RSS$ hat die Eigenschaft, mit Hinzunahme weiterer Variablen in das Modell kontinuierlich kleiner zu werden. Damit wächst dann zugleich $R^2$. Dieser in diesem Zusammenhang ungewollte Effekt wird mit dem adjustierten Bestimmtheitsmaß $R^2_{adj}$ korrigiert. Dieses Maß wird bei Aufnahme von zusätzlichen Variablen in das Modell nicht notwendigerweise größer. Für ein Modell mit $d$ Parametern ($d = p + 1$) wird das adjustierte $R^2$ wie folgt berechnet:

$$R^2_{adj} = 1 - \frac{n-1}{n-d}(1 - R^2) = \frac{RSS/(n-d)}{TSS/(n-1)}$$

**Beispiel (AIC und BIC)**

Wir greifen noch einmal auf den bereits im Abschnitt 6.3 betrachteten Datensatz `auto_mpg` zurück. Er enthält Informationen über den Treibstoffverbrauch (mpg, miles per gallon) verschiedener Automobile. Folgende Informationen sind bekannt:

| | | |
|---|---|---|
| 1 | mpg | stetig |
| 2 | cylinders | diskret |
| 3 | displacement | stetig (Hubraum) |
| 4 | horsepower | stetig |
| 5 | weight | stetig |
| 6 | acceleration | stetig |
| 7 | model year | diskret |
| 8 | origin | diskret |
| 9 | car name | (string, unique for each instance) |

Im Folgenden wird ein lineares Modell betrachtet. Wir laden zunächst die Daten und fitten ein lineares Modell mit einem Regressor:

```
auto_mpg <- read.table(".\\Datasets\\auto-mpg-korr_rk.txt", header=TRUE)
lm.auto = lm(mpg ~ horsepower, data=auto_mpg)
summary(lm.auto)
```

Die (gekürzte) Ausgabe ist dann

```
Residuals:
     Min       1Q   Median       3Q      Max
-13.5710  -3.2592  -0.3435   2.7630  16.9240

Coefficients:
             Estimate Std. Error t value Pr(>|t|)
(Intercept) 39.935861   0.717499   55.66   <2e-16 ***
horsepower  -0.157845   0.006446  -24.49   <2e-16 ***
---
Signif. codes:  0 '***' 0.001 '**' 0.01 '*' 0.05 '.' 0.1 ' ' 1

Residual standard error: 4.906 on 390 degrees of freedom
Multiple R-squared:  0.6059,Adjusted R-squared:  0.6049
```

Im nächsten Schritt bestimmen wir AIC und BIC.

```
cat("Anzahl der Datensätze: ", nrow(auto_mpg), "\n")
cat("AIC über die R-Funkion AIC: ", AIC( lm.auto, k=2), "\n")
cat("BIC über die R-Funktion BIC: ", BIC(lm.auto), "\n")
```

Die Ausgabe lautet dann

```
Anzahl der Datensätze:  392
AIC über die R-Funkion AIC:  2363.324
BIC über die R-Funktion BIC:  2375.237
```

Nun passen wir ein weiteres Modell an, in das wir die Variable `weight` zusätzlich mit aufnehmen:

```
lm.auto_2 = lm(mpg ~ horsepower + weight, data=auto_mpg)
summary(lm.auto_2)
```

Die wiederum gekürzte Ausgabe ist in diesem Fall

```
Residuals:
     Min       1Q   Median       3Q      Max
-11.0762  -2.7340  -0.3312   2.1752  16.2601

Coefficients:
              Estimate Std. Error t value Pr(>|t|)
(Intercept) 45.6402108  0.7931958  57.540  < 2e-16 ***
horsepower  -0.0473029  0.0110851  -4.267 2.49e-05 ***
```

```
weight       -0.0057942  0.0005023 -11.535  < 2e-16 ***
---
Signif. codes:  0 '***' 0.001 '**' 0.01 '*' 0.05 '.' 0.1 ' ' 1

Residual standard error: 4.24 on 389 degrees of freedom
Multiple R-squared:  0.7064,Adjusted R-squared:  0.7049
```

Für AIC und BIC erhält man bei zwei unabhängigen Variablen nun die Werte 2 250,0 bzw. 2 265,9.

*Interpretation*: Im Beispiel wurde zunächst die Variable `horsepower` und im Anschluss die Variable `weight` in das Modell aufgenommen. Sowohl das AIC als auch das BIC werden kleiner, der Wert für das Adjustierte $R^2$ wird größer. Diese Tatsachen sprechen dafür, dass das Modell durch die Aufnahme der zu erklärenden Variablen `weight` verbessert wurde.

**Beispiel (Mallows' $C_p$)**

Eine Sammlung von nützlichen und mächtigen Werkzeugen für Regressionsthemen enthält das Paket `olsrr`[49]. Hier wird nur die Funktion `ols_mallows_cp` für die entsprechende Berechnung verwendet.

```
library(olsrr)  # installieren mit `install.packages("olsrr")`
auto_subset <- subset( auto_mpg, select=c("mpg", "cylinders", "displacement",
"horsepower", "weight"))
# Berechnung des vollen Modells auf Basis der erklärenden Variablen mpg,
# cylinders, displacement, horsepower und weight
full_model <- lm(mpg ~ ., data = auto_subset)
# eingeschränktes Modell
model <- lm(mpg ~ displacement + horsepower, data = auto_subset)
cat("C(p):", ols_mallows_cp(model, full_model), "\n")
```

Der berechnete Wert ist dann

```
C(p): 58.3492
```

**Selektionsverfahren**

Basierend auf den vorgestellten Kennzahlen beschäftigen wir uns als nächstes mit der Frage, wie ein “bestes Modell” aus den insgesamt $p$ Parametern ausgewählt werden kann. Wir gehen auf vier mögliche Vorgehensweisen kurz ein.

- **Vollständige Modellselektion:** Um ein “bestes” Modell zu finden, könnte man sämtliche Kombinationen von Variablen durchprobieren. Bei insgesamt $p$ erklä-

49 Siehe auch https://github.com/rsquaredacademy/olsrr

renden Variablen sind somit $2^p$ Modelle zu untersuchen. Für $p = 20$ sind somit bereits über 1 Millionen Modelle zu betrachten. Für $p < 40$ können mit dem "Leaps and bounds" Algorithmus (Furnival & Wilson, 1974) beste Modelle anhand eines Modellauswahlkriteriums bestimmt werden. Dabei wird die Berechnung aller Modelle vermieden.

- **Vorwärts-Selektion:** Ausgehend von einem Startmodell werden schrittweise weitere Kovariable in das Modell aufgenommen. Die Auswahl wird so vorgenommen, dass die größtmögliche Reduktion des ausgewählten Modellwahlkriteriums erreicht wird ($C_p$, $AIC$, $BIC$). Der Algorithmus ist beendet, falls keine Reduktion mehr möglich ist.
- **Rückwärts-Selektion:** Gestartet wird mit dem vollen Modell (alle Kovariablen sind enthalten). In jeder Iteration wird eine Kovariable aus dem Modell entfernt. Ausgewählt wird die Kovariable, die die größte Reduktion eines ausgewählten Modellwahlkriteriums ($C_p$, $AIC$, $BIC$) bewirkt. Das Verfahren endet, wenn keine weitere Reduktion mehr möglich ist.
- **Schrittweise-Selektion:** Dieses Verfahren ist eine Kombination aus der Vorwärts-Selektion und der Rückwärts-Selektion. In jedem Schritt kann eine Kovariable in das Modell aufgenommen werden bzw. eine Kovariable aus dem Modell entfernt werden.

Wir verzichten an dieser Stelle auf ein explizites Beispiel und weisen nur auf die R-Funktion `step`, die eine Vorwärts- oder Rückwärtsselektion mit AIC durchführen kann und das Package `leaps`, das weitere Methoden bereithält, hin.

#### Regularisierung und Shrinkage Methoden

Overfitting kann auftreten, wenn ein Modell mit hoher Komplexität, also mit vielen Parametern $p$, anhand eines Trainings-Datensatzes mit relativ wenigen Beobachtungen $n$ gefittet wird. Das Model passt sich dann zu stark an die Trainingsdaten an, so dass es auf dem Testdatensatz zu einer hohen Varianz und damit zu einem hohen mittleren quadratischen Fehler kommt, wir erinnern an die aus dem Abschnitt 6.3.9 bekannte Bias-Varianz-Zerlegung:

$$E\left[(y - \hat{y}(x))^2\right] = \mathrm{Var}[\hat{y}(x)] + \mathrm{Bias}[\hat{y}(x)] + \text{Irreduzibler Fehler}\,.$$

Der Aktuar/Data Scientist kann das Auftreten von Overfitting leicht erkennen: die Vorhersagegenauigkeit auf den Testdaten ist in diesem Fall deutlich schlechter als auf den Trainingsdaten.

Eine optimale Lösung, um Overfitting zu vermeiden bzw. zu reduzieren, ist mehr Daten zu sammeln. Das ist aber oft nicht möglich. Alternativ dazu kann eine entsprechende Modelanpassung vorgenommen werden, welche die Varianz der Vorhersage senkt. Der Oberbegriff für diese Art von Verfahren ist *Regularisierung* und wir haben in diesem Buch bereits Beispiele dafür kennengelernt, z.B. im Abschnitt 6.3.4.2 zu den P-

Splines. Eine spezielle Unterklasse von Regularisierungsmethoden sind die *Shrinkage Verfahren*, die wir in diesem Kapitel genauer besprechen.

Die Idee hinter den Shrinkage Verfahren lässt sich am allgemeinen Vorgehen bei der Modellanpassung erklären. Beim überwachten Lernen wird immer eine Loss-Funktion vorausgesetzt, die die Abweichung der geschätzten Labels $\hat{y}_i$ von den beobachteten Labels $y_i$ im Trainingsdatensatz misst. Basierend auf diesem Feedback Signal wird (meist iterativ) nach Modell-Parametern gesucht, welche die Loss-Funktion minimieren. Bei Shrinkage Methoden wird nun die Loss-Funktion so angepasst, dass die geschätzten Modell-Parameter möglichst niedrigere Absolutwerte annehmen. In der Regel führt dies zu einer Senkung der Varianz der Regressionsergebnisse.

Aus didaktischen Gründen beschränken wir uns bei der folgenden Beschreibung auf Lineare Modelle:

$$Y = \beta_0 + \beta_1 X_1 + \ldots + \beta_p X_p \,.$$

Shrinkage Verfahren können aber ebenso erfolgreich zur Regularisierung von GLMs oder nichtlinearen Modellen angewandt werden. Bekanntlich kommt bei Linearen Modellen die *Quadratsumme der Residuen* als Loss-Funktion zum Einsatz:

$$\begin{aligned} \text{Loss} &= \sum_{i=1}^{n} (y_i - \hat{y}_i)^2 && (6.21) \\ &= \sum_{i=1}^{n} (y_i - \beta_0 - \sum_{j=1}^{p} \beta_j x_{ij})^2 \,. && (6.22) \end{aligned}$$

Die Minimumierung davon ergibt dann die geschätzten Modell-Parameter $\hat{\beta}_0, \ldots, \hat{\beta}_p$ (*Methode der kleinsten Quadrate*). Wir gehen nun auf die zwei bekanntesten Shrinkage Verfahren ein: *Ridge Regression* und die *Lasso Methode*.

**Ridge Regression**

Hier wird die Loss-Funktion um die $L^2$-Norm der Modell-Parameter $\beta$ ergänzt:

$$\text{Loss} = \sum_{i=1}^{n} (y_i - \beta_0 - \sum_{j=1}^{p} \beta_j x_{ij})^2 + \lambda \sum_{j=1}^{p} \beta_j^2 \,.$$

Die Minimierung über $\beta$ ergibt dann Schätzwerte $\hat{\beta}_0, \ldots, \hat{\beta}_p$ mit verhältnismäßig kleinen Absolutwerten, wodurch die Varianz der Lernmethode gesenkt wird.

Der Regularisierungsparameter $\lambda > 0$ bestimmt dabei den Grad der Regularisierung. Der Wert dieses Hyperparameters wird am besten mit Hilfe einer Kreuzvalidierung bestimmt.

**Lasso Methode**

Dieses Verfahren funktioniert analog zur Ridge Regression, die Loss-Funktion wird jedoch durch die $L^1$-Norm der Modell-Parameter $\beta$ ergänzt:

$$\text{Loss} = \sum_{i=1}^{n}(y_i - \beta_0 - \sum_{j=1}^{p} \beta_j x_{ij})^2 + \lambda \sum_{j=1}^{p} |\beta_j| .$$

Dadurch kommt es ebenfalls zu einer Senkung der Absolutwerte der geschätzten Modell-Parameter $\hat{\beta}_0,\ldots,\hat{\beta}_p$ und damit zu einer Reduktion der Varianz der Lernmethode.

**Ridge vs Lasso**

Bei beiden Verfahren kommt es zu einer Reduktion der Absolutwerte der Modell-Parameter. Bei der Ridge Regression werden die Absolutwerte kleiner, bleiben in der Regel aber größer als Null. Bei der Lasso Methode kommt es jedoch häufig dazu, dass manche der geschätzten Modell-Parameter exakt den Wert Null annehmen (natürlich abhängig von der Wahl des Regularisierungsparameters). In diesem Fall kommt es zu einer Variablenselektion: die Features mit den verschwindenden Modell-Parametern müssen für die Vorhersage nicht erhoben werden. Damit wird das Modell und dessen Anwendung vereinfacht, was in manchen Situationen vorteilhaft sein kann (z.B. falls die Erhebung der Daten aufwendig ist). Eine intuitive Erklärung, warum es beim Lasso Verfahren häufiger zu einer Variablenselektion kommt als bei der Ridge Regression, ist in der Literatur zu finden (u.a. auch in der Video-Vorlesung von Travor Hastie zum Thema "The Lasso"[50]).

50 https://www.youtube.com/watch?v=A5I1G1MfUmA

# 7 Korrelation und kausale Inferenz

In fast jeder Statistikvorlesung und fast jedem einführenden Statistikbuch fällt irgendwann der Satz „Korrelation ist nicht Kausalität“. Manchmal folgt noch ein Beispiel einer Korrelation, die mehr oder weniger offensichtlich keinen kausalen Zusammenhang darstellt – aber dabei bleibt es dann meistens[1]. Der Hauptgrund dafür ist, dass eine Vertiefung dieses Themas nicht mit den Mitteln der „klassischen“ Statistik möglich ist. Vielmehr erfordert die Behandlung von Kausalität – wie wir sehen werden – eine eigene Sprache. Aber wieso ist das Thema für Data Scientists von Interesse? Und was ist überhaupt Kausalität? Diese Fragen und einige grundlegende mathematische Lösungsansätze sollen in diesem Kapitel diskutiert werden.

## Das Konzept der Kausalität

Das Wort *Kausalität* bezeichnet die Ursächlichkeit, also den Zusammenhang und das Verhältnis von Ursache und Wirkung.
Das lateinische *causa* wurde schon früh von den Juristen benutzt, um eine Streitsache zu benennen. Und entsprechend war die *Ur-Sache* zunächst einmal der erste Anlass für eine Streitsache. Die *causa* wurde dann auch die rechtliche Grundlage für eine zu erbringende Leistung.[2] Ähnlich hat das griechische *aitíos* im Wort *Ätiologie* in der medizinischen Fachsprache Einzug gehalten. Die Ätiologie befasst sich mit den Ursachen einer Krankheit.

Kausale Aussagen finden sich im Alltag überall, mal mehr und mal weniger leicht als solche erkennbar. Hier ein paar kausale Beispielsätze:

- Eine **generelle** (nicht auf einen einzelnen Fall bezogene) **Kausalaussage** wäre z.B. „Rauchen erzeugt Lungenkrebs“.
- Eine **singuläre Kausalaussage** wäre hingegen: „Weil Herr X viel geraucht hat, ist er an Lungenkrebs erkrankt“.
- Als **kontrafaktische Kausalaussage** wird der Satz verstanden „Hätte Paul den Stein nicht geworfen, wäre die Fensterscheibe nicht zu Bruch gegangen“.

Allerdings ist Kausalität oft schwer zu greifen. Naturgemäß beschäftigt das Thema Kausalität auch seit eh und je die Philosophen.

---

**1** Typischerweise wird das Beispiel der Korrelation zwischen dem Auftreten von Störchen und der Anzahl an Geburten gewählt. Wir werden später noch weitere Beispiele von Korrelationen ohne kausalen Zusammenhang sehen.

**2** siehe Wolfgang Pfeifer: *Etymologisches Wörterbuch* (nach [71])

https://doi.org/10.1515/9783110659344-007

So findet sich bereits in der *Metaphysik* des Aristoteles ([5]) eine ausgeklügelte Klassifikation von Ursachen in vier Formen: die Materialursache, die Formursache, die Wirkursache und die Zweckursache. Diese Klassifikation wurde über viele Jahrhunderte immer wieder als Referenz herangezogen.

Der empiristische Philosoph David Hume (1711–1776) prägt mit seiner Sichtweise die Diskussion um Kausalität bis heute. In seiner „Untersuchung über den menschlichen Verstand" ([39]) schrieb er: „Untereinander gleichartige Gegenstände hängen stets mit wieder untereinander gleichartigen zusammen. Dies sagt uns die Erfahrung. [...] eine Ursache definieren als: einen Gegenstand, dem ein anderer folgt, wobei allen Gegenständen, die dem ersten gleichartig sind, Gegenstände folgen, die dem zweiten gleichartig sind. Oder mit anderen Worten: wobei, wenn der erste Gegenstand nicht bestanden hätte, der zweite nie ins Dasein getreten wäre.

Die Erscheinung einer Ursache führt stets den Geist, durch einen gewohnheitsmäßigen Übergang, zur Vorstellung der Wirkung. Auch dies lehrt uns die Erfahrung. [...] eine andere Definition der Ursache [...]: einen Gegenstand, dem ein anderer folgt, und dessen Erscheinen stets das Denken zu jenem anderen führt." (vgl. [39], S. 87)

Interessant ist, dass Hume hier auf einer Buchseite drei höchst unterschiedliche Definitionen der Kausalität liefert und die ersten beiden mit einem lapidaren „oder mit anderen Worten" verknüpft. Die erste hebt die Aspekte der zeitlichen Reihenfolge und der Reproduzierbarkeit hervor, die zweite hingegen fokussiert auf die Kontrafaktizität („was wäre geschehen, wenn nicht ..." ) und stellt damit eine recht moderne Sichtweise dar, die dritte schließlich betont, dass Kausalbeziehungen nicht unmittelbar erfahrbar sind und Kausalität lediglich von uns Menschen auf die Welt projiziert wird.

Exemplarisch neben Hume sei hier nur eine weitere moderne philosophische Meinung zum Thema Kausalität zitiert. Der Mathematiker Bertrand Russell (1872–1970) formulierte 1912 in seinem Aufsatz „On the Notion of Cause"([81], S. 1): „The law of causality, I believe, like much that passes muster among philosophers, is a relic of a bygone age, surviving, like the monarchy, only because it is erroneously supposed to do no harm."[3] Nach Bertrand Russell und dem Physiker Ernst Mach ist das sog. *Russell-Mach-Problem* benannt, das ebenfalls mit der Kausalitätsdefinition zusammenhängt: „Wiederholungen gleicher Fälle, in welchen A immer mit B verknüpft wäre, also gleiche Erfolge unter gleichen Umständen, also das Wesentliche des Zusammenhanges von Ursache und Wirkung, existiren nur in der Abstraction, die wir zum Zweck der Nachbildung der Thatsachen vornehmen." ([54], S. 456)

Dass ein einzelner Philosoph wie David Hume, wie wir oben gesehen haben, innerhalb weniger aufeinanderfolgender Sätze drei so unterschiedliche Definitionen der

3 Auf Deutsch etwa: „Das Kausalgesetz ist meiner Meinung nach, wie so vieles, das von Philosophen akzeptiert wird, ein Überbleibsel aus vergangenen Zeiten, das – wie die Monarchie – nur deshalb noch überlebt, weil irrtümlich angenommen wird, dass es nicht schade."

Kausalität anbietet, ist bezeichnend für unser Thema. Bis heute konnten sich die Philosophen auf keine Definition der Kausalität einigen. Dennoch gibt es eine Reihe von Eigenschaften der Kausalbeziehung und Merkmale von Ursachen, die immer wieder genannt werden.

Da sind zum einen die mathematischen Eigenschaften der Kausalbeziehung: Sie ist asymmetrisch, transitiv und irreflexiv, also eine Halbordnung. Wichtige weitere Merkmale singulärer Ursachen sind die zeitliche Priorität gegenüber der Wirkung, die Lokalität (also der räumliche Zusammenhang), die Objektivität und die Wiederholbarkeit.

Es gibt viele Theorien und Konzepte, die auch heute noch diskutiert und neu entwickelt werden. Allerdings können wir an dieser Stelle nicht im Detail darauf eingehen.[4] An der Zahl der Philosophen, die allein nach dem 2. Weltkrieg zu diesem Thema gearbeitet hat und immer noch arbeitet, lässt sich aber ablesen, dass dieses von Russell und anderen totgesagte Thema sehr wohl lebt.

## Wieso brauchen wir Kausalität und wozu nutzen wir sie?

Der Verhaltensforscher Konrad Lorenz schrieb 1973: „Die angeborenen Lehrmeister sind dasjenige, was vor allem Lernen da ist und da sein muss, um Lernen möglich zu machen.“ ([53])

Zu diesen angeborenen Lehrmeistern zählt er – neben zum Beispiel der Strukturerwartung – die Kausalitätserwartung. Lorenz’ Schüler Rupert Riedl beschrieb sie 1980 als die „[...] Erwartung, daß Gleiches dieselbe Ursache haben werde. Dies ist zunächst nicht mehr als ein Urteil im voraus. Aber dieses Vorurteil bewährt sich [...] in einem derartigen Übermaß der Fälle, daß es jedem im Prinzipe andersartigen Urteil oder dem Urteils-Verzicht überlegen ist“. ([76], S. 140)

Nur weil wir Menschen (wie auch Tiere) entwicklungspsychologisch bedingt uns nicht in der Welt zurechtfinden, ohne Kausalität in die Welt hineinzulesen, heißt das noch nicht, dass die von uns unterstellte Kausalität in jedem einzelnen Fall der Wirklichkeit der Welt entspricht. Auch wenn die Kausalitätserwartung ein angeborener Lehrmeister ist, führt dieser in komplexen Situationen gerne zu Fehlern. Zu den bekanntesten Gefahren der Kausalitätserwartung rechnet man ein lineares Ursache-Wirkungs-Denken und eine übermäßige Vereinfachung komplexer Sachverhalte.[5]

Ungeachtet dessen spielt Kausalität in vielen Formen unseres Denkens, Handelns und Argumentierens zu Recht eine maßgebliche Rolle:

4 Wer sich intensiver mit der Philosophie der Kausalität auseinandersetzen möchte, dem sei das Buch *Ursachen* von Andreas Hüttemann empfohlen [40].

5 Hiermit haben sich – mit unterschiedlichem Fokus – u.a. Dietrich Dörner [23], Timm Grams [31] und Daniel Kahneman [45] beschäftigt.

- Dies beginnt beim Begründen von Handlungen. Wir erläutern, warum wir etwas getan haben.
- Dem Verursacher eines Ereignisses schreiben wir Verantwortung zu.
- Durch Ursache-Wirkungs-Beziehungen erkennen und verstehen wir „die Welt" und schaffen so ein Wissen von und eine Orientierung in der Welt.
- Mit Ursachen erklären wir Tatsachen und Ereignisse.
- Wir nutzen Kausalketten als Argumentationsmittel.
- Die Einsicht in Kausalzusammenhänge erlaubt uns ein zielgerichtetes Eingreifen in Prozesse und dient so als Basis für Handlungen und nachhaltige Problemlösungen, womit sich auch künftige negative Ereignisse („Unfälle" ) vermeiden lassen.
- Wir können durch die Formulierung und Verallgemeinerung von Kausalzusammenhängen Vorhersagen über zukünftige Entwicklungen machen.

Diese Aufzählung zeigt uns: Der Mensch braucht Kausalität. Um nicht zu sagen: wir sind „süchtig" nach (kausalen) Erklärungen. Diese Sucht nach Kausalität verleitet uns oft dazu, Korrelation für Kausalität zu halten oder andere „unzulässige" Vereinfachungen vorzunehmen. Nach diesen Betrachtungen ist es nicht verwunderlich, dass wir in jeder Form von Wissenschaft spätestens bei den Anwendungen auf das Thema Kausalität stoßen.

In der Physik differenziert man zwischen starker und schwacher Kausalität (deterministisches Chaos). In der Medizin und speziell Epidemiologie finden die Bradford-Hill-Kriterien ([38]) Anwendung, wenn es darum geht, vermutete Ursache-Wirkungs-Beziehungen kritisch zu überdenken. Juristen interessiert Kausalität beispielsweise bei der Zurechnung eines Taterfolgs (z.B. Tötung) oder bei der Begründung einer Haftung durch eine Handlung. Clive William John Granger, Nobelpreisträger für Ökonomie 2003, entwickelte ein Kausalitätskonzept in der Ökonometrie, die sog. Granger-Kausalität[32]. In der Produktionswissenschaft untersucht man Kausalketten im Fertigungsprozess. Natürlich stellen diese Beispiele nur eine kleine Auswahl dar, machen aber unmittelbar bereits deutlich, dass es viele Überschneidungen mit aktuariellen Themen im engeren und insbesondere im weiteren Sinne gibt.

Schlussendlich spielt der Kausalitätsbegriff auch in der Versicherung, v.a. in der Schadenversicherung eine große Rolle. Bis 2008 stand im Versicherungsvertragsgesetz (VVG) die Verursachung an prominenter Stelle, nämlich in §1 (1) Satz 1: „Bei der Schadensversicherung ist der Versicherer verpflichtet, nach dem Eintritt des Versicherungsfalls dem Versicherungsnehmer den dadurch verursachten Vermögensschaden nach Maßgabe des Vertrags zu ersetzen." In Allgemeinen Versicherungsbedingungen (AVB) finden sich kausale Formulierungen wie *infolge*, *bei* oder *durch* . Von besonderem Interesse sind Grenzfälle wie die Mitursächlichkeit eines (lediglich) nicht gedeckten oder diejenige eines (ausdrücklich) ausgeschlossenen Risikos. So deckt die Wohngebäudeversicherung üblicherweise Hagelschäden ab; eine Leistung bei Starkregen setzt dagegen eine Erweiterung um eine Elementarversicherung voraus. Ohne

Elementarversicherung ist daher im Schadenfall zu klären: Wurde der Schaden durch Hagelschlag oder durch Starkregen verursacht? Welches der Ereignisse trat zuerst ein und hätte auch das eine Ereignis alleine den Schaden verursacht?

Fassen wir zusammen: Kausalität ist ein grundlegendes Konzept, das in vielen Bereichen unseres Lebens – im Alltag wie in den Wissenschaften – eine zentrale Rolle spielt.

Obwohl der Begriff der Kausalität vielschichtig und problematisch ist, ist er doch unverzichtbar für die Art, wie wir Menschen die Welt verstehen. Ohne Kenntnis von Ursachen und Wirkungen sind wir unfähig zu zielgerichteten Handlungen. Ohne Annahme von Kausalität ist empirische Wissenschaft undenkbar.

## Statistik, Korrelation und Machine Learning

Nach dieser Einführung zum Kausalitätsbegriff und seiner Bedeutung wollen wir uns jetzt mit der bestmöglichen Annäherung an den Kausalitätsbegriff in der klassischen Statistik befassen: der Korrelation. Die Korrelation misst den Zusammenhang zwischen zwei Datensätzen. Mathematisch genauer: Die Korrelation ist ein Maß für die stochastische Abhängigkeit.

In diesem Zusammenhang ist auch gleich ein Warnhinweis angebracht. Da die Korrelation, genauer der Korrelationskoeffizient, nur die lineare Abhängigkeit misst, schlagen sich nichtlineare Abhängigkeiten nicht zwangsläufig in einer hohen Korrelation nieder.

Besonders häufig findet man Korrelationen ohne Kausalzusammenhang bei Zeitreihen. Tyler Vigen hat auf seiner Website (www.tylervigen.com) einige besonders erheiternde Beispiele für sog. „spurious correlations" zusammengestellt. Hier gibt es etwa eine 99,79%-ige Korrelation zwischen den US-Ausgaben für Wissenschaft, Weltraumforschung und Technologie und den Selbstmorden durch Erhängen, Erwürgen und Ersticken in den Jahren 1999 bis 2009. Oder eine 99,26%-ige Korrelation zwischen der Scheidungsrate in Maine und dem Pro-Kopf-Verbrauch von Margarine in den Jahren 2000 bis 2009.

Während dies offensichtlich kausalfreie Korrelationen sind, hinter denen kaum jemand einen ursächlichen Zusammenhang sehen würde, gibt es andere Fälle, bei denen ein solcher Zusammenhang plausibel scheint oder man zumindest eine plausibel klingende Erklärung finden kann. Ein bekannt gewordenes Beispiel aus jüngerer Zeit ist die Korrelation zwischen nationalem Schokoladekonsum und der Anzahl der Nobelpreisträger aus dem betreffenden Land. Dr. med. Franz H. Messerli, ein international renommierter Kardiologe, veröffentlichte in dem ebenso renommierten New England Journal of Medicine 2012 hierzu einen – nicht ernst gemeinten – Artikel [61]. Darin wurden als Argumentationshilfe für einen Kausalzusammenhang die bekannten kognitiven Wirkungen der in Schokolade enthaltenen Flavanole herangezogen. Zu

Recht wurde in etlichen Veröffentlichungen die Sinnhaftigkeit der Kausalinterpretation unter methodischen, statistischen und logischen Gesichtspunkten in Frage gestellt[6], andere nahmen einfach das Augenzwinkern wahr und zwinkerten zurück[7], während wieder andere – wie dies leider allzu oft geschieht – den „wissenschaftlichen" Artikel nicht hinterfragten, sondern für bare Münze nahmen und unreflektiert wiedergaben (vor allem in der Tagespresse)[8]. Messerli formulierte später in einem Interview: „Ich wollte einfach zeigen, dass selbst eine sehr gute Korrelation zweier Parameter noch lange nicht bedeutet, dass auch ein kausaler Zusammenhang besteht." ([100])

Allerdings gibt es auch Korrelationen, welche auf den ersten Blick kausalfrei erscheinen, sich aber über ein, zwei Zwischenschritte durchaus kausal erklären lassen. Ein gern zitiertes Beispiel ist die Korrelation zwischen Eiskonsum und der Häufigkeit von Haiangriffen (siehe zum Beispiel [87]). Eine solche Korrelation lässt sich wie folgt erklären: Wenn es wärmer ist, essen die Leute mehr Eis, gehen öfter im Meer baden und werden deshalb auch häufiger von Haien angegriffen. Somit hat erhöhter Eiskonsum keine vermehrten Haiangriffe zur Folge, aber die beiden Größen haben *einen gemeinsamen Einflussfaktor*, die Temperatur.

Und zu guter Letzt gibt es natürlich Korrelationen, die echte kausale Abhängigkeiten widerspiegeln. Eine hohe Korrelation stellt also bestenfalls einen Indikator für einen Kausalzusammenhang dar. Andererseits haben wir gesehen, dass Kausalbeziehungen von zentraler Bedeutung in Wissenschaft und Alltag sind. Warum gibt es in der klassischen Statistik keine bessere Annäherung als die Korrelation? Tatsächlich haben Statistiker in der Vergangenheit wahre Glaubenskriege über das Konzept der Kausalität geführt. Karl Pearson, einer der Gründerväter der modernen Statistik, hat den Begriff der Ursache als unwissenschaftlichen Fetisch abgetan und Korrelation und Kontingenztabellen als Heilmittel gepriesen. In der 3. Auflage seiner „Grammar of Science" [69] formulierte er im Vorwort (S. vi):

> Beyond such discarded fundamentals as "matter" and "force" lies still another fetish amidst the inscrutable arcana of even modern science, namely, the category of **cause and effect.** Is this category anything but a **conceptual limit to experience**, and without any basis in perception beyond a statistical approximation?[9]

Weiter schrieb er in Kapitel 4 „Cause and Effect – Probability" (S. 120):

---

6 Zum Beispiel [57].

7 Zum Beispiel [85].

8 Zum Beispiel [46].

9 Auf Deutsch etwa: „Außer solchen ausrangierten Grundbegriffen wie *Materie* und *Kraft* liegt noch ein anderer Fetisch inmitten der unverständlichen Arkana selbst der modernen Wissenschaft, nämlich die Kategorie von Ursache und Wirkung. Ist diese Kategorie etwas anderes als eine konzeptionelle Grenze der Erfahrung und ohne jegliche Grundlage in der Wahrnehmung jenseits einer statistischen Näherung?"

> The necessity in a **law of nature** has not the logical *must* of a geometrical theorem, nor the categorical *must* of a human law-giver; it is merely our **experience of a routine** [...].[10]

Hinter diesen philosophischen Überlegungen lassen sich Parallelen zu David Hume erkennen.

Übrigens war auch Pearson bereits ein Effekt bekannt, der heute als Simpsons Paradoxon geläufig ist und der – wie wir im folgenden Abschnitt sehen werden – in einem engen Zusammenhang mit unserem Thema steht.

Von (über-)eifrigen Verfechtern vollautomatischer Datenanalyse wird oft ebenfalls die Ansicht vertreten, dass in Zeiten von Big Data Korrelationen alles sind, was man zur Erkenntnisbildung benötigt. Chris Anderson, seinerzeit Herausgeber des angesehenen Magazins Wired, formulierte 2008 provokativ einen Artikel mit dem Titel „The End of Theory: The Data Deluge Makes the Scientific Method Obsolete". [2] Auch wenn dieser Artikel gemäß einem Gespräch von Peter Norvig mit Chris Anderson tatsächlich als reine Provokation gedacht gewesen sein sollte [64], lohnt es sich doch, den dort formulierten Thesen zu widersprechen, da das Gedankengut in verschiedenen Diskussionen, Artikeln und Büchern immer wieder in der einen oder anderen Form aufscheint.

Richtig ist, dass in vielen (kurzlebigen) Kontexten in ökonomischen Untersuchungen die Betrachtung von Korrelationen vollkommen ausreichend ist, ohne möglicherweise dahinterliegende Kausalzusammenhänge vollumfänglich verstanden zu haben. Typische Beispiele sind Suchmaschinen oder Empfehlungssysteme. Die dort durch Korrelationen gefundenen Zusammenhänge sind hilfreich und für den betreffenden Zweck völlig ausreichend. Kausale Zusammenhänge zusätzlich zu entdecken würde helfen, auch längerfristig darauf aufbauend Systeme zu bauen. Dies ist aber in den genannten Kontexten gar nicht unbedingt nötig, da morgen schon wieder ganz andere Fragestellungen von Interesse sind. Beispielsweise ergeben sich mit einer geänderten Benutzeroberfläche neue Verhaltensweisen der Benutzer. Durch ein sogenanntes A/B-Testing lässt sich herausfinden, was besser ankommt – warum auch immer. Und das *Warum* hat häufig mit (kurzfristigen) Moden zu tun. Hier einen kausalen Zusammenhang zu finden ist schwierig und oft den Aufwand nicht wert.

Geht es aber um den Erwerb und die Erweiterung von (langfristigem) Wissen, auch im Sinne von Wissenschaft, so sind und bleiben Korrelationen lediglich (wertvolle) Hilfsmittel, um wissenschaftliche Theorien zu entwickeln. Doch macht das automatisierte Entwickeln von Hypothesen noch lange keine (menschliche) Theoriebildung überflüssig. Ein bekanntes und sehr informatives Beispiel hierfür aus einem Kontext, wo mit großem Erfolg maschinelles Lernen auf Basis von Korrelationen erfolgt (Such-

**10** Auf Deutsch etwa: „Die Notwendigkeit in einem Naturgesetz hat nicht das logische Muss eines geometrischen Lehrsatzes oder das kategorische Muss eines menschlichen Gesetzgebers; es ist lediglich unsere Erfahrung einer Routine."

maschinen), war Google Flu Trends [51]. Ausgangspunkt war die Idee, dass man sich meist dann über Grippe informiert, wenn man selbst oder das (zumeist räumlich) nähere Umfeld davon betroffen ist. Der Service von Google basierte daher auf einer Auswertung des zeitlichen Verlaufs der Häufigkeit von Suchanfragen, mit deren Hilfe kurzfristige Prognosen über das Anschwellen einer Grippewelle getätigt werden konnten – zunächst sehr erfolgreich, dann aber wurden 2013 die prognostizierten Werte deutlich schlechter als die mit herkömmlichen Methoden bestimmten Werte. Ein Erklärungsversuch für die Verschlechterung verweist auf Änderungen in den Suchalgorithmen. Allerdings wurde Google Flu nach dieser Verschlechterung „abgeschaltet“, da es nicht möglich war, das bestehende Verfahren zu verbessern. Es basierte eben lediglich auf Korrelationen, konnte aber mangels eines Verständnisses von Kausalzusammenhängen nicht korrigiert werden.

Was bedeutet das allgemein für aktuarielle Data Science-Anwendungen? Korrelationen, die sich aus einer Machine Learning-Black-Box ergeben, können zwar beispielsweise voraussagen, welche Kunden eine Police im Kompositbereich mit größerer Wahrscheinlichkeit stornieren werden, aber nicht notwendigerweise auch warum. Somit hat man auch nur eingeschränkte Interventionsmöglichkeiten, solange unklar ist, wie ein Umgang mit der Stornobereitschaft aussehen könnte, welche Maßnahmen also das Storno verhindern könnten.

Viele falsche Schlussfolgerungen aus den Daten lassen sich nur vermeiden, wenn man auch kausale Betrachtungen mit einbezieht. Eine falsche Interpretation von Daten führt leicht zu „falschen“ Handlungen – mit *falsch* ist dabei schlicht fehlerhaft, diskriminierend, ungerecht oder unethisch gemeint. Ein einfaches Beispiel mag dies verdeutlichen: Zur Vermeidung von Diskriminierung würde man bei seinen Tarifierungskriterien sicher auf die Religionszugehörigkeit verzichten. Wenn man allerdings eine große Anzahl verschiedener Kriterien in seinen Black-Box-Tarifierungsmechanismus einfließen lässt, kann es leicht geschehen, dass man Kriterien selektiert, die mit dem als unzulässig ausgemusterten Kriterium stark korrelieren – und zwar nicht zufällig, sondern kausal bedingt. So kann z.B. ein Zeitschriftenabonnement religiös motiviert sein. Dabei wäre vielleicht das Abo einer Gartenzeitschrift als Hinweis auf eine gesunde Lebensweise ein gutes Kriterium gewesen.

Solche Beispiele zeigen, dass es häufig wichtig und hilfreich wäre, die Gründe hinter einer Entscheidung eines Machine-Learning-Systems zu kennen. Daher beschäftigt sich inzwischen ein eigener Zweig innerhalb von Data Science mit dem Thema Interpretierbarkeit. Hier geht es also darum, die Ergebnisse von Black-Box-Modellen verständlich zu machen: für den Data Scientist selbst, für den Vorstand, für den Vertrieb, für den Kunden, für die Aufsicht.Jeder kann einer Vorhersage, einer Preisfindung usw. leichter vertrauen, wenn er die Gründe dafür kennt und versteht. Abgesehen davon ist eine Optimierung des Modells oftmals nur mit detaillierten Kenntnissen der Interaktion verschiedener Einflussfaktoren möglich. Ein besonders wichtiger Lösungsansatz hierfür sind sogenannte modell-agnostische Tools zur Extraktion von Erklärungen[11].

Wo und wie kann Interpretierbarkeit helfen? Bei der Wahl zwischen konkurrierenden Modellen (welches Modell generalisiert besser?), beim Erkennen und Verbessern unzuverlässiger Modelle, sowie beim Verstehen des Modellverhaltens und bei der Kommunikation dieser Dinge mit Dritten. Man erreicht damit eine Stärkung des Vertrauens in das Modell und seine Eigenschaften Genauigkeit, Korrektheit, Sicherheit und ethische Unbedenklichkeit. Daneben erreicht man die Erfüllung regulatorischer Anforderungen[12],die Offenlegung und Nachvollziehbarkeit verwendeter Kriterien, sowie die Erklärung von Entscheidungen im Einzelfall.

Im Data Mining-Prozess[13] sollten alle wesentlichen Schritte darauf geprüft werden, ob beim konkreten Projekt kausale Betrachtungen erforderlich sind. Ein paar Beispiele seien hier genannt. Beim Design der Datenerhebung ist zu prüfen, inwiefern die unterschiedlichen Steuerungsmöglichkeiten der Ansätze (Interventions- oder Beobachtungsdesign, natürliches Experiment, ...) in angemessener Weise kausale Schlussfolgerungen erlauben. Bei der Nutzung mathematischer Methoden können im Bedarfsfall solche bevorzugt werden, die mehr oder weniger klare Ursachenforschung erlauben (z.B. kausale Graphen, ggf. unterstützt durch Propensity Score Matching, ...). Bei der Aufbereitung der Ergebnisse sollten Machine-Learning-Ergebnisse in kausal nachvollziehbare funktionale Zusammenhänge übersetzt werden (z.B. mittels ML-Interpretierbarkeit oder durch Regression mit ML als Benchmark). Bei der Kommunikation der Ergebnisse ist klar zwischen Korrelationen und Kausalzusammenhängen zu unterscheiden. Für Missverständnisse (z.B. basierend auf der genannten Kausalitätserwartung) ist der Data Scientist verantwortlich.

---

**11** Modell-agnostische Tools sind universell einsetzbar, weil sie nicht nur bei einer bestimmten Modellklasse eine Interpretation zulassen. Beispielhaft sei hier LIME (Local Interpretable Model-agnostic Explanations) genannt, das sich für beliebige Black-Box-Klassifizierer einsetzen lässt und für das es Implementierungen in Python und R gibt (siehe [75])

**12** Zum Zeitpunkt der Erstauflage dieses Buches besteht abgesehen von den allgemeinen regulatorischen Anforderungen des Versicherungsaufsichtsgesetzes (VAG) sowie derjenigen von Solvency II keine *KI/ML-spezifische* Anforderung. Da bei Erstellung der aktuell maßgeblichen Rechtsnormen die Möglichkeiten mittels KI/ML nicht vorhersehbar waren, lassen sich aus den vorgenannten Anforderungskatalogen nur implizite Einzelanforderungen ableiten, die etwa die Erklärbarkeit und Transparenz von KI/ML-Anwendungen in Tarifierung und Reservierung umfasst, aber andere Aspekte nicht berücksichtigt – wie beispielsweise KI-basiertes Marktpricing (im Gegensatz zum technischen Pricing), sowie Storno- oder Betrugsmodelle. Es ist aus unserer Sicht abzusehen, dass im Laufe der 2020er Jahre eine der europäischen Datenschutzgrundverordnung (DSGVO) ähnliche Regulierung für KI/ML erfolgen wird.

**13** z.B. gemäß CRISP-DM, siehe Kapitel 8

## Simpsons Paradoxon in kausaler Betrachtung

Hier nun wie angekündigt ein Beispiel für Simpsons Paradoxon.[14] Für die Beratung ihrer Kunden benötigt ein Krankenversicherungsunternehmen Informationen, ob für eine bestimmte Symptomatik eine neue Behandlungsmethode besser ist als die herkömmliche Methode oder nicht. Dazu liegen die Daten einer Studie vor. 700 Patienten mit gleicher Symptomatik konnten zwischen der herkömmlichen und der neuen Behandlungsmethode wählen. Tabelle 7.1 zeigt die Ergebnisse im Überblick. Die neue

**Tab. 7.1:** Beispiel für Simpsons Paradoxon – Gesamtsicht.

| | alle | |
|---|---|---|
| **Behandlung** | **neu** | **herkömmlich** |
| erfolgreich | 289 | 273 |
| nicht erfolgreich | 61 | 77 |
| erfolgreich (%) | **83%** | 78% |

Methode ist in 289 Fällen erfolgreich, nur in 61 Fällen nicht. Damit ist sie mit 83% gegenüber 78% der Fälle erfolgreicher als die herkömmliche Methode. Interessanterweise liefert die Studie auch nach dem Geschlecht differenzierte Ergebnisse, siehe Tabelle 7.2.

**Tab. 7.2:** Beispiel für Simpsons Paradoxon – geschlechtsdifferenzierte Sicht.

| | Männer | | Frauen | |
|---|---|---|---|---|
| **Behandlung** | **neu** | **herkömmlich** | **neu** | **herkömmlich** |
| erfolgreich | 234 | 81 | 55 | 192 |
| nicht erfolgreich | 36 | 6 | 25 | 71 |
| erfolgreich (%) | 87% | **93%** | 69% | **73%** |

Hier sieht man, dass sowohl bei Männern als auch bei Frauen die herkömmliche Methode erfolgreicher ist. Was bei der Betrachtung der übergeordneten Gesamtperformanz widersprüchlich erscheint, lässt sich mathematisch wie folgt beschreiben. Betrachten wir die drei binären Zufallsvariablen $E$ (für erfolgreiche Behandlung), $F$ (für Frau) und $N$ (für neue Behandlungsmethode), so erhalten wir an den Beispielzahlen

14 In Abwandlung eines Beispiels aus dem Buch von Pearl, Glymour und Jewell [67].

folgende Zusammenhänge:

$$\begin{aligned} \mathrm{P}(E|N,F) &< \mathrm{P}(E|\neg N,F), \\ \mathrm{P}(E|N,\neg F) &< \mathrm{P}(E|\neg N,\neg F), \\ \mathrm{P}(E|N) &> \mathrm{P}(E|\neg N), \end{aligned}$$

also eine Umkehr der Ungleichungsrichtung bei Verzicht auf die Berücksichtigung von $F$.

Wie bereits oben erwähnt, war der Effekt schon Pearson bekannt. Spätestens seit der Statistiker Edward Simpson ihn 1951 explizit formuliert hat [88], beschäftigt dieses Paradoxon Generationen von Mathematikern und Hobbymathematikern. Algebraische und geometrische Darstellungen wurden diskutiert und zeugen von viel kreativem Einsatz. Die meisten Betrachtungen gingen aber am Kern des Problems vorbei. Der Hintergrund für den scheinbaren Widerspruch liegt in der mangelnden Beachtung des kausalen Zusammenhangs. Bei Frauen ist eine Behandlung offenbar generell nicht so erfolgreich wie bei Männern. Andererseits haben sich deutlich mehr Frauen für eine herkömmliche Behandlung entschieden. Wenn man also zufällig einen Patienten auswählt, der die herkömmliche Behandlung erfahren hat, ist es wahrscheinlicher, dass es sich um eine Frau handelt und somit auch, dass die Behandlung nicht erfolgreich ist.

Man kann die kausalen Beziehungen zwischen den Variablen $E$, $N$ und $F$ wie folgt grafisch darstellen (siehe Abbildung 7.1). Dabei bedeutet z.B. der Pfeil von der Varia-

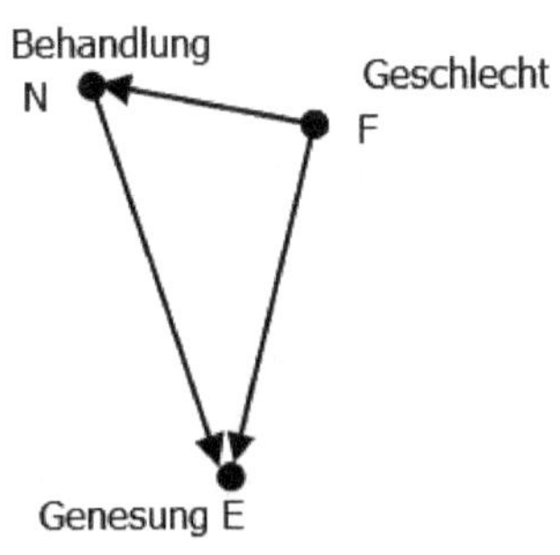


**Abb. 7.1:** Kausalbeziehungen im Beispiel für Simpsons Paradoxon.

blen $F$ zur Variablen $N$, dass die Ausprägung von $F$ einen (stochastischen) Ursache-Wirkungs-Einfluss auf die Ausprägung von $N$ hat (Frauen entscheiden sich häufiger für die herkömmliche Methode).

Soll nun die Gesamttabelle oder die nach Geschlecht aufgeschlüsselte Tabelle für die Behandlungsempfehlung herangezogen werden? Wegen der beschriebenen Kausalzusammenhänge kann nur die geschlechtsdifferenzierte Tabelle die richtige

Schlussfolgerung liefern, weil sonst ein offensichtlich wesentlicher Aspekt nicht berücksichtigt wird: die herkömmliche Methode ist – unabhängig vom Geschlecht – zu empfehlen.

Ohne dies weiter auszuführen, sei aber darauf hingewiesen, dass es sehr wohl Situationen gibt, in denen man nur dadurch zur richtigen Schlussfolgerung gelangt, dass man auf die differenzierte Betrachtung verzichtet und stattdessen die Gesamttabelle heranzieht.

Erfreulicherweise kann man die im Beispiel verwendete grafische Beschreibung von kausalen Beziehungen zu einer mathematischen Theorie der Kausalität ausbauen. Diesen Ansatz hat in den letzten Jahrzehnten vor allem Judea Pearl verfolgt [66]. Die Grundidee soll im Folgenden kurz skizziert werden.

Wir definieren ein strukturelles kausales Modell (*Structural Causal Model*, SCM) als ein Tripel $(U, V, F)$, bestehend aus zwei Variablenmengen $U$ und $V$ sowie einer Menge $F$ von Funktionen, die jeder Variablen in $V$ einen Wert abhängig von beliebigen übrigen Variablen in $U$ oder $V$ zuordnet.

Beispiel: $U = \{X, Y\}, V = \{Z\}, F = \{f_Z\}, \quad f_Z : Z = X + 2Y$

Eine Variable $X$ heißt nun direkte Ursache einer Variablen $Y$, wenn $X$ in der Funktion vorkommt, die den Wert von $Y$ bestimmt. $X$ heißt Ursache von $Y$, wenn $X$ direkte Ursache von $Y$ oder von irgendeiner Ursache von $Y$ ist (rekursive Definition).

Verbunden mit einem SCM ist ein grafisches kausales Modell (GCM). Dieses enthält einen Knoten für jede Variable im SCM und gerichtete Kanten zwischen den Knoten. Die Kanten repräsentieren die Funktionen in $F$. In der Regel kommt man so zu gerichteten azyklischen Graphen (Directed Acyclical Graphs = DAGs).

Beispiel (entsprechend obigem SCM): $X \rightarrow Z \leftarrow Y$

Grundsätzlich lässt sich festhalten: Ein SCM benötigt zu seiner vollständigen Spezifizierung umfassende quantitative Informationen über den Zusammenhang von Ursachen und Wirkungen. Anderenfalls spricht man von einem partiell spezifizierten SCM.

Demgegenüber benötigt ein GCM nur qualitative Informationen. Diese lassen sich im GCM schneller und leichter erfassen, weshalb ein GCM besser kommunizierbar ist – ein wichtiger Aspekt, wenn es darum geht, seine Untersuchungsergebnisse z.B. dem Vorstand oder der Aufsicht gegenüber darzustellen.

Betrachten wir ein paar elementare GCMs (mit 3 bzw. 4 Knoten; vergleiche Abbildung 7.2). Die drei dort dargestellten GCMs sind nicht nur einfache Beispiele, sie sind gleichzeitig die drei grundlegenden Bausteine, aus denen andere, komplexere GCMs aufgebaut sind.

Besonders interessant (und zunächst vielleicht überraschend) ist, dass sich aus GCMs stochastische Abhängigkeit oder Unabhängigkeit ablesen lassen. Dieser Umstand lässt sich heranziehen, wenn man die Korrektheit der Beziehungen in einem GCM testen möchte.

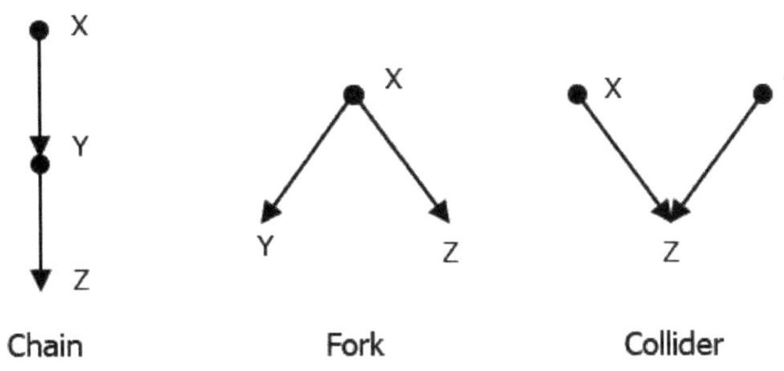


**Abb. 7.2:** Drei elementare GCMs.

Ein weiteres wichtiges Element in Pearls Kausalitätstheorie ist der do-Operator. Durch diesen lassen sich – im Unterschied zur herkömmlichen Statistik – Interventionen im Modell berücksichtigen. Man betrachtet Ausdrücke der Form

$$\mathrm{P}(E|\mathrm{do}(C = c)) \quad (\text{i.a.} \neq \mathrm{P}(E|C = c)),$$

um zu verdeutlichen, dass die Ausprägungen der Zufallsvariablen $C$ durch eine entsprechende Intervention gesteuert werden. $\mathrm{do}(C = c)$ bedeutet, dass durch eine entsprechende Handlung (z.B. der Durchführenden einer Studie) dafür gesorgt wird, dass C den Wert c annimmt. $C = c$ hingegen bedeutet, dass beobachtet wird, dass $C$ den Wert $c$ annimmt. Es geht hier also um den Unterschied von Handeln und Beobachten – ein Unterschied, der in der herkömmlichen Statistik nicht abgebildet werden kann. Für das Rechnen mit dem do-Operator in bedingten Wahrscheinlichkeiten gelten die für bedingte Wahrscheinlichkeiten auch sonst üblichen Rechenregeln.

Wir wollen dies nutzen, um zu zeigen, dass der in Simpsons Paradoxon auftretende Effekt der Umkehrung der Ungleichungsrichtung nicht auftritt, wenn man durch Intervention in den Kausalzusammenhang eingreift. Oben hatten wir

$$\begin{aligned} \mathrm{P}(E|N, F) &< \mathrm{P}(E|\neg N, F), \\ \mathrm{P}(E|N, \neg F) &< \mathrm{P}(E|\neg N, \neg F), \\ \mathrm{P}(E|N) &> \mathrm{P}(E|\neg N). \end{aligned}$$

Wird die Wahl der Behandlungsmethode $N$ nicht dem Patienten überlassen, sondern entsprechend interveniert, kann die Ungleichungsumkehr nicht auftreten. Um dies zu zeigen, nehmen wir an, dass die beiden ersten dieser Ungleichungen in der do-Variante gelten (dies ist eine Annahme, die wir allein aus den beobachteten Daten nicht folgern können), also

$$\begin{aligned} \mathrm{P}(E|\mathrm{do}(N), F) &< \mathrm{P}(E|\mathrm{do}(\neg N), F), \\ \mathrm{P}(E|\mathrm{do}(N), \neg F) &< \mathrm{P}(E|\mathrm{do}(\neg N), \neg F). \end{aligned}$$

Weiter gilt (weil das Geschlecht $F$ nicht von der Intervention abhängt):

$$\begin{aligned} \mathrm{P}(F|\mathrm{do}(N)) &= \mathrm{P}(F), \\ \mathrm{P}(\neg F|\mathrm{do}(N)) &= \mathrm{P}(\neg F). \end{aligned}$$

Daraus folgt:

$$\begin{aligned} \mathrm{P}(E|\mathrm{do}(N)) &= \mathrm{P}(E|\mathrm{do}(N), F)\mathrm{P}(F|\mathrm{do}(N)) + \mathrm{P}(E|\mathrm{do}(N), \neg F)\mathrm{P}(\neg F|\mathrm{do}(N)) \\ &= \mathrm{P}(E|\mathrm{do}(N), F)\mathrm{P}(F) + \mathrm{P}(E|\mathrm{do}(N), \neg F)\mathrm{P}(\neg F), \end{aligned}$$

$$\begin{aligned} \mathrm{P}(E|\mathrm{do}(\neg N)) &= \mathrm{P}(E|\mathrm{do}(\neg N), F)\mathrm{P}(F|\mathrm{do}(\neg N)) + \mathrm{P}(E|\mathrm{do}(\neg N), \neg F)\mathrm{P}(\neg F|\mathrm{do}(\neg N)) \\ &= \mathrm{P}(E|\mathrm{do}(\neg N), F)\mathrm{P}(F) + \mathrm{P}(E|\mathrm{do}(\neg N), \neg F)\mathrm{P}(\neg F), \end{aligned}$$

also $\mathrm{P}(E|\mathrm{do}(N)) < \mathrm{P}(E|\mathrm{do}(\neg N))$. Wir haben damit im Falle einer Intervention gesehen, dass bei Vorliegen der ersten beiden gleichgerichteten Ungleichungen automatisch die dritte Ungleichung die gleiche Richtung bekommt. Wird also eine Intervention mit dem do-Operator abgebildet, kann das Paradoxon der Richtungsumkehr nicht auftreten. Zahlen entsprechend obigem Beispiel kann es dann nicht geben.

Durch die Intervention wird der Pfeil vom Geschlecht zur Behandlungsmethode gekappt und es bleibt folgender Graph zurück (siehe Abbildung 7.3):

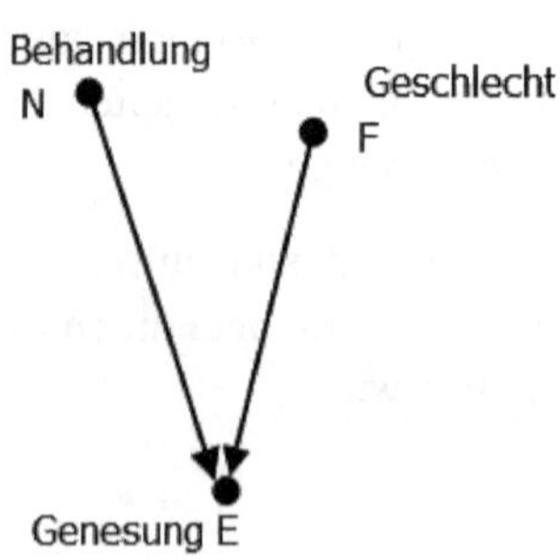


**Abb. 7.3:** Kausalbeziehungen im Beispiel bei Intervention.

Wie dieses Beispiel zeigt, stellen kausale Modelle ein Hilfsmittel dar, um Situationen zu behandeln, mit denen die traditionelle Statistik nicht angemessen umgehen kann. Vor dem Hintergrund von Big Data warnt Simpsons Paradoxon davor, Daten aus verschiedenen Quellen ohne eingehende Prüfung zusammenzufügen.

Diese Ausführungen mögen als erster Einblick in Pearls Ansatz genügen. Es soll nicht verschwiegen werden, dass es bereits wesentlich früher Ansätze zur Behandlung der Kausalität gab, z.B. Sewall Wright in den 1920er Jahren [106]. Zu größerer Bedeutung im Sinne einer weitreichenden Verbreitung gelangten sie allerdings noch nicht.

Alternativ zu Pearls Ansatz ist heute die sog. *Potential Outcome Theory* verbreitet, auch als Neyman-Rubin-Rosenbaum-Modell oder kurz oft Rubins causal model (RCM) bezeichnet (siehe [41]). Im RCM gibt es allerdings keine grafische Darstellung, was die Kommunikation der Ergebnisse erschwert.

Abschließend ein kurzes Fazit:

Gerade als Data Scientist hat man die Aufgabe, bei der Herleitung und Formulierung kausaler Aussagen, hohe Sorgfalt walten zu lassen. Man sollte unbedingt vermeiden, durch einfach zu verwendende Algorithmen auf großen Datensätzen falsche Schlussfolgerungen zu ziehen und in die *Korrelationsfalle* zu tappen. Glücklicherweise gibt es inzwischen Hilfsmittel, um mit Kausalität mathematisch umgehen zu können, wenngleich dies noch nicht vollautomatisch in Softwarepaketen abgewickelt werden kann. Dies ist ein Desiderat und ein – nach Meinung von Judea Pearl (vgl. [68]) – unerlässlicher Bestandteil einer womöglich künftigen starken Künstlichen Intelligenz.

# 8 Data Mining

In Kapitel 2 haben wir den Begriff Data Mining bereits kurz angerissen und formuliert, dass es dabei um die Gewinnung von (neuen) Informationen aus Daten unter einer spezifischen Fragestellung geht. Das zentrale Element dabei ist der Algorithmus oder das Lernverfahren, das die gesuchte Information liefert. Im Allgemeinen versteht man unter Data Mining jedoch den gesamten Prozess der Verarbeitung der Daten. Beginnend mit der Formulierung der Fragestellung, der Erhebung und Erfassung von Daten, der Aufbereitung und Speicherung, der Verarbeitung und Auswertung sowie der Evaluierung, Interpretation und Anwendung der Ergebnisse. In der Praxis muss man sich von vornherein genau überlegen und planen, wie man am besten und erfolgversprechend vorgeht.

Zu diesem Zweck sind standardisierte Prozessmodelle vorgeschlagen worden, in denen die einzelnen Schritte des Data Minings definiert und detailliert beschrieben werden. Die Prozessmodelle dienen damit zum einen als Fahrplan für das konkrete Vorgehen und zum anderen (sofern man sich daran hält) als Nachweis über ein strukturiertes Vorgehen. In den folgenden Abschnitten wird eines von ihnen genauer vorgestellt.

## 8.1 Verbreitete Prozessmodelle

Sobald man anfängt, sich mit Prozessmodellen für das Data Mining zu beschäftigen, ist man schnell mit einer Vielzahl von Publikationen zu den verschiedenen Modellen konfrontiert. Neben Unternehmen, die in dem Umfeld tätig sind, gibt es wissenschaftliche Institute und Konsortien, die Prozessmodelle entwickeln, in der Praxis testen und ihre Erkenntnisse veröffentlichen. Angesichts der Vielzahl verbreiteter Modelle stellt sich die Frage, für welches man sich entscheidet. Das ist letztlich Geschmackssache. Da man sein Vorgehen jedoch meist gegenüber Dritten nachweisen möchte oder muss, erscheint es sinnvoll, ein Prozessmodell zu wählen, das eine gewisse Bekanntheit hat. Zur Frage der Verbreitung und Bekanntheit gibt es diverse Umfragen, die zwar nicht alle unbedingt repräsentativ sind, aber dennoch erste Anhaltspunkte liefern können. Auf den vorderen Plätzen hinsichtlich der Verbreitung finden sich zum Beispiel Prozessmodelle wie KDD (Knowledge Discovery in Databases) [26], das eher dem wissenschaftlichen Bereich zuzuordnen ist, oder SEMMA (Sample, Explore, Modify, Model, Assess) von SAS [42].

Die mit Abstand weltweit größte Verbreitung jedoch hat das Prozessmodell CRISP-DM (Cross Industry Standard Process for Data Mining)[19]. CRISP-DM wurde von ei-

https://doi.org/10.1515/9783110659344-008

nem Konsortium[1] entwickelt und wegen seiner Verbreitung könnte man es fast als Standard ansehen.

Wie schon erwähnt, gibt es neben den drei genannten Prozessmodellen noch viele weitere. Diese, wie auch die drei genannten unterscheiden sich formal in einigen Punkten, zum Beispiel in Anzahl und Bezeichnung der verschiedenen Prozessphasen oder auch in den gesetzten Schwerpunkten. Aus einer fachlichen und inhaltlichen Sicht sind die Unterschiede jedoch eher überschaubar (siehe [8]). Wichtig ist darum nicht so sehr, welches Modell man benutzt, sondern dass man ein klares Modell hat, an das man sich hält und nach dem man vorgeht. Vor diesem Hintergrund werden wir uns in unseren weiteren Ausführungen an dem Prozessmodell CRISP-DM orientieren und dessen Bezeichnungen verwenden.

CRISP-DM definiert sechs Phasen, die in dieser Reihenfolge abzuarbeiten sind: Geschäftsverständnis, Datenverständnis, Datenvorbereitung, Modellierung, Evaluierung, Bereitstellung. Wie die folgende, an die CRISP-DM-Originaldokumentation angelehnte Grafik andeutet, ist diese Reihenfolge aber nicht im Sinne eines Wasserfallmodells zu verstehen. Vielmehr ist an mehreren Stellen ein Sprung zurück zu früheren Phasen möglich und insgesamt hat der Prozess zyklischen Charakter (siehe Abbildung 8.1).

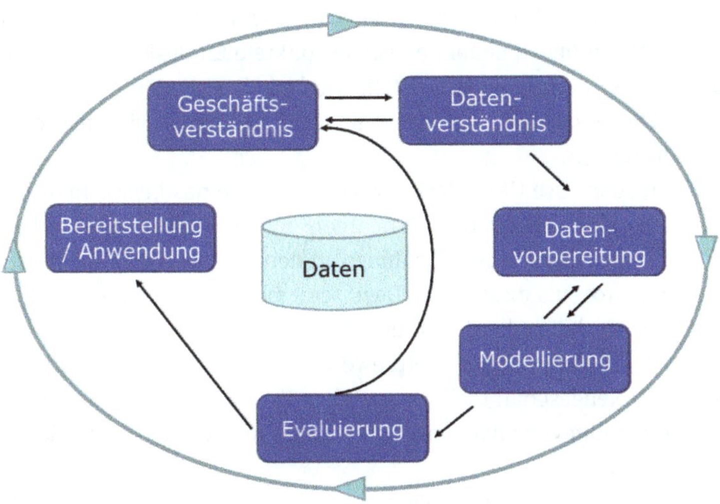


**Abb. 8.1:** CRISP-DM Prozess.

In den nachfolgenden Abschnitten möchten wir die einzelnen Schritte näher betrachten und für einen konkreten Anwendungsfall im Kontext Actuarial Data Science be-

1 NCR Systems Engineering Copenhagen (USA and Denmark), DaimlerChrysler AG (Germany), SPSS Inc. (USA), OHRA Verzekeringen en Bank Groep B.V. (The Netherlands)

leuchten. Konkret werden wir uns dabei auf den in Kapitel 1 beschriebenen *Use Case Stornoprognose* beziehen.

## 8.2 Geschäftsverständnis

Die erste Phase des Prozessmodells CRISP-DM heißt Geschäftsverständnis und ist eher von allgemeiner Natur. Wie in jedem anderen Projekt sind auch in einem Data Mining Projekt diverse Vorarbeiten zu erledigen. Zuallererst müssen die Geschäftsziele definiert werden. Abhängig vom Geschäftshintergrund, der Branche und der konkreten Situation, in der sich das Unternehmen befindet, ergeben sich konkrete Rahmenbedingungen und Fragestellungen, die mit Hilfe eines Data Mining Projektes beleuchtet und beantwortet werden sollen. Konkret stellt sich die Frage, was man allgemein erreichen bzw. erfahren möchte und welche neuen Informationen man benötigt, um die definierten Ziele zu erreichen. Dazu gehört auch die Definition von Kriterien, anhand derer die Erreichung der Ziele gemessen werden kann.

Nachdem die Geschäftsziele definiert wurden, besteht die nächste Aufgabe darin, die Ausgangssituation zu analysieren und zu bewerten: In welchem Umfeld bewegt man sich, welchen Anforderungen, Beschränkungen und Risiken ist das Unternehmen oder der Markt ausgesetzt? Vor diesem Hintergrund sind als dritte Aufgabe die konkreten Ziele des Data Mining zu benennen sowie konkrete Erfolgskriterien zu definieren. Schließlich muss ein Projektplan erstellt werden. Hier werden Termine, erwartete Aufwände und Kosten, Personen und Verantwortlichkeiten, sowie eingesetzte Verfahren und Tools festgelegt.

Angewendet auf unseren Use Case Stornoprognose könnte das beispielhaft wie folgt aussehen. Ein Lebensversicherungsunternehmen[2] möchte seine gute Marktposition weiter ausbauen und die Beitragseinnahmen in den kommenden fünf Jahren jährlich um einen festen Prozentsatz steigern. Dazu setzt man auf innovative Produkte und Wachstum im Neugeschäft. Allerdings verfolgen die Mitbewerber eine ähnliche Strategie, infolgedessen ein Verdrängungswettbewerb in dem Marktsegment einsetzt und die Steigerungen im Neugeschäft nicht so ausfallen lässt wie erhofft. Zudem waren die Beitragseinnahmen im vergangenen Jahr als Folge von vermehrten Rückkäufen sogar leicht rückläufig.

In diesem Marktumfeld beschließt das Versicherungsunternehmen ein Maßnahmenpaket, um die gesetzten Ziele doch noch zu erreichen. Ein zentraler Punkt dabei soll eine signifikante Verringerung des Stornos sein. Da unser fiktives Unternehmen frei von Skandalen ist und einen guten Ruf genießt, sind die Ursachen für das Stornoverhalten der Versicherungsnehmer nicht offensichtlich. Die Geschäftsführung beschließt daher, ein Data Mining Projekt zur Analyse des Stornoverhaltens der Kunden

2 Die grundlegenden Aussagen gelten genauso auch für eine Kranken- oder Sachversicherung.

durchzuführen mit dem konkreten Ziel, das Stornoverhalten der jüngeren Vergangenheit zu quantifizieren und zudem das Stornoverhalten für die kommenden fünf Jahre vorherzusagen. Neben der Quantifizierung interessiert man sich für mögliche Gründe für Storno. Auf den Erkenntnissen basierend sollen konkrete (Gegen-)Maßnahmen abgeleitet, ihre Wirkung prognostiziert und eine Art Frühwarnsystem etabliert werden. Die zuständige Data Science Abteilung erhält den Auftrag, ein entsprechendes Projekt aufzusetzen.

## 8.3 Datenverständnis

Mit dem Projektstart geht der Data Mining Prozess in seine zweite Phase, die dem Datenverständnis gewidmet ist. Zunächst einmal wird die Data Science Abteilung eine Bestandsaufnahme vornehmen, welche Daten im Unternehmen vorhanden sind und welche externen Daten für die Fragestellung relevant und verfügbar sein könnten. Neben dem Vorhandensein der Daten spielt auch deren Verfügbarkeit eine wichtige Rolle. In der Regel wurden die Daten nicht für den konkreten Zweck des Data Mining Projektes erfasst und gespeichert und so ist es keineswegs selbstverständlich, dass die Data Science Abteilung die Berechtigung hat, notwendige Daten zu erhalten und zu verarbeiten. Hinzu kommen schon in dieser Phase des Projektes die Einschränkungen, die sich aus dem Datenschutz ergeben. Hier spielen die Prinzipien der Zweckbindung und der Datenminimierung eine wichtige Rolle.[3] Schließlich muss geklärt werden, welche Daten für die Erfüllung der Projektziele benötigt werden und ob die vorhandenen und verfügbaren Daten ausreichen. Ist dies entschieden, müssen die Daten beschrieben und ihre Quellen dokumentiert werden.

Die sich daran anschließende Aufgabe besteht nun darin, die Daten zu untersuchen und hinsichtlich ihrer *Qualität* zu bewerten. Auf dieser Grundlage muss entschieden werden, ob die Datenqualität für den Zweck der Analyse ausreichend ist.

Dabei ist wichtig zu beachten, dass Datenqualität kein absoluter Begriff ist. Datenqualität ist ein Maß für die Eignung der Daten unter Berücksichtigung der jeweils gegebenen Erfordernisse (vgl. [3]). Die Datenqualität hängt demnach unmittelbar von dem Zweck ab, für den die Daten verwendet werden sollen. So können dieselben Daten für einen Zweck gut geeignet und für einen anderen Zweck völlig unbrauchbar sein. Das macht es nicht ganz einfach, Kriterien für Datenqualität anzugeben. In der Praxis haben sich jedoch einige Qualitätskriterien bewährt[4]: Sind die Daten aktuell, eindeutig, einheitlich, genau, konsistent, korrekt, nachvollziehbar, redundanzfrei, relevant, verständlich und vollständig, so ist das schon mal gut. Im konkreten Fall können aber auch andere Kriterien für die Fragestellung wichtig sein.

3 Hierauf gehen wir in Kapitel 9 näher ein.

4 Vergleiche wiederum [3].

Die Analyse der Datenqualität ist schließlich zu dokumentieren. Dabei muss festgehalten werden, wie man vorgegangen ist, welche Kriterien an die Qualität angelegt wurden und welches Ergebnis die Analyse der Datenqualität ergab. Wird die Datenqualität als unzureichend eingeschätzt, so sind Maßnahmen zur Verbesserung der Datenqualität zu definieren, die in der dritten Phase des Data Mining Prozesses, der Datenvorbereitung umzusetzen sind.

Kommen wir zurück zu unserem Lebensversicherungsunternehmen und dem geschilderten Beispielfall, indem wir uns in die Rolle der Data Science Abteilung versetzen. Da wir Storno analysieren und prognostizieren möchten, benötigen wir erst einmal Daten zu möglichst allen Versicherungsverträgen, die in der Vergangenheit storniert wurden. Weil wir a priori nicht wissen, welche Anlässe und Ursachen es für einen Rückkauf geben könnte, benötigen wir eigentlich alle Daten, die wir über die stornierten Verträge und über die Versicherungsnehmer (und ggf. die versicherten Personen) bekommen können, denn alles könnte relevant für den Rückkauf gewesen sein. In der Praxis dürfte es nicht leicht sein, alle Daten zu bekommen, die jemals zu einem Vertrag erfasst wurden. Oft gibt es Dokumente in Schriftform aus der Anbahnungs- und Angebotsphase, die gar nicht elektronisch erfasst sind. Oder es gab Anrufe des Versicherungsnehmers, Beschwerden oder Ähnliches, was nicht weiter erfasst wurde. In der Praxis werden wir uns mit jenen Informationen zufrieden geben müssen, die in einem Bestandsführungssystem und ggf. in einer Partnerdatenbank erfasst und verarbeitet wurden.

Zudem wird es sicher nicht ausreichen, in der folgenden Modellierungsphase nur die stornierten Verträge zu betrachten. Ebenso wichtig sind jene Verträge, die gerade nicht storniert wurden. Auch hier können erfasste Informationen relevant für die Frage sein, warum ein Vertrag nicht storniert wurde.

Schließlich gibt es eine Vielzahl externer Informationen, die (nur) auf den ersten Blick nichts mit einem konkreten Versicherungsvertrag zu tun haben. So ist vielleicht ein bestimmtes Marktumfeld, wie zum Beispiel eine Hochzinsphase (gab es früher tatsächlich) möglicherweise ursächlich für den Rückkauf eines Vertrages, weil der Versicherungsnehmer mit einem anderen Investment eine höhere Rendite zu erreichen glaubte. All diese Daten müssen gesammelt, beschrieben, untersucht und überprüft werden. Und schließlich muss entschieden werden, ob die Datenqualität für den Analysezweck ausreichend ist. Fehlen zum Beispiel Daten für ganze Produktgruppen, weil sie vielleicht in einer anderen Bestandsführung verwaltet werden, auf die wir keinen Zugriff haben, so werden wir nicht erwarten können, für diese Produktgruppen irgendwelche validen Analysen oder Prognosen erhalten zu können. Gleiches gilt, wenn Daten zu Stornierungen schlicht falsch oder unvollständig sind.

## 8.4 Datenvorbereitung

Sind nun die notwendigen Daten beschafft, beschrieben und geprüft, beginnt die dritte Phase, die Datenvorbereitung. Sie gilt gemeinhin als die aufwändigste und umfangreichste Phase im Data Mining Prozess. Das liegt zum einen daran, dass die Daten häufig nicht in der Form und Qualität vorliegen, wie es für den Analysezweck notwendig wäre. Zum anderen benötigen die meisten Lernverfahren eine spezielle Aufbereitung der Daten. Schließlich reagieren verschiedene Lernverfahren unterschiedlich sensitiv auf gewisse Qualitätsmängel in den Daten. Vor diesem Hintergrund müssen die Daten so aufbereitet werden, dass sie für den Analysezweck und das verwendete Analyseverfahren geeignet sind.

Nach der Untersuchung der Datenqualität (in der vorangegangenen Phase) haben wir uns entschieden, gewisse Daten gar nicht zu verwenden und einige Daten so zu verwenden, wie wir sie vorfinden. Dazu gibt es eine Gruppe von Daten, die zwar Qualitätsmängel aufweisen, auf die wir jedoch nicht verzichten können. Diese Daten müssen wir daher geeignet aufbereiten. All diese Entscheidungen müssen gut begründet und dokumentiert werden.

Die nächste Aufgabe in dieser Phase ist dann die Datenintegration. In der Praxis finden wir unterschiedliche Datenformate aus verschiedenen Quellen vor. Für die weitere Verarbeitung müssen wir die Daten zusammenführen. Dabei treten naturgemäß diverse Probleme auf, die schlicht darauf zurückzuführen sind, dass die Erfassung, Verarbeitung und Speicherung der Daten ursprünglich nicht mit Blick auf das konkrete Data Mining Projekt durchgeführt wurden. Die meisten Analyseverfahren benötigen die Daten jedoch in einer strukturierten Form, in der Regel in einer Tabelle.

Ein häufiges Problem besteht zum Beispiel darin, dass in zwei Systemen gleich benannte Attribute nicht unbedingt dieselbe Bedeutung haben. Umgekehrt können unterschiedlich benannte Attribute sehr wohl dieselbe Bedeutung haben. Häufig treffen wir auf inhaltliche Unvergleichbarkeiten in Form unterschiedlicher Maßeinheiten, Währungen oder Zeitzonen. Hinzu kommen formale Inkonsistenzen, wie unterschiedliche Datentypen, Datumsformate oder die Verwendung von Punkt und Komma in deutschem und amerikanischem Zahlenformat. Zudem bereiten uns echte oder scheinbare Widersprüche Probleme, wie unterschiedliches Geburtsdatum oder unterschiedliche Namensschreibweise in verschiedenen Quellen. Handelt es sich dabei um einen Fehler oder um eine andere Person? Schließlich stoßen wir nicht selten auf Verletzungen der referentiellen Integrität, wenn zum Beispiel zu einem Vertrag in dem Bestandsverwaltungssystem kein Versicherungsnehmer im Partnersystem existiert. All diese Fragen müssen geklärt, die Daten vereinheitlicht und das Ganze dokumentiert werden.

Liegen die Daten nun integriert und weitgehend einheitlich vor, stehen wir vor weiteren Herausforderungen. In der Praxis treffen wir auf fehlende Werte, ungültige Werte, verrauschte Daten, inkonsistente oder offensichtlich falsche Daten. Ungültige Werte haben ihre Ursache meist in Fehleingaben oder Übertragungsfehlern. Auf inkonsistente Daten treffen wir bei Wertebereichsverletzungen, Plausibilitätsverletzungen oder bei Widersprüchen durch redundante Attribute. Verrauschte Daten entstehen durch Mess-Ungenauigkeiten oder, häufiger, durch Fehleingaben wie zum Beispiel einem verschobenen Komma bei einer Zahlenangabe. In der Regel tolerieren die Lernverfahren solche Ungereimtheiten nicht, sondern reagieren sensitiv darauf und liefern unzureichende oder schlicht falsche Ergebnisse.

Bei fehlenden, ungültigen und falschen Werten gibt es ein ganze Reihe möglicher Maßnahmen, siehe Abschnitt 6.1 für eine ausführlichere Darstellung.

Die nächsten Aufgaben in der Phase der Datenaufbereitung sind die Datenreduktion, die Datentransformation und die Datenformatierung. Mit Blick auf begrenzte Rechnerkapazitäten, mögliche Laufzeitprobleme oder den Datenschutz kann es sinnvoll sein, die Vielfalt der vorliegenden Daten einzuschränken bzw. zu reduzieren. In der Praxis werden Daten aggregiert, wenn zum Beispiel regionale Abgrenzungen auf Basis der Postleitzahl zu größeren Regionen zusammengefasst werden. Oder Daten werden komprimiert, wenn zum Beispiel Werte, die auf Monatsbasis vorliegen, zu Jahreswerten zusammengefasst werden. Schließlich können Attribute, die für die Fragestellung als nicht relevant erscheinen, ignoriert werden. Dabei ist jedoch grundsätzlich zu beachten: Datenreduktion ist stets verbunden mit Informationsverlust und sollte daher sehr vorsichtig und sorgsam angewandt werden.

Schließlich müssen die Daten für das gewählte Lernverfahren geeignet transformiert und formatiert werden. Datentransformation beinhaltet zum Beispiel die Skalierung oder Normalisierung der Daten für gewisse Attribute oder die Glättung, wenn man Volatilitäten in den Daten unterdrücken möchte. Schließlich müssen die Daten so formatiert werden, dass die Datensätze in das verwendete Programm eingelesen werden können.

Am Ende der Datenaufbereitung liegen die für das Lernverfahren notwendigen Daten vollständig, im richtigen Format und in hinreichender Datenqualität in einem (!) strukturierten Datenbestand vor. Zudem liegen eine korrekte und vollständige Datensatzbeschreibung sowie diverse Berichte zu den Datenquellen, der Datenqualitätsanalyse, der Datenbereinigung sowie der Datentransformation und Formatierung vor.

Auch für unseren Use Case Stornoprognose stellt die Datenaufbereitung eine besondere Herausforderung dar. Nach der Einführung eines neuen Bestandsführungssystems eines Softwareanbieters sind noch nicht alle Verträge in die neue Bestandsverwaltung migriert. Ein kleiner Bestand wird daher noch in einem Altsystem verwaltet. Zudem wurde zwei Jahre zuvor ein Mitbewerber übernommen, dessen Verträge ebenfalls in einem Altsystem verwaltet werden. Konkret sind somit drei verschiedene Bestandsverwaltungssysteme bei unserem Lebensversicherer operativ im Einsatz. Daneben gibt es ein Partnersystem, in dem die Daten der Versicherungsnehmer und der versicherten Personen verwaltet werden.

Die Datenmodelle der drei Bestandsverwaltungssysteme unterscheiden sich erheblich hinsichtlich der Datenformate, der Bezeichnungen sowie der Komplexität der

Datenstruktur. Zudem ist das Datenmodell des Altsystems des übernommenen Mitbewerbers nur unzureichend dokumentiert. Schließlich sind die Partnerdaten bei der Übernahme nur unvollständig in das Partnersystem migriert worden: zu zahlreichen Verträgen finden sich keine Partnerdaten im Partnersystem. Diesem Problem wurde mit einer Excel-Datei begegnet, in der die meisten der fehlenden Partnerdaten erfasst sind.

Eine erste Analyse der Datenqualität ergibt die erwarteten Schwierigkeiten: Verschiedene, aber gleich benannte Attribute, zahlreiche fehlende Geburtsdaten, offensichtlich falsche Vertragsabschlussdaten, fehlende Partnerdaten sowie unplausible Rückkaufswerte in großer Zahl. Zudem fehlen für den zugekauften Bestand sämtliche Informationen zu Rückkäufen aus der Zeit vor der Übernahme.

Nach einer längeren Phase aufwändiger Datenaufbereitung liegt dann irgendwann ein dokumentierter Datenbestand in strukturierter Form in einer Datenbank vor. Neben Vertrags- und Partnerdaten wurden auch sozioökonomische Daten (Verzinsung öffentlicher Anleihen, Aktien- und Immobilienindizes, etc.) zu verschiedenen Jahren der jüngeren Vergangenheit erfasst.

## 8.5 Modellierung

Bereits in der ersten Phase des Prozesses wurden die Unternehmensziele und die konkrete Fragestellung des Data Mining Projektes festgelegt. Dabei wurde auch schon eine vorläufige Auswahl eines Analyseverfahrens getroffen. Die Daten wurden danach für dieses Analyseverfahren geeignet ausgewählt und aufbereitet. Vor der eigentlichen Modellierung und Durchführung der Analyse wird nun noch einmal geprüft, ob das ausgewählte Analyseverfahren mit Blick auf die Fragestellung und vor allem in Kenntnis der zur Verfügung stehenden Daten immer noch geeignet erscheint oder ob vielleicht ein anderes Verfahren präferiert werden sollte.

Nach Festlegung des Analyseverfahrens muss dieses zunächst dokumentiert werden. Im nächsten Schritt werden fachliche Annahmen und Voraussetzungen formuliert und daraus eine mögliche Kalibrierung des Analyseverfahrens abgeleitet. Hat man sich zum Beispiel für ein Verfahren des überwachten maschinellen Lernens entschieden, so ist zu entscheiden, mit welchen Hyperparametern dieses anzuwenden ist. Konkret sind zum Beispiel beim Einsatz künstlicher neuronaler Netze zum überwachten Lernen diverse Festlegungen zu treffen: Anzahl der Schichten, Anzahl der Units der Schichten, Aktivierungsfunktion, Lernrate, Anzahl der Epochen, etc. Die Entscheidungen sind entsprechend zu dokumentieren.

Mit Blick auf die nächste Phase sind bereits jetzt entsprechende Validierungskriterien sowie ein konkretes Testdesign festzulegen. Schließlich muss die Analyse durchgeführt werden. Im Falle des maschinellen Lernens wird man dazu das in Kapitel 6.6 beschriebene Vorgehen verfolgen und den Datenbestand geeignet in einen Trainingsdatenbestand und einen Testdatenbestand unterteilen. Durch Variation der Hyperparameter wird man versuchen, Over- wie Underfitting zu vermeiden[5].

Die Stornoprognose ist ein typisches Klassifizierungsproblem. Für einen Datensatz, der einen Versicherungsvertrag repräsentiert, möchte man vorhersagen, ob der Vertrag vor Ablauf der Vertragslaufzeit storniert werden wird oder nicht. Hierfür möchte man – in dem hypothetischen Beispielfall – ein künstliches neuronales Netz trainieren. Hinsichtlich des Designs hat man bereits im Vorfeld mit unterschiedlich vielen Schichten und verschiedenen Aktivierungsfunktionen experimentiert, so dass man nun konkrete Festlegungen für die ersten Trainingsdurchläufe treffen kann. Die ersten Trainingsversuche liefern allerdings nicht die gewünschten Ergebnisse und die zuvor festgelegten Validierungskriterien werden nicht erfüllt, so dass das Training mit geänderten Hyperparametern mehrmals wiederholt werden muss. Schließlich gelingt es, alle Validierungskriterien zu erfüllen und auch, die Ergebnisse zu reproduzieren.

## 8.6 Evaluierung

Die eben erwähnten Validierungen sind ein zentraler Bestandteil der nun folgenden Phase, der Evaluierung. Sie findet, grob vereinfacht, auf zwei Ebenen statt. Zunächst muss das Modell validiert werden. Dabei wird geprüft, ob das Verfahren des maschinellen Lernens *hinreichend gut* funktioniert hat. Was das genau bedeutet, muss im Vorfeld festgelegt werden. Dazu werden spätestens zu Beginn der Modellierungsphase sogenannte Validierungskriterien aufgestellt. Sind sie erfüllt, dann war die Modellierung erfolgreich. Das heißt jedoch noch nicht, dass auch das Data Science Projekt erfolgreich war. Hierfür hatte man schon in Phase eins (Geschäftsverständnis) konkrete Ziele des Data Mining benannt und konkrete Erfolgskriterien definiert. Die Überprüfung dieser Kriterien ist Aufgabe auf der zweiten, allgemeineren Ebene. Dazu gehören zudem die fachliche Interpretation der Ergebnisse sowie die Überprüfung der Anwendbarkeit für die konkreten Geschäftsziele.

Aber zurück zu den Validierungskriterien. Ähnlich wie bei den Prozessmodellen gibt es auch hier eine Vielzahl von Kriterien zur Modellvalidierung und man steht vor der Frage, welches für die konkrete Situation das Richtige ist. Einer Antwort auf diese Frage nähert man sich zunächst einmal über die Art des Modells: Bewegt man sich in der klassischen Statistik oder im maschinellen Lernen, hat man ein Regressionspro-

5 Wenn zu erwarten ist, dass diese Variation der Hyperparameter (oder allgemeiner: Änderung des zu prüfenden Modells) häufig durchgeführt werden muss, empfiehlt es sich – neben Trainings- und Testdaten – noch einen dritten Datentopf von Anfang an zu separieren: die sogenannten Validierungsdaten. Anstelle der Testdaten zieht man dann für die Verbesserung der Modellgüte zunächst die Validierungsdaten heran und nutzt die Testdaten erst für den abschließenden Test. So stellt man hinreichend sicher, dass nicht durch die häufige Variation der Hyperparameter eine Überanpassung an die Testdaten erfolgt.

blem oder eine Klassifizierungsaufgabe? Tatsächlich grenzt dies die Wahl der Validierungskriterien bereits ein. Weitergehend stellt man sich etwa die Frage, ob das Modell die Daten beschreiben, erklären oder neue Aussagen vorhersagen soll. Ist man sich darüber im Klaren, fällt es leichter, sich für sinnvolle Validierungskriterien zu entscheiden.

Die verschiedenen Methoden zur Modellvalidierung basieren auf Metriken. Der Wert, den ein Modell gemäß einer bestimmten Metrik erhält, wird häufig Score genannt. Anhand des Scores lässt sich ein Modell beurteilen und es lassen sich Modelle miteinander vergleichen. Für Regressionsprobleme sind in der Praxis u.a. die Metriken *mean squared error* und *mean absolute error* gebräuchlich, gängige Metriken für Klassifikation heißen *Accuracy, Sensitivity, Specifity, Precision* und *Recall*, vgl. Abschnitt 6.6.4 für formalere Definitionen und auch für die im Folgenden verwendeten Abkürzungen.

Anhand dieser Metriken lässt sich die Güte eines Modells bestimmen. Sind die Grenzwerte für ausgewählte Metriken vorab festgelegt, so lässt sich das Modell schrittweise, durch Variation der Hyperparameter, optimieren, bis die Grenzwerte eingehalten werden.

Betrachten wir dies für unser fiktives Lebensversicherungsunternehmen, so könnten aus der Testphase beispielsweise folgende Ergebnisse vorliegen. Der Testdatenbestand umfasst 10 000 Datensätze. Das Label $S$ hat zwei Ausprägungen: $S = 1$ bedeutet *storniert*, das ist der positive Fall. $S = 0$ bedeutet *nicht storniert*, das ist der negative Fall. Im Testdatenbestand[6] finden sich 1 200 stornierte Verträge ($S = 1$) und 8 800 nicht stornierte Verträge ($S = 0$), die Stornoquote beträgt also 12%.

Nach der ersten Anwendung unseres Lernverfahrens erhalten wir folgende Vorhersagen. Von den 1 200 stornierten Verträgen wurden 1 000 korrekt vorhergesagt, daher ist TP (*true positives*) 1 000. Zudem wurden 8 750 Nichtstornierungen korrekt vorhergesagt (TN, *true negatives*). Schließlich wurde für 50 Verträge eine Stornierung fälschlicherweise vorhergesagt (FP, *false positives*) und in 200 Fällen Stornierungen nicht vorhergesagt (FN, *false negatives*).

Damit haben wir insgesamt 9 750 (= 1 000 + 8 750) richtige Vorhersagen und damit eine Accuracy von 0,975 (= 9 750 / 10 000). Vorab wurde ein Schwellenwert von 0,97 festgelegt, d.h. die Ergebnisse des Lernverfahrens werden akzeptiert, wenn die Accuracy größer als 0,97 ist, was gleichbedeutend mit einer Fehlerquote von höchstens 3% ist.

Für Sensitivity und Specifity wurden ebenfalls Schwellenwerte in Höhe von 0,98 bzw. 0,97 festgelegt. Da wir sehr viele Nichtstornierungen korrekt vorhergesagt haben, ist die Specificity sehr hoch und übertrifft mit 0,99 (= 8 750 / 8 800) den Schwellenwert von 0,97.

6 Zur besseren Nachvollziehbarkeit verwenden wir hier glatte, aber unrealistische Zahlenwerte.

Aufgrund der fachlichen Fragestellungen ist es jedoch sehr viel wichtiger, die Stornierungen korrekt vorherzusagen. Daher wurde für die Sensitivity ein höherer Schwellenwert (0,98) festgelegt. Allerdings werden die Stornierungen nur unzureichend vorhergesagt und mit 0,83 (= 1 000 / 1 200) verfehlt die Sensitivity den Schwellenwert ganz erheblich. Insgesamt sind die Ergebnisse[7] obwohl auf den ersten Blick ganz gut (nur 2,5% falsche Vorhersagen), für unseren Zweck jedoch nicht zu gebrauchen. Daher müssen wir das Lernverfahren (hier ein neuronales Netz) verbessern, zum Beispiel durch die Wahl einer anderen Aktivierungsfunktion, einem Training mit mehr Epochen oder einer anderen Architektur des Netzes.

Nach mehreren Iterationen erhalten wir schließlich folgende Ergebnisse. Von den 1 200 stornierten Verträgen wurden 1 180 (=TP) korrekt vorhergesagt. Zudem wurden 8 750 (=TN) Nichtstornierungen korrekt vorhergesagt. Schließlich wurden für 50 (=FP) Verträge eine Stornierung fälschlicherweise vorhergesagt und in 20 (=FN) Fällen Stornierungen nicht vorhergesagt. Damit haben wir insgesamt 9 930 richtige Vorhersagen und damit eine Accuracy von 0,99. Die Specifity liegt unverändert bei 0,99 und die Sensitivity überschreitet diesmal den Wert 0,98. Somit werden alle vorab festgelegten Schwellenwerte erreicht bzw. überschritten.

Auf dieser ersten Ebene haben wir nun geprüft, dass unser Modell den Validierungskriterien genügt. Für das Data Science Projekt sind jedoch noch allgemeine Ziele fachlicher Natur formuliert, nämlich die Vorhersage des Stornoverhaltens für die kommenden fünf Jahre und das Auffinden von auslösenden Gründen für Stornoereignisse. Zudem sollen konkrete Maßnahmen abgeleitet, ihre Wirkung prognostiziert und eine Art Frühwarnsystem etabliert werden.

Beruhend auf den guten Ergebnissen der Validierung kann man davon ausgehen, dass das Modell generalisiert und man hinreichend gute Vorhersagen für das Stornoverhalten finden kann. Diese Vorhersagen können Jahr für Jahr überprüft werden. Dazu wird man ein Monitoring etablieren und jeweils die Vorhersage der Vorjahre mit den tatsächlich eingetretenen Stornoereignissen vergleichen.

Schwieriger dürfte es sein, Anlässe und Ursachen für Storno zu finden, aber ein paar Anhaltspunkte gibt es doch. So wurde zum Beispiel ein signifikant höheres Storno für den zugekauften Bestand beobachtet. Hier könnte es sein, dass die Kunden des übernommenen Mitbewerbers eher unzufrieden mit dem Kauf sind und sich schlecht informiert oder behandelt fühlen. Hieraus könnte man spezifische Maßnahmen ableiten, zum Beispiel eine besondere Informationsaktion für diesen Teilbestand, um die betroffenen Kunden gezielt anzusprechen.

Zudem wurde ein erhöhtes Storno in einzelnen Regionen beobachtet. Weitere Analysen ergaben die Ansiedlung neuer Kundendienstbüros von Mitbewerbern in der Nähe der eigenen Geschäftsstellen.

7 Der Vollständigkeit halber sei erwähnt, dass Precision = 0,95 und Recall = 0,83.

Für einzelne Produktgruppen wurden auffällig geringe Stornoquoten beobachtet. Offenbar handelt es sich um Produkte, die von den Kunden gut angenommen wurden. Hier könnte man darüber nachdenken, diese Produkte intensiver zu bewerben.

Schließlich konnte belegt werden, dass einer Stornierung tendenziell mehr Kundenkontakte vorausgingen. Offenbar gab es Beschwerden, die nicht richtig behandelt wurden. Dies könnte ein Anlass sein, das Beschwerdemanagement zu überdenken.

Die Ergebnisse der Evaluierung sowie der abgeleiteten Handlungsalternativen sind abschließend zu dokumentieren.

## 8.7 Bereitstellung

Das Data Science Projekt endet mit der letzten Phase, der Bereitstellung. Schließlich sollen die Ergebnisse in der Praxis ankommen und dort ihre Wirkung entfalten. Dafür muss entschieden werden, wer in welcher Form Kenntnis von den Ergebnissen des Data Science Projektes bekommen soll. Da ist zunächst einmal der Auftraggeber zu nennen. Auf Basis der Ergebnisse sind jedoch meist noch weitere Personen oder Abteilungen betroffen.

Bezogen auf unser Beispiel sind die Modelle zur Stornoprognose für das Risikomanagement (für die Unternehmensmodellierung) ebenso von Interesse wie für den Vertrieb und das Marketing. Neben der Zielgruppe ist zu entscheiden, in welcher Form die Ergebnisse den Betroffenen zur Kenntnis gebracht werden sollen. Das können Informationsveranstaltungen, Schulungen oder Intranetmeldungen sein. Dies alles wird in einem Bereitstellungsplan festgehalten.

Darüber hinaus muss geplant werden, wie im Weiteren mit den Ergebnissen umgegangen werden soll, wie die vorgeschlagenen Maßnahmen nachverfolgt und deren Erfolge überprüft werden können. Für unser Beispiel hatten wir bereits erwähnt, dass es sinnvoll und praxisbewährt ist, die Stornoprognosen des Modells über die Folgejahre hinweg kontinuierlich zu überprüfen.

Den Abschluss der Phase der Bereitstellung sowie des gesamten Projektes bildet schließlich der Abschlussbericht an den Auftraggeber, gegebenenfalls ergänzt durch eine Abschlusspräsentation sowie eine abschließende Projektbewertung.

# 9 Gesellschaftliches Umfeld

Wir haben uns in den letzten Kapiteln intensiv mit den Techniken der Actuarial Data Science beschäftigt. Data Scientists haben aber eine größere Verantwortung, als nur die mathematischen, statistischen oder informationstechnischen Inhalte zu durchdringen. Insbesondere gilt dies für Aktuare, die gemäß ihren Standesregeln auch gegenüber der Gesellschaft und den betreuten Versicherten verpflichtet sind. Aus diesem Grund wollen wir im Folgenden auf die Auswirkungen von Data Science auf die Gesellschaft und auf die gesellschaftlichen Rahmenbedingungen, innerhalb derer aktuarielle Data Science Anwendungen implementiert werden, eingehen.

## 9.1 Künstliche Intelligenz

Über Künstliche Intelligenz haben in den letzten Jahren nicht nur viele Medien intensiv berichtet, sondern auch in der Versicherungswelt und in zugehörigen Branchenverbänden wurde diesbezüglich eifrig diskutiert. Nicht erst seit Google mit seiner KI den weltbesten Go-Spieler besiegt hat, ist wieder einmal ein Hype um dieses Thema entbrannt. Während Regierungen und Branchenverbände sich Sorgen um die Veränderungen in der Arbeitswelt machen und die großen Techgiganten mittels künstlicher Intelligenz die Welt revolutionieren wollen, bleibt bei dem ein oder anderen vielleicht nur eine diffuse Angst hängen. Wir wollen uns dem Thema möglichst unaufgeregt über drei Fragen nähern:

- Was ist künstliche Intelligenz?
- Warum reden wir gerade jetzt über künstliche Intelligenz?
- Wozu nutzt künstliche Intelligenz?

Beginnen wir mit der ersten Frage.

#### Die vier Phasen künstlicher Intelligenz

Zum ersten Mal taucht der Begriff in Folge der, schon in der Einleitung erwähnten, Konferenz in Dartmouth im Jahr 1955 auf. Im Anschluss daran war die Euphorie groß, letztendlich konnten die erträumten Fortschritte aber in der Folgezeit noch nicht erreicht werden.

Heute spricht man von verschiedenen Phasen oder Wellen von künstlicher Intelligenz. Wir folgen hier der Unterteilung von Wolfgang Wahlster vom Deutschen Forschungszentrum für künstliche Intelligenz. Demnach gibt es vier Phasen künstlicher Intelligenz, siehe Tabelle 9.1.

Die ersten Systeme basierten auf heuristischen Regeln (*wenn dies geschieht so tue das*). Aufbauend auf diesen wurden in einer zweiten Welle sogenannte *Wissensba-*

https://doi.org/10.1515/9783110659344-009

**Tab. 9.1:** Phasen künstlicher Intelligenz nach Wahlster [99].

| | | |
|---|---|---|
| Phase 1: bis 1970 | Heuristische Systeme | Heuristische Such- und Schlussfolgerungsverfahren |
| Phase 2: bis 1990 | Wissensbasierte Systeme | Maschinelle Wissensverarbeitung mit manuell erstellten Wissensbasen |
| Phase 3: bis 2010 | Lernende Systeme | Maschinelles Lernen über Massendaten |
| Phase 4: ab 2010 | Kognitive Systeme | Kombination von Lernverfahren mit wissensbasierten Methoden |

*sierte Systeme* eingesetzt. Wahlster schreibt: „KI-Systeme erhielten computergerecht formalisiertes menschliches Wissen zu verschiedenen Expertengebieten“ ([99]). Allerdings war der Aufbau dieser Wissensdatenbanken und Regelwerke sehr aufwendig. Mit dem Aufkommen der Internetmassendaten setzten sich dann die Systeme des maschinellen Lernens durch. Diese werden nun mit den vorigen Verfahren verknüpft und führen zu so verwunderlichen Ergebnissen wie dem Gewinnen von Go-Turnieren oder dem Generieren von Deep-Fake-Videos/Bildern. Als Beispiel für so eine Verknüpfung sei, wieder nach Wahlster, das Erkennen eines Stopp-Schildes von einem autonom fahrenden Auto angeführt. Die Bilderkennung klassifiziert das rote eckige Schild mit weißer Schrift als Stopp-Schild, das verknüpfte Regelwerk legt fest, dass angehalten werden muss. Warum diese Verknüpfung gerade jetzt mit solch spektakulären Erfolgen möglich wurde, klären wir im nächsten Abschnitt.

#### Auslöser der aktuellen Hype-Phase

Unserer Meinung nach ist für die aktuelle Phase ein Dreiklang verschiedener Entwicklungen entscheidend (siehe auch Abbildung 9.1): Erstens das Vorhandensein von großen Datenmengen, zweitens die Entwicklung und Popularisierung des Cluster-, GPU- und Cloud-Computings und drittens der einfache Zugang zu Data Mining Software und insbesondere zu Implementierungen der Algorithmen des maschinellen Lernens. Die Algorithmen des maschinellen Lernens (vgl. Kapitel 6), sind nicht erst gestern entwickelt worden, sondern zu großen Teilen schon in den 70er Jahren des letzten Jahrhunderts oder noch davor. Die Grundidee der Support Vector Machines wurde beispielsweise 1974 in einem Paper von Vapnik und Chervonenkis [97] eingeführt. Ihre volle Stärke konnten diese Algorithmen allerdings erst in Verknüpfung mit großen Datenmengen zeigen.

Diese wiederum sind verstärkt im Zuge der Verbreitung des Internets, bzw. der auch damit verbundenen weiter fortschreitenden Digitalisierung, entstanden. Die etwas Älteren unter den Lesern werden sich noch erinnern, wie toll es war auf einer 3,5 Zoll Diskette 1,44 MegaByte Speicherplatz zu haben und was man damit alles speichern konnte. Heutzutage werden auf YouTube ca. 300h Videomaterial pro Minute hochgeladen (wir rechnen lieber nicht aus, wie viele 3,5 Zoll Disketten hierfür nötig

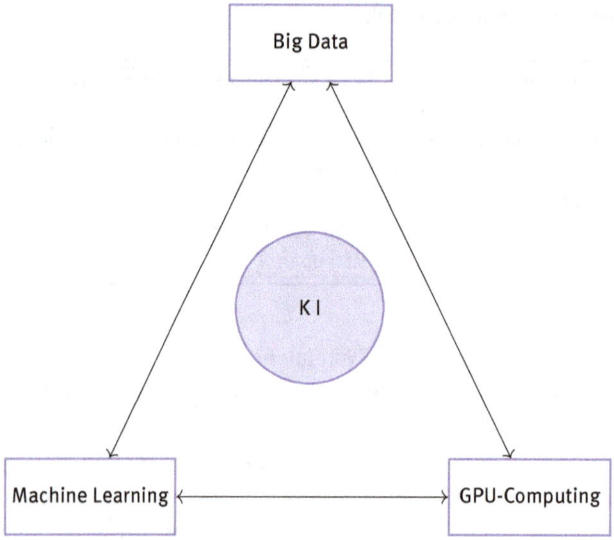


**Abb. 9.1:** Der Dreiklang aus Big Data, Machine Learning Algorithmen und GPU-Computing führt aktuell zur vierten Hoch-Phase von künstlicher Intelligenz.

wären). Das heißt, auch wenn viele der Algorithmen schon seit über 50 Jahren bekannt sind, die richtig großen Datenmengen sind erst im Laufe der letzten 20 Jahre angefallen (YouTube startete 2005).

Allerdings helfen Algorithmen und große Datenmengen noch nichts, wenn die entsprechende Verarbeitungskapazität nicht vorhanden ist, um diese zusammenzubringen. Diese Rechenleistung wurde über Jahrzehnte hinweg immer weiter gesteigert, und das zu immer günstigeren Preisen. Weitere Schübe ergaben sich beispielsweise aus der Möglichkeit, Berechnungen parallel auf modernen Mehrkern-CPUs oder auf den vielen kleinen Prozessoren einer Grafikkarte durchzuführen, vgl. auch 5.7. Im Jahr 2005 wurde die erste LU-Faktorisierung auf einer Grafikkarte durchgeführt ([24]). Frühzeitig erkannte Nvidia das Potential dieser Entwicklung und veröffentlichte 2007 seine Plattform CUDA für paralleles Programmieren auf Grafikkarten. Weltweit verfügbar und auch für viele erschwinglich wurde diese Rechenpower allerdings erst durch die Einführung von Cloud-Computing Rechenzentren (wie *Amazon Web Services* oder *Microsoft Azure*).

Diese drei Entwicklungen – die entsprechenden Algorithmen, die großen Datenmengen und die nötige Rechenkapazität – sind, wie gerade gesehen, erst in den Jahren nach 2010 aufeinander getroffen. Damit ist auch klar, dass diese vierte Hype-Phase künstlicher Intelligenz erst dadurch möglich wurde.

**Anwendungen künstlicher Intelligenz**

Nachdem wir nun geklärt haben, was wir unter künstlicher Intelligenz verstehen und warum sie gerade jetzt, wieder einmal, eine Phase des euphorischen Aufschwungs erlebt, wollen wir uns der letzten unserer drei Fragen zuwenden: Wozu kann künstliche Intelligenz im Versicherungsumfeld verwendet werden? Herausragend Go zu spielen wird hier voraussichtlich nicht viel weiter helfen.

Wie schon zu Beginn beschrieben, hat sich die Versicherungsbranche in Deutschland dem Thema künstliche Intelligenz erst einmal skeptisch, relativ spät und mit viel Papier (siehe [30, 6, 9]) angenähert. Daneben gibt es aber auch schon erste Test-Use-Cases, in welchen Unternehmen konkret den Einsatz von künstlicher Intelligenz ausprobiert haben. In der Branche am bekanntesten ist wohl der Einsatz von IBM Watson bei der Versicherungskammer Bayern (siehe [28]). Hierbei wurde die Eingangspost klassifiziert, um Anschreiben von verärgerten Kunden zu erkennen und diese mit höherer Priorität bearbeiten zu können. Das Eingangsschreiben wurde dabei von IBM Watson semantisch ausgewertet und entsprechend in „Verärgert / Nicht verärgert" klassifiziert.

Das intelligente Vorsortieren von Eingangspost, nicht mehr anhand von vorgegebenen Dokumententypen oder ähnlichem, sondern anhand einer semantischen Überprüfung über einen Algorithmus, kann ein möglicher Anwendungsfall von künstlicher Intelligenz sein.

Wenn wir beim Thema Klassifizieren bleiben, gibt es noch einige weitere Bereiche, in welchen Algorithmen des maschinellen Lernens sinnvoll eingesetzt werden könnten. Man denke nur an Betrugserkennung, ein Feld, in das heute schon sehr viel Geld und Energie investiert wird, um möglichen Versicherungsbetrügern auf die Schliche zu kommen. Ein maschinelles Auffinden von Verdachtsfällen auf der Grundlage der getätigten Schadenzahlungen oder durchgeführten Buchungen ist mit den vorhandenen technischen Möglichkeiten, wenn man die entsprechenden Daten aus den Legacy Systemen bekommt[1], durchaus in Reichweite.

Allerdings kann mit entsprechender Auswahl der verwendeten Algorithmen nicht nur eine binäre Klassifizierung nach „JA / NEIN", sondern eben auch eine Wahrscheinlichkeit für den entsprechenden Fall bestimmt werden. Eine erste Variante, solche Systeme künstlicher Intelligenz einzusetzen, könnte also darin bestehen, dem Sachbearbeiter ein Hilfesystem in Form einer Ampel zur Seite zu stellen. Beispielsweise im Bereich der Risikoprüfung wären die Rückmeldungen dann etwa folgendermaßen zu interpretieren:

- Grün = geringe Wahrscheinlichkeit, dass ein Schadenfall eintritt
- Gelb = höhere Wahrscheinlichkeit, dass ein Schadenfall eintritt
- Rot = Fall ablehnen, da sehr hohes Risiko, dass ein Schadenfall eintritt.

1 Wir erinnern an die damit verbundenen Schwierigkeiten, siehe Kapitel 5.10.

Natürlich erkennt ein guter Risikoprüfer schon heute die Fälle, bei denen er genauer hinsehen muss. Der Einsatz einer künstlichen Intelligenz allerdings überträgt das Wissen des Sachbearbeiters auf die Maschine[2]. Im nächsten Schritt kann dann darüber nachgedacht werden, die grünen Fälle dunkel zu policieren und nur gelbe Fälle für eine manuelle Kontrolle auszusteuern.

Neben diesem einfachen Indikatorsystem für den Sachbearbeiter denken verschiedene Unternehmen auch über die Einführung persönlicher Assistenten für die Kundenberatung nach. Darunter hat man sich Systeme vorzustellen, die etwa gemeinsam mit dem Kundenberater an Telefongesprächen teilnehmen und dem Kundenberater live am Bildschirm nützliche Informationen bereitstellen. Aus vertrieblicher Sicht sind hier natürlich vor allem Cross-Selling-Ansätze, wie wir sie von Amazon / Netflix kennen – Kunden die dies kauften, kauften auch das – von Interesse.

Der Einsatz solcher Assistenten und insbesondere der folgende Schritt, nämlich die künstliche Intelligenz, im Rahmen einer Dunkelverarbeitung, Entscheidungen fällen zu lassen, führt direkt zu weiteren Fragen. Es wird sehr spannend werden, wenn das erste Gerichtsurteil ansteht, in dem ein Kunde eine Leistungszahlung einfordert, welche ein Versicherungsunternehmen mit Verweis auf die Entscheidung einer künstlichen Intelligenz verweigert hat. Sprechen wir hier über einfache regelbasierte Entscheidungssysteme, so ist ein Nachweis vor Gericht noch möglich. Auch bei einigen ausgefalleneren Algorithmen (z.B. Random Forest) können deren Entscheidungen in gewissen Grenzen noch nachvollzogen und erklärt werden. Bei einem künstlichen neuronalen Netz mit $n$ Knoten und $m$ Layern dürfte dies aber in endlicher Zeit nicht mehr möglich sein. Wir dürfen gespannt sein, welche Position die Gesellschaft dieser Problematik gegenüber einnehmen wird und werden diese Fragen im Abschnitt 9.3 wieder aufgreifen. Zuvor werden wir uns noch mit dem Thema Datenschutz beschäftigen.

## 9.2 Datenschutz

Bis hierhin wurde das weite Feld an Möglichkeiten, Methoden und Verfahren erörtert, die Actuarial Data Science bietet. Bei all dem spielen Daten, häufig personenbezogene, die zentrale Rolle. Der Verarbeitung personenbezogener Daten sind jedoch rechtliche Grenzen gesetzt. Datenschutz ist ein sehr stark reguliertes Thema und es gibt einiges zu beachten, wenn Verfahren des maschinellen Lernens auf Daten angewendet werden. Diejenigen, die sich mit Data Science beschäftigen, sind meist keine Juristen. Dennoch wird ein gewisses Grundverständnis des rechtlichen Rahmens be-

---

2 Was hier passiert ist eigentlich der nächste logische Schritt der Digitalisierung. Im ersten Schritt wurden die mathematischen Berechnungen vom Computer übernommen. Im zweiten Schritt wurden mittels Workflow-Systemen die Prozesse auf den Computer übertragen. Der nächste Schritt übertragt nun das Fachwissen auf die Maschine.

nötigt. Zudem ist Datenschutz gesellschaftlich relevant und Verstöße (speziell) durch Versicherungsunternehmen bergen neben rechtlichen Folgen nicht unerhebliche Reputationsrisiken. Konkret muss eine hinreichende Sensibilität für den Datenschutz entwickelt werden, wenn Data Science im Versicherungsumfeld erfolgreich angewendet werden soll.

Dreh- und Angelpunkt des Ganzen, zumindest in Europa, ist die Datenschutz-Grundverordnung der Europäischen Union. Im Frühjahr 2016 verabschiedeten EU-Kommission und EU-Parlament eine Grundverordnung zur Neuregelung der Datenschutzbestimmungen in der EU. Nach zweijähriger Übergangsfrist trat am 25. Mai 2018 die EU-Datenschutz-Grundverordnung (DSGVO)[3] in Kraft. Mit diesem Regelungswerk werden grundlegende Änderungen der Datenschutzbestimmungen in der gesamten Europäischen Union gültig. Die Datenschutz-Grundverordnung ersetzt zwei ältere Datenschutzrichtlinien[4] und trat (wie alle Grundverordnungen) ohne nationale Umsetzungsakte in gleicher Weise unmittelbar in allen EU-Mitgliedsstaaten in Kraft. Sie definiert EU-weit einheitliche Standards im Datenschutz in Form von Prinzipien, Rechten der Betroffenen und Pflichten des für die Verarbeitung Verantwortlichen. Bereits ein Jahr zuvor war das Bundesdatenschutzgesetz[5] an die Bestimmungen der DSGVO angepasst worden.

Datenschutz, also konkret der Schutz personenbezogener Daten vor missbräuchlicher Verwendung, ist ein zentrales Grundrecht jedes Einzelnen und wurde 2010 in Artikel 8 wichtiger Bestandteil der Charta der Grundrechte der Europäischen Union[6]. Vor Inkrafttreten der DSGVO wurden die Vorgaben einzelner Direktiven in jedem EU-Land unterschiedlich umgesetzt mit der Folge einer heterogenen Datenschutzlandschaft mit Datenschutzinseln und der Möglichkeit zu Datenschutz-Arbitrage.

Für wen gilt nun die DSGVO? In Artikel 2 wird dazu ein sachlicher Anwendungsbereich definiert: “Diese Verordnung gilt für die ganz oder teilweise automatisierte Verarbeitung personenbezogener Daten sowie für die nicht-automatisierte Verarbeitung personenbezogener Daten, die in einem Dateisystem gespeichert sind oder gespeichert werden sollen. [...]”. Ergänzt wird dies in Artikel 3 um einen räumlichen Anwendungsbereich: “Diese Verordnung findet Anwendung auf die Verarbeitung personenbezogener Daten, soweit diese im Rahmen der Tätigkeiten einer Niederlassung

3 VERORDNUNG (EU) 2016/679 DES EUROPÄISCHEN PARLAMENTS UND DES RATES vom 27. April 2016 zum Schutz natürlicher Personen bei der Verarbeitung personenbezogener Daten, zum freien Datenverkehr und zur Aufhebung der Richtlinie 95/46/EG (Datenschutz-Grundverordnung)

4 Directive 95/46/EC und Directive 2002/58/EC

5 Gesetz zur Anpassung des Datenschutzrechts an die Verordnung (EU) 2016/679 und zur Umsetzung der Richtlinie (EU) 2016/680 (Datenschutz-Anpassungs- und -Umsetzungsgesetz EU DSAnpUG-EU) vom 30. Juni 2017; Bundesgesetzblatt Jahrgang 2017 Teil I Nr. 44

6 Charta der Grundrechte der Europäischen Union, 2010/C 83/02, Amtsblatt der Europäischen Union C 83/389, 30.03.2010

eines Verantwortlichen oder eines Auftragsverarbeiters in der Union erfolgt, unabhängig davon, ob die Verarbeitung in der Union stattfindet."

Die DSGVO gilt demnach, wenn sich die jeweilige Geschäftstätigkeit auf den europäischen Markt ("Marktort") bezieht oder wenn die betroffene Person sich in der EU befindet.

Das Recht auf informationelle Selbstbestimmung regelt den Umgang mit personenbezogenen Daten. Das sind Daten, die die persönlichen oder sachlichen Verhältnisse einer natürlichen Person beschreiben und einer spezifischen Person zugeordnet werden können. Dazu ist es nicht unbedingt notwendig, dass der Name oder andere individuelle Kennzeichen der Person Bestandteil der Daten sind. Soll Data Science in Versicherungsunternehmen angewendet werden, stellt sich zuallererst die Frage, ob die Verarbeitung rechtmäßig ist, also ob die vorliegenden Daten überhaupt verarbeiten dürfen. Darauf gibt die DSGVO eine präzise Antwort. In Artikel 6 wird die Verarbeitung personenbezogener Daten grundsätzlich verboten!

Damit wären wir hier eigentlich fertig. Aber der Artikel 6 lässt – Glück oder Unglück – auch Ausnahmen zu. Die Verarbeitung personenbezogener Daten ist ausnahmsweise doch erlaubt, wenn eine ausdrückliche Zustimmung der betroffenen Person, also des Menschen, dessen Daten verarbeitet werden sollen, oder wichtige Gründe vorliegen. Letzteres ist gegeben, wenn die Verarbeitung

- zur Erfüllung eines Vertrages oder zur Durchführung vorvertraglicher Maßnahmen erforderlich ist, oder
- zur Erfüllung einer rechtlichen Verpflichtung erforderlich ist, der der Verantwortliche[7] unterliegt, oder
- zum Schutz lebenswichtiger Interessen der betroffenen Person oder einer anderen natürlichen Person erforderlich ist, oder
- im öffentlichen Interesse oder zur Erfüllung hoheitlicher Aufgaben erforderlich ist, oder
- sie zur Wahrung berechtigter Interessen des Verantwortlichen oder eines Dritten erforderlich ist, ohne dass die Interessen oder Grundrechte /-freiheiten der betroffenen Person überwiegen.

So stellt sich uns grundsätzlich die Frage, ob bzw. mit welcher Begründung die Erhebung und Verarbeitung personenbezogener Daten für die Durchführung eines Versicherungsvertrages überhaupt erlaubt ist. Natürlich kann sich das Versicherungsunternehmen die Zustimmung zur Verarbeitung bei der versicherten Person einholen. Diese Zustimmung kann jedoch jederzeit widerrufen werden.

7 Verantwortlicher ist die Person, die für die Verarbeitung der Daten rechtlich verantwortlich ist. Das kann die Person sein, die die Verarbeitung durchführt oder diese beauftragt oder der rechtliche Vorgesetzte.

Für die Verwaltung eines Versicherungsvertrages wird die explizite Zustimmung aber auch nicht unbedingt benötigt, denn das Versicherungsunternehmen kann die Verarbeitung der Daten auch mit der Notwendigkeit für die Durchführung des Vertrages begründen. Auch die weitergehende Verarbeitung, zum Beispiel für Zwecke der Bilanzierung oder der Solvabilitätsberechnung, ist erlaubt mit der Begründung, dass diese für die Erfüllung einer rechtlichen Verpflichtung notwendig ist. Und auch die Verarbeitung personenbezogener Daten für weitergehende Zwecke, wie zum Beispiel der Betrugserkennung oder -prävention ist mit der Begründung der Wahrung berechtigter Interessen erlaubt.

Insgesamt liefern die Ausnahmeregelungen ein recht weites Feld an Begründungen für die Verarbeitung personenbezogener Daten. Dennoch sollte man sich stets darüber im Klaren sein, welcher der obigen Ausnahmegründe jeweils Anwendung findet.

In dem Fall, dass in einem spezifischen Anwendungsbereich keine der Ausnahmen geltend gemacht werden kann, dürfen die Daten nicht verarbeitet werden. Legt man Artikel 6 streng aus, darf man die Daten eventuell nicht einmal speichern. Aber auch dann gibt es noch einen Ausweg. Wir können die Daten pseudonymisieren und dann verarbeiten. In Artikel 4, Nr. 5 DSGVO wird das wie folgt definiert: Pseudonymisierung bezeichnet “die Verarbeitung personenbezogener Daten in einer Weise, dass die personenbezogenen Daten ohne Hinzuziehung zusätzlicher Informationen nicht mehr einer spezifischen betroffenen Person zugeordnet werden können, sofern diese zusätzlichen Informationen gesondert aufbewahrt werden und technischen und organisatorischen Maßnahmen unterliegen, die gewährleisten, dass die personenbezogenen Daten nicht einer identifizierten oder identifizierbaren natürlichen Person zugewiesen werden“.

Ein sehr einfaches Pseudonymisierungsbeispiel sind selbst gewählte Pseudonyme in Internetforen. Hier ist der vollständige Name nur den Forenbetreibern bekannt, andere Benutzer sehen bei den Beiträgen nur den selbst gewählten Benutzernamen. Ohne eine Zuordnung Benutzername zu richtiger Identität kann bei geeigneter Wahl des Pseudonyms (*HansiMueller1957* ist eher ungeeignet) nicht auf die dahinterliegende Person zurückgeschlossen werden. Zum Thema Anonymisierung von Daten siehe auch das Kapitel 5.1.6.

Nachdem nun die Rechtmäßigkeit der Verarbeitung von Daten (pseudonymisiert oder nicht) festgestellt wurde, müssen bei der Verarbeitung jedoch noch einige Grundsätze beachten werden. Diese sind in Artikel 5 DSGVO geregelt.

Personenbezogene Daten sollen rechtmäßig, gerecht und in transparenter Weise gegenüber der betroffenen Person verarbeitet werden. Daten werden nur für festgelegte, eindeutige und rechtmäßige Zwecke in angemessener und relevanter Weise erhoben und auf das beschränkt, was für die Zwecke, für die sie verarbeitet werden, erforderlich ist. Die Daten müssen korrekt und aktuell sein und in einer Weise verarbeitet werden, die eine angemessene Sicherheit der personenbezogenen Daten gewährleistet, einschließlich des Schutzes vor unbefugter oder unrechtmäßiger Verarbeitung und vor unbeabsichtigtem Verlust, Zerstörung oder Beschädigung, unter Verwendung geeigneter technischer Maßnahmen. Schließlich gibt es noch das *Prinzip der Datenminimierung*. Dieses besagt, dass nur jene Daten (und nicht mehr) gespeichert und verarbeitet werden dürfen, die für den Zweck notwendig sind. Bei der Anwendung des maschinellen Lernens stellt sich hier zum Beispiel die Frage, welche Merkmale für das Lernverfahren relevant sind. Weitere Merkmale dürfen nicht gespeichert und nicht verarbeitet werden.[8]

Neben diesen Prinzipien räumt die DSGVO der betroffenen Person weitgehende[9] Rechte ein. Gemäß Artikel 15 besteht zunächst einmal ein Auskunftsrecht der betroffenen Person: "Die betroffene Person hat das Recht, von dem Verantwortlichen eine Bestätigung darüber zu verlangen, ob sie betreffende personenbezogene Daten verarbeitet werden." Zentral ist das Recht auf Löschung ("Recht auf Vergessenwerden") in Artikel 17: "Die betroffene Person hat das Recht, von dem Verantwortlichen zu verlangen, dass sie betreffende personenbezogene Daten unverzüglich gelöscht werden [...], sofern [...]:

a) Die personenbezogenen Daten sind für die Zwecke, für die sie erhoben oder auf sonstige Weise verarbeitet wurden, nicht mehr notwendig.
b) Die betroffene Person widerruft ihre Einwilligung [...] und es fehlt an einer anderweitigen Rechtsgrundlage für die Verarbeitung. [...]
d) Die personenbezogenen Daten wurden unrechtmäßig verarbeitet. [...]"

Der Vollständigkeit halber sei an dieser Stelle erwähnt, dass die DSGVO in Artikel 83 Bußgelder für Verstöße gegen die obigen Rechte festlegt. Und auch das ist neu gegenüber früherer Datenschutzbestimmungen: Bei einer Verletzung der Rechte einzelner betroffener Personen können Bußgelder in Höhe von maximal 10 Millionen EUR oder 2% des gesamten weltweiten Jahresumsatzes des vorangegangenen Geschäftsjahres verhängt werden. Zentrale Verstöße können mit Bußgeldern in doppelter Höhe geahndet werden. Unabhängig davon ist Schadenersatz für materielle und immaterielle Schäden zu leisten.

Darüber hinaus bietet die DSGVO eine Fülle weiterer Detailregelungen in insgesamt 99 Artikeln. Vor dem Hintergrund von Data Science Anwendungen ist noch die Forderung einer Datenschutz-Folgenabschätzung wichtig. In Artikel 35 wird dazu folgendes gefordert:

"(1) Hat eine Form der Verarbeitung, insbesondere bei Verwendung neuer Technologien, aufgrund der Art, des Umfangs, der Umstände und der Zwecke der Verarbeitung voraussichtlich ein hohes Risiko für die Rechte und Freiheiten natürlicher Personen zur Folge, so führt der Verantwortliche vorab eine Abschätzung der Folgen [...] für den Schutz personenbezogener Daten durch. [...]"

8 Zusammengefasst und teilweise frei zitiert aus Artikel 5 DSGVO.

9 "Weitgehend" meint hier: gegenüber früheren Datenschutzbestimmungen.

"(7) Die Folgenabschätzung enthält zumindest Folgendes:

a) eine systematische Beschreibung der geplanten Verarbeitungsvorgänge [...];
b) eine Bewertung der Notwendigkeit und Verhältnismäßigkeit der Verarbeitungsvorgänge [...];
c) eine Bewertung der Risiken für die Rechte und Freiheiten der betroffenen Personen [...];
d) die zur Bewältigung der Risiken geplanten Abhilfemaßnahmen, einschließlich Garantien, Sicherheitsvorkehrungen und Verfahren, durch die der Schutz personenbezogener Daten sichergestellt [...] wird, [...]."

Unabhängig von der verwendeten Data Science Anwendung muss geprüft werden, ob eine Datenschutz-Folgenabschätzung vorzunehmen ist.

Neben der DSGVO und dem Bundesdatenschutzgesetz gibt es aber noch weitere Regelungen bezüglich des Datenschutzes, die die häufig eher abstrakten Anforderungen präzisieren. In Artikel 40, DSGVO heißt es dazu: "(2) Verbände und andere Vereinigungen, die Kategorien von Verantwortlichen oder Auftragsverarbeitern vertreten, können Verhaltensregeln ausarbeiten oder ändern oder erweitern, mit denen die Anwendung dieser Verordnung [...] präzisiert wird [...]."

Auf Initiative des *Gesamtverbands der deutschen Versicherungswirtschaft e.V.* (GDV) hat die deutsche Versicherungswirtschaft schon im März 2013 eine Selbstverpflichtung über "Verhaltensregeln für den Umgang mit personenbezogenen Daten durch die deutsche Versicherungswirtschaft" formuliert. Diesem Code of Conduct Datenschutz (CoC) [22] sind fast alle deutschen Versicherungsunternehmen beigetreten. Der Zweck des CoC ist die Konkretisierung der Datenschutzbestimmungen in Bezug auf das Versicherungswesen und mit ihm wurde ein (auch für andere Branchen) vorbildlicher Standard geschaffen.

Zum Abschluss wenden wir uns einer weiteren zentralen Anforderung der DSGVO (Artikel 25) zu, dem Datenschutz durch Technikgestaltung (Privacy by Design) und durch datenschutzrechtliche Voreinstellungen (Privacy by Default). Bei der Produktivsetzung einer Data Science Anwendung sind diesbezüglich wichtige Anforderungen zu berücksichtigen:

"Unter Berücksichtigung des Stands der Technik, der Implementierungskosten und der Art, des Umfangs, der Umstände und der Zwecke der Verarbeitung sowie der unterschiedlichen Eintrittswahrscheinlichkeit und Schwere der mit der Verarbeitung verbundenen Risiken für die Rechte und Freiheiten natürlicher Personen [...]" sind technische Maßnahmen zu ergreifen, die ein dem Risiko angemessenes Schutzniveau sicherstellen. Privacy by Design umfasst zudem auch die Sicherstellung einer ausreichend sicheren Verarbeitung, insbesondere den Schutz vor Hackerangriffen.

"Der Verantwortliche trifft geeignete technische und organisatorische Maßnahmen, die sicherstellen, dass durch Voreinstellung grundsätzlich nur personenbezogene Daten, deren Verarbeitung für den jeweiligen bestimmten Verarbeitungszweck erforderlich ist, verarbeitet werden. [...]"

Soweit ein kurzer Überblick über die einschlägigen Datenschutzbestimmungen, die bei der Anwendung von Data Science Verfahren beachtet werden müssen.

## 9.3 Ethische Fragen – vertrauenswürdige künstliche Intelligenz

Nachdem wir das Thema Datenschutz behandelt haben, wenden wir uns den ethischen Fragen im Kontext Actuarial Data Science zu. Die ethischen Implikationen sind wichtig, denn essentiell für den Erfolg von Data Science Projekten ist die Akzeptanz durch die Anwender sowie die Betroffenen. Künstliche Intelligenz wird heute in der Gesellschaft, ebenso wie in den Medien, ambivalent wahrgenommen. Die Potenziale und Chancen der KI werden durchaus gesehen, mitunter sogar gefeiert. Erfolgreiche Anwendungen durchdringen die Gesellschaft und werden häufig schnell als selbstverständlich wahrgenommen. Auf der anderen Seite wird technischer Fortschritt, insbesondere wenn er so rasant vonstattengeht wie die Digitalisierung im Allgemeinen und die KI im Besonderen, mit Sorgen und Ängsten in Verbindung gebracht. Zudem entsteht mitunter der Eindruck, die Entwicklungen vollziehen sich in einer Art „Wild-West-Umfeld“ mit Start-ups und weltumspannenden Konzernen, denen die nationale Politik häufig nur wenig entgegenzusetzen hat.

Das zentrale Prinzip der Versicherung (wie jeder Finanzdienstleistung) ist Vertrauen! Der Kunde verlässt sich darauf, die vereinbarte Leistung zu erhalten, auch wenn der Zeitpunkt dafür noch in weiter Ferne liegt. Nur dann ist er bereit, den Preis heute schon zu bezahlen. Neben dem Vertrauen in die Institution Versicherung sorgt der Staat für Schutzmaßnahmen in Form von Regulierung und Aufsicht.

Derjenige, der Actuarial Data Science betreiben möchte, bewegt sich in dem Spannungsfeld zwischen (notwendigem) Vertrauen in die Institution Versicherung und Misstrauen gegenüber KI-Anwendungen. Allein daraus erwächst bereits die Aufgabe, zu einer breiteren Akzeptanz von KI-Anwendungen in Versicherungen beizutragen. Dies ist erst einmal leicht gesagt, aber es ist keineswegs offensichtlich, was dafür getan werden muss.

Die Politik hat das Thema für sich erkannt und erste Schritte unternommen. Im Mai 2019 haben die Mitgliedsstaaten der OECD (sowie weitere Partnerländer) offiziell die ersten zwischenstaatlichen politischen Leitlinien für die künstliche Intelligenz (KI) verabschiedet und sich darauf geeinigt, internationale Normen einzuhalten, die sicherstellen sollen, dass KI-Systeme vertrauenswürdig sind. Obwohl die Leitlinien keinen rechtsverbindlichen Charakter haben, legen sie doch den Grundstein für einen ethischen Umgang mit KI-Systemen. Vertrauenswürdig ist dabei das Schlagwort, auf das es ankommt, das jedoch einer Definition sowie näherer Erläuterungen bedarf.

Also: Wie definieren wir vertrauenswürdige künstliche Intelligenz, was fordern wir von ihr und wie erreichen wir, dass eine KI vertrauenswürdig ist?

Zur Beantwortung dieser Fragen beauftragte die EU-Kommission in 2018 eine eigens dafür gebildete High-Level Expert Group on Artificial Intelligence (AI HLEG) mit der Erarbeitung ethischer Leitlinien für vertrauenswürdige künstliche Intelligenz. Die AI HLEG veröffentlichte am 08.04.2019 ein Dokument mit dem Namen ETHICS GUIDELINES FOR TRUSTWORTHY AI ([6]). Dieses Dokument ist keine Rahmenrichtlinie oder Grundverordnung der EU und damit ebenfalls nicht rechtsverbindlich. Es liefert jedoch Prinzipien und Anforderungen an KI-Systeme und bildet die Grundlage für die oben erwähnte Vereinbarung der OECD Staaten.

Bei der Definition von vertrauenswürdiger KI verfolgt die AI HLEG einen holistischen Ansatz: nicht nur ein einzelnes KI-System muss vertrauenswürdig sein, sondern KI als solches. Vertrauenswürdig sind dabei nicht nur das KI-System, sondern auch alle beteiligten Akteure. Vertrauenswürdige KI soll vor allem die gesellschaftliche Akzeptanz von KI generell fördern. Im Ringen mit den Weltmarktführern im KI-Umfeld, den USA und China verfolgt die Europäische Union zudem das Ziel, mit vertrauenswürdiger KI ein weltweites Alleinstellungsmerkmal in Europa zu etablieren. Die Ausgangsbasis der weiteren Betrachtungen bilden dabei die Grundrechte eines jeden Einzelnen, wie sie in der Charta der Grundrechte der Europäischen Union (EU-Charta) und im einschlägigen internationalen Menschenrecht verankert sind.

Die AI HLEG definiert drei zentrale Anforderungen: vertrauenswürdige KI muss rechtmäßig, ethisch und robust sein. Gesetze liefern den Rahmen für Aktivitäten und definieren Grenzen und Verbote. Gesetzeskonform zu sein (also nichts Verbotenes zu tun) reicht jedoch nicht aus. KI soll auch ethisch sein und die Übereinstimmung mit ethischen Normen sicherstellen. Wenn Rechtstreue und ethische Normen gewährleistet sind, müssen Einzelpersonen und die Gesellschaft auch darauf vertrauen können, dass KI-Systeme robust sind, also keinen unbeabsichtigten Schaden anrichten. Die Forderungen nach Rechtmäßigkeit und Robustheit sind damit soweit erst einmal geklärt. Wann eine KI ethisch ist, bedarf jedoch einer genaueren Betrachtung.

Die Leitlinien fokussieren sich dazu im Weiteren auf die Definition ethischer Grundprinzipien:

- **Achtung der menschlichen Autonomie:** Menschen, die mit KI-Systemen interagieren, müssen in der Lage sein, ihre volle und effektive Selbstbestimmung über sich selbst zu behalten und am demokratischen Prozess teilhaben zu können.
- **Schadenverhütung:** KI-Systeme sollten weder Schaden verursachen noch verschlimmern oder anderweitig den Menschen beeinträchtigen. Die Vermeidung von Schäden beinhaltet auch die Berücksichtigung der natürlichen Umwelt und aller Lebewesen.
- **Fairness:** Sicherstellung einer gleichmäßigen und gerechten Verteilung von Nutzen und Kosten sowie die Vermeidung von Benachteiligungen und Diskriminierung.

- **Erklärbarkeit:** Prozesse müssen transparent sein, die Fähigkeiten und der Zweck von KI-Systemen müssen offen kommuniziert werden und Entscheidungen den Betroffenen erklärbar sein.

Aus den vier Prinzipen werden sodann sieben Anforderungen an KI-Systeme abgeleitet, die wir hier auflisten und versuchen, sie sehr kurz zu interpretieren.

**Vorrang menschlichen Handelns und menschliche Aufsicht.** KI-Systeme sollten die menschliche Autonomie und Entscheidungsfindung unterstützen, wie es der Grundsatz der Achtung der menschlichen Autonomie vorschreibt. Dies erfordert, dass KI-Systeme als Ermöglicher für eine demokratische, florierende und gerechte Gesellschaft wirken. Demnach dürfen Menschen nicht durch KI-Systeme unterdrückt oder bedroht werden, wie es zum Beispiel bei KI-gestützten autonomen Waffensystemen der Fall ist.

**Technische Robustheit und Sicherheit.** KI-Systeme müssen zuverlässig, sicher und widerstandsfähig gegen Angriffe sein.

**Schutz der Privatsphäre und Datenqualitätsmanagement.** Sicherstellung der Wahrung der Privatsphäre und des Rechts auf informationelle Selbstbestimmung.

**Transparenz.** Ergebnisse und Entscheidungen von KI-Systemen müssen erklärbar, verlässlich und reproduzierbar sein. Dies betrifft zum Beispiel Scoringsysteme bei der Kreditvergabe. Im Falle einer Ablehnung muss dem Kunden erklärt werden können, auf welchen Merkmalen und Kriterien die Entscheidung basiert.

**Vielfalt, Nichtdiskriminierung und Fairness.** KI-System müssen unlautere Verzerrungen sowie jede Art von Diskriminierung vermeiden. Als Beispiel sind hier etwa Wahlmanipulationen durch Chatbots zu nennen.

**Gesellschaftliches und ökologisches Wohlergehen.** Ergebnisse und Entscheidungen von KI-Systemen leisten einen Beitrag zur Nachhaltigkeit und Umweltfreundlichkeit, vermeiden negative soziale Auswirkungen und fördern Demokratie und eine freie Gesellschaft. Ein Social-Scoring, bei dem automatisiert das Sozialverhalten eines Einzelnen erfasst, bewertet und sanktioniert wird (und wie es etwa in China aktuell erprobt wird[83]), ist beispielsweise mit dieser Forderung unvereinbar.

**Rechenschaftspflicht.** Für den Einsatz, die Ergebnisse sowie die Entscheidungen von KI-Systemen trägt stets ein Mensch die Verantwortung. Diese ist klar und transparent definiert.

Die vier Prinzipien und sieben Anforderungen sind sehr allgemein und branchenübergreifend formuliert. Uns stellt sich nun die Frage, wie wir das auf unsere Branche herunterbrechen, also konkret: Was bedeutet vertrauenswürdige künstliche Intelligenz im Versicherungsumfeld?

Zu dieser Frage gibt es Stellungnahmen und Handreichungen der einschlägigen Verbände. Der *Gesamtverband der deutschen Versicherungswirtschaft* (GDV) hat dieses Thema als erstes aufgegriffen und im Januar 2019 eine Stellungnahme ([30]) dazu veröffentlicht. Die AI HLEG hatte nämlich bereits in 2018 einen Entwurf [10] ihrer Leitlinien veröffentlicht, der von den betroffenen Interessensgruppen kommentiert werden konnte / sollte.

Die zentrale These der Stellungnahme ist die Aussage, dass die "Versicherungswirtschaft als Teil des Finanzdienstleistungssektors [...] stark reguliert [ist]"[11] und dass "alle hochwirksamen ethischen Grundsätze bereits durch den bestehenden Regulierungsrahmen für die Versicherungswirtschaft abgedeckt sind." In der Stellungnahme wird diese Aussage mit Verweis auf die einschlägigen gesetzlichen und aufsichtsrechtlichen Regelungen belegt. Insbesondere wird Bezug genommen auf die Solvency II Regularien und die Datenschutzgrundverordnung, ergänzt um die jeweiligen nationalen Gesetzgebungen. Im Weiteren werden die einzelnen Anforderungen an eine vertrauenswürdige KI jeweils mit Blick auf die bestehenden Regularien analysiert und die Ausgangsthese damit unterstützt. Zudem werden in der Stellungnahme als Regulierungsgrundsätze "Technologieneutralität und der Grundsatz der Verhältnismäßigkeit" gefordert. Zusammengefasst und sehr vereinfacht ausgedrückt sieht der GDV speziell für die Versicherungswirtschaft keinen weiteren Regelungsbedarf.

Die *Deutsche Aktuarvereinigung* (DAV), genauer der Ausschuss Actuarial Data Science hat am 14.2.2020 einen Ergebnisbericht zur Verwendung von künstlicher Intelligenz in der Versicherungswirtschaft vorgelegt [84]. Darin wird zunächst der Stand der Anwendung von KI in der Assekuranz dargestellt und natürlich auf die Rolle der Aktuare dabei eingegangen. Wie auch schon der GDV ist der Ausschuss der Meinung, dass es keiner weiteren Regulierung bedarf, um KI vertrauenswürdig in Versicherungsunternehmen einsetzen zu können. Darüber hinaus liefert der Ergebnisbericht allerdings auch konkrete Hilfestellung, wie man KI-Algorithmen erklärbar machen kann, und einen Überblick über die Verwendung von KI in Versicherungsunternehmen zum Stand Februar 2020. An vielen Stellen im Bericht werden Themen aufgegriffen, welche sich auch in diesem Buch wiederfinden. Insofern kann der Bericht als weiterführende Lektüre oder als Ergänzung zu diesem Kapitel empfohlen werden.

**10** Konzept von [6], Brüssel, 18.12.2018

**11** zitiert aus der GDV-Stellungnahme [30]

# A Appendix

## A.1 Installationen

Im Internet finden sich leicht Anleitungen zur Installation von R und Python, wir fassen uns daher kurz und geben nur einige grundlegende Hinweise. Neben den hier skizzierten direkten Installationen ist es auch möglich, vorbereitete Docker-Images, vorkonfigurierte virtuelle Maschinen oder eines der zahlreichen Cloud-Angebote zu nutzen, vgl. etwa das Beispiel aus dem Abschnitt 5.9.2.

### A.1.1 Python

Python ist zunächst eine spezifizierte Programmiersprache, zu der es mehrere Interpreter/Runtimes bzw. Compiler gibt (z.B. *Jython*[1] für die Java Virtual Machine, *Iron Python*[2] für das .Net Framework). Wird nichts weiter gesagt, steht die Verwendung von Python meist für die Benutzung der Standard-Implementierung (auch bekannt als CPython), so auch in diesem Buch. Die Nutzung alternativer Implementierungen bedeutet auch, dass nicht alle bekannten Packages zur Verfügung stehen sondern i.A. nur solche, die in reinem Python erstellt wurden, was für viele optimierte Bibliotheken nicht gilt. Dafür ist es aber teilweise möglich, dass mit einfachen Mitteln Bibliotheken der Runtime (also etwa von .Net oder Java) in den Python-Code eingebunden werden können.

Der Kern von Python sind der Interpreter und die sogenannte Standard-Library. Installiert man ein Release von www.python.org, erhält man genau das. Nun kann man weitere Packages mit den Installationstools wie *pip* oder *easy_install* hinzufügen, z.B. werden mit

```
pip install pandas jupyter
```

die Packages *pandas* und *jupyter* installiert.[3] Alternativ (und für viele Zwecke auch empfehlenswert, vor allem wenn es auf den benutzten Festplattenplatz oder die Geschwindigkeit der Installation nicht ankommt) kann man sich auch eine sog. Distribution herunterladen und installieren, die bekannteste Distribution dürfte *Anaconda*[4] sein. Nach der Installation sind hier bereits viele häufig genutzte Packages vorhanden. Zur Installation neuer Packages stehen nun wie gewohnt *pip* oder der eigene Packagemanager *conda* zur Verfügung.

---

1 https://www.jython.org/

2 https://ironpython.net/

3 Hierzu sind Schreibrechte im Installationsverzeichnis und ein Internetzugang erforderlich: Für Situationen, in denen das nicht gegeben ist existiert jedoch Abhilfe, vgl. die Dokumentation von *pip*.

4 https://www.anaconda.com

https://doi.org/10.1515/9783110659344-010

Wichtig ist es in diesem Zusammenhang auch, sich mit dem Konzept der virtuellen Umgebungen auseinanderzusetzen. Dies ist notwendig, da viele Packages (auch und gerade selbst erstellte) wiederum von anderen Packages abhängig sind, teilweise sogar von bestimmten Versionen anderer Packages. Hier kann es dann zu Konflikten kommen (etwa: Package B benötigt Package A in einer Version <3.0 und Package C benötigt Package A in der Version 3.0 oder höher). Hier helfen dann die virtuellen Umgebungen: In jeder neu erstellten virtuellen Umgebung werden die installierten Packages separat verwaltet. Etwas vereinfacht ausgedrückt wird beim Erstellen einer neuen virtuellen Umgebung ein neuer Ordner angelegt, in dem die installierten Packages dieser Umgebung gespeichert werden. *Aktiviert* man eine solche virtuelle Umgebung, so wird der Suchpfad für Packages auf den entsprechen Ordner umgeleitet. Sowohl der Packagemanager *conda* von Anaconda als auch die Standardinstallation (über die Module *venv* bzw. je nach installierter Pythonversion auch das Package *virtualenv*) bieten die Möglichkeit, virtuelle Umgebungen zu erstellen.

Zur Erstellung von Data Science-Anwendungen wird häufig mit Jupyter Notebooks gearbeitet. Nach der Installation des entsprechenden Packages (siehe den vorstehenden Beispielbefehl) kann der Notebookserver von der Konsole mit dem Befehl `jupyter notebook` gestartet werden. Daraufhin sollte sich der Internetbrowser öffnen, in dem die Arbeit dann begonnen werden kann.

### A.1.2 R

Zur Installation kann das Basispaket direkt über einen der Mirrors bezogen werden, die man über die Projekthomepage[5] findet. Es werden dort vorkompilierte Versionen für verschiedene Betriebssysteme bereitgestellt.

Für die Erstellung einiger Pakete (und ggf. auch bei der Optimierung eigenen Codes durch Auslagerung von kritischen Teile nach C/C++) wird ein entsprechender Compiler benötigt, unter Linux nutzt man hier die gcc-Toolchain, die am einfachsten über ein Linux-Package installiert wird, unter Windows installiert man am einfachsten *R-Tools*[6], was die benötigten Build-Tools mitbringt. Die Installation weiterer Packages erfolgt dann über ein Kommando wie

```
install.packages("tidyverse")
```

wodurch das Package *tidyverse*[7] installiert wird.

5 https://www.r-project.org/
6 https://cran.r-project.org/bin/windows/Rtools/
7 https://tidyverse.tidyverse.org/

Will man eine existierende R-Installation zusammen mit Jupyter-Notebooks nutzen, kann man den IR-Kernel verwenden, die Projekthomepage[8] gibt die notwendigen Hinweise zum Aufsetzen.

Als Entwicklungsumgebung ist *R-Studio*[9] sehr populär, es kann als Desktopapplikation oder als Server mit einem Browser als Frontend betrieben werden, die *Open Source Edition* ist kostenlos.

Will man schließlich R und Python zusammen, etwa als Teil eines skriptierten Arbeitsschrittes benutzen, muss man dazu nicht notwendigerweise die Plattform verlassen. Neben verschiedenen Möglichkeiten, in einem Skript den jeweils anderen Interpreter zur Ausführung zu bringen, sei der interessierte Leser hierzu auf das Python-Paket *rpy2*[10] verwiesen, mit welchem aus Python heraus direkt auf R-Objekte zugegriffen werden kann.

## A.2 Datensätze

In diesem Abschnitt geben wir einen Überblick über im die in den vorstehenden Kapiteln benutzten Datensätze. Das Ziel ist hier weniger, dem Leser eine erschöpfende Darstellung der inhaltlichen Struktur der Datensätze zu bieten, sondern eher eine gewisse Vielfalt an unterschiedlichen Ansätzen und Verwendungszwecken für die beschriebenen Methoden aufzuzeigen. Der Umfang ist aus diesem Grund auch keineswegs erschöpfend, insbesondere mit Blick auf die insbesondere in Kapitel 3 vorgestellten innovativen Produktideen, die sicherlich in Zukunft mehr und diversere Datensätze nach sich ziehen werden.

### A.2.1 AutoBi

Im R-Paket *insuranceData*[11] finden sich mehrere Datensätze aus dem Versicherungsumfeld. Es kann wie üblich durch

```
install.packages("insuranceData")
```

installiert werden. Der von uns benutzte Datensatz *AutoBi* kann dann wie folgt geladen werden:

8 https://github.com/IRkernel/IRkernel
9 https://rstudio.com/
10 https://rpy2.github.io/
11 https://CRAN.R-project.org/package=insuranceData

```
library(insuranceData)
data("AutoBi")
```

Mit `write.csv(AutoBi, "autobi.csv")` kann der Datensatz im CSV-Format in eine Datei im aktuellen Arbeitsverzeichnis (mit `getwd()` zu finden) geschrieben werden.

### A.2.2 Simulierte Schadenfrequenzen in der Kfz-Versicherung

Den Datensatz generieren wir in Python mit den folgenden Anweisungen:

```
import numpy
import pandas

n = 5000
numpy.random.seed(1)

data = pandas.DataFrame({
    "Exposure": numpy.random.uniform(low=0.25, high=1, size=n),
    "Age": numpy.random.uniform(low=18., high=90., size=n),
    "Gender": numpy.random.binomial(n=1, p=0.4, size=n).astype(float),
    "VehicleGroup": numpy.random.choice(a=numpy.arange(1., 21.),
                                        size=n, replace=True),
    "RegionalGroup": numpy.random.choice(a=numpy.arange(1., 13.),
                                         size=n, replace=True),
    "FirstInitialResidence": numpy.random.choice(a=list(string.ascii_uppercase),
                                                 size=n, replace=True),
    "Mileage": numpy.random.choice(a=[6., 9, 12, 15, 20, 25, 30, 35],
                                   size=n, replace=True),
    "Brake": numpy.random.normal(loc=15, scale=3, size=n)
})
```

Wir setzen zufällig einige Alter auf Null sowie einige Werte für 'VehicleGroup' und 'Brake' auf zufällige Werte. Die gesetzten Werte liegen dabei nicht notwendigerweise außerhalb des vorgegebenen Bereiches:

```
import random
random.seed(4711)

# Alterswerte ungültig setzen
m = random.randint(1, 10)
indizes = numpy.random.choice(data.index, size=m, replace=False)
print("%d ungültige Alter:" % m, indizes)
data.loc[indizes, "Age"] = numpy.nan

# VehicleGroup-Werte "händisch" setzen
m = random.randint(1, 5)
indizes = numpy.random.choice(data.index, size=m, replace=False)
```

```
print("%d potenzielle Ausreier für 'VehicleGroup':" % m, indizes)
data.loc[indizes, "VehicleGroup"] = numpy.random.choice(a=numpy.arange(0., 99.),
                                                        size=m, replace=True)

# Brake-Werte "händisch" setzen
m = random.randint(1, 5)
indizes = numpy.random.choice(data.index, size=m, replace=False)
print("%d potenzielle Ausreier für 'Brake':" % m, indizes)
data.loc[indizes, "Brake"] = numpy.random.normal(loc=25, scale=5, size=m)
```

Zusätzlich soll der Datensatz um eine Response-Variable erweitert werden. Dazu wählen wir einen Poisson-Ansatz für die Frequenz und ein Bernoulli-Sampling für die (ebenfalls simulierten) „Beobachtungen“:

```
# Frequenz als Responsevariable konzipieren
data["frequency"] = np.exp(# Rückläufiger Alterstrend
                           -0.0175 * (data.Age - 53)
                           # Erhöhtes Risiko bei Männern
                           + 0.25 * data.Gender
                           # Erhöhtes Risiko mit ansteigender Typklasse
                           + 0.02 * (data.VehicleGroup - 10)
                           # Erhöhtes Risiko mit ansteigender Regionalklasse
                           + 0.01 * (data.RegionalGroup - 6)
                           # Erhöhtes Risiko mit ansteigender Fahrleistung
                           + 0.05 * data.Mileage
                           # Erhöhtes Risiko mit Anzahl Bremsmanöver
                           + 0.005 * data.Brake
                           # Ansteigender Alterstrend bei Männern
                           - 0.01 * (data.Age-53) * (data.Gender==1)
                           # Rückläufiger Alterstrend bei älteren Frauen
                           + 0.03 * (data.Age-53) * (data.Age > 67)
                               * (data.Gender==0)
                          ) * 0.1

# Erwartung
data["expected"] = data.frequency * data.Exposure

# Beobachtung
data["observed"] = np.random.poisson(data.expected, size=len(data))
```

### A.2.3 Simulierte Verkaufsdaten

Die Daten wurden in der Mongo-DB mit Hilfe des folgenden Skripts erzeugt, welches an das Kommandozeilenwerkzeug *mongo* übergeben wurde.

```
print("Deleting all records from the items collection...");
db.items.deleteMany({});
```

```
var
  stores = ["Berlin 1", "Augsburg", "Jüterbog", "Eltville"],
  paymentTypes = ["CASH", "EC", "VISA", "VOUCHER"],
  products = [
    {name: "Trüffelsalami", maxNumber: 10, pricePerItem: 3.99},
    {name: "Frische Feigen", maxNumber: 200, pricePerItem: 0.69},
    {name: "Jungbullensteak", maxNumber: 6, pricePerItem: 9.29},
    {name: "Muscheln", maxNumber: 20, pricePerItem: 2.79}
  ];

var randBasket = function() {
  // choose number of items in the basket
  var numItems = 1 + Random.randInt(products.length),
      prods = [];

  for(var j=0; j<numItems; j++) {
     prods.push({
        name: products[j].name,
        pricePerItem: products[j].pricePerItem,
        numberOfItems: 1 + Random.randInt(products[j].maxNumber)
     });
  }
  return prods;
};

var SalesGenerator = function() {
  this.storeId = stores[Random.randInt(stores.length)];
  this.paymentType = paymentTypes[Random.randInt(paymentTypes.length)];
  this.products = randBasket();
};

var numRecords = 100000,
    records = [];

print("Starting creating of " + numRecords + " records.");

Random.setRandomSeed(1);
for(var k=0; k < numRecords; k++) {
  records.push(new SalesGenerator());
}

print("Starting inserting of " + numRecords + " records.");
db.items.insertMany(records);
```

### A.2.4 Simulierte Verkaufsempfehlungsdaten

Ein Datensatz der Länge $n$, wie er in Abschnitt 6.3.3 verwendet wurde, kann mit folgendem Python-Skript erzeugt werden:

```
import random
import pandas as pd
from faker import Faker

def test_datensatz(n):

    fake = Faker("de_DE")
    # Erzeugung der Datensätze
    kunden = []
    alter = []
    ist_verheiratet = []
    wohnort = []
    cresta = []
    anzahl_kinder = []
    hat_produkt_a = []
    hat_produkt_b = []
    hat_produkt_c = []
    empfehlung_produkt_a = []
    empfehlung_produkt_b = []
    empfehlung_produkt_c = []

    for j in range(n):
        kunden.append(fake.name())
        alter.append(random.randint(20, 80))
        ist_verheiratet.append(random.randint(0, 1))
        cresta.append(int(fake.postcode()[:2]))
        anzahl_kinder.append(random.randint(0, 3))
        hat_produkt_a.append(random.randint(0, 1))
        hat_produkt_b.append(random.randint(0, 1))
        hat_produkt_c.append(random.randint(0, 1))
        empfehlung_produkt_a.append(random.randint(0, 1))
        empfehlung_produkt_b.append(random.randint(0, 1))
        empfehlung_produkt_c.append(random.randint(0, 1))


    return pd.DataFrame({
      "kunde": kunden,
      "alter": alter,
      "ist_verheiratet": ist_verheiratet,
      "cresta": cresta,
      "anzahl_kinder": anzahl_kinder,
      "produkt_a": hat_produkt_a,
      "produkt_b": hat_produkt_b,
      "produkt_c": hat_produkt_c,
```

```
        "empfohlen_a": empfehlung_produkt_a,
        "empfohlen_b": empfehlung_produkt_b,
        "empfohlen_c": empfehlung_produkt_c
    })

# der Funktionsaufruf generiert den Datensatz
test_datensatz(20)
```

### A.2.5 Kfz-Betrugserkennung

An mehreren Stellen in diesem Buch wird der Datensatz „insurance_claim" verwendet, der z.B. bei Kaggle[12] zu finden ist. Dieser Datensatz, bzw. sein Ursprung ist ein interessantes Beispiel dafür, dass veröffentlichte, anonymisierte Daten bisweilen nicht leicht zurückzuverfolgen sind; entweder, weil die Gesellschaft, von der sie stammen, kein Interesse daran hat, ihre Urheberschaft zu bestätigen, oder umgekehrt Art und Umfang der Daten keinen Rechtsstreit lohnen. In jedem Fall lässt sich festhalten, dass dieser Datensatz aufgrund seiner Struktur festen Eingang in die allgemeine Data Science-„Folklore" auf Kaggle und an anderer Stelle gefunden hat, da es nicht viele andere Beispiele für zur Betrugserkennung geeignete Daten gibt.

Der Datensatz enthält Beobachtungen zu Versicherungspolicen in der Kraftfahrtversicherung aus den USA und eine Klassifizierung, ob es sich um einen Betrugsfall handelt. Jede Zeile des Datensatzes entspricht einem Versicherungsvertrag. Als Label $y$ dient die Spalte `fraud_reported` (`Y` = Betrug liegt vor, `N` = kein Betrug). Die Features $x$ liefern die anderen 38 Spalten. Sie enthalten u.a. Angaben zur Laufzeit der Versicherung, das Alter des Versicherten, seine Hobbies, die Schadenhöhe usw. Eine vollständige Liste der Merkmale findet sich in Tabelle A.1.
Es liegen insgesamt Daten von 1 000 Verträgen vor, wobei es im Datensatz auch fehlende Werte gibt. Die folgenden Zeilen R-Code erzeugen eine Zerlegung in Trainings- und Testdatensatz im Verhältnis 70:30.

```
set.seed(12345)
fraud_claims_sample <- sample(1:nrow(fraud_claims), size=nrow(fraud_claims)*.7)
fraud_claims_train <- fraud_claims[fraud_claims_sample,]
fraud_claims_test <- fraud_claims[-fraud_claims_sample,]
```

### A.2.6 Kfz-Telematik

Die im Abschnitt 6.4.2 zur Illustration der hierarchischen Clusterverfahren angeführten Daten aus [103] sollen hier noch einmal näher erläutert werden. In dem Artikel

12 https://www.kaggle.com/roshansharma/insurance-claim

**Tab. A.1:** Merkmale des insurance_claim Datensatzes.

| | | |
|---|---|---|
| months_as_customer | age | |
| policy_number | policy_bind_date | policy_state |
| policy_csl | policy_deductable | policy_annual_premium |
| umbrella_limit | insured_zip | insured_sex |
| insured_education_level | insured_occupation | insured_hobbies |
| insured_relationship | capital.gains | capital.loss |
| incident_date | incident_type | collision_type |
| incident_severity | authorities_contacted | incident_state |
| incident_city | incident_location | incident_hour_of_the_day |
| number_of_vehicles_involved | property_damage | bodily_injuries |
| witnesses | police_report_available | total_claim_amount |
| injury_claim | property_claim | vehicle_claim |
| auto_makeauto_model | auto_year | **fraud_reported** |

geht es darum, zunächst möglichst realistische Telematik-Daten zu simulieren. Echte Daten sind aus zweierlei Gründen schwer zu erhalten; zum einen sind derartige Daten im engeren Sinne personenbezogen, zum anderen sind die verarbeitenden Versicherungsunternehmen (nachvollziehbarerweise) zögerlich darin, diese Daten aus Sorge um eigenes geistiges Eigentum (beispielsweise in Bezug auf Datenformat und -frequenz) herauszugeben. Nicht zuletzt stellt jeder gefahrene Kilometer Telematik-Information einen ökonomischen Wert für sich dar.

#### Grundannahmen

Die Idee, für diese Aufgabe ein sog. *Random Waypoint-Modell* (RWP) zu verwenden, ergibt sich daraus, dass aus dem Bereich der Verkehrsplanung hinreichende empirische Belege vorhanden sind, dass sich das Verhalten von Fahrzeugen (und damit, bei ausreichend granularer kinematischer Simulation, unmittelbar auch das Verhalten der Fahrer) auf diese Weise abbilden lässt. Die Grundannahmen des RWP lauten Zeitdiskretisierung (das Ergebnis der Simulation ist eine Zeitreihe von Positionen, Geschwindigkeiten und Beschleunigungen), Mikroskopie (die oben bereits erwähnte Anforderung an ausreichende Granularität) und Stochastizität (die sog. Fahrer-Fahrzeug-Einheiten (FFE) und die Umgebungsbedingungen sind stochastisch gesampled).

#### Bewegungsregeln

Die Simulation selbst weist Bewegungsregeln auf, nach denen die zufälligen Trajektorien erzeugt werden. Dazu zählen:

- *Maximalgeschwindigkeit*: Die FFE passen ihre Geschwindigkeit an die lokal maximal erlaubte Geschwindigkeit an - das bedeutet in der Praxis, dass diese Höchstgeschwidigkeit auch überschritten werden kann und die zugrunde liegende Ver-

teilungsannahme so gewählt sein muss, dass eine naturnahe Geschwindigkeitsverteilung resultiert.
- *Beschleunigungsverhalten*: FFE erleben Übergänge, beispielsweise zur Darstellung von Schaltvorgängen, sich verändernden Umgebungs- oder Streckenbedingungen. Die Gesamttrajektorie wird dargestellt als Zusammensetzung von Segmenten konstanter Beschleunigung bzw. Entschleunigung zwischen den angestrebten Endzuständen – dies hat zur Folge, dass bisweilen ein Bremssegment direkt auf eine Beschleunigungsphase folgt, z.B. weil die angestrebte Maximalgeschwindigkeit innerhalb der Strecke zum nächsten Wegpunkt nicht erreicht werden konnte.
- *Wartezeiten*: An Hindernissen wie Ampeln oder Staus müssen FFE für eine spezifische, stochastisch induzierte Zeit anhalten.

#### Bewegungssimulation

Das RWP beschreibt nach [12] die Trajektorie von stochastischen Bewegungsabläufen, die unterschiedlich gewonnen werden können. Typischerweise werden hier die Brown'sche Bewegung oder der klassische Random Walk als Ausgangspunkte verwendet, worauf dann auch hier zusätzliche Regeln aufgesetzt werden. In [103] wird eine sog. *persönliche Komponente* hinzugefügt, die individuelle Eigenschaften von unterschiedlichen Fahrern annähern soll. Dazu kann beispielsweise die Ziel-Geschwindigkeit von der maximal erlaubten Höchstgeschwindigkeit abweichen, was eine realistischere Geschwindigkeitsverteilung ergibt.

#### Aggregation

Die Gewinning der telematischen Bewegungsmerkmale erfolgt dann durch Simulation, wobei unterschiedliche Trips durch unterschiedlich viele vorgebene Wegpunkte erzeugt werden. Ergebnis dessen ist ein Datensatz von beliebig vielen Trips. Eine aktuariell nutzbare Struktur wird daraus erzeugt, indem die Bewegungsdaten, die als Zeitreihen von Geschwindigkeitsvektoren vorliegen, statistisch aggregiert werden; im vorliegenden Fall werden hier die Medianwerte und die Interquartilsabstände bestimmt und für jede Fahrt eine Zeile erstellt[13]:

```
riskfactors = read.csv("riskfactors.csv")
colnames(riskfactors)
summary(riskfactors)
```

```
[1] "Q50.Accel"  "Q50.Decel"  Q50.Speed"
[4] "SQA.Accel"  "SQA.Decel"  "SQA.Speed"
```

13 Im praktischen Umgang mit Zeitreihendaten dieser Art sind natürlich auch andere Aggregierungsoptionen möglich.

```
Q50.Accel        Q50.Decel        Q50.Speed
Min.   :1.000    Min.   :-7.983   Min.   :  4.515
1st Qu.:2.026    1st Qu.:-5.039   1st Qu.: 21.792
Median :2.261    Median :-4.192   Median : 36.727
Mean   :2.283    Mean   :-4.316   Mean   : 39.727
3rd Qu.:2.520    3rd Qu.:-3.542   3rd Qu.: 54.610
Max.   :3.882    Max.   :-1.517   Max.   :123.446
SQA.Accel        SQA.Decel        SQA.Speed
Min.   :0.0000   Min.   :0.004648 Min.   : 0.00
1st Qu.:0.2991   1st Qu.:0.556553 1st Qu.:21.69
Median :-4.192   Median :0.732802 Median :29.34
Mean   :0.4280   Mean   :0.753760 Mean   :29.45
3rd Qu.:0.5330   3rd Qu.:0.932173 3rd Qu.:37.02
Max.   :1.3160   Max.   :2.076646 Max.   :65.72
```

## A.3 Code-Beispiel: Erstellung eines Marginalverteilungsplots

```
# Mean beobachtet
temp <-data_test
obs1 <- sum(data_test$observed[data_test$Mileage==6])
        / sum(data_test$Exposure[data_test$Mileage==6])
# ...
obs8 <- sum(data_test$observed[data_test$Mileage==35])
        / sum(data_test$Exposure[data_test$Mileage==35])

# Mean modelliert GLM
glm1 <- sum(glm.pred_test[data_test$Mileage==6])
        / sum(data_test$Exposure[data_test$Mileage==6])
# ...
glm8 <- sum(glm.pred_test[data_test$Mileage==35])
        / sum(data_test$Exposure[data_test$Mileage==35])

# Mean modelliert Random Forest
forest1 <- sum(forest.pred_test[data_test$Mileage==6])
        / sum(data_test$Exposure[data_test$Mileage==6])
# ...
forest8 <- sum(forest.pred_test[data_test$Mileage==35])
        / sum(data_test$Exposure[data_test$Mileage==35])

# Mean beobachtet Exposure
exposure1 <- sum(data_test$Exposure[data_test$Mileage==6])
# ...
exposure8 <- sum(data_test$Exposure[data_test$Mileage==35])

# Listen erstellen für Plot
# Labels x-Achse (Mileage)
mileage_list_obs = c("obs_1"="6","obs_2"="9","obs_3"="12","obs_4"="15",
```

```
                    "obs_5"="20","obs_6"="25","obs_7"="30","obs_8"="35")
mileage_list_glm = c("glm_1"="6","glm_2"="9","glm_3"="12","glm_4"="15",
                    "glm_5"="20","glm_6"="25","glm_7"="30","glm_8"="35")
mileage_list_rf = c("rf_1"="6","rf_2"="9","rf_3"="12","rf_4"="15",
                   "rf_5"="20","rf_6"="25","rf_7"="30","rf_8"="35")
mileage_list = c(mileage_list_obs,mileage_list_glm,mileage_list_rf)

# Labels Legende
model_type_list_obs = c("obs_1"="Beobachtung","obs_2"="Beobachtung",
                        "obs_3"="Beobachtung", "obs_4"="Beobachtung",
                        "obs_5"="Beobachtung","obs_6"="Beobachtung",
                        "obs_7"="Beobachtung","obs_8"="Beobachtung")
model_type_list_glm = c("glm_1"="Fit GLM","glm_2"="Fit GLM","glm_3"="Fit GLM",
                        "glm_4"="Fit GLM","glm_5"="Fit GLM","glm_6"="Fit GLM",
                        "glm_7"="Fit GLM","glm_8"="Fit GLM")
model_type_list_rf = c("rf_1"="Fit Random Forest","rf_2"="Fit Random Forest",
                       "rf_3"="Fit Random Forest","rf_4"="Fit Random Forest",
                       "rf_5"="Fit Random Forest","rf_6"="Fit Random Forest",
                       "rf_7"="Fit Random Forest","rf_8"="Fit Random Forest")
model_type_list = c(model_type_list_obs,model_type_list_glm,model_type_list_rf)

# Werte den Labels zuordnen
mean_freq_list_obs = c("obs_1"=obs1,"obs_2"=obs2,"obs_3"=obs3,"obs_4"=obs4,
                       "obs_5"=obs5,"obs_6"=obs6,"obs_7"=obs7,"obs_8"=obs8)
mean_freq_list_glm = c("glm_1"=glm1,"glm_2"=glm2,"glm_3"=glm3,"glm_4"=glm4,
                       "glm_5"=glm5,"glm_6"=glm6,"glm_7"=glm7,"glm_8"=glm8)
mean_freq_list_rf = c("rf_1"=forest1,"rf_2"=forest2,"rf_3"=forest3,"rf_4"=forest4,
                      "rf_5"=forest5,"rf_6"=forest6,"rf_7"=forest7,"rf_8"=forest8)
mean_freq_list = c(mean_freq_list_obs,mean_freq_list_glm,mean_freq_list_rf)

exposure_list_frm = c("obs_1"=exposure1,"obs_2"=exposure2,"obs_3"=exposure3,
                      "obs_4"=exposure4,"obs_5"=exposure5,"obs_6"=exposure6,
                      "obs_7"=exposure7,"obs_8"=exposure8)

exposure_list = c(exposure_list_frm,exposure_list_frm,exposure_list_frm)

# Data Frame erzeugen für Plot
df <- as.data.frame(list(mileage_list,model_type_list,mean_freq_list,exposure_list))
names(df)[1] <- "Mileage"
names(df)[2] <- "Modell"
names(df)[3] <- "Frequenz"
names(df)[4] <- "Exposure"
df$Mileage <- factor(df$Mileage, levels = c("6","9","12","15","20","25","30","35"),
                     labels = c("6","9","12","15","20","25","30","35"))
df$Modell <- as.factor(df$Modell)

# Plot erzeugen
library(ggplot2)
m_test <- ggplot(df, aes(x=Mileage, y=Frequenz, group=Modell)) +
```

```
geom_point(aes(shape=Modell, color=Modell)) +
geom_line(aes(color=Modell)) +
geom_bar(mapping=aes(x=Mileage,y=Exposure/10000/3),stat = "identity") +
scale_y_continuous(sec.axis=sec_axis(~ .*10000, name="Exposure")) +
ggtitle("Frequenz auf Test-Datensatz") +
theme(plot.title = element_text(hjust = 0.5, lineheight=.8, face="bold")) +
ylab("Freq")
```

## A.4 Code-Beispiel: Erstellung eines Liftplots

```
# 1. Berechnung des Verhältnisses: Modell A / Modell B
ratios <- (glm.pred_test/forest.pred_test)

dlift = data.frame(ratios,data_test$Exposure,data_test$observed,glm.pred_test,
                   forest.pred_test)

names(dlift) <- c('Ratio of models','Exposure','observed value','GLM value',
                  'RF value')

# 2. Sortierung nach Verhältnis
dlift_sorted <- dlift[order(ratios),]

# 3. Einteilung der Daten (=#Verträge) in Bins
library(binr)

num_bins = 5
max_breaks = num_bins

# bins ratio
br <- bins(dlift_sorted$'Ratio of models', num_bins, max_breaks)

dl_bins <- c(1:num_bins)
dl_ratio <- double(num_bins)
dl_exposure <- double(num_bins)
dl_obs <- double(num_bins)
dl_glm <- double(num_bins)
dl_rf <- double(num_bins)

# 4. Berechnung der Mittelwerte pro Bin
for(i in 1:num_bins) {
dl_ratio[i] = mean(dlift_sorted$'Ratio of models'
                   [br$binlo[i]:br$binhi[i]])
dl_exposure[i] = mean(dlift_sorted$'Exposure'[br$binlo[i]:br$binhi[i]])
dl_obs[i] = sum(dlift_sorted$'observed value'[br$binlo[i]:br$binhi[i]])
            / sum(dlift_sorted$'Exposure'[br$binlo[i]:br$binhi[i]])
dl_glm[i] = sum(dlift_sorted$'GLM value'[br$binlo[i]:br$binhi[i]])
            / sum(dlift_sorted$'Exposure'[br$binlo[i]:br$binhi[i]])
```

```
dl_rf[i] = sum(dlift_sorted$'RF value'[br$binlo[i]:br$binhi[i]])
           / sum(dlift_sorted$'Exposure'[br$binlo[i]:br$binhi[i]])
}

# 5. Double Liftplot erzeugen
old.par <- par(mfrow=c(2, 1))

library(ggplot2)

dlift_plot = data.frame(rep(dl_bins,3),rep(dl_ratio,3),rep(dl_exposure,3),
             c(dl_obs, dl_glm, dl_rf), c(rep("Beobachtung", num_bins),
               rep("Fit GLM", num_bins),rep("Fit Random Forest", num_bins)))
names(dlift_plot)[1] <- "Bin"
names(dlift_plot)[2] <- "Ratio"
names(dlift_plot)[3] <- "Exposure"
names(dlift_plot)[4] <- "Frequenz"
names(dlift_plot)[5] <- "Modell"
dlift_plot$Bin <- as.factor(dlift_plot$Bin)
dlift_plot$Modell <- as.factor(dlift_plot$Modell)

g <- ggplot(dlift_plot, aes(x=Bin,y=Frequenz, group=Modell)) +
   geom_point(aes(shape=Modell, color=Modell)) +
   geom_line(aes(color=Modell)) +
   geom_bar(mapping=aes(x=Bin,y=Exposure/5/3),stat = "identity") +
   scale_y_continuous(sec.axis=sec_axis(~ .*5, name="Exposure")) +
   ggtitle("Double Liftplot GLM vs. RF") +
   theme(plot.title = element_text(hjust = 0.5, lineheight=.8, face="bold")) +
   ylab("Freq")

options(repr.plot.width=6, repr.plot.height=3.8)
g
```

# Nachwort & Danksagungen

Hier endet nun unsere Reise, deren Ziel es war, einen Überblick sowie den einen oder anderen tieferen Einblick in Actuarial Data Science zu geben. Wir können nur hoffen, dass nicht allzu viele Leser das Buch mit dem Gefühl schließen, sie hätten doch – anders als Cypher in *MATRIX* – lieber die blaue Pille nehmen sollen. Es bleibt uns nunmehr nur noch, dem Leser viel Erfolg bei der Anwendung des maschinellen Lernens auf seine eigenen Fragestellungen zu wünschen.

Die Autoren möchten sich herzlich bei allen bedanken, die dieses Buch möglich gemacht haben. Unser besonderer Dank gilt den Mitarbeitern vom de Gruyter-Verlag für ihre vielfältige Unterstützung, Rainer Fürhaupter und Prof. Manfred Feilmeier dafür, dass sie das Thema ADS über Jahre hinweg mit großer Leidenschaft in der Deutschen Aktuarvereinigung (DAV) vorangetrieben haben; Henning Wergen von der Deutschen Aktuar-Akademie (DAA) danken wir für seine umfängliche Unterstützung, insbesondere bei den urheberrechtlichen Fragen; Dr. Bertel Karnarski, Tobias Renner, Prof. Viktor Sandor und Prof. Ulrich Wellisch für ihre wertvollen Beiträge in der Arbeitsgruppe *Spezialwissen ADS*. Und zu guter Letzt einen ganz herzlichen Dank an unsere Mitdozenten Wolfgang Abele, Dr. Marc Busse, Dr. Axel Kaiser und Mareike Welter für ihre Unterstützung und dafür, dass wir die von ihnen miterarbeiteten Seminarunterlagen für dieses Buch verwenden durften.

https://doi.org/10.1515/9783110659344-011

# Literatur


[1] Ethem Alpaydin. *Introduction to Machine Learning*. Third edition. MIT Press, 2014.

[2] Chris Anderson. *The End of Theory: The Data Deluge Makes the Scientific Method Obsolete*. 2008. URL: https://www.wired.com/2008/06/pb-theory/ (besucht am 10. 07. 2020).

[3] Detlef Apel u. a. *Datenqualität erfolgreich steuern*. 2. Auflage. Hanser, 2010.

[4] ARAG. *Die ARAG Karneval-Gruppenversicherung*. 2018. URL: https : // www . arag . de / vereinsversicherung/karneval-versicherung/ (besucht am 20. 09. 2020).

[5] Aristoteles. *Metaphysik : griechisch-deutsch*. Hamburg: Meiner, 1989. ISBN: 978-3787309320.

[6] High-Level Expert Group on Artificial Intelligence (HLEG). *ETHICS GUIDELINES FOR TRUST-WORTHY AI*. Techn. Ber. European Commission, 2019.

[7] Michael Aschenbrenner u. a. *Informationsverarbeitung in Versicherungsunternehmen*. Hrsg. von Michael Aschenbrenner u. a. 1. Aufl. Berlin Heidelberg New York: Springer-Verlag, 2010. ISBN: 978-3-642-04321-5.

[8] Ana Azevedo und Manuel Filipe Santos. "KDD, SEMMA AND CRISP-DM: A PARALLEL OVER-VIEW". In: *IADIS* (2008).

[9] BAFIN. *Big Data trifft auf künstliche Intelligenz*. Techn. Ber. Bundesanstalt für Finanzdienst-leistungsaufsicht, 2018.

[10] Claus Baumgart u. a. "Quantifying Life Insurance Risk using Least-Squares Monte Carlo". In: *Der Aktuar* (2019).

[11] Kent Beck und Cynthia Andres. *Extreme Programming Explained*. Second Edition. Addison Wesley, 2005.

[12] C. Bettstetter, H. Hartenstein und X. Pérez-Costa. "Stochastic properties of the random way-point mobility model". In: *Wireless Networks* 10.5 (2004), S. 555–567.

[13] Christopher M. Bishop. *Pattern Recognition and Machine Learning*. Springer, 2009.

[14] C. E. Bradley und P. E. Utgoff. In: *Machine Learning* 19 (1995), S. 45–77.

[15] L. Breiman u. a. *Classification and regression trees*. Wadsworth & Brooks/Cole Advanced Books & Software, 1984.

[16] Stef van Buuren. *Flexible Imputation of Missing Data*. Second edition. Chapman & Hall, 2018. URL: https://stefvanbuuren.name/fimd/.

[17] François Chollet. *Deep Learning mit Python und Keras*. mitp, 2018.

[18] Mike Cohn. *Succeeding with Agile; Software Development using Scrum*. Addison Wesley, 2009.

[19] *CRISP-DM 1.0 - Step-by-step data mining guide*.

[20] Götz Cypra, Mario Hörig und Daniel Hohmann. "Einsatz von Deep-Learning-Techniken zur Kapitalanlagesteuerung". In: *Der Aktuar* Volume 4 (2019).

[21] P. Debois u. a. *Das DevOps-Handbuch: Teams, Tools und Infrastrukturen erfolgreich umge-stalten*. O'Reilly, 2017. ISBN: 9783960101246.

[22] Gesamtverband der Deutschen Versicherungswirtschaft e.V. *Verhaltensregeln für den Um-gang mit personenbezogenen Daten durch die deutsche Versicherungswirtschaft*. Techn. Ber. (GDV), Sep. 2012.

[23] Dietrich Dörner. *Die Logik des Mißlingens: Strategisches Denken in komplexen Situationen*. Reinbek bei Hamburg: Rowohlt, 1989.

[24] Peng Du u. a. "From CUDA to OpenCL: Towards a Performance-portable Solution for Multi-platform GPU Programming". In: *Parallel Computing - PC* 38 (Aug. 2012), S. 391–407. DOI: 10.1016/j.parco.2011.10.002.

[25] Dieter Farny. *Versicherungsbetriebslehre*. 4. veränd. Karlsruhe: VVW GmbH, 2006. ISBN: 978-3-899-52205-1.


https://doi.org/10.1515/9783110659344-012

[26] Usama Fayyad u. a. “From Data Mining to Knowledge Discovery in Databases”. In: *AI Magazine American Association for Artificial Intelligence* 17.3 (1996), S. 37–54.

[27] A. Ferrario und M. Nägelin. “The Art of Natural Language Processing: Classical, Modern and Contemporary Approaches to Text Document Classification”. In: (2019). URL: https://papers.ssrn.com/sol3/papers.cfm?abstract_id=3547887.

[28] it-finanzmagazin.de. *Künstliche Intelligenz als Ratgeber für Mitarbeiter IBM Watson soll bei der VKB Kundenärger vermeiden*. 2017. URL: https://www.it-finanzmagazin.de/kuenstliche-intelligenz-als-ratgeber-fuer-mitarbeiter-ibm-watson-soll-bei-der-vkb-kundenaerger-vermeiden-50947/ (besucht am 01. 02. 2020).

[29] R. A. Fisher. “The Use of Multiple Measurements in Taxonomic Problems”. In: *Annals of Eugenics* 7 (2 1936), S. 179–188.

[30] GDV. *Position Paper of the German Insurance Association on the Draft Ethics Guidelines For Trustworthy AI and their applicability to the insurance premiums use case*. Techn. Ber. Gesamtverband der deutschen Versicherungswirtschaft, 2019.

[31] Timm Grams. *Klüger irren: Denkfallen vermeiden mit System*. Berlin ; Heidelberg: Springer, 2016.

[32] Clive WJ Granger. “Time series analysis, cointegration, and applications”. In: *American Economic Review* 94.3 (2004), S. 421–425. URL: https://pubs.aeaweb.org/doi/pdf/10.1257/0002828041464669 (besucht am 19. 07. 2020).

[33] BMW Group. *Der BMW Trackday-Schutz*. 2019. URL: https://www.bmw.de/de/topics/faszination-bmw/financial-services/versicherungen/trackday.html (besucht am 20. 09. 2020).

[34] *Grundsätze zur ordnungsmäßigen Führung und Aufbewahrung von Büchern, Aufzeichnungen und Unterlagen in elektronischer Form sowie zum Datenzugriff*. Dok 2014/0353090. Bundesministerium für Finanzen.

[35] T. Hastie und R. Tibshirani. “Discriminant Adaptive Nearest Neighbor Classification”. In: *IEEE Transactions on Pattern Analysis and Machine Intelligence* 18.6 (1996).

[36] T. Hastie, R. Tibshirani und J Friedman. *The Elements of Statistical Learning*. Springer, 2009.

[37] Andreas Henking, Christian Bluhm und Ludwig Fahrmeir. *Kreditrisikomessung*. Springer, 2006.

[38] Austin Bradford Hill. “The environment and disease: association or causation?” In: *Proceedings of the Royal Society of Medicine* 58.5 (1965), S. 295–300. URL: https://www.ncbi.nlm.nih.gov/pmc/articles/PMC1898525/pdf/procrsmed00196-0010.pdf (besucht am 19. 07. 2020).

[39] David Hume. *Eine Untersuchung über den menschlichen Verstand*. Hamburg: Meiner, 2013. ISBN: 978-3787324132.

[40] Andreas Hüttemann. *Ursachen*. Berlin Boston: De Gruyter, 2018. ISBN: 978-3110595253.

[41] Guido W. Imbens und Donald B. Rubin. *Causal Inference for Statistics, Social, and Biomedical Sciences: An Introduction*. Cambridge University Press, 2015. DOI: 10.1017/CBO9781139025751.

[42] SAS Institute Inc. *SAS Enterprise Miner*. 2012. URL: https://web.archive.org/web/20120308165638/http://www.sas.com/offices/europe/uk/technologies/analytics/datamining/miner/semma.html/ (besucht am 18. 03. 2020).

[43] G. James u. a. *An Introduction to Statistical Learning*. Springer, 2013.

[44] Helmut Jarosch. *Grundkurs Datenbankentwurf*. 3. Auflage. Springer, 2010.

[45] Daniel Kahneman. *Schnelles Denken, langsames Denken*. München: Siedler Verlag, 2012.

[46] “Kakao-Effekt. Mehr Nobelpreise für Länder mit viel Schoko-Konsum”. In: *WELT* (2012). URL: https://www.welt.de/wissenschaft/article109760750/Mehr-Nobelpreise-fuer-Laender-mit-viel-Schoko-Konsum.html (besucht am 19. 07. 2020).

[47] K. S. Kasiviswanathan und K. P. Sudheer. "Quantification of the predictive uncertainty of artificial neural network based river flow forecast models". In: *Stochastic Environmental Research and Risk Assessment* 27 (2012), S. 137–146.

[48] Gene Kim, Kevin Behr und George Spafford. *The Phoenix Project: A Novel about IT, DevOps, and Helping Your Business Win*. 1st. IT Revolution Press, 2013. ISBN: 0988262592.

[49] Marc-Uwe Kling. *QualityLand*. Ullstein, 2017.

[50] S. Kolassa. "Evaluating predictive count data distributions in retail sales forecasting". In: *International Journal of Forecasting* 32.3 (2016), S. 788–803.

[51] David Lazer u. a. "The parable of Google Flu: traps in big data analysis". In: *Science* 343.6176 (2014), S. 1203–1205.

[52] Stuart P. Lloyd. "Least squares quantization in PCM". In: *IEEE Transactions on Information Theory* 28.2 (1982), S. 129–137.

[53] Konrad Lorenz. *Die Rückseite des Spiegels : Versuch einer Naturgeschichte menschlichen Erkennens ; Der Abbau des Menschlichen*. München: Piper, 1988. ISBN: 978-3492032834.

[54] Ernst Mach. *Die Mechanik in ihrer Entwicklung*. 1883. URL: http://www.deutschestextarchiv.de/book/show/mach_mechanik_1883 (besucht am 06. 07. 2020).

[55] J.B. MacQueen. "Some Methods for classification and Analysis of Multivariate Observations". In: *Proceedings of 5th Berkeley Symposium on Mathematical Statistics and Probability* (1967).

[56] Robert C. Martin. *Clean Code - A Handbook of Agile Software Craftsmanship*. 1. Aufl. Amsterdam: Pearson Education, 2008. ISBN: 978-0-136-08325-2.

[57] Pierre Maurage, Alexandre Heeren und Mauro Pesenti. "Does chocolate consumption really boost Nobel award chances? The peril of over-interpreting correlations in health studies". In: *The Journal of Nutrition* 143.6 (2013), S. 931–933. URL: https://pubmed.ncbi.nlm.nih.gov/23616517/ (besucht am 19. 07. 2020).

[58] Ian McEwan. *Maschinen wie ich*. Diogenes, 2019.

[59] Alexander J. McNeil, Rüdiger Frey und Paul Embrechts. *Quantitative Risk Management*. Princeton University Press, 2005.

[60] Bjoern H. Menze u. a. "On Oblique Random Forests". In: *Machine Learning and Knowledge Discovery in Databases*. Hrsg. von Dimitrios Gunopulos u. a. Berlin, Heidelberg: Springer Berlin Heidelberg, 2011. ISBN: 978-3-642-23783-6.

[61] Franz H. Messerli. "Chocolate Consumption, Cognitive Function, and Nobel Laureates". In: *New England Journal of Medicine* 367.16 (2012). PMID: 23050509, S. 1562–1564. DOI: 10.1056/NEJMon1211064. eprint: https://doi.org/10.1056/NEJMon1211064. URL: https://doi.org/10.1056/NEJMon1211064.

[62] Sam Newman. *Building Microservices*. 1st. OReilly Media, Inc., 2015. ISBN: 1491950358.

[63] Zoran Nikolic, Christian Jonen und Chengjia Zhu. "Robust Regression Technique in LSMC Proxy Modeling". In: *Der Aktuar* (2017).

[64] Peter Norvig. *All we want are the facts, ma'am*. 2009. URL: https://norvig.com/fact-check.html (besucht am 10. 07. 2020).

[65] G. Papadopoulos, P.J. Edwards und A.F. Murray. "Confidence Estimation Methods for Neural Networks: A Practical Comparison". In: *European Symposium on Artificial Neural Networks*. 2000.

[66] Judea Pearl. *Causality*. 2nd ed. Cambridge University Press, 2009.

[67] Judea Pearl, Madelyn Glymour und Nicholas P Jewell. *Causal inference in statistics: A primer*. John Wiley & Sons, 2016.

[68] Judea Pearl und Dana Mackenzie. *The book of why : the new science of cause and effect*. New York: Basic Books, 2018. ISBN: 978-0465097609.

[69] Karl Pearson. *The Grammar of Science*. 3rd ed. London: Adam und Charles Black, 1911.

[70] V. Petrovs. *Telematik-Produktmodelle für die deutsche KFZ-Versicherung*. Köln: Lohmar, 2016.

[71] Wolfgang Pfeifer. *DWDS, Der deutsche Wortschatz von 1600 bis heute*. 2020. URL: https://www.dwds.de/wb/Ursache/#et-1 (besucht am 06. 07. 2020).

[72] J.R. Quinlan. *C4.5: Programs for Machine Learning*. Morgan Kaufmann Series in Machine Learning. Morgan Kaufmann, 1993.

[73] Sebastian Raschka. *Python Machine Learning*. Packt, 2016.

[74] Allianz SE Reinsurance. *Radar-based remote sensing technology revolutionizes crop insurance*. 2011. URL: https://www.allianz.com/en/press/news/business/insurance/news-2011-07-27.html (besucht am 17. 06. 2020).

[75] Marco Tulio Ribeiro, Sameer Singh und Carlos Guestrin. "Why should I trust you? Explaining the predictions of any classifier". In: *KDD 1́6: Proceedings of the 22nd ACM SIGKDD international conference on knowledge discovery and data mining*. 2016.

[76] Rupert Riedl. *Biologie der Erkenntnis : die stammesgeschichtlichen Grundlagen der Vernunft*. Berlin: Parey, 1980. ISBN: 978-3489610342.

[77] E. Ries. *The Lean Startup: How Today's Entrepreneurs Use Continuous Innovation to Create Radically Successful Businesses*. The Lean Startup: How Today's Entrepreneurs Use Continuous Innovation to Create Radically Successful Businesses. Crown Business, 2011. ISBN: 9780307887894.

[78] Frank Rosenblatt. "The perceptron: a probabilistic model for information storage and organization in the brain." In: *Psychological review* 65.6 (1958), S. 386–408.

[79] Peter J. Rousseeuw. "Silhouettes: a Graphical Aid to the Interpretation and Validation of Cluster Analysis". In: *Computational and Applied Mathematics* 20 (1987), S. 53–65.

[80] Donald B. Rubin. *Multiple Imputation for nonresponse in Surveys*. New York: John Wiley & Sons, 1987. ISBN: 978-0471087052.

[81] Bertrand Russell. "On the Notion of Cause". In: *Proceedings of the Aristotelian Society* 13 (1912), S. 1–26. ISSN: 00667374, 14679264. URL: http://www.jstor.org/stable/4543833.

[82] S. Russell und P. Norvig. *Artificial Intelligence – A Modern Approach*. Prentice Hall, 2009.

[83] Kim Sartorius. "Social Scoring in China". In: *ct* (2020).

[84] Ausschuss Actuarial Data Science. *Anwendung von Künstlicher Intelligenz in der Versicherungswirtschaft*. Techn. Ber. Deutsche Aktuarvereinigung e.V., 2020.

[85] Christoph Seidler. "Nobelpreisregen durch Schokoladenhunger". In: *SPIEGEL ONLINE* (2012). URL: https://www.spiegel.de/wissenschaft/mensch/laender-mit-hohem-schokoladenkonsum-erhalten-mehr-nobelpreise-a-860761.html (besucht am 19. 07. 2020).

[86] C. E. Shannon. "A Mathematical Theory of Communication". In: *Bell System Technical Journal* 3 (27 1948), S. 379–423.

[87] Eric Siegel. *Why Ice Cream Is Linked to Shark Attacks – Correlation/Causation Smackdown*. 2019. URL: https://www.kdnuggets.com/2019/01/dr-data-ice-cream-linked-shark-attacks.html (besucht am 19. 07. 2020).

[88] E. H. Simpson. "The Interpretation of Interaction in Contingency Tables". In: *J. R. Statist. Soc. B* 13.2 (1951), S. 238–241.

[89] Andreas Spillner und Tilo Linz. *Basiswissen Softwaretest - Aus- und Weiterbildung zum Certified Tester - Foundation Level nach ISTQB-Standard*. 5. Aufl. Heidelberg: dpunkt.verlag, 2012. ISBN: 978-3-864-91202-3.

[90] *Star Trek - The Next Generation (The Complete Series), DVD*. Paramount (Universal Pictures), 1987-1994.

[91] Ingo Steinwart und Andreas Christmann. *Support Vector Machines*. 1st. Springer Publishing Company, Incorporated, 2008. ISBN: 0387772413.

[92] A. Stuart und K. Ord. *Kendall's Advanced Theory of Statistics: Volume I - Distribution Theory.* Edward Arnold, 1994.

[93] Pang-Ning Tan, Michael Steinbach und Vipin Kumar. *Introduction to Data Mining.* Pearson, Addison Wesley, 2006. ISBN: 0-321-32136-7.

[94] R. Tibshirani, W. Guenther und T. Hastie. "Estimating the number of clusters in a data set via the gap statistic". In: *J.R. Statist. Soc. B* 63.2 (2001), S. 411–423.

[95] F. Transchel. "Big Data - überrollt uns die Datenflut?" In: *Insurance & Innovation 2018.* Verlag Versicherungswissenschaft Karlsruhe, 2018.

[96] Alan Turing. *Computing Machinery and Intelligence.* Mind. Band LIX, Nr. 236, 1950.

[97] V. Vapnik und A. Chervonenkis. "Theory of Pattern Recognition (In Russian)". In: (Jan. 1974).

[98] *Versicherungsaufsichtliche Anforderungen an die IT (VAIT).* Rundschreiben 10/2018 (VA) in der Fassung vom 20.03.2019. Bundesanstalt für Finanzdienstleistungsaufsicht.

[99] Wolfgang Wahlster. "Die Speerspitze der Digitalisierung, Künstliche Intelligenz und ihre Entwicklung". In: *Character, das Gesellschaftsmagazin der Bethmann Bank* (2016).

[100] Nik Walter. *Der freudvolle Dogmenbrecher.* 2018. URL: https://www.tagesanzeiger.ch/wissen/medizin-und-psychologie/der-freudvolle-dogmenbrecher/story/19363486 (besucht am 09. 07. 2020).

[101] Jr. Ward J. H. "Hierarchical Grouping to Optimize an Objective Function". In: *Journal of the American Statistical Association* (1963), S. 236–244.

[102] Niels Jakob Warmuth und Philipp Wolters. "Messung der täglichen Solvenzquote unter Solvency II". In: *Der Aktuar* (2018).

[103] W. Weidner, R. Weidner und F. Transchel. "Implementierung der Pkw-Telematik in die Kfz-Versicherungstarifierung – Ein Analyse-Ansatz für Fahrprofile". In: *Zeitschrift für Verkehrswissenschaft* 85.2 (2015), S. 91–122.

[104] H. Wickham und G. Grolemund. *R for Data Science.* O'Reilley, 2017.

[105] E. Wolff. *Microservices : Grundlagen flexibler Softwarearchitekturen.* dpunkt-Verlag, 2015. ISBN: 9783864903137.

[106] Sewall Wright. "Correlation and Causation". In: *Journal of Agricultural Research* 20.7 (1921), S. 557–585.

[107] Mario V. Wüthrich. "Bias regularization in neural networks models for general insurance pricing". In: *European Actuarial Journal* Volume 10 (2020).

[108] Wu u. a. "Top 10 algorithms in data mining". In: *Knowl. Inf. Syst.* 14 (2008), S. 1–37.

# Stichwortverzeichnis



https://doi.org/10.1515/9783110659344-013

www.ingramcontent.com/pod-product-compliance
Lightning Source LLC
LaVergne TN
LVHW082346011026
849160LV00024B/1214